普通高等教育“十二五”规划教材
电子设计系列规划教材

单片微型计算机原理及应用

（第2版）

姜志海　唐　诗　刘连鑫　编著

電子工業出版社
Publishing House of Electronics Industry
北京 · BEIJING

内 容 简 介

本书从教学的角度出发，以 51 系列单片机为硬件基础，以汇编语言为软件编程基础，系统全面地介绍 51 系列单片机的基本知识与基本应用，是一本重在原理与应用、兼顾理论的实用教程。本书主要内容包括：微型计算机基础、51 系列单片机硬件基础、软件编程基础——汇编语言基础、P0~P3 口应用基础、中断系统应用基础、定时器/计数器应用基础、串行口应用基础、并行总线接口扩展技术、串行总线接口扩展技术、液晶与点阵显示器应用示例、51 系列单片机应用系统设计基础等。全书提供大量的实例及详细说明与注释，硬件设计实例都经过 Proteus 仿真，每章配有本章小结、习题、实验与设计等，提供配套电子课件、程序代码、习题参考答案与实验指导。

本书可作为高等学校电子信息、自动化、计算机、电气工程、机电一体化等专业相关课程的教材，也可供相关领域科技工作者与开发人员学习参考。

图书在版编目 (CIP) 数据

单片微型计算机原理及应用 / 姜志海，唐诗，刘连鑫编著．—2 版．—北京：电子工业出版社，2015.9
电子设计系列规划教材
ISBN 978-7-121-26191-6

I．①单… II．①姜… ②唐… ③刘… III．①单片微型计算机－高等学校－教材 IV．①TP368.1

中国版本图书馆 CIP 数据核字(2015)第 117520 号

策划编辑：王羽佳
责任编辑：王羽佳　　特约编辑：曹剑锋
印　　刷：涿州市京南印刷厂
装　　订：涿州市京南印刷厂
出版发行：电子工业出版社
　　　　　北京市海淀区万寿路 173 信箱　　邮编：100036
开　　本：787×1092　1/16　印张：17.75　字数：513 千字
版　　次：2011 年 5 月第 1 版
　　　　　2015 年 9 月第 2 版
印　　次：2015 年 9 月第 1 次印刷
印　　数：3000 册　　定价：39.90 元

凡所购买电子工业出版社图书有缺损问题，请向购买书店调换。若书店售缺，请与本社发行部联系，联系及邮购电话：(010) 88254888。

质量投诉请发邮件至 zlts@phei.com.cn，盗版侵权举报请发邮件至 dbqq@phei.com.cn。

服务热线：(010) 88258888。

前　言

"微型计算机原理及应用"课程是学习和掌握微型计算机硬件基本知识和软件程序设计的入门课程，通过理论课程和实践环节的学习，掌握微型计算机的基本组成、工作原理、接口技术（硬件与软件），使学生具有应用微型计算机开发产品的初步能力。现代的微型计算机应用系统大都是采用单片机和单片机应用系统进行设计。因此，该课程是以 CPU 为核心的自动化产品的设计基础。

作为微型计算机的一个重要分支——单片机发展迅速，应用领域日益扩大，特别是在工业测控、智能仪器仪表、机电一体化产品、家电等领域得到了广泛的应用。因此，世界上许多集成电路生产厂商相继推出了各种类型的单片机，尤其是美国 Intel 公司生产的 MCS-51 系列单片机，由于其具有集成度高、处理能力强、可靠性高、系统结构简单、价格低廉、易于使用等优点，迅速占领了工业测控和自动化工程应用的主要市场，在我国也得到了广泛应用，并取得了令人瞩目的成果。MCS-51 单片机具有易于学习和掌握、性价比高等优点，近年来以 MCS-51 单片机基本内核为核心的各种扩展和增强型的单片机不断推出，并且 MCS-51 单片机内核技术几乎包含了单片机理论基础和技术的全部，具有较好的系统性和完整性。尽管目前世界各大公司研制的各种高性能、不同型号的单片机不断问世，但由于国内几十年来，对于 MCS-51 单片机已积累了丰富的技术资料、完整的实验环境与开发设备，因此 51 系列单片机技术非常适合课堂教学，学懂、弄通 51 单片机的基本理论与应用技术，也就打好了学习、应用单片机的基础，这样日后学习和使用其他系列的单片机也就不难了。

在 ARM 微控制器刚推向市场时，曾有人断言，它将独占单片机市场。而几年来的市场销售情况证明，8 位字长的单片机市场主流没有发生变化，而且今后相当长一段时期内不会改变。随着单片机技术的发展，单片机功能不断增强，且由于单片机应用的规范性，目前应用于嵌入式系统的计算机内核绝大部分是单片机。所以说，单片机是构成嵌入式应用系统中最典型的主流机型。学好单片机基本理论及其技术，是开发、设计各类嵌入式应用系统的基础。

本书从教学的角度出发，以 51 系列单片机为硬件基础，以 C51 语言为软件编程基础，系统全面地介绍 51 系列单片机的基本知识与基本应用，是一本重在原理与应用、兼顾理论的实用教程。本书主要内容包括：微型计算机基础、51 系列单片机硬件基础、软件编程基础——C51 语言基础、P0~P3 口应用基础、中断系统应用基础、定时器/计数器应用基础、串行口应用基础、并行总线接口扩展技术、串行总线接口扩展技术、液晶与点阵显示器应用示例、51 系列单片机应用系统设计基础等。每章后附本章小结和习题以巩固所学知识。

第 2 版仍以 51 系列单片机为基础进行编写，在第 1 版基础上充实、更新内容，编排更加符合教学规律和要求，力求论述精炼、正确、由浅入深、重点突出、理论联系实际、着重应用，进一步提高全书的系统性、完整性和实用性，力争成为经典。本书具有以下鲜明的特点：

◎　从零开始，轻松入门；

◎　案例清晰、直观；

◎　实例引导，专业经典；

◎　学以致用，注重实践。

本书融入了作者多年的教学和科研经验与大量应用实例，通俗易懂、条理清晰，符合当前单片机课程的教学要求，在实例的开始进行实例分析，在实例的结束进行总结，提供详细说明和注释，并提出问题让读者思考、修改，硬件设计实例都经过 Proteus 仿真。

本书主要章节提供实验与设计内容。实验部分：给出实验目的、电路、基本内容、参考程序，上课教师可以根据具体情况对实验进行丰富与设计；设计题：为了锻炼学生综合分析问题与解决问题的能力，在硬件和软件上都提出设计要求，学生可以根据所学知识在硬件和软件上进行详细的设计。

本书提供教学**电子课件、程序代码、习题参考答案、实验和设计指导等配套资源**，请登录华信教育资源网http://www.hxedu.com.cn注册下载。

本书的作者都是长期使用单片机进行教学、科研和实际生产工作的教师和工程师，有着丰富的教学和实践经验。在内容编排上，按照读者学习的一般规律，结合大量实例讲解，能够使读者快速真正掌握 51 单片机的使用。本书可作为高等学校电子信息、自动化、计算机、电气工程、机电一体化等专业相关课程的教材，也可供相关领域科技工作者与开发人员学习参考。

本书由姜志海、唐诗、刘连鑫编写。第 1、2、3、4 章由姜志海编写，第 5、6、10 章由唐诗编写，第 7、8、9、11 章由刘连鑫编写，全书由姜志海负责整理与统稿。

本书在编写过程中得到了许多专家和同行的大力支持和热情帮助，他们对本书提出了许多建设性的建议和意见，在此一并表示衷心的感谢。

鉴于作者水平有限，加之新的单片机芯片不断涌现，其应用技术也在高速发展，书中难免有不完善和不足之处，恳请广大读者批评指正！

作　者

2015 年 9 月

目　录

第 1 章　微型计算机基础 …… 1
1.1　微型计算机的定义与工作过程 …… 1
1.1.1　定义 …… 1
1.1.2　冯・诺依曼体系 …… 1
1.1.3　工作过程 …… 2
1.2　计算机中的数制和编码基础 …… 3
1.2.1　计算机中的数制及转换 …… 3
1.2.2　原码、反码、补码 …… 3
1.2.3　定点数和浮点数 …… 4
1.2.4　计算机中常用的编码 …… 5
1.3　微型计算机结构 …… 7
1.3.1　微型计算机硬件结构概述 …… 7
1.3.2　微型计算机软件概述 …… 8
1.3.3　CPU、存储器、I/O 口、总线 …… 11
1.4　中断、定时器/计数器、串行通信、并行通信的初步认识 …… 17
1.4.1　中断的初步认识 …… 17
1.4.2　定时器/计数器的初步认识 …… 18
1.4.3　并行通信与串行通信的初步认识 …… 18
1.5　CPU 与外设的数据传输方式 …… 20
1.5.1　无条件传输方式 …… 20
1.5.2　程序查询传输方式 …… 20
1.5.3　中断传输方式 …… 21
1.5.4　DMA 传输方式 …… 21
本章小结 …… 22
习题 …… 22
第 2 章　51 系列单片机硬件基础 …… 23
2.1　认识单片机 …… 23
2.1.1　单片机的特点、应用、分类、发展趋势 …… 23
2.1.2　常用的单片机产品 …… 27
2.1.3　MCS-51 单片机已成为国际经典 …… 29
2.1.4　单片机与 CPU、ARM、嵌入式系统的关系 …… 30
2.1.5　单片机应用系统开发的软硬件环境 …… 32
2.2　51 单片机的总体结构 …… 34
2.2.1　内部结构 …… 34
2.2.2　外部引脚说明 …… 35
2.2.3　CPU 的时序周期 …… 38
2.3　51 单片机的存储器 …… 39
2.3.1　程序存储器 …… 39
2.3.2　数据存储器 …… 40
2.3.3　特殊功能寄存器 …… 42
本章小结 …… 45
习题 …… 45
第 3 章　51 系列单片机软件编程基础——汇编语言 …… 46
3.1　51 单片机指令系统概述 …… 46
3.1.1　指令格式 …… 46
3.1.2　操作数的类型 …… 46
3.1.3　指令描述约定 …… 47
3.1.4　寻址方式 …… 47
3.2　51 单片机指令系统 …… 50
3.2.1　数据传送类指令 …… 50
3.2.2　算术运算类指令 …… 54
3.2.3　逻辑运算类指令 …… 59
3.2.4　控制转移类指令 …… 61
3.2.5　位操作类指令 …… 66
3.3　51 单片机的伪指令 …… 68
3.4　51 单片机汇编语言程序设计基础 …… 71
3.4.1　程序设计概述 …… 71
3.4.2　顺序结构程序设计 …… 72
3.4.3　分支结构的程序设计 …… 73
3.4.4　循环结构的程序设计 …… 76
3.4.5　查表程序的设计 …… 80
本章小结 …… 82
习题 …… 82

第 4 章 51 系列单片机 P0～P3 口应用基础 …… 84
4.1 认识 51 单片机的 P0～P3 口 …… 84
4.1.1 P1 口 …… 84
4.1.2 P3 口 …… 85
4.1.3 P0 口 …… 85
4.1.4 P2 口 …… 86
4.1.5 P0～P3 口特点总结 …… 87
4.2 输出操作 …… 87
4.2.1 基本输出操作举例——字节输出与位输出 …… 87
4.2.2 扩展输出操作举例——流水灯与霹雳灯 …… 88
4.2.3 扩展输出操作举例——8 段 LED 静态与动态显示 …… 90
4.3 输入操作 …… 94
4.3.1 闸刀型开关输入信号 …… 95
4.3.2 单个按钮型开关输入信号 …… 95
4.3.3 多个按钮型开关输入信号——键盘 …… 98
4.4 实验与设计 …… 103
本章小结 …… 107
习题 …… 107

第 5 章 51 系列单片机中断系统应用基础 …… 108
5.1 中断系统的再认识 …… 108
5.1.1 中断的有关概念 …… 108
5.1.2 中断处理过程 …… 109
5.2 认识 51 单片机中断系统 …… 111
5.2.1 51 单片机中断系统结构 …… 111
5.2.2 中断控制寄存器 …… 112
5.2.3 中断优先级与中断响应 …… 113
5.2.4 有中断时的程序结构 …… 115
5.3 外部中断举例 …… 116
5.3.1 外部中断源初始化 …… 116
5.3.2 外部中断实例 …… 117
5.4 实验与设计 …… 121
本章小结 …… 123
习题 …… 123

第 6 章 51 系列单片机定时器/计数器应用基础 …… 124
6.1 可编程的硬件定时器/计数器的再认识 …… 124
6.1.1 功能 …… 124
6.1.2 工作原理 …… 124
6.1.3 计数器初值的计算 …… 125
6.2 认识 51 单片机的定时器/计数器 …… 125
6.2.1 定时器/计数器的结构 …… 125
6.2.2 定时器/计数器的控制寄存器 …… 126
6.2.3 定时器/计数器工作模式 …… 127
6.3 定时器/计数器的应用举例 …… 130
6.3.1 定时器/计数器的初始化 …… 130
6.3.2 应用举例 …… 132
6.4 实验与设计 …… 138
本章小结 …… 140
习题 …… 141

第 7 章 51 系列单片机串行口应用基础 …… 142
7.1 串行通信的再认识 …… 142
7.1.1 异步串行通信与同步串行通信 …… 142
7.1.2 波特率 …… 145
7.1.3 串行通信的检错与纠错 …… 146
7.1.4 串行接口芯片 UART 和 USART …… 146
7.2 认识 51 单片机的串行接口 …… 147
7.2.1 串行口的结构原理 …… 147
7.2.2 串行口的应用控制 …… 148
7.3 51 单片机串行口的工作方式 …… 149
7.3.1 串行口工作方式 0 …… 150
7.3.2 串行口工作方式 1 …… 153
7.3.3 串行口工作方式 2 …… 157
7.3.4 串行口工作方式 3 …… 159
7.4 51 单片机串行口的应用举例 …… 160
7.4.1 串行口编程基础 …… 160
7.4.2 串行口应用举例 …… 162
7.5 实验与设计 …… 168
本章小结 …… 170
习题 …… 171

第 8 章 51 系列单片机并行总线接口扩展技术……172
8.1 51 单片机并行 I/O 口扩展基础……172
8.1.1 系统扩展总线结构图……172
8.1.2 典型的锁存器芯片 74LS273……173
8.1.3 典型的三态缓冲器 74LS244……173
8.1.4 可编程的 I/O 接口芯片 8255A…174
8.2 并行总线的连接……178
8.2.1 数据线、控制线的连接……178
8.2.2 译码信号的形成——系统扩展的寻址……179
8.3 并行 I/O 接口芯片扩展示例……181
8.3.1 利用锁存器与缓冲器扩展并行的输入/输出口示例……181
8.3.2 利用 8255A 扩展并行的输入/输出口示例……183
8.3.3 利用 8255A 作为 8 段 LED 静态显示输出口的示例……184
8.3.4 利用 8255A 作为 8 段 LED 动态显示输出口的示例……186
8.4 模拟量接口技术……189
8.4.1 A/D 与 D/A 转换器概述……190
8.4.2 8 位并行 D/A 转换器 DAC0832 接口示例……196
8.4.3 12 位并行 D/A 转换器 DAC1208 接口示例……202
8.4.4 8 位并行 A/D 转换器 ADC0809 接口示例……204
8.5 实验与设计……207
本章小结……210
习题……211
第 9 章 51 系列单片机串行总线接口扩展技术……212
9.1 I^2C 总线接口技术……212
9.1.1 认识 I^2C 总线接口……212
9.1.2 I^2C 总线典型器件 AT24C02 应用举例……214
9.2 SPI 总线接口技术……219
9.2.1 认识 SPI 总线……220
9.2.2 SPI 总线典型器件 X25045 应用举例……221
9.3 单总线（1-wire）接口技术……225
9.3.1 认识单总线（1-wire）……225
9.3.2 单总线典型器件 DS18B20 应用举例……226
9.4 典型串行 A/D 接口芯片 TLC2543 的编程示例……231
本章小结……235
习题……235
第 10 章 51 系列单片机液晶与点阵显示器应用示例……236
10.1 51 单片机液晶显示器接口技术……236
10.1.1 认识 LCD 显示器……236
10.1.2 字符型 LCD1602 液晶显示模块接口技术……237
10.1.3 点阵式带汉字库 12864 液晶显示模块接口技术……242
10.2 51 单片机点阵 LED 显示器接口技术……250
10.2.1 认识点阵 LED 显示器……250
10.2.2 一个 5×7 点阵一个字符显示……251
10.2.3 两个 8×8 点阵字符串显示……252
本章小结……254
习题……254
第 11 章 51 系列单片机应用系统的设计……255
11.1 单片机应用系统结构以及设计内容……255
11.1.1 单片机应用系统的一般硬件组成……255
11.1.2 单片机应用系统的设计内容……257
11.2 单片机应用系统的一般设计方法…258
11.2.1 确定系统的功能与性能……258
11.2.2 确定系统基本结构……258
11.2.3 单片机应用系统硬件与软件设计……259
11.2.4 资源分配……261
11.3 单片机应用系统的调试……262
11.3.1 单片机应用系统调试工具……262

11.3.2 单片机应用系统的一般调试方法……263
11.4 单片机应用系统的设计实例——集中供暖小型换热站控制系统的设计……266
11.4.1 系统描述……267
11.4.2 设计方案……267
11.4.3 硬件电路设计……268
11.4.4 软件设计……271
本章小结……272
习题……272
附录A ASCII码字符表……273
附录B 单片机应用资料的网上查询方法……274
附录C Proteus常用分离器件名称……275
参考文献……276

第 1 章　微型计算机基础

进入 20 世纪 70 年代，微型计算机开始登上历史舞台，并以不可阻挡的势头迅猛发展，成为当今计算机发展的一个主流方向。当前，以微型计算机为代表的计算机已日益普及，其应用已深入社会的各个角落，极大地改变着人们的工作方式、学习方式和生活方式，成为信息时代的主要标志。本章主要概述“大学计算机基础”与“微机原理”的基本内容。

1.1　微型计算机的定义与工作过程

1.1.1　定义

以微处理器为核心，配上大容量的半导体存储器及功能强大的可编程接口芯片，连接外设（包括键盘、显示器、打印机和软驱、光驱等外部存储器）及电源所组成的计算机，称为微型计算机，简称微型机或微机，有时又称为 PC（Personal Computer）或 MC（Micro Computer）。微机加上系统软件，就构成了微型计算机系统（MCS，简称微机系统）。

简单地说，某系统或设备只要有 CPU，就可以称为微型计算机，如平常我们说的台式机、笔记本电脑、智能洗衣机、微波炉、单片机开发板、数字式仪器仪表、机器人、自动化生产线、内部含有 CPU 的集成电路芯片等。

1.1.2　冯・诺依曼体系

计算机是一种能够存储程序，并能自动连续地执行程序，对各种数字化信息进行运算的现代化电子设备。

首先，计算机是能够进行各种运算的设备。运算可分为两类：算术运算和逻辑运算。算术运算的对象是数值型数据，以四则运算为基础，许多复杂的数学问题都可以通过各种算法转换成若干四则运算；逻辑运算用来解决逻辑问题，如信息检索、逻辑判断和分析等。因此，计算机的工作实际上就是对各种信息的处理。

其次，计算机如何表示这些信息呢？简单地说，是用数字代码（即二进制数）来表示各种信息，因此称为数字计算机。

最后，计算机如何对这些信息进行处理呢？它采用的是一种存储程序的工作方式，即先编写程序，再由计算机将这些程序存储起来，然后自动连续、快速地执行程序，从而实现各种运算处理。

为了存储程序与数据，需要存储器；为了进行运算，需要运算器；为了输入程序和数据及输出运算结果，需要有输入设备和输出设备；此外还需要控制器对计算机各个部件的工作进行控制和管理。

上述要领是由计算机技术的先驱冯・诺依曼提出的。他在 1945 年提出了数字计算机的若干思想，被称为冯・诺依曼体系，这是计算机发展史上的一个里程碑。几十年来计算机的体系结构发生了深刻的变化，但冯・诺依曼体系的核心概念仍沿用至今。冯・诺依曼体系的要点归纳如下：

① 采用二进制代码表示数据和指令。

② 采用存储程序的工作方式，即先编写程序，然后存储程序，最后自动连续地执行程序。

③ 计算机的硬件系统由运算器、存储器、控制器、输入设备和输出设备组成。

下面首先阐述其中两点：存储程序的工作方式、信息的数字化表示。

（1）存储程序的工作方式

计算机的工作最终体现为执行程序，计算机采用存储程序的工作方式，体现了计算机解决问题的过程。

① 编写程序

为了使用计算机解决问题，需要先编写程序。在程序中规定了计算机需要做哪些工作，按什么步骤去做。程序还包括需要处理的原始数据，此外还规定了计算机何时从输入设备去获取数据。一件事情一般要分成几步来完成，每步执行的操作命令称为一条指令。计算机最终执行的程序是一系列指令序列，即若干指令的有序集合。换言之，我们事先编写的程序最终变成指令序列和原始数据。

② 存储程序

编写完成的程序经输入设备送入计算机，存放在存储器中。编写程序时是用字符书写的，通过键盘将字符变成二进制编码，然后再送入计算机。

③ 自动、连续地执行程序

由于程序已存储在存储器中，启动计算机后，计算机就可以按照一定的顺序从存储器中逐条读取数据，按照指令的要求完成相应的操作，直到程序被执行完毕。原则上，程序在执行过程中不需要人工干预。当然，有些工作本身需要以人机对话的形式进行，例如通过计算机进行查询时，计算机通过屏幕向操作人员询问，操作人员通过键盘或鼠标进行选择。这种情况要求计算机能分段执行程序，之间允许用户进行人工干预。所以计算机在自动、连续地执行程序的过程中，往往允许使用者以外部请求方式进行干预。

（2）信息的数字化表示

上面讲到，现在广泛使用的计算机，其全称是电子式数字计算机。

“电子”指计算机的主要部件是由电子电路组成的，计算机内传送与处理的信息是电子信号。例如，计算机中的算术运算单元（ALU）主要由加法器构成，而加法器由各种门电路（与门、非门等）组成。

“数字”则表示计算机中的信息（控制信息和数据信息）均采用数字化表示方法。例如，二进制11001表示–9，01000001表示字符A等。

1.1.3 工作过程

计算机的工作过程实际上是执行程序的过程，而程序是由一系列指令组成的，因此执行程序的过程就是按顺序执行指令的过程。

通常，计算机要运行某个程序时，该程序预先要调入内存的一系列单元中，在程序执行过程中完全由计算机自动执行而不需要人工干预，包括以下步骤，具体过程如图1-1所示。

① 取出指令：从存储器某个地址中取出要执行的指令送到CPU内部的指令寄存器暂时保存。

② 分析指令：把指令寄存器中的指令送到指令译码器，分析出该指令对应的操作。

③ 执行指令：根据指令译码结果，向各个部件发出相应的控制信号，完成指令规定的各种操作。

④ 形成下一条指令地址：为执行下一条指令做好准备，即形成下一条指令的地址。

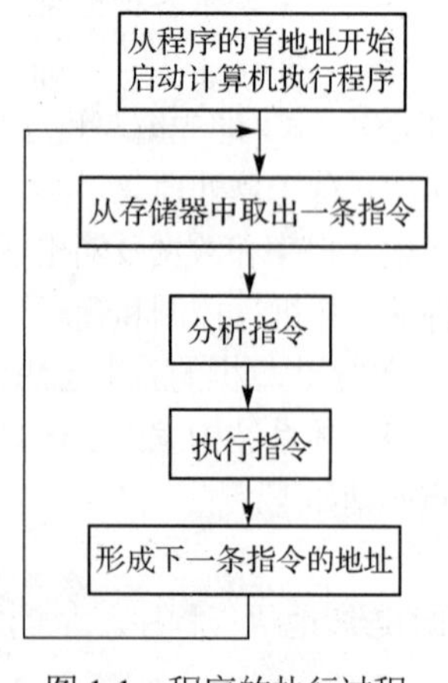

图1-1　程序的执行过程

1.2　计算机中的数制和编码基础

计算机的工作过程就是对数据进行处理。计算机是一个典型的数字化设备，它只能识别 0 和 1，所有的计算机都是以二进制数的形式进行算术运算和逻辑操作的。

1.2.1　计算机中的数制及转换

1. 计算机中的数制

计算机最早是作为一种计算工具出现的，所以最基本的功能是对数进行加工和处理。在使用微型计算机时常用的计数制有二进制数、十六进制数、十进制数 3 种。

（1）十进制数（Decimal）

以 10 为基数的计数制称为十进制计数制。十进制数有如下两个特点：

① 有 0～9 共 10 个不同的数码。

② 在加法中采用逢 10 进 1 的原则。

人们在实际生活中常用的是十进制数。

（2）二进制数（Binary）

以 2 为基数的计数制称为二进制计数制。二进制数有如下两个特点：

① 有 0、1 共 2 个不同的数码。

② 在加法中采用逢 2 进 1 的原则。

计算机中使用的是二进制数。

（3）十六进制数（Hexadecimal）

十六进制是人们学习和研究计算机中二进制数的一种工具，它是随着计算机的发展而广泛应用的。十六进制数有如下三个特点：

① 有 0～9、A、B、C、D、E、F 共 16 个不同的数码。

② 在加法中采用逢 16 进 1 的原则。

③ 在书写一个十六进制数时，如果该数据的高位为 A～F，则在高位的前面加“0”，如 0AH、0EFH、0FEABH、0CB98H 等。

十进制数、二进制数和十六进制数之间的关系如表 1-1 所示。

表 1-1　十进制数、二进制数及十六进制数对照表

十进制	0	1	2	3	4	5	6	7	8	9	10	11	12	13	14	15
二进制	0000	0001	0010	0011	0100	0101	0110	0111	1000	1001	1010	1011	1100	1101	1110	1111
十六进制	0	1	2	3	4	5	6	7	8	9	A	B	C	D	E	F

为了区别十进制数、二进制数及十六进制数 3 种数制，可以在数的后面加一个字母。规定 B（binary）表示二进制数，D（decimal）表示十进制数，H（hexadecimal）表示十六进制数，其中十进制数后面的字母 D 可以省略。

1.2.2　原码、反码、补码

数据在计算机内采用符号数字化处理后，机器可表示并识别带符号的数据。为了改进运算方法、简化控制电路，人们研究出多种有符号数的编码形式，最常用的有三种方法，即原码、反码、补码表示法。

8位二进制数用来表示的无符号数、原码、反码和补码，如表1-2所示。

从表1-2可以看出，8位二进制数无符号数表示范围是0～255，有符号数原码表示范围是–127～+127，反码表示范围是–127～+127，补码表示范围是–128～+127。

表1-2　原码、反码和补码表

二进制数	无符号数	有符号数		
		原　码	反　码	补　码
0000 0000	0	+0	+0	+0
0000 0001	1	+1	+1	+1
0000 0010	2	+2	+2	+2
...				
0111 1110	126	+126	+126	+126
0111 1111	127	+127	+127	+127
1000 0000	128	–0	–127	–128
1000 0001	129	–1	–126	–127
...				
1111 1101	253	–125	–2	–3
1111 1110	254	–126	–1	–2
1111 1111	255	–127	–0	–1

1.2.3　定点数和浮点数

计算机中运算的数有整数，也有小数。通常有两种规定：一种是规定小数点的位置固定不变，这时的机器数称为定点数；另一种是小数点的位置可以浮动，这时的机器数称为浮点数。微型计算机中常使用定点数。

1．定点数

所谓定点法，是指小数点在数中的位置是固定不变的，以定点法表示的实数称为定点数。根据小数点位置的固定方法不同，又可分为定点整数和定点小数表示法。前面介绍的整数均为定点整数，可以认为小数点固定在数的最低位之后。

如果小数点隐含固定在整个数值的最右端，符号位右边所有的位数表示的是一个整数，即为定点整数。例如，对于16位机，如果符号位占一位，数值部分占15位，于是机器数0111111111111111的等效十进制数为+32767，其符号位、数值部分、小数点的位置示意如图1-2所示。

如果小数点隐含固定在数值的某一位置上，即为定点小数。如果小数点固定在符号位之后，即为纯小数。假设机器字长为16位，符号位占一位，数值部分占15位，于是机器数1 000000000000001的等效十进制数为-2^{-15}，其符号位、数值部分、小数点的位置示意图如图1-3所示。

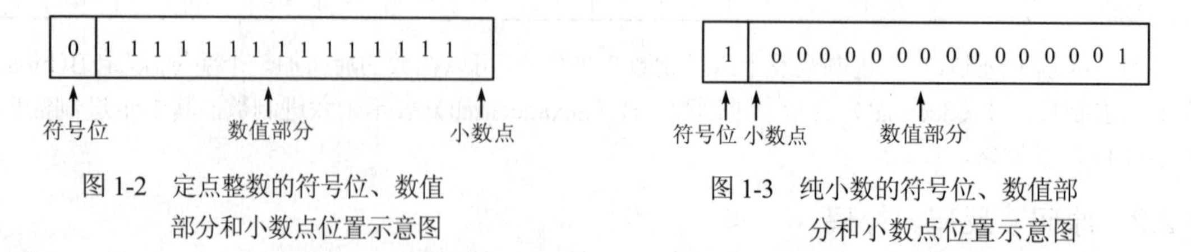

图1-2　定点整数的符号位、数值部分和小数点位置示意图

图1-3　纯小数的符号位、数值部分和小数点位置示意图

2．浮点数

所谓浮点数，是指计算机中数的小数点位置不是固定的，或者说是“浮动”的。在计算机中，浮

点数法一般用来表示实数，可以采用“阶码表示法”来表示浮点数，它由整数部分和小数部分组成，一个实数可以表示成一个纯小数和一个乘幂之积。

采用浮点数最大的特点是，比定点数表示的范围大。

例如，对于十进制数 $56.725=10^2\times0.56725$；对于二进制数 $110.11=2^2\times1.1011$。

对于任何一个二进制数 N，都可以表示为

$$N=(2^{\pm E})\times(\pm S)$$

浮点数在计算机中的编码基本格式如图 1-4 所示。

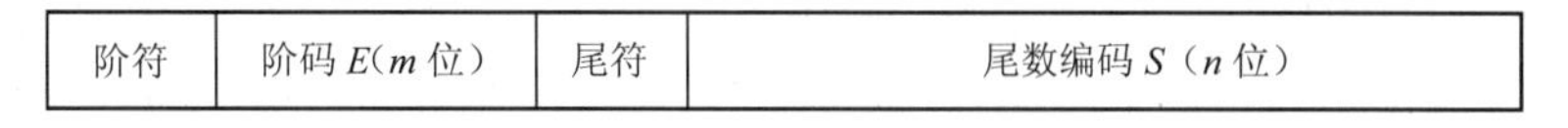

图 1-4　浮点数在计算机中的编码基本格式

其中，E 称为阶码，阶码为 0 表示 E 为正，为 1 表示 E 为负。由此可见，小数点的实际位置随着阶码 E 的大小和符号而浮动决定；$\pm S$ 为全部有效数据，称为尾数部分。

例如，$1001.011=2^{0100}\times(0.1001011)$。此处，0100 部分称为阶码且为正，(0.1001011)部分称为尾数。

浮点数的格式多种多样。例如，某计算机用 4 个字节表示浮点数，阶码部分为 8 位补码定点整数，尾数部分为 24 位补码定点小数，如图 1-5 所示。

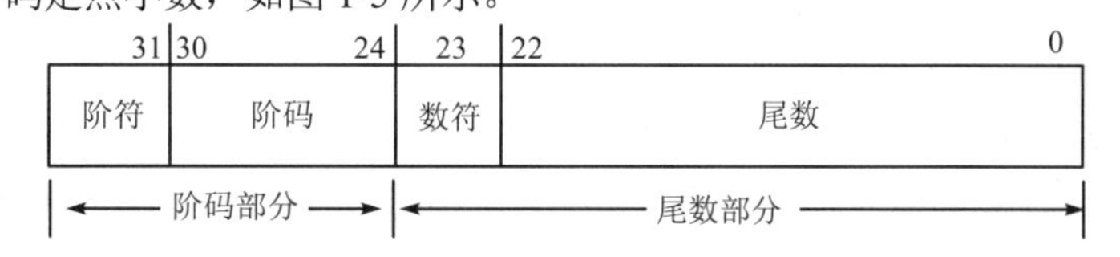

图 1-5　4 个字节表示的浮点数

【例 1-1】 描述用 4 个字节存放十进制浮点数“136.5”的浮点格式。

由于$(136.5)_{10}=(10001000.1)_2$，将二进制数“10001000.1”进行规格化，即

$$10001000.1=0.100010001\times2^8$$

阶码 2^8 表示阶符为“+”，阶码为“8”的二进制数为“0001000”；尾数中的数符为“+”。小数值为“100010001”。

十进制小数“136.5”在计算机中的表示如图 1-6 所示。

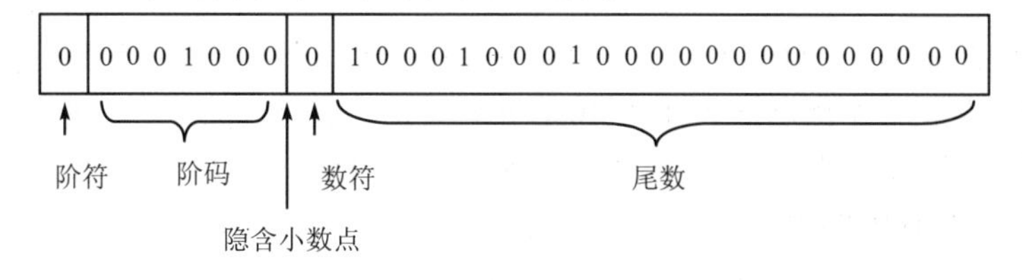

图 1-6　规格化后的浮点数

在实际应用时，由于阶码指数可使用不同的编码（原码、补码等），尾数的格式和小数点的位置也可以有不同的规定，所以浮点数的表示方法不唯一，不同的计算机可以有不同的规定。

1.2.4　计算机中常用的编码

计算机除了用于数值计算外，还要进行大量的文字信息处理，也就是要对表达各种文字信息的符号进行加工。例如计算机和外设如键盘、（字符）显示器、打印机之间的通信都采用字符方式输入/输出。目前计算机中最常用的两种编码是美国信息交换标准代码（ASCII 码）和二–十进制编码（BCD 码）。

1. 美国信息交换标准代码（ASCII码）

ASCII（American Standard Code for Information-Interchange）码是美国信息交换标准代码的简称，主要给西文字符进行编码。它采用7位二进制数表示一个字符，包括32个标点符号，10个阿拉伯数字，52个英文大小写字母，34个控制符号，共128个。编码与字符之间的对应关系如附录A所示。

在计算机系统中，存储单元的长度通常为8位二进制数（即一个字节），为了存取方便，规定一个存储单元存放一个ASCⅡ码，其中低7位表示字母本身的编码，第8位（即bit7）用作奇偶校验位或规定为零（通常如此）。因此，也可以认为ASCII码的长度为8位。

奇偶校验的主要目的是用于在数据传输过程中，检测接收方的数据是否正确。收发双方预约为何种校验，接收方收到数据后检验1的个数，判断是否与预约的校验相符，倘若不符，则说明传输出错，可请求重新发送。奇校验时，bit7的取值应使得8位ASCII码中1的个数为奇数；偶校验时，bit7的取值应使得ASCII码中1的个数是偶数。例如：

“8”的奇校验ASCII码为00111000B，偶校验ASCII码为10111000B。

“B”的奇校验ASCII码为11000010B，偶校验ASCII码为01000010B。

2. BCD码（二进制编码的十进制数）

十进制毕竟是人们最习惯的计数方式，在向计算机输入数据时，常用十进制数输入，但计算机只识别二进制数，因此每1位十进制必须用二进制数表示。1位十进制数包含0～9十个数码，必须用4位二进制数表示，这样就需要确定0～9与4位二进制数0000B～1111B之间的对应关系，其中较常用的8421BCD码规定了十进制数0～9与4位二进制数编码之间的对应关系，见表1-3。

表1-3 十进制数与4位二进制数编码之间的对应关系

十进制数	8421BCD码	十进制数	8421BCD码
0	0000	5	0101
1	0001	6	0110
2	0010	7	0111
3	0011	8	1000
4	0100	9	1001

注：在BCD码中，不使用1010B（0AH）～1111B（0FH）。

例如，4567.89的BCD码为0100 0101 0110 0111.1000 1001（每1位十进位数用相应的4位二进制数表示即可）。BCD码的一个优点就是10个BCD码组合格式容易记忆。一旦熟悉了4位二进制数的表示，对BCD码就可以像十进制数一样迅速自如地读出。同样，也可以很快地得出以BCD码表示的十进制数。例如，将1个BCD数转换成相应的十进制数：

$$(0111\ 0110\ 1001.1001\ 0011\ 0101)_{BCD} = 769.935$$

BCD码采用4位编码，4位一组表示1位十进制数，分别表示十进制数的个位、十位、百位等，低4位对高4位的进位为“逢十进一”。它不是二进制数，而是按4位二进制数的展开值和按4位一组解释为十进制数。BCD码和二进制数之间的转换不能直接实现，二进制数转换为BCD码时，必须先将其转换为十进制数。例如，要将二进制数1101.1B转换为BCD码，首先需要将二进制数按权展开，转换为十进制数，再转换为BCD码：

$$1101.1B=1\times2^3+1\times2^2+0\times2^1+1\times2^0+1\times2^{-1}=13.5$$

$$13.5=(0001\ 0011.0101)_{BCD}$$

同样，要将BCD码转换为二进制数，首先要把BCD码转换为十进制数，然后再转换为二进制数。

BCD 编码可以简化人机关系，但它比纯二进制编码的效率低。对同一个给定的十进制数，用 BCD 编码表示的位数比用纯二进制表示的位数要多。而每位数都需要某些数字电路与之对应，这就使得与 BCD 码连接的附加电路成本提高，设备的复杂性增加，功耗较大。用 BCD 码进行运算所花的时间比用纯二进制码进行运算所花的时间要多，而且复杂。

计算机中存储 BCD 码的形式有两种：压缩 BCD 码和非压缩 BCD 码。

（1）压缩 BCD 码

压缩 BCD 码用 4 位二进制数表示 1 位十进制数，一个字节可以表示 2 位十进制数。例如 10010111B 表示十进制数 97。

（2）非压缩 BCD 码

非压缩 BCD 码用 8 位二进制数表示 1 位十进制数，高 4 位总为 0000，低 4 位的 0000～1001 表示 0～9。例如 00001001B 表示十进制数 9。

尽管 BCD 码比较直观，但 BCD 码与二进制数之间的转换并不方便，需要转换成十进数后，才能转换为二进制数，反之亦然。

前面介绍了在使用计算机时二进制数、十进制数、十六进制数、ASCII 码、BCD 码以及带符号数的表示等问题，这里要注意微型计算机能处理的数据只有二进制数，计算机并不认识什么正数、负数、BCD 码、ASCII 码等，计算机中数的表现形式只有二进制数，其他的数制和性质需要人们来进行分析与说明。如在某存储器中存放一个二进制数 11111111B（0FFH），这个数多大？这要看人们如何看了，如果是一个无符号数，就是 255；如果是一个有符号数，就是–1；如果是个 BCD 码，就是一个无效的数；如果是个 ASCII 码，就代表“DEL”键的 ASCII 码值。

1.3　微型计算机结构

微型计算机是由硬件（Hardware）和软件（Software）两大部分组成的。硬件是由电子部件和机电装置所组成的计算机实体，其基本功能是接收计算机程序，并在程序控制下完成信息输入、处理和结果输出等任务。软件是指为计算机运行服务的全部技术资料和各种程序，以保证计算机硬件的功能得以充分发挥。

1.3.1　微型计算机硬件结构概述

微型计算机在硬件上由运算器、控制器、存储器、输入设备及输出设备五大部分组成，如图 1-7 所示。

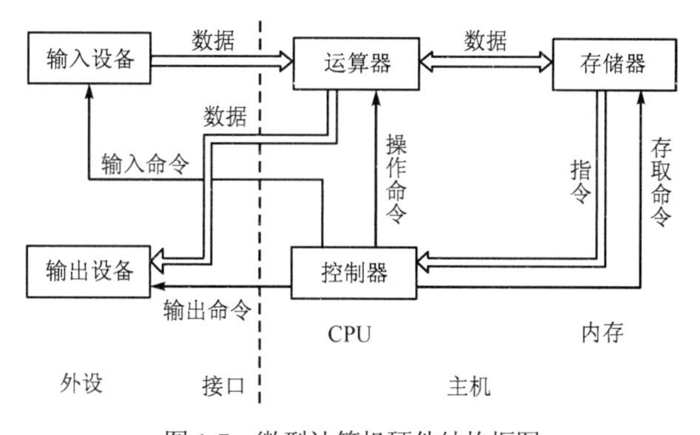

图 1-7　微型计算机硬件结构框图

运算器是计算机处理信息的主要部分；控制器控制计算机各部件自动地、协调一致地工作；存储器是存放数据与程序的部件；输入设备用来输入数据与程序，常用的输入设备有键盘、光电输入机等；输出设备将计算机的处理结果用数字、图形等形式表示出来，常用的输出设备有显示终端、数码管、打印机、绘图仪等。

通常把运算器、控制器、存储器这三部分称为计算机的主机，而输入、输出设备则称为计算机的外部设备（简称外设）。由于运算器、控制器是计算机处理信息的关键部件，所以常将它们合称为中央处理单元 CPU（Central Processing Unit）。

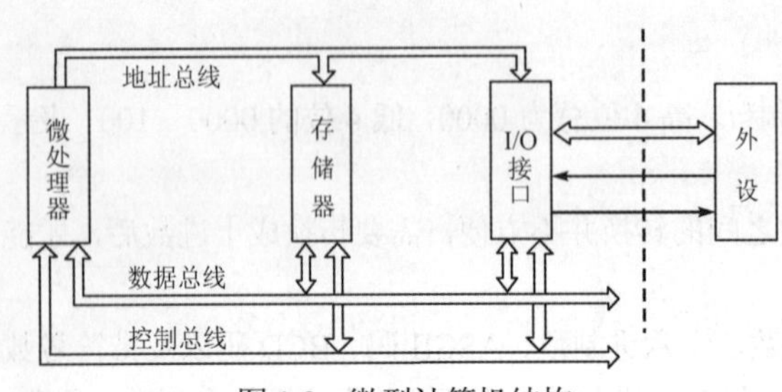

图 1-8 微型计算机结构

这样，微型计算机结构就可以用图 1-8 来进行表示。微型计算机由 CPU、存储器、输入/输出（I/O）接口电路构成，各部分（芯片）之间通过总线（Bus）连接。

将微处理器、存储器、I/O 接口电路以及简单的输入、输出设备组装在一块印制电路板上，称为单板微型计算机，简称单板机。将微处理器、存储器、I/O 接口电路集成在一块芯片上，称为单片微型计算机，简称单片机。

关于 CPU、存储器、I/O 口、总线的有关问题将在下节讨论。

1.3.2 微型计算机软件概述

上面所述的微型计算机设备称为硬件。计算机能够脱离人的直接控制而自动地操作与运算，还必须要有软件。软件是指使用和管理计算机的各种程序（Program），而程序是由一条条指令（Instruction）组成的。

控制计算机完成各种操作的命令称为指令。指令分成操作码和操作数两部分。操作码表示该指令执行何种操作，操作数表示参加运算的数据或数据所在的地址。

为了计算一个数学式，或者控制一个生产过程，需要事先制定计算机的计算步骤或操作步骤。计算步骤是由一条条指令来实现的。这种一系列指令的有序集合称为程序。编制程序的过程称为程序设计。

为了使机器能自动进行计算，要预先用输入设备将程序输入计算机存放。计算机启动后，在控制器的控制下，CPU 按照顺序依次取出程序的一条条指令，加以译码和执行。计算机的工作是由硬件、软件紧密结合、共同完成的，这与一般的数字电路系统不同。

1. 源程序与机器码

在程序设计时，要编写源程序。编写源程序可以采用符号语言或者是目标语言。目标语言是机器码语言，现在通常采用符号语言。符号语言基本可以分为汇编语言和高级语言。

用助记符（通常是指令功能的英文缩写）表示操作码，用字符（字母、数字、符号）表示操作数的指令称为汇编指令。用汇编指令编制的程序称为汇编语言程序。这种程序占用存储器单元较少，执行速度较快，能够准确掌握执行时间，可实现精细控制，因此特别适用于实时控制。然而汇编语言是面向机器的语言，各种计算机的汇编语言是不同的，必须对所用机器的结构、原理和指令系统比较清楚才能编写出它的各种汇编语言程序，而且不能通用于其他机器，这是汇编语言的不足之处。

高级语言是面向过程的语言，常用的高级语言有 BASIC、FORTRAN、PASCAL、C 等。用高级语言编写程序时主要着眼于算法，而不必了解计算机的硬件结构和指令系统，因此易学易用。高级语言是独立于机器的，一般来说，同一个程序可在任何种类的机器中使用。高级语言适用于科学计算、数据处理等。C 语言是一种编译型程序设计语言，它兼顾了多种高级语言的特点，并具备了汇编语言的功能。C 语言是为了能够胜任系统程序设计的要求而开发的，因此有很强的表达能力，能够用于描述系统软件各方面的特性。它具有较高的可移植性，提供了种类丰富的运算符和数据类型，极大地方便了程序设计。同时它有功能丰富的库函数，运算速度快、编译效率高，且可以直接实现对系统硬件的控制。它具有完善的模块程序结构，在软件开发中可以采用模块化程序设计方法。目前，使用 C 语言进行程序设计已成为软件开发的主流之一。

"一个优秀的单片机开发人员一定同时掌握汇编语言和 C 语言"，"一个优秀的单片机 C 语言编程人员是从汇编语言过渡过来的"。汇编语言和单片机的硬件结合非常好，对于掌握单片机的硬件技术有很大帮助，因此刚开始接触单片机技术时一般先用汇编语言编程，本书以汇编语言编程为主，在部分例题上采用 C 语言编程以辅助。

下面通过一个例子说明用汇编语言或高级语言编写的源程序。

【例 1-2】 编程：计算 63+56+36+14=?

用 51 单片机的汇编语言编写的源程序如下：

```
ORG     0000H
MOV     A,#63
ADD     A,#56
ADD     A,#36
ADD     A,#14
SJMP    $
```

用 C 语言编写的源程序如下：

```
void main()
{   unsigned char sum;
    sum=63+56+36+14;
    while(1);
}
```

计算机中只能存放和处理二进制信息，所以无论是高级语言程序还是汇编语言程序，都必须转换成二进制代码形式后才能送入计算机，这种二进制代码形式的程序就是机器语言程序——机器码目标程序。

将汇编语言程序翻译成目标程序的过程称为汇编，汇编时用到的软件称为汇编程序。高级语言转换成机器语言的工作只能由计算机完成，转换时所用的软件称为编译程序或解释程序。

编译与解释程序是系统软件的重要分支。

例 1-2 中用汇编语言和 C 语言编写的源程序翻译成的机器码如图 1-9 和图 1-10 所示。

```
Address: c:0
C:0x0000: 74 3F 24 38 24 24 24 0E 80 FE
C:0x001A: 00 00 00 00 00 00 00 00 00 00
C:0x0034: 00 00 00 00 00 00 00 00 00 00
```

图 1-9　例 1-1 汇编语言翻译成的机器码

```
Address: c:0
C:0x0000: 02 00 03 78 7F E4 F6 D8 FD 75 81 08 02 00 0F 75 08 A9 80 FE
C:0x001A: 00 00 00 00 00 00 00 00 00 00 00 00 00 00 00 00 00 00 00 00
C:0x0034: 00 00 00 00 00 00 00 00 00 00 00 00 00 00 00 00 00 00 00 00
```

图 1-10　例 1-1C 语言翻译成的机器码

通过图 1-9 和图 1-10 可以看出，用 C 语言编写的源程序翻译成机器码比用汇编语言编写的源程序翻译成的机器码多。

下面再通过一个例子对汇编语言、C语言、机器语言进行比较。

【例1-3】将51单片机外部数据存储器的000BH和000CH单元的内容相互交换。

用汇编语言编程，源程序如下：

```
ORG     0000H
MOV     DPTR,#000BH
MOVX    A,@DPTR                 ;将000BH内容读入A
MOV     R7,A                    ;暂存000BH内容
INC     DPTR
MOVX    A,@DPTR                 ;将000CH内容读入A
MOV     DPTR,#000BH
MOVX    @DPTR,A
INC     DPTR
MOV     A,R7
MOVX    @DPTR,A
SJMP    $
END
```

用C语言编程，C51源程序如下：

```
#include<absacc.h>
void  main(void)
{    char  c;
     c=XBYTE[11];
     XBYTE[11]=XBYTE[12];
     XBYTE[12]=c;
     while(1);
}
```

上面的程序经过编译，生成的反汇编程序如下：

```
0x0000   020013    LJMP   STARTUP1(C:0013)      ; 跳转
0x0003   90000B    MOV    DPTR,#0x000B
0x0006   E0        MOVX   A,@DPTR
0x0007   FF        MOV    R7,A
0x0008   A3        INC    DPTR
0x0009   E0        MOVX   A,@DPTR
0x000A   90000B    MOV    DPTR,#0x000B
0x000D   F0        MOVX   @DPTR,A
0x000E   A3        INC    DPTR
0x000F   EF        MOV    A,R7
0x0010   F0        MOVX   @DPTR,A
0x0011   80FE      SJMP   C:0011
0x0013   787F      MOV    R0,#0x7F              ; 以下是清0部分
0x0015   E4        CLR    A
0x0016   F6        MOV    @R0,A
0x0017   D8FD      DJNZ   R0,IDATALOOP(C:0016)
0x0019   758107    MOV    SP(0x81),#0x07
0x001C   020003    LJMP   main(C:0003)
```

2. 机器码在内存中存放

若把例1-2用汇编语言编写的源程序翻译成的机器码存入容量为256个单元的存储器，且从地址

为 0000 0000 的单元开始存放，则存放顺序如图 1-11 所示。

指令机器码第一个字节所在单元的地址（0000 0000、0000 0010、0000 0100、0000 0110）称为指令地址。第一条指令的地址（0000 0000）称为该程序的首地址，又称程序的入口地址。带有二进制地址和机器码的程序示例如下：

地址	机器码汇编		指令
0000 0000	0111 0100	0011 1111	MOV　A，#63
0000 0010	0010 0100	0011 1000	ADD　A，#56
0000 0100	0010 0100	0010 0100	ADD　A，#36
0000 0110	0010 0100	0000 1110	ADD　A，#14

二进制位数多，书写和识读不便，所以地址和机器码实际上多以十六进制数表示。

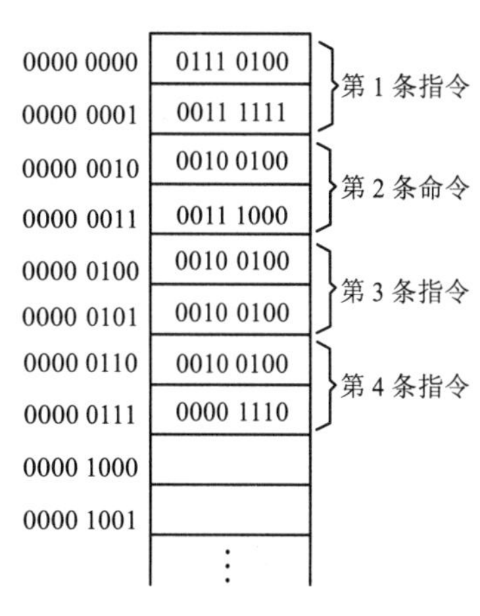

图 1-11　存储器中的程序

3. 操作系统与应用软件

操作系统是系统软件中最重要的软件。

计算机是由硬件和软件组成的一个复杂系统，可供使用的硬件和软件均称为计算机的资源。要让计算机有条不紊地工作，就需要对这些资源进行管理。用于管理计算机软、硬件资源，监控计算机及程序的运行过程的软件系统，称为操作系统（Operation System）。操作系统对计算机是至关重要的，没有它计算机就不能启动。目前广泛使用的微机操作系统有 DOS（Disk Operation System）、Windows、Linux、UNIX 等。DOS 是单用户操作系统，Windows 是具有图形界面、操作方便的系统，UNIX 是具有多用户、多任务功能的操作系统，Linux 是目前日趋流行的操作系统。

系统软件还包括连接程序、装入程序、诊断与调试程序等。连接程序能把要执行的程序与库文件及其他已编译的程序模块连在一起，成为机器可以执行的程序；装入程序能把程序从磁盘中取出来并装入内存，以便执行；调式程序能够让用户监督和控制程序的执行过程；诊断程序能在机器启动过程中，对机器的硬件配置和完好性进行监测和诊断。

应用软件（即应用程序）是为了完成某一特定任务而编制的程序，其中有一些是通用的软件，如数据库系统（DBS）、办公自动化软件 Office、图形图像处理软件 PhotoShop 等。

4. 硬件与软件的关系

微机系统是硬件和软件有机结合的整体。计算机的硬件和软件是密不可分但又相互独立的。硬件是计算机工作的基础，没有硬件的支持，软件将无法正常工作；软件是计算机的灵魂，没有软件，硬件就是一个空壳，不能做任何工作。没有软件的计算机称为裸机，操作系统给裸机以灵魂，使它成为真正可用的工具。一个应用程序在计算机中运行时，受操作系统的管理与监控，在必要的系统软件的协助之下，完成用户交给它的任务。可见，裸机是微机系统的物质基础，操作系统为它提供了一个运行环境。系统软件中，各种语言处理程序为应用软件的开发和运行提供了方便。用户并不直接和裸机打交道，而是使用各种外设，如键盘和显示器等，通过应用软件与计算机交流信息。

1.3.3 CPU、存储器、I/O 口、总线

CPU、存储器、I/O 口是组成微型计算机的基本部分，在使用时厂家是以芯片的形式或 I/O 接口电路的形式提供给使用者的。CPU、存储器、I/O 口是通过总线联系在一起的。

1．微处理器（CPU）

微处理器是利用微电子技术将计算机的核心部件（运算器和控制器）集中做在一块集成电路上的一个独立芯片。

它具有解释指令、执行指令和与外界交换数据的能力。该芯片称为微处理器或微处理机（Microprocessor），也称中央处理器 CPU。在目前情况下，无论哪种 CPU，内部基本组成总是大同小异的，其内部包括三部分：运算器、控制器、内部寄存器阵列（工作寄存器组），如图 1-12 所示。

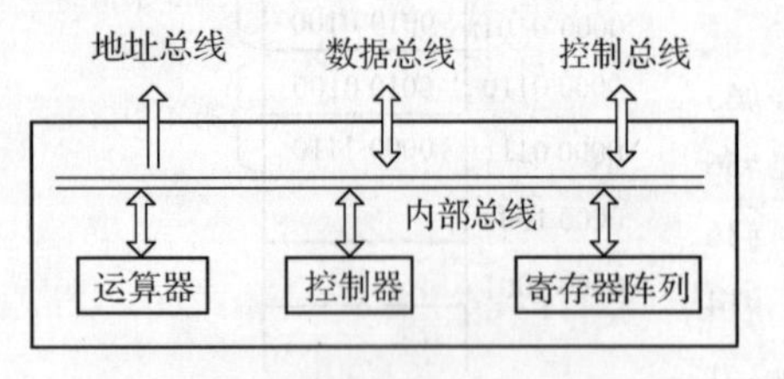

图 1-12　微处理器结构图

（1）运算器

运算器是对信息进行加工、处理及运算的逻辑部件。它由算术逻辑运算单元、累加器 A、暂存寄存器、标志寄存器、二–十进制调整电路等组成。新型 CPU 的运算器还可以完成各种高精度的浮点运算。

（2）控制器

控制器包括指令寄存器、指令译码器和定时与控制电路三部分。

计算机工作时，由定时与控制电路按照一定的时间顺序发出一系列控制信号，使计算机各部件能按一定的时间节拍协调一致地工作。

控制器是计算机控制和调度的中心，计算机的各种操作都是在控制器的控制下进行的。

（3）内部寄存器阵列

内部寄存器阵列由多个功能不同的寄存器构成，用以存放参加处理和运算的操作数、数据处理的中间结果和最终结果等。寄存器可分为专用寄存器和通用寄存器。专用寄存器的作用是固定的，如堆栈指针寄存器、标志寄存器、指令指针寄存器等；而通用寄存器可由编程者依据需要规定其用途。多次使用的操作数和中间结果可暂时存放在寄存器中，避免对存储器的频繁访问，从而缩短指令执行时间，同时也给编程者带来很大的方便。

在使用 CPU 时，用户主要关注的是，在了解 CPU 功能的基础上对 CPU 内部寄存器的使用。因此，要正确使用 CPU，就必须掌握 CPU 内部寄存器的名字（符号）、大小（存放的二进制位数）及特殊功能。

CPU 是微型计算机的核心，它的性能决定了整个微型计算机的各项关键指标。微处理器本身不能构成独立工作的系统，也不能独立执行程序，必须配上存储器、外部输入/输出接口构成一台微型计算机方能工作。

2．存储器

存储器是微型计算机的重要组成部分，是用来存放程序和数据的，计算机有了存储器才具备记忆能力。

（1）存储器的基本组成

存储器由一些能够表示二进制数 0 和 1 状态的物理器件组成，这些器件本身具有记忆的功能，如电容、双稳态电路等。这些具有记忆功能的物理器件或者电路就构成了一个基本存储单元。每个基本存储单元可以保存 1 位二进制信息，若干个基本存储器单元构成 1 个存储单元，通常一个存储单元由 8 个基本存储单元构成，即 1 个存储单元可以存储 8 个二进制信息，许多存储单元组织在一起构成了存储器。形象地说，把学校的一座宿舍楼比作存储器，那么宿舍楼中的各个宿舍就是存储单元，各个宿舍中的每张床就是基本存储单元。存储器各部分组成之间的关系如图 1-13 所示。

（2）存储器的分类

存储器的分类如图 1-14 所示。

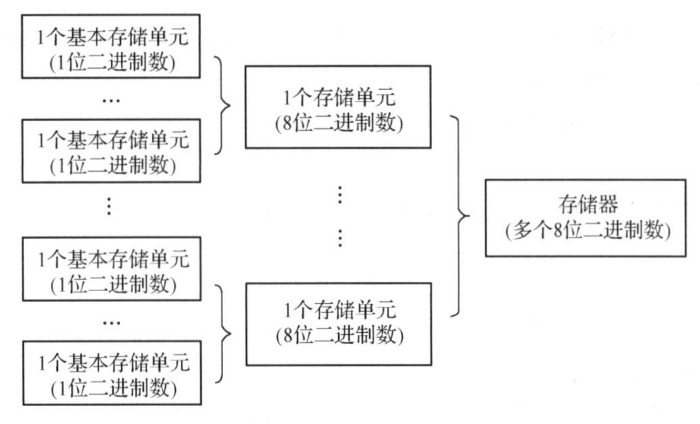

图 1-13　存储器组织关系图

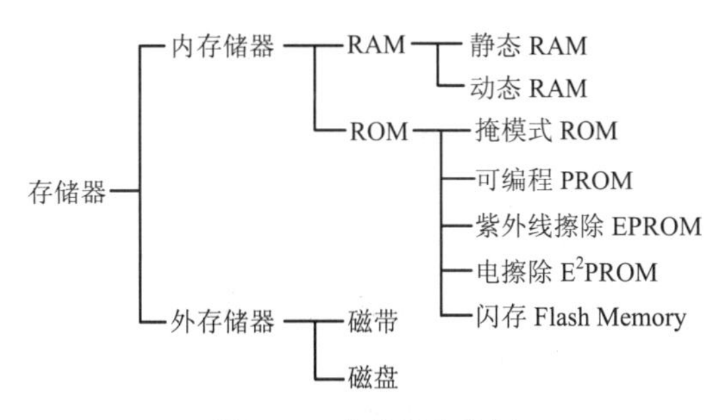

图 1-14　存储器分类图

内部存储器：内部存储器也称为内存，是主存储器，位于计算机主机的内部。它用来存放当前正在使用或经常使用的程序和数据，由半导体集成电路芯片组成。内存工作速度快，可以直接与 CPU 交换数据、参与运算。但内存的容量有限，通常为几十到几百 KB（字节），1KB=1024B。

外部存储器：外部存储器也称为外存，是辅助存储器。外存的特点是容量大，所存储的信息既可以修改，也可以保存，存取速度较慢，要由专用设备来管理，如磁带、磁盘、光盘等。一盘磁带可存储 150KB 的信息，一片硬磁盘可存储数十兆字节的信息。磁带、磁盘的数量可随意增加。从这个意义上说，外存储器的容量无限，但外存的工作速度低，它们不能直接参与计算机的运算，一般情况下外存只与内存成批交换信息。也就是说，外存储器仅起到扩大计算机存储容量的作用。在计算机中，外存储器是外部设备的组成部分。

本书涉及的存储器系统设计主要是内存储器系统设计。

内部存储器主要包括随机存储器 RAM 和只读存储器 ROM。

① 随机存取存储器 RAM：随机存取存储器 RAM 又称读写存储器，它的数据读取、存入时间都很短，因此计算机运行时，既可以从 RAM 中读数据，又可以将数据写入 RAM。但掉电后 RAM 中存放的信息将丢失。RAM 适宜存放输入数据、中间结果及最后的运算结果，因此又被称为数据存储器。

随机存储器有静态 RAM 和动态 RAM 两种。静态 RAM 用触发器存储信息，只要不断电，信息就不会丢失。动态 RAM 依靠电容存储信息，充电后为“1”，放电后为“0”。由于集成电路中电容的容量很小，且存在泄漏电流的放电作用，高电平的保持时间只有几毫秒。为了保存信息，每隔 1～2ms 必须对高电平的电容重新充电，这称为动态 RAM 的定时刷新。动态 RAM 的集成度高；静态 RAM 的集成度低、功耗大，优点是省去了刷新电路。在专用的微型计算机系统设计时，一般只用静态的 RAM 就可以满足要求。

② 只读存储器 ROM：只读存储器 ROM 读出一个数据的时间为数百纳秒，有时也可改写，但写入一个数据的时间长达数十毫秒。因此在计算机运行时只能执行读操作。掉电后 ROM 中存放的数据不会丢失。ROM 适宜存放程序、常数、表格等，因此又称为程序存储器。只读存储器有以下 5 类，见图 1-14，主要用到的有以下两类。

电擦除可编程只读存储器 E^2PROM（Electrically Erasable PROM）：由于采用电擦除方式，而且擦除、写入、读出的电源都用+5V，故能在应用系统中在线改写。但目前写入时间较长，约需 10ms 左右，读出时间约为几百纳秒。

闪烁存储器（Flash Memory）：快速擦写存储器（Flash Memory）（简称 Flash）是 20 世纪 80 年代中期推出的新型器件。它可以在联机条件下，即在计算机内进行擦除、改写，因而称为快擦写型存储器或闪烁存储器。它具有芯片整体或分区电擦除和可再编程功能，因而其成为性价比和可靠性最高的可读写、非易失性存储器。其主要性能特点如下。

- 高速芯片整体电擦除。芯片整体擦除时间约 1s，而一般的 EPROM 需要 15 分钟以上。
- 高速编程，采用快速脉冲编程方法，编程时间短。
- 最少 1 万次擦除/编程周期，通常可达到 10 万次。
- 早期的 Flash 采用 12V 编程电压，改进后在 Flash 内部集成了 1 个 DC/DC 变换器，可以采用单一的 5V 电压供电。
- 高速度的存储器访问，最大读出时间不超过 200μs。高速的 Flash 的读出时间了达 60μs。
- 低功耗，最大工作电流 30mA，备用状态下的最大电流 100μA。
- 密度大，价格低，性价比高。

由于 Flash 的突出性能，使它发展迅速。Intel 公司已由 Flash 来替代 E^2PROM，不再生产 E^2PROM。由于它的非易失性和可以长期地反复使用，目前已经广泛应用于 IC 卡、单片机系统和其他电子设备中。大容量的 Flash 也可以“固态盘”的形式代替软盘或硬盘作为海量存储器用。

在设计专用的微型计算机系统时，主要使用的是内存储器。在内存储器中主要用的是静态的 RAM 和电擦除 E^2PROM。半导体存储器在使用时，厂家是以芯片的形式提供给使用者的。

（3）CPU 对存储器的操作

一个存储器单元存放的信息称为该存储单元的内容。数据和程序均是以二进制数形式存放的，不论是 8 位还是 16 位机，都是以 8 位二进制数作为一个字节存放在存储器中的。

为了区分不同的存储单元，按一定的规律和顺序对每个存储单元进行排列编号，这个编号称为存储单元的地址。在计算机中，地址也是用二进制数来表示的，每个存储单元具有一个唯一的地址。对存储单元的操作就是对该地址的操作。

从应用的角度讲，计算机工作时，CPU 对存储器的操作只有“读”和“写”操作。CPU 将数据存入存储器的过程称为“写”操作，CPU 从存储器中取数据的过程为“读”操作。写入存储单元的数据取代了原数据，而且在下一个新的数据写入之前一直保留着，即存储器具有记忆的功能。在执行“读”操作后，存储单元中原有的内容不变，即存储器的读出是非破坏性的。不同类型的存储器对“读”、“写”的要求不同。

（4）存储器的主要指标

衡量半导体存储器性能的主要指标有存储容量、存取速度、存储器周期、功耗、可靠性、价格、电源种类等，其中主要的技术指标是存储容量和存取速度。

存储容量是存储器的一个重要指标。能够存放二进制数的位数称为存储容量。存储器芯片的存储容量用“存储单元个数 × 每个单元的存储位数”来表示。例如存储器有 256 个单元，每个单元存放 8 位二进制数，那么该存储器的容量为 256 × 8 位。

在表示存储器的存储单元个数时，一般以地址空间数量来表示，而地址空间数量是由地址线来决定的，即存储器的存储单元个数 Q 与存储器的地址线的宽度（数量）N 有关，它们之间的关系是 $Q = 2^N$。

例如，某存储器芯片有 13 条地址线 A12～A0，则存储器存储单元个数为 2^{13}=8192 个，地址空间表示范围为 0000H～1FFFH。对于有 13 条地址的存储器芯片，每个存储单元存放一个 8 位的二进制数，则该芯片的容量为 $8×2^{10}×8B$=64KB。

关于其他指标可以查阅相关的资料。

3．输入/输出接口电路

所谓接口，是指在两台计算机之间、计算机与外设之间、计算机内部各部件之间起连接作用的逻辑电路，是 CPU 与外界进行信息交换的中转站。

为了完成一定的实际任务，微型计算机必须与外部世界进行广泛的信息交换，即与各种外设相连。常见的外设有键盘、鼠标、磁盘、CRT、打印机等，它们都是大家熟悉的输入/输出设备。在一些控制场合，还需要模/数转换器、数/模转换器、发光二极管、光电隔离器等，这些设备在信息格式、工作速度、驱动方式等方面彼此差别很大，所以不能直接与 CPU 相连，必须通过接口电路连接。I/O 接口是处于系统与外设之间、用来协助完成数据传送和传送控制任务的一部分电路。

接口技术是用微型计算机组成一个实际应用系统的关键技术，任何一个微型计算机应用系统的研制和设计，实际上主要就是微型计算机接口的研制和设计。它包括硬件接口电路的设计和编制使这些电路按要求进行工作的驱动程序。

（1）接口的功能

接口电路是专门为解决 CPU 与外设之间的不匹配、不能协调工作而设置的，它处在总线和外设之间，一般应具有：对输入/输出数据进行缓冲、隔离和锁存的功能，对信号的形式和数据格式进行交换与匹配功能，提供信息相互交换的应答联络信号的功能，根据寻址信息选择相应的外设的功能。由此可见，I/O 电路是外设和计算机之间传送信息的交换器件，也有人称它为界面，它使两者之间能很好地协调工作，每一个外设都要通过接口电路才能和计算机相连。

（2）CPU 和 I/O 设备之间的信号

计算机有各种用途，但不论用于何种场合，都离不开信息处理，所处理的信息，均要由输入设备提供，而处理后的结果数据，则要送给输出设备，以各种形式报告给用户。为了让外设按计算机的要求有次序地输入或接收数据，计算机的 CPU 就要能控制输入/输出设备的启动或停止，并了解它们当前的工作状态，从而送出相应的控制命令。

通常，我们把计算机与外设间的这种交换数据、状态和控制命令的过程统称为通信（Communication）。通信过程就是数据传输的过程，在这个过程中要传输的信息有数据信息、状态信息、控制信息。

① 数据信息

CPU 和外设交换的基本信息就是数据，数据通常为 8 位或 16 位。数据信息可分为以下三种类型。

- 数字量：它们是二进制数的形式或以 ASCII 码表示的数据及字符，通常是 8 位的。
- 模拟量：如果一个微型计算机系统是用于控制的，那么多数情况下的输入信息是现场连续变化的物理量，如温度、湿度、压力、流量等，这些物理量一般先通过传感器变成电压或电流，再经过放大、滤波，这样的电压或电流仍然是连续变化的物理量，而计算机无法直接接收和处理模拟量，要变成数字量，才能送入计算机；反过来，计算机输出的数字量要经过数字量往模拟量的转换，变成模拟量，才能控制现场。
- 开关量：开关量可以表示两个状态，如开关的闭合和断开、电机的运转和停止等，这样的量只用 1 位二进制数表示就可以了。

上面这些数据信息，一般是由外设通过接口和 CPU 连接的。在输入过程中，数据信息由外设经过外设和接口之间的数据线进入接口，再到达系统的数据总线，从而送给 CPU；在输出过程中，数据信息从 CPU 经过数据总线进入接口，再通过接口和外设之间的数据线送给外设。

外设和接口之间的数据信息可以是串行的，也可以是并行的，相应地要使用串行接口或并行接口。

② 状态信息

状态信息反映了当前外设所处的工作状态，是外设通过接口往 CPU 传送的。

对于输入设备来说，通常用准备好（READY）信号来表明输入的数据是否准备就绪；对于输出设备来说，通常用忙（BUSY）信号表示输出设备是否处于空闲，如为空闲，则可接收CPU送来的信息，否则CPU应等待。

③ 控制信息　控制信息是CPU通过接口传送给外设的，CPU通过发送控制信息控制外设的工作，如外设的启动、停止就是常见的控制信息。

从含义上讲，数据信息、状态信息和控制信息各不相同，应该分别传送。但在微型计算机系统中，CPU通过接口和外设交换信息时，只有输入指令和输出指令，所以状态信息、控制信息也被广泛地视为一种数据信息，即状态信息作为一种输入信息，而控制信息作为一种输出信息，这样状态信息和控制信息也通过数据总线来传送。

但在接口中，这三种信息进入不同的寄存器。具体地说，CPU送往外设的数据或外设送往CPU的数据放在数据缓冲器中，从外设送往CPU的状态信息放在接口的状态寄存器中，而CPU送往外设的控制信息要送到接口的控制寄存器中。这三种寄存器又称为数据端口、状态端口、控制端口，如图1-15所示。

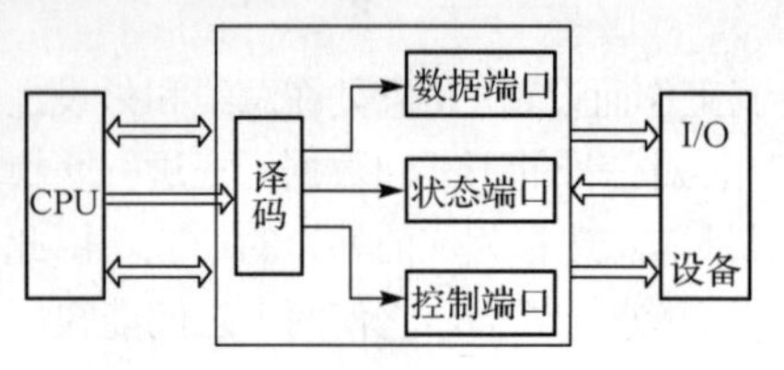

图1-15　典型的I/O接口形式

（3）CPU对I/O接口的操作

从应用的角度讲，计算机工作时，CPU对I/O接口的操作只有“读”和“写”。

一个I/O接口可以表现为为多个端口地址。CPU对输入端口的操作称为“读操作”，对输出端口的操作称为“写操作”，在操作时是对所选择的端口的口地址的操作。因此，CPU必须对I/O接口电路各个端口进行编址。每个I/O端口所拥有的“地址”是唯一的和固定的。

4．总线

所谓总线，就是在微型计算机各芯片之间或芯片内部各部件之间传输信息的一组公共通信线。微型计算机采用总线结构后，芯片之间不需要单独走线，这就大大减少了连接线的数量。采用总线结构后，系统中各功能部件间的相互关系转变为各部件面向总线的单一关系，符合总线标准的设备都可以连接到系统中，使系统功能得到扩展。

微型计算机总线的种类非常多，从使用的角度可分为内部总线、元件级总线、系统总线、外部总线四大类，在微型计算机中使用比较多的是元件级总线。计算机元件级总线包括地址总线AB（Address Bus）、数据总线DB（Data Bus）、控制总线CB（Control Bus）三种。

（1）地址总线

地址总线是CPU用来向存储器或I/O端口传送地址信息的，是三态单向总线。地址总线的宽度决定了CPU可管理的存储器和I/O端口地址的数量。8条地址线用A7～A0表示，A7为最高位地址线，A0为最低位地址线，最大寻址范围为$2^8=256$；16条地址线用A15～A0表示，A15为最高位地址线，A0为最低位地址线，最大寻址范围为$2^{16}=65\,536=64K$。通过地址总线确定要操作的存储单元或I/O端口的地址。

（2）数据总线

数据总线是CPU与存储器及外设交换数据的通路，是三态双向总线。数据总线的位数与微处理器的位数相同，一般有8位、16位、32位等。8位数据线用D7～D0表示，D7为最高有效位，D0为最低有效位；16位数据线用D15～D0表示，D15为最高有效位，D0为最低有效位。最高有效位用MSB表示，最低有效位用LSB表示。

通常定义8位二进制数位一个字节（BYTE），这样就有了半字节（4位）数据、单字节（8位）数据，双字节（16位、字）数据等。

（3）控制总线

控制总线是用来传输控制信号的，传送方向依据具体控制信号而定，如 CPU 向存储器或 I/O 接口电路输出读信号、写信号、地址有效信号，而 I/O 接口部件向 CPU 输入复位信号、中断请求信号等。控制总线的宽度根据系统需要而定。

5. 微型计算机系统

以微型计算机为主体，配以外部输入/输出设备、电源、系统软件一起构成应用系统，称为微型计算机系统。

图 1-16 概括了微处理器、微型计算机、微型计算机系统三者的关系。

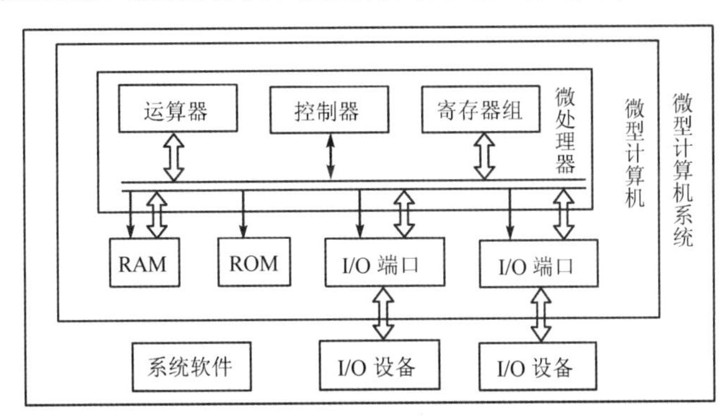

图 1-16　微处理器、微型计算机、微型计算机系统关系图

1.4　中断、定时器/计数器、串行通信、并行通信的初步认识

在设计微型计算机应用系统时，经常用到中断系统、定时器/计数、并行通信、串行通信等概念。本节主要对对中断系统、定时器/计数器、并行通信与串行通信的基本问题进行说明。

1.4.1　中断的初步认识

对于中断，我们可以举一个日常生活中的例子来说明。假如小张正在计算机前工作，电话铃响了，这时小张放下手中的鼠标去接电话。通话完毕，再继续原来的计算机中的工作。这个例子就表现了中断及其处理过程：电话铃声使小张暂时中止当前的工作，而去处理突发性的或急需处理的事情（接电话），把实时处理的事情处理完毕后，再回头继续做原来的事情，从而可以多任务并行处理。在这个例子中，电话铃声称为“中断请求”，小张暂停当前的工作去接电话称为“中断响应”，接电话的过程就是“中断处理”。

相应地，在计算机执行程序的过程中，由于出现某个特殊情况（或称为“事件”），使得暂时终止现行程序，而转去执行这一事件的处理程序，处理完毕之后再回到原来程序的中断点继续向下执行，这个过程就是中断。中断处理过程如图 1-17 所示。

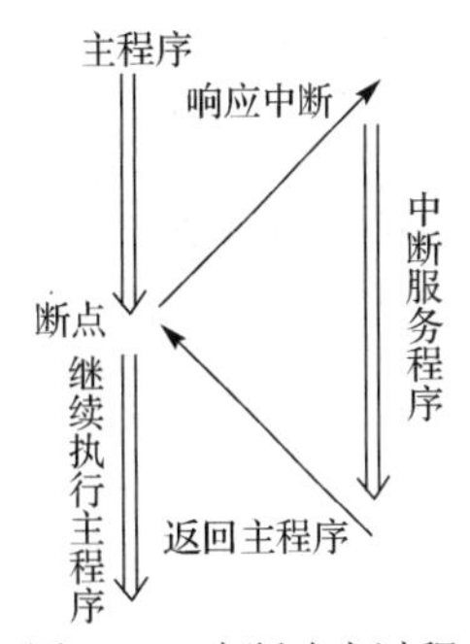

图 1-17　中断响应过程

引起中断的原因，或是能发出中断申请的来源，称为中断源。中断源向 CPU 发出中断信号的过程称为中断申请或中断请求；CPU 执行中断服务程序的过程称为中断响应；为相应的中断源而编写的程序称为中断服务程序；中断服务程序在内存中存放的首地址称为中断服务程序入口地址。

“中断”是 CPU 与外设交换信息的一种方式。计算机引入中断技术以后，解决了CPU和外设之间的速度配合问题，提高了CPU的效率。有了中断功能，计算机可以实时处理控制现场瞬时变化的信息、参数，提高了计算机处理故障的能力。因此，计算机中断系统的功能也是鉴别其性能好坏的重要标志之一。

1.4.2　定时器/计数器的初步认识

计算机系统在工作过程中都需要时间基准，尤其是在工业控制系统中，常常要进行定时或对外部事件的计数。定时器/计数器在计算机控制系统中有着广泛的应用，它可以在多任务的分时系统中提供精确的定时信号以实现各任务间的切换，如计算机实时系统中常用定时对多个被控对象进行采样、处理，或者对某一工作过程进行计数等。另外，微机中系统时钟日历、动态存储器的刷新及扬声器的工作也需要由定时器/计数器提供时钟信号。

在微型计算机中，定时和计数都是一个计数的问题。从某个时间点开始，经过多长时间之后做什么，就是“定时”的概念；从某个时间点开始，计多少个数之后做什么，就是“计数”的概念。对周期固定信号的“计数”就转换为“定时”。

在微型计算机中使用的是可编程的定时器/计数器。可编程硬件定时/计数器芯片可直接对系统时钟进行计数，通过写入不同的计数初值，可方便地改变定时时间，且定时期间不需要CPU的管理，如Intel公司的Intel 8253定时器/计数器。

可编程定时器/计数器的核心部件是一个计数器，计数器的工作就是对输入到该计数器的信号进行计数。计数器有两种，分别为加法计数器和减法计数器。对于加法计数器，是在初值的基础上来一个信号，计数器的值加1；对于减法计数器，则是在初值的基础上来一个信号，计数器的值减1。

从定时器/计数器内部来说，定时器与计数器的工作过程没有根本差别，都是基于计数器的减1（或加1）工作。作为定时器/计数器的核心部件——计数器，是在设置好计数初值（时间常数）后，便开始减1（或加1）计数，减为0（或加到溢出时）时，输出一个信号。

1.4.3　并行通信与串行通信的初步认识

计算机与外设之间或计算机之间的信息交换或数据传输称为通信（Communication）。基本的通信方式有两种，一种是并行通信，另一种是串行通信。

1．并行通信

并行通信是指数据的各位同时进行传送，如图1-18所示。在计算机系统中，CPU与存储器、主机与打印机之间的通信，一般采用并行通信。在并行通信中，有多少位数据，就需要多少条传输线，因此传送速度较快，即在相同传输率的情况下，并行通信能够提供高速、高信息率的传输。

由于并行通信所需的传输线较多，如果传输距离增加，传输线的开销会成为一个突出的问题，因而并行通信一般用于数据传输率要求较高、传输距离又比较短的场合。

2．串行通信

串行通信是CPU与外界交换信息的一种基本方式。单片机应用于数据采集或工业控制时，现场数据经采集后往往采用串行通信方式向外传送，以降低通信成本，提高通信的可靠性。

串行通信是指数据一位一位地按顺序传送，如图1-19所示。串行通信时，要传送的数据或信息必须按一定的格式编码，然后在单根线上，按一位接一位的先后顺序进行传送，发送完一个字符，再发送第二个。接收数据时，每次从单根线上一位接一位地接收信息，再把它们拼成一个字符，送给CPU做进一步处理。

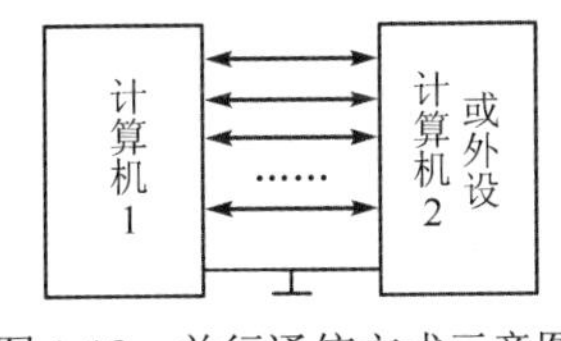

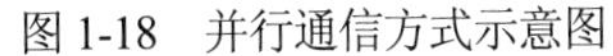
图 1-18　并行通信方式示意图

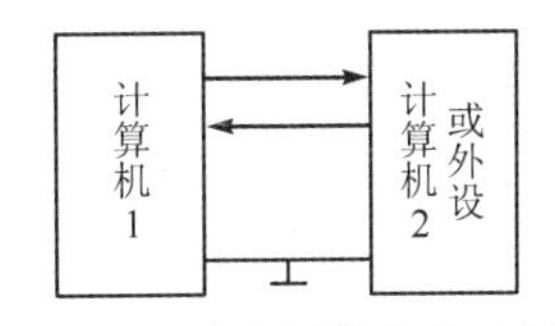

图 1-19　串行通信方式示意图

串行数据传送的特点是：数据传送按位顺序进行，最少只需一根传输线即可完成，成本低但速度慢。计算机与外界的数据传送大多数是串行的，其传送的距离可以从几米到几千千米。

3．并行通信与串行通信的比较

并行通信与串行通信各有优缺点，下面从几个方面对其进行比较。

（1）从通信距离上

并行通信适宜于近距离的数据传送，通常小于 30m。而串行通信适宜于远距离传送，可以从几千米到数公里。

（2）从通信速率上

一般应用中，在短距离内，并行接口的数据传输速率显然比串行接口的传输速率高得多，但长距离内串行传输速率会比并行数据输送速率快。由于串行通信的通信时钟频率较并行通信容易提高，因此许多高速外部设备，如数字摄像机与计算机之间的通信业往往使用串行通信方式。

（3）从抗干扰性能上

串行通信由于只有一两根信号线，信号间的互相干扰完全可以忽略。

（4）从设备和费用上

随着大规模和超大规模集成电路的发展，逻辑器件价格趋低，而通信线路费用趋高，因此对远距离通信而言，串行通信的费用显然会低得多。另一个方面串行通信还可以利用现有的电话网络来实现远程通信，降低了通信费用。

（5）从硬件可靠性上

并行通信硬件复杂，存在的安全隐患多，因此可靠性低；串行通信硬件简单，可靠性高。

（6）从软件设计上

并行通信的软件简单，串行通信的软件复杂（一个简单的硬件是靠一个复杂的软件支持的）。

现在，在数据传输过程中越来越多地使用串行通信，主要原因是串行通信可靠性高、硬件投入小。相对于并行通信，串行通信技术较容易实现，串行通信电缆即接头较容易制造，成本低廉。目前大量使用的 USB 和 IEEE 1394 接口，更是体现了串行通信的发展趋势。

采用串行通信方式的另一个出发点是，有些外设如调制解调器（Modem）、鼠标等，本身需要用串行通信方式，因为这些设备是以串行方式存取数据的。

4．串行通信数据传送的方向

在串行通信中，数据通常是在两个站（如终端或微机）之间进行的。按照数据传送的方向不同，可分成三种基本传送方式：单工传送、半双工传送、全双工传送。

（1）单工（Simplex）传送

单工形式的数据传送是单向的，仅能在一个方向上传输，两个站之间进行通信时，一边只能发送数据，另一边只能接收数据，如图 1-20(a)所示。单工形式的串行通信，只需要一条数据线。

（2）半双工（Half-duplex）传送

在半双工方式中，数据可在两个设备之间传输数据，但两个设备之间只有一条传输线，故同一时刻内只能在一个方向上传输数据，不能同时收发，如图 1-20(b)所示。

半双工的数据传送是双向的，但任何时刻只能由其中的一方发送数据，另一方接收数据。因此半双工形式既可以使用一条数据线，也可以使用两条数据线。无线电对讲机就是半双工传输的一个例子，一个人在讲话的时候，另一个人只能听着，因为一端在发送信息时，接收端的电路是断开的。

（3）全双工（Full-duplex）传送

如果在一个数据通信系统中，对数据的两个传输方向采用不同的通路，这样的系统可以工作在全双工方式，如图1-20(c)所示。采用全双工传送的系统可以同时发送和接收数据，电话系统就是全双工传送数据的例子；计算机的主机和显示终端（它由带键盘的CRT显示器构成）进行通信时，通常也采用全双工传送方式，键盘上敲入一个字符后，并不立即显示出来，而是等计算机收到该字符后，再送回到终端，由终端将该字符显示出来。这样对主机而言，前一个字符的回送过程和后一个字符的输入过程是同时进行的，并通过不同的线路进行传送，即系统工作于全双工方式。

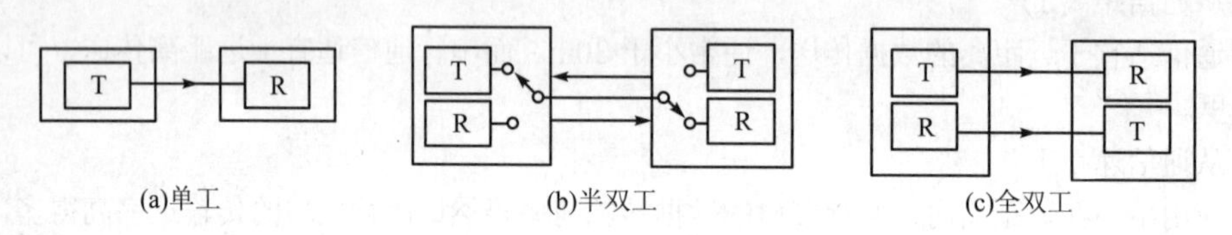

图1-20 串行通信数据传送方向

值得说明的是，全双工与半双工方式比较，虽然信号传送速度大增，但它的线路也要增加一条，因此系统成本将增加。在实际应用中，特别是在异步通信中，大多数情况下都采用半双工方式。这样，虽然传送效率较低，但线路简单、实用，而且一般系统也基本够用。

1.5 CPU与外设的数据传输方式

外设与微机之间的信息传输，实际上是CPU与接口之间的信息传输。传输的方式不同，CPU对外设的控制方式不同，从而使接口电路的结构及功能也不同，所以要设计接口电路，就要了解和熟悉CPU与外设之间的传输信息的方式。微型计算机与外设之间的数据传输有4种方式，即无条件方式、查询方式、中断方式、直接存储器存取方式（DMA方式）。

1.5.1 无条件传输方式

所谓无条件传输方式，是指CPU对外设接口的读、写操作随时都可以进行，不需要等待某种条件的满足。无条件传送方式也称同步传送方式，主要用于对简单外设进行操作，或者外设的定时是固定的或已知的场合。对于这类外设，在任何时刻均以准备好数据或处于接收数据状态，或者在某些固定时刻，它们处在数据就绪或准备接收状态，因此程序可以不必检查外设的状态，而在需要进行输入或输出操作时，直接执行输入/输出指令。当输入/输出指令执行后，数据传送便立即进行。

这是一种最简单的输入/输出传送方式，所需要的硬件和软件都非常小，一般用于控制CPU与低速I/O接口之间的数据交换。

1.5.2 程序查询传输方式

当CPU能与外设同步工作时，可以采用无条件传输方式。若两者不同步，难以确保在CPU执行输入操作时，外设已准备好，或执行输出操作时，外设是空闲状态。在这种情况下，可以采用查询方式。

程序查询传输方式是指CPU在向外设传递数据前，首先查询外设的状态（即条件），若外设准备好则传送，若未准备好，CPU就等待。可见，接口电路除了有传送数据的端口外，还有传送状态的端口。对于输入过程，当外设将数据准备好时，则使接口的状态端口中的“准备好”标志置 1；对于输出过程，外设取走一个数据后，接口便将状态端口中的对应标志置 1，表示当前输出寄存器已经处于“空”状态，可以接收下一个数据。

因此，对应条件传送，一个数据传送过程由 3 个环节组成：

① CPU 从接口中读出状态字。

② CPU 检测状态字的对应位是否满足“就绪”条件，如果不满足，则回到前一步读出状态字。

③ 如果状态字表明外设已处于“就绪”状态，则传送数据。

程序查询传输方式接口电路中除数据端口外，还必须有传送状态的端口，同时 CPU 要不断查询外设状态，占用大量 CPU 的时间，硬件比无条件传输方式复杂，并使用较多的端口地址。

用查询方式输入数据时，在接口电路与外设间要交换数据、状态和控制这 3 种信息。查询方式的缺点是 CPU 的利用受到影响，陷于等待和反复查询，不能再作它用，而且，这种方法不能处理掉电、设备故障等突发事件。

1.5.3　中断传输方式

查询式传送比无条件传送可靠，因此使用场合也较多，但在查询方式下，CPU 要不断读出状态字，检查输入设备是否已经准备好数据，输出设备是否忙或输出缓冲器是否已空。若外设未准备好，CPU 就必须反复查询，进入等待循环状态。由于许多外设的速度很慢，这种等待过程会占去 CPU 的很大一部分时间，而真正用于传输数据的时间很少，使 CPU 的利用率很低。

例如，若一个操作员每秒钟可从键盘输入 5 个字符，平均每个字符占 200 000μs 的时间，实际上计算机只要用 10μs 就能从键盘读入一个字符，这样就有 999 950μs 的时间花在检测键盘状态和等待上，也就是说 99.99%的时间因等待而白白浪费。如果有多个设备工作，还要轮流查询，这些设备的工作速度又往往各不相同，这不仅极大地浪费了 CPU 的时间，而且还会因为程序进入等待某些慢速外设数据的循环而造成快速外设数据的大量流失，这在许多系统中是不允许的，尤其不能用于要求实时数据处理的场合。为提高 CPU 的利用率和进行实时数据处理，CPU 常采用中断方式与外设交换数据。

在中断传送方式下，外设具有申请 CPU 服务的主动权，当输入设备将数据准备好或者输出设备可以接收数据时，便可以向 CPU 发中断请求，使 CPU 暂时停下目前的工作而和外设进行一次数据传输，等输入操作或者输出操作结束以后，CPU 继续进行原来的工作，即中断传送方式就是外设中断 CPU 的工作，使 CPU 停止执行当前程序，而去执行一个输入/输出程序。此程序称为中断处理子程序或中断服务子程序。中断服务子程序执行完后，CPU 又回来执行原来的程序。

采用中断方式后，CPU 平时可以执行主程序，只有当输入设备将数据准备好了，或者输出端口的数据缓冲器已空时，才向 CPU 发出中断请求。CPU 响应中断后，暂停执行当前的程序，转去执行管理外设的中断服务程序。在中断服务程序中，用输入或输出指令在 CPU 和外设之间进行一次数据交换。等输入或输出操作完成后，CPU 又回去执行原来的程序。

1.5.4　DMA 传输方式

利用中断方式进行数据传送，可以大大提高 CPU 的利用率，但在中断方式下，仍必须通过 CPU 执行程序来完成数据传送。每进行一次数据传送，CPU 都要执行一次中断服务程序，这时 CPU 都要保护和恢复现场，以便完成中断处理后能正确返回主程序。显然这些操作与数据传送没有直接关系，但会花费掉 CPU 的不少时间。当 CPU 与高速 I/O 设备交换数据或与外设进行成组数据交换时，中断方式仍显得太慢。

例如，当磁盘和内存成批交换信息时，磁头的读/写速度可超过 200 000B/s，因此只有在 5μs 内完成一个字节的传送，才能充分发挥磁盘的大容量的性能优势。如果采用中断方式进行磁盘和内存间的成批数据传送，只能逐字节地进行。例如读磁盘时，要先把从磁盘读出的数据送进CPU的寄存器，再从寄存器搬入内存，然后修改地址指针和字节计数器。这些操作均要用指令来实现，显然不可能在5μs之内完成。为了解决这个问题，可采用一种DMA（Direct Memory Access）的传送方式，也就是直接存储器存储方式。

DMA方式也要利用系统的数据总线、地址总线和控制总线来传送数据。原先这些总线是由CPU管理的，但当外设需要利用DMA方式进行数据传送时，接口电路可以向CPU提出请求，要求CPU让出对总线的控制权，用一种称为DMA控制器的专用硬件接口电路来取代CPU临时接管总线，控制外设和存储器之间直接进行高速的数据传送，而不要CPU进行干预。这种控制器能给出访问内存所需要的地址信息，并能自动修改地址指针，也能设定和修改传送的字节数，还能向存储器和外设发出相应的读/写控制信号。在DMA传送结束后，它能释放总线，把对总线的控制权交还给CPU。可见用DMA方式传送数据时，不需要进行保护和恢复断点及现场之类的额外操作，一旦进入DMA操作，就可直接在硬件的控制下快速完成一批数据的交换任务，数据传送的速度基本取决于外设和存储器的存取速度。

本章小结

本章主要概述“大学计算机基础”和“微型计算机原理”中有关微型计算机的基本内容。本章共5部分。

（1）微型计算机定义与工作过程：存储程序的工作方式、信息的数字化表示；计算机的工作过程就是程序的执行过程。

（2）微型计算机的数制与编码：二进制、十进制、十六进制；原码、反码、补码；ASCII码。

（3）微型计算机的结构：CPU、存储器、I/O口、总线；源程序、目标程序。

（4）中断、定时器/计数器、并行通信、串行通信概述。

（5）CPU与外设的数据传送方式：无条件方式、查询方式、中断方式、DMA方式。

习　题

1．微型计算机是以CPU为核心，配以（　　　）、（　　　）和系统总线组成的计算机。

2．在计算机内部，一切信息的存取、处理和传递的形式是（　　　）。

A．ASCII码　　B．BCD码　　C．二进制　　D．十六进制

3．0～9的ASCII码是（　　　）。

A．0～9　　B．30～39　　C．30H～39H　　D．40H～49H

4．在微型计算机中，一般具有哪三类总线？试说出各自的特征（包括传输的信息类型、单向传输还是双向传输）。

5．计算机某字节存储单元的内容为10000111，若解释为无符号数，则真值为（　　　）；若解释为有符号数，则真值为（　　　）；若解释为BCD码，则真值为（　　　）；若用十六进制数表示，则为（　　　）H。

6．CPU与外设的数据传送方式包括（　　　）、（　　　）、（　　　）和（　　　）。

7．简述中断处理过程。

8．简述可编程的定时器/计数器的工作原理。

9．串行通信和并行通信的主要区别是什么？各有什么优缺点？

第 2 章 51 系列单片机硬件基础

单片微型计算机属于微型计算机。自 1975 年美国德州仪器公司（Texas Instruments）第一块单片微型计算机芯片 TMS-1000 问世以来，单片机技术已发展成为计算机领域一个非常有前途的分支，它有自己的技术特征、规范、发展道路和应用领域。自从 Intel 公司 20 世纪 80 年代初推出 MCS-51 系列单片机以后，世界上许多著名的半导体厂商也相继生产与该系列兼容的单片机，使产品型号不断增加、品种不断丰富、功能不断加强。从系统结构上看，所有的 51 系列单片机都是以 Intel 公司最早的典型产品 8051 为核心，增加了一定的功能部件后构成的，51 系列单片机已成为单片机领域一个广义的名词。

本章主要介绍 51 系列单片机的硬件结构。

2.1 认识单片机

在通用微机中央处理器基础上，将输入/输出（I/O）接口电路、时钟电路以及一定容量的存储器等部件集成在同一芯片上，再加上必要的外围器件，如晶体振荡器，就构成了一个较为完整的计算机硬件系统。由于这类计算机系统的基本部件均集成在同一芯片内，因此被称为单片微控制器（Single-Chip-Micro Controller，单片机）或微控制单元（MicroController Unit，MCU）。

通俗地讲：单片机就是一块集成芯片，但这块集成芯片具有一定特殊的功能，而其功能的实现要靠我们使用者自己来编程完成。编程的目的是控制这块芯片的各引脚在不同的时间输出不同的电平，进而控制与单片机各引脚相连的外围电路的电气状态。编程时可以选择 C 语言或汇编语言。

2.1.1 单片机的特点、应用、分类、发展趋势

1. 单片机的特点

单片机芯片作为控制系统的核心部件，除了要具备通用微机 CPU 的数值计算功能外，还必须具有灵活、强大的控制功能，以便实时监测系统的输入量、控制系统的输出量，实现自动控制。由于单片机主要面向工业控制，工作环境比较恶劣，如高温、强电磁干扰，甚至含有腐蚀性气体，在太空中工作的单片机控制系统，还必须具有抗辐射能力，因而决定了单片机 CPU 具有以下特点。

（1）低噪声与高可靠性

单片机的抗干扰性强，工作温度范围宽，而通用微机 CPU 一般要求在室温下工作，抗干扰能力较低。

为提高单片机系统的抗电磁干扰能力，使产品能适应恶劣的工作环境，满足电磁兼容性方面更高标准的要求，各单片机商家在单片机内部电路中采取了一些新的技术措施。例如，ST 公司的由标准 8032 核和 PSD（可编程系统器件）构成的 μPSD 系列单片机片内增加了看门狗定时器，NS 公司的 COP8 单片机内部增加了抗 EMI 电路，增强了“看门狗”的性能。Motorola 推出了低噪声的 LN 系列单片机。

（2）单片机寿命长

单片机更新换代的速度比通用微机处理器慢得多。Intel 公司 1980 年推出标准 MCS-51 内核 8051

（HMOS工艺）、80C51（CHMOS工艺）单片机芯片后，持续生产、使用了十年，直到1996年3月才被增强型MCS-51内核8XC5X系列芯片取代。由于增强MCS-51单片机芯片均采用CHMOS工艺，因此Philips公司将“增强型MCS-51”内核称为“增强型80C51”内核。

所谓寿命长，一方面是指用单片机开发的产品可以稳定可靠地工作10年、20年，另一方面是指与微处理器相比生存周期长。微处理器更新换代的速度越来越快，以386、486、586为代表的微处理器，几年内就被淘汰出局。而传统的单片机如8051、68HC05等的“年龄”已有20多岁，产量仍是上升的。一些成功上市的相对年轻的CPU核心，也会随着I/O功能模块的不断丰富，有着相当长的生存周期。

（3）8位、32位单片机共同发展

这是当前单片机技术发展的另一动向。长期以来，单片机技术的发展是以8位机为主的。随着移动通信、网络技术、多媒体技术等高科技产品进入家庭，32位单片机的应用得到了长足、迅猛的发展。

（4）低噪声与高速度

为提高单片机的抗干扰能力，降低噪声，降低时钟频率而不牺牲运算速度是单片机技术发展之追求。一些8051单片机兼容厂商改善了单片机的内部时序，在不提高时钟频率的条件下，使运算速度提高了很多。Motorola单片机使用了锁相环技术或内部倍频技术，使内部总线速度大大高于时钟产生器的频率。68HC08单片机使用4.9MHz外部振荡器，内部时钟频率达32MHz。三星电子新近推出了1.2GHz的ARM处理器内核。

（5）低电压与低功耗

几乎所有的单片机都有Wait、Stop等省电运行方式，允许使用的电源电压范围也越来越宽。一般单片机都能在3～6V范围内工作，对电池供电的单片机不再需要对电源采取稳压措施。低电压供电的单片机电源下限已由2.7V降至2.2V、1.8V。0.9V供电的单片机也已经问世。

（6）ISP与IAP

ISP（In-System Programming）技术的优势是，不需要编程器就可以进行单片机的实验和开发，单片机芯片可以直接焊接到电路板上，调试结束即成为成品，免去了调试时由于频繁地插入/取出芯片对芯片和电路板带来的不便。IAP（In-Application Programming）技术从结构上将Flash存储器映射为两个存储体，当运行一个存储体上的用户程序时，可对另一个存储体重新编程，之后将程序从一个存储体转向另一个。ISP的实现一般需要很少的外部电路辅助实现，而IAP的实现更加灵活，通常可利用单片机的串行口接到计算机的RS232口，通过专门设计的固件程序来对内部存储器编程，可以通过现有的Internet或其他通信方式很方便地实现远程升级和维护。

2．单片机的应用

单片机的出现是近代计算机发展史上的一个重要里程碑，单片机的诞生标志着计算机正式形成了通用微型计算机和嵌入式计算机系统两大分支。与体积大、成本高的通用计算机相比，单片机的单芯片的微小体积和极低的成本，使其可广泛地嵌入到玩具、家用电器、机器人、仪器仪表、汽车电子系统、工业控制单元、办公自动化设备、金融电子系统、舰船、个人信息终端及通信设备中，成为现代电子系统中最重要的智能化工具。单片机应用的主要领域如下。

（1）在智能仪表中的应用

单片机广泛地应用于实验室、交通运输工具、计量等各种仪器仪表之中，使仪器仪表智能化，提高它们的测量精度，加强其功能，简化仪器仪表的结构，便于使用、维护和改进。单片机在智能仪器仪表领域的应用，不仅使传统的仪器仪表发生了根本的变革，也给传统的仪器仪表行业的改造带来了美好的前景。

（2）在机电一体化中的应用

机电一体化是机械工业发展的重要方向。机电一体化产品是指集机械技术、微电子技术、自动化技术和计算机技术于一体，具有智能化特征的机电产品，例如微机控制的数控机床等。单片机的出现促进了机电一体化的进程，它作为机电产品中的控制器，能充分发挥其体积小、可靠性高、控制功能强、安装方便等优点，大大提升了机器的功能，提高了机器的自动化、智能化的程度。

（3）在实时控制中的应用

单片机也可广泛地应用于各种实时控制系统中，如对工业上各种窑炉的温度、酸度、化学成分的测量和控制，使系统工作于最佳状态，提高系统的生产效率和产品的质量。在航空航天、通信、遥控、遥测、工业机器人控制等各种实时控制和实时数据采集系统中，都可以用单片机作为控制器。

（4）在军工领域的应用

由于单片机具有可靠性高、温度范围宽、能适应各种恶劣环境的特点，因而可广泛应用于导弹控制、鱼雷制导控制、智能武器装备、航天飞机导航系统等领域。

（5）在分布式多机系统中的应用

利用单片机可以构成分布式测控系统，系统中若干台单片机组成的功能各异的仪器设备，它们通过通信相互联系，各自完成特定的任务，协调完成整个任务，能同时采集或处理更多信息，使单片机的应用进入一个新水平。

（6）在民用电子产品中的应用

单片机在民用电子产品中的应用，能明显提高产品的性价比，提高产品在市场上的竞争能力，受到了产品开发商和用户的双重青睐。目前高档的家用电器、电子玩具等几乎都是由单片机来作为控制器的。

3. 单片机技术的发展趋势

从单片机的发展历程可以看出，单片机技术的发展以微处理器技术及超大规模集成电路技术的发展为先导，以广泛的应用领域为拉动，表现出高性能、大容量、微型化、外围电路内装化等发展趋势。

（1）CPU 的改进

① 采用双 CPU 结构，以提高处理速度和处理能力。

② 增加数据总线宽度，以提高数据处理速度和能力。

③ 采用流水线结构，指令以队列形式出现在 CPU 中，且具有很快的运算速度，尤其适合于实时数字信号处理。

④ 串行总线结构。菲利浦公司开发了一种新型总线——I^2C 总线（Intel−ICbus），该总线采用三条数据线代替现行的 8 位数据总线，从而大大减少了单片机的外部引脚，降低了单片机的成本，特别适用于电子仪器设备的微型化。

（2）存储器的发展

① 增大存储容量。新型单片机片内 ROM 一般可达 4KB 至 8KB，有的甚至可达 128KB。片内 RAM 可达 1KB 字节。片内存储器存储容量的增大有利于外围扩展电路的简化，从而提高产品的稳定性，降低产品的成本。

② 片内 EPROM 开始 E^2PROM 化。片内 E^2PROM 的使用不仅会对单片机结构产生影响，而且会大大简化应用系统的组成结构，从而提高产品的稳定性，降低产品的成本。由于 E^2PROM 中数据写入后能永久保持，因此有的单片机将它作为片内 RAM 使用，甚至有的单片机将 E^2PROM 用作片内通用寄存器使用。

③ 程序保密化。一般EPROM中的程序很容易被复制，为防止复制，某些公司开始采用KEPROM（Keyed access EPROM）编程写入，对片内EPROM或E^2PROM采用加锁方式。加锁后无法读出其中的程序，防止应用系统程序被抄袭。

（3）片内I/O的改进

一般单片机都有较多的并行口，以满足外设、芯片扩展的需要，并配以串行口，以满足多机通信功能的要求。

① 提高并行口的驱动能力，这样可减少外围驱动芯片。有的单片机直接输出大电流和高电压，以便能直接驱动LED和VFD（荧光显示器）等。

② 增加I/O接口的逻辑控制功能，中、高档单片机的位处理系统能够对I/O接口线进行位寻址及位操作，加强了I/O接口线控制的灵活性。

③ 特殊的串行接口功能，为单片机构成网络系统提供更便利的条件。

（4）外围电路内装化

随着集成电路集成度的不断提高，有可能把众多的外围功能电路集成到单片机芯片内。除了一般具备的ROM、RAM、定时器/计数器、中断系统外，为满足检测、控制功能更高的要求，片内集成的部件还可有A/D转换器、D/A转换器、DMA控制器、锁相环、频率合成器、字符发生器、语音发生器、CRT控制器等。由于集成工艺在不断地改进和提高，能集成于片内的外围电路也可以是大规模的，把所需要的外围电路全部集成到单片机内，即系统的单片化是目前单片机发展的趋势。

（5）低功耗与工作电压范围加宽

在8位单片机中有半数以上的产品已CMOS化，CMOS单片机具有功耗小的优点。为了充分发挥低功耗的特点，这类单片机普遍设置有空闲和掉电两种工作方式。如采用CHMOS工艺的MCS-51系列单片机80C51BH/80C31/87C51，在正常运行时（5V、12MHz），工作电流为16mA；同样条件下的空闲工作方式，其工作电流为3.7mA；而在掉电方式（2V）工作时，工作电流仅为50nA。

对于采用NMOS工艺制作的单片机，工作电压一般为4.5～5.5V。采用CMOS工艺的单片机，一般都可以在3～6V的条件下工作。目前有的单片机工作电压更低，如TI公司的MSP430X11X系列单片机的工作电压是2.2V。

（6）低噪声与高可靠性技术

为提高单片机系统的抗电磁干扰能力，使产品能适应恶劣的工作环境，满足电磁兼容性方面更高标准的要求，各单片机厂家在单片机内部电路中采取了一些新的技术措施。如有很多系列单片机在片内增加了看门狗定时器，Motorola公司的MC68HC08系列单片机采用了EFT（Electrical Fast Transient）抗干扰技术。

（7）ISP及IAP

ISP为开发、调试提供了方便，并使单片机系统的远程调试、升级成为现实。IAP可实现单片机在应用中的再编程，为仪器仪表的智能化提供了重要的技术手段。

（8）单片机的小容量低廉化

小容量低廉的4位机、8位机也是单片机发展方向之一，其用途是把以往用数字逻辑电路组成的控制电路单片化。专用型的单片机将得到大力发展，使用专用单片机可最大限度地简化系统结构，提高可靠性，使资源利用率最高，在大批量使用时有可观的经济效益。

（9）单片机的应用系统化

单片机是嵌入式系统的独立发展之路，单片机向MCU发展的重要因素，就是寻求应用系统在芯片上的最大化解决。因此，专用单片机的发展自然形成了SoC（System on Chip）化趋势。随着微电子技术、IC设计、EDA工具的发展，基于SoC的单片机应用系统设计会有较大的发展。因此，随着集成电路技术及工艺的快速发展，对单片机的理解可以从单片微型计算机、单片微控制器延伸到单片应用系统。

现在，虽然单片机的品种繁多，各具特色，但仍以 8051 为核心的单片机占主流，兼容其结构和指令系统的有 Philips 公司的产品、Atmel 公司的产品和 Winboad 公司的系列单片机。所以 8051 为核心的单片机占据了半壁江山。而 Microchip 公司的 PIC 精简指令集计算机（RISC）也有着强劲的发展势头，中国台湾地区的 Holtek 公司近年的单片机产量与日俱增，并以其低价质优的优势，占据一定的市场份额。此外还有 Motorola 公司的产品、日本几大公司的专用单片机。在一定时期内，这种情形将得以延续，不会存在某个单片机一统天下的垄断局面。

由于单片机的开发手段目前仍以仿真器为主，能否提供廉价的仿真器，并提供方便的技术服务与培训，较之能否提供高性能、低价位的单片机有着同等的重要性。各单片机厂商在开发工具以及技术服务方面也进行着激烈的竞争。这种竞争与推出新型的单片机以显示高技术方面的优势是相辅相成的。竞争的结果是为单片机应用工程师提供更广阔的选择空间，而最终受益的是单片机产品的消费者。

2.1.2　常用的单片机产品

目前生产单片机的厂商主要有 Intel 公司、Motorola 公司、Philips 公司、Atmel 公司、WinBond 公司、Microchip 公司、AMD 公司、Zilog 公司等，产品型号规格众多，性能各具特色。

1. MCS 系列及兼容单片机

Intel 公司的单片机产品进入我国市场较早，在我国机电控制、智能仪器领域的应用占有较大的市场份额，尤其是其 MCS-51 系列产品应用十分广泛，是我国广大单片机开发与应用技术人员非常熟悉的品种，至今以及今后的若干年内都是应用的重要产品之一。

MCS 是 Intel 公司的注册商标。凡 Intel 公司生产的以 8051 为核心单元的其他派生单片机都可以称为 MCS-51 系列，有时简称 51 系列。MCS-51 系列单片机包括 3 个基本型 8031、8051、8751 和对应的低功耗型 80C31、80C51、87C51。

20 世纪 80 年代中期，Intel 公司以专利转让的形式把 8051 内核技术转让给许多半导体芯片生产厂家，如 Atmel、Philips、ANALOG DEVICES、Dallas 等。这些厂家生产的芯片是 MCS-51 系列的兼容产品，准确地说是与 MCS-51 指令系统兼容的单片机。这些兼容机与 8051 的系统结构（主要是指令系统）相同，采用 CMOS 工艺，因而常用 80C51 系列来称呼所有具有 8051 指令系统的单片机。但是，这些公司生产的以 8051 为核心的其他派生单片机却不能称为 MCS-51 系列，只能称为 8051 系列。也就是说 MCS-51 系列是专指 Intel 公司生产的以 8051 为核心单元的单片机，而 8051 则泛指所有公司（也包括 Intel 公司）生产的以 8051 为核心单元的所有单片机。

MCS-51 系列及 80C51 系列单片机有多种。它们的引脚及指令系统相互兼容，主要在内部结构上有些区别。目前使用的 MCS-51 系列单片机及其兼容产品通常分为以下几类：基本型、增强型、低功耗型、专用型、超 8 位型、片内闪速存储器型

尽管 MCS-51 系列单片机及 80C51 系列单片机有多种类型，但是因为 MCS-51 系列是所有兼容、扩展型单片机的基础，因此掌握其基本型就显得十分重要。

2. PIC 系列单片机

美国 Microchip 公司的 PIC 8 位单片机生产史仅 10 多年，但现在其产量已跃居世界前列。现在的 PIC 单片机的品种已超过 120 种。PIC 最大的特点是不做单纯的功能堆积，而是从实际出发，重视产品的性价比，靠发展多种型号来满足不同层次的应用要求。

Microchip公司推出的PIC单片机系列产品常用RISC结构的嵌入式控制器，具有速度高、低电压、低功耗及大电流LCD驱动能力的特点，它在计算机的外设、家电控制、电信、智能仪器、汽车电子及金融电子等领域得到了广泛应用。

PIC系列单片机是Microchip公司的产品，与51系列单片机不兼容。

PIC单片机产品基本有3个系列：基本级（PIC16C5X）、中级（PIC126XX）、高级（PIC17CXX）。

3. MSP430系列单片机

TI公司的MSP430系列是一个超低功耗类型的单片机，特别适合于应用电池的设备或手持设备。同时该系列将大量的外围模块整合到片内，也特别适合于设计片上系统。MSP430有丰富的不同信号器件可供选择，给设计者带来很大的灵活性。它采用16位的精简指令集结构，有大量的工作寄存器与大量的数据存储器（目前最大2KB RAM），其RAM单元也可以实现运算。应该说，MSP430系列在众多单片机系列中是颇具特色的。

超低功耗方面，MSP430系列单片机的工作电压为1.8～3.6V电压，在1MHz时钟条件运行时，耗电电流在0.1～400μA之间（因不同的工作模式而不同）。同时能够在实现液晶显示的情况下，也只耗电0.8μA。典型情况是，在4kHz、2.2V条件下工作消耗电流为2.51μA；在1MHz、2.2V条件下工作消耗电流280μA；在只有RAM数据保持的低功耗模式下耗电0.1μA。

在运算速度方面，MSP430能在8MHz晶体的驱动下，实现125ns的指令周期。16位数据宽度、125ns的指令周期。在多功能的硬件乘法器（能实现乘加）配合下，甚至能实现数字信号处理器的某些算法（如FFT等）功能。

在功能方面，MSP430将大量CPU外围模块集成在片内，主要包括：看门狗（WDT）、定时器A（TimerA）、定时器B（TimerB）、模拟比较器、串口（0、1）、硬件乘法器、液晶驱动器、10/12位ADC、14位ADC（ADC14）、端口0～6（P0～P6）、基本定时器（Base Timer）。其中，定时器A、B均带有捕获/比较寄存器，同时可实现多路PWM输出；模拟比较器与定时器配合可方便地实现ADC；硬件ADC模块能在小于10μs的速率下实现10～14位的高速、高精度转换，同时提供采样/保持参考电压；端口0～2能够接收外部上升沿或下降沿的中断输入。

4. M68HC08系列单片机

自1974年Motorola推出第一片M6800单片机之后，相继推出了M6801、M6805、M6804、M68HC05、M68HC08、M68HC11、M68HC16、M68300、M68360等系列单片机，型号达数百种。目前，Motorola公司已成为世界上最大的单片机生产厂家。

Motorola单片机除了具有一般单片机的基本功能外，往往还具有某些特殊功能，例如：多功能定时器（含多个输入捕捉和多个输出比较端）；脉冲宽度调制（PWM）；实时时钟；实时中断；串行通信接口（SCI）、串口外设接口（SPI）；计算机操作系统（COP）、软件监视器（WDT）；DAC、ADC；LED显示驱动、液晶显示驱动器（LCD）、屏幕显示驱动器（OSD）、荧光显示驱动器（VFD）；键盘中断（KBI）；双音多频（DTMF）接收/发生器；保密通信控制器；锁相环（PLL）；调制解调器；直接存储器访问（DMA）等。

Motorola单片机目前应用最广的是M68HC08系列。M68HC08内部采用模块的方式来实现其强大的功能，如传统的串行通信接口SCI、串行外设接口SPI、时钟发生模块CGM、系统集成模块SIM、低电压禁止模块LVI、系统操作正常监视模块COP、外中断模块IRQ、断点模块BREAK等都已内置，可选的还有CAW模块MSCAN、8位A/D转换ADC模块、LCD驱动模块、Flash存储器等。可见该系列的确具有很强大的功能，且扩展性也很好。值得一提的是，Motorola单片机采用频率提升技术使内部频率数倍于外部频率，也就是说它的外部频率可以降到很低的程度，但速度却可与其他高频的单片机持平。因为外部频率降低了，系统稳定性就增加了，同时降低了对外围元件的要求，从而降低了生产成本。这一特性令 Motorola 单片机脱颖而出，成为全球最大的单片机供应商。

5. AVR 系列单片机

AVR 单片机是 Atmel 公司于 1997 年推出的配置精简指令集（RISC）的单片机系列。片内程序存储器采用 Flash 存储器，可反复编程修改上千次，便于新产品开发。这款单片机速度快，大多数指令仅需要 1 个晶振周期。AVR 单片机已形成系列产品，其中 ATtiny、AT90 及 Atmega 分别对应于低、中、高档产品。根据用户的不同需要，现已推出 30 多种型号，引脚为 8～64 脚，价格从几元到上百元人民币不等。

AVR 单片机是目前世界上比较流行的单片机之一，其突出的特点在于速度快、片内硬件资源丰富，可作为真正意义上的单片机使用。

AVR 单片机是 1997 年由 Atmel 公司研究开发的增强型内置 Flash 的 RISC（Reduced Instruction Set CPU）精简指令集高速 8 位单片机。

6. ARM 处理器

ARM（Advanced RISC Machines）公司是微处理器行业的一家知名企业，设计了大量高性能、廉价、低功耗的 RISC 处理器。该公司将其技术授权给世界上许多著名的半导体、软件和 OEM 厂商，利用这种合伙关系，ARM 公司很快成为许多全球性 RISC 标准的缔造者。

目前全球共有 30 多家半导体公司与 ARM 公司签订了硬件技术使用许可协议，其中包括 Intel、IBM 和 LG 半导体这样的大公司。

ARM 公司提供了一系列内核、体系扩展、微处理器和系统芯片方案，由于所有产品均采用一个通用的软件体系，所以相同的软件可在所有产品中运行（理论上如此）。典型的产品有 ARM7、ARM7DMI（Thumb）、ARM9TDMI。

7. DSP 处理器

DSP 伴随着电子学、数字信号处理技术及计算技术等科学的发展而产生，是体现这 3 个学科综合科研成果的新器件。由于它具有特殊的结构设计，可以实时实现数字信号处理中的一些理论和算法，因而在传真、调制解调器、蜂窝电话、语音处理、高速控制及机器人等领域得到了广泛的应用。

DSP 主要以数字方式来处理模拟信号，通常为其输入一系列信号值，然后进行过滤或一系列其他处理，例如建立一个待过滤的信号值队列或者转换输入值等。DSP 通常是将常数和值执行加法或乘法运算后，形成一系列串行项，再逐个予以累加。它可以充当一个快速倍增器/累加器（MAC），并且可以在一个周期内执行多次 MAC 指令。为了减少在建立串行队列时的额外消耗，DSP 有专门的硬件支持，安排地址提出操作数并建立一些条件，以判断继续计算队列中的元素是否已经到了循环的末尾。

DSP 的主要特点概括如下：用哈佛结构提高运算能力；用管道式设计加快执行速度；在每一时钟周期内执行多个操作；支持复杂的 DSP 编址、特殊的 DSP 指令；面向寄存器和累加器；支持前、后台处理；拥有简单的单片内存和内存接口。

2.1.3 MCS-51 单片机已成为国际经典

尽管单片机技术发展很快，先后推出了高档的 16 位、32 位、ARM 等多种系列单片机，但就绝大部分实时测控等应用领域而言，8 位字长的单片机，足以满足用户的实际需要，加上 8 位单片机在性能上不断提高、拓宽，所以 8 位单片机的市场需求经久不衰，仍占市场的绝对主流。

近年来，Intel 公司已先后将 MCS-51 系列单片机的内核技术转让给国际著名的单片机生产厂家，如荷兰的 PHILIPS、美国的 ATMEL、韩国的 LG、中国无锡微电子中心、中国台湾的华邦等 20 余家，它们各自推出以 MCS-51 为内核，并融进本公司技术特色的单片机系列。如 Winbond--W78×××系列，其内置 EPROM、Flash64KB、SRAM1280B、3 个定时器/计数器、9 个中断源、32/36I/O 口、WDT（看门狗）、ISP（在线编程）、4 个 PWM，工作电压为 4.5～5.5V、主频位 25～40MHz，适应工作环境温度为-40～80℃，可外不扩展存储器 64KB。工业级 W781E×××系列，内置 EPROM、Flash 位 8KB/16KB/32KB，RAM 位 256B 或 256B+1KB，工作电压为 2.4～5.5V 或 2.7～5.5V，主频位 40MHz 等。再如 STC89 系列，其特点是低功耗、超价低、高速（0～90M），3 个定时器/计数器、双数据指针，高速 A/D 转换等。还有全新的 SST8051 单片机家族等。再有最新的 SOC（片上系统），其内核大多为 8051。例如，高速度、片内外三时钟、微封装片上系统--C8051F330/330D 等不胜枚举。

Intel 的后继产品，如 MCS-151/251 均与 8051 向上兼容。

以上可见，由于 8051 内核技术完整，体系结构灵活，得到了绝大多数用户的认可。再加上 8051 内核技术广泛转让，使之在单片机技术领域占有绝对优势，从而成为单片机技术经典。

另外，由于 8051 内核技术几乎包含了单片机理论基础和技术的全部，具有较好的系统性和完整性。再加上几十年来，国内已积累了丰富的技术资料、完整的实验环境与开发设备，因此，MCS-51 系列单片机技术非常适合课堂教学。并且，学懂、弄通了 MCS-51 单片机的基本理论与应用技术，也就打好了学习、应用单片机的基础，即使学、用其他系列单片机也就不难了。

2.1.4　单片机与 CPU、ARM、嵌入式系统的关系

随着计算机技术与超大规模集成电路技术的发展，就计算机整体而言，形成了三大主流：巨型机、微型机、单片机，并按各自的技术规律飞速发展。

1．单片机与 CPU 的关系

很多人对单片机与 CPU 之间的区别不清楚，以至于有时看到一块控制板时，会问：“这是个 CPU 吧”？很多人把单片机与 CPU 混为一谈，其实它们之间是有本质的区别。

微处理器是指计算机系统核心部件（CPU），从这个意义上讲，它只是计算机的一个部件，而并不是一台完整的计算机。

单片机表面上看起来与 CPU 一样，是一片大规模集成电路芯片，但是在单片机内部集成了 CPU、存储器、I/O 口、总线系统等，它是把计算机的主要零部件以集成电路的工艺，集成在一块芯片上，用一片芯片实现了一台基本的计算机系统。

单片机是计算机，而 CPU 是计算机中的一个部件。

2．单片机与 ARM 的关系

当前，以各种 ARM 芯片为核心构成的嵌入式系统非常流行，那么 ARM 与单片机之间有什么区别呢？

ARM 有多层含义，首先，ARM（Advanced RISC Machines）是微处理器行业的一家知名企业，它设计了大量高性能、廉价、耗能低的 RISC 处理器、相关技术及软件。它具有性能高、成本低和能耗省等特点，适用于多种领域，如嵌入控制、消费/教育类多媒体、DSP 和移动式应用等。ARM 将技术授权给世界上许多著名的半导体、软件和 OEM 厂商，其中包括 Intel、IBM、LG 半导体、NEC、SONY、Philips 和美国国家半导体这样的大公司。软件系统的合伙人则包括微软、升阳和 MRI 等一系列知名公

司。每个厂商得到的都是一套独一无二的 ARM 相关技术及服务，ARM 公司既不生产芯片也不销售芯片，只出售芯片技术授权。

因此，ARM 既可认为是一个公司的名字，也可以认为是对一类微处理器的通称，还可以认为是一种技术的名字。

当前市面上流行的各种 ARM7、ARM9 内核的控制器其实也是一种单片机，只不过这种单片机是 32 位的，它的处理速度很快，常用 ARMv5TE 架构的 Xscale，其运算速度可以达到 1000MHz，并且，在以 ARM 处理器为内核的控制器中，集成了更多的硬件资源。所以，通常把这种器件称为超级单片机。

这种单片机的运算速度很快，资源丰富，使得它可以像普通 PC 一样，能够运行操作系统，只不过这类操作系统是嵌入式的操作系统。“ARM 控制器+嵌入式操作系统”就构成了当前比较热门的嵌入式系统，一旦在控制器上加载了操作系统，其系统的性能和开发模式等都会发生质的飞跃，这与传统的单片机模式有着本质的不同。

但是，单从硬件构成的角度去看，ARM 其实就是“跑得快一点”的单片机。

3. 单片机与嵌入式系统的关系

近年来，随着计算机应用体系的不同，将计算机分成嵌入式应用和非嵌入式通用型计算机。巨型机和典型微型计算机属于非嵌入式通用型计算机，而工控机、专用 CPU、单片机等则属于嵌入式应用型计算机。后者面向实时测控应用系统，一般以这类计算机为内核，嵌入到实际的应用系统中，构成完整并实现某种特定功能要求的应用系统，故称为嵌入式计算机应用系统，简称嵌入式系统（Embedded System）。

嵌入式系统是个广泛的概念。所有用于实时测控的计算机应用系统，均可纳入嵌入式系统范畴。

（1）嵌入式系统的构成

嵌入式系统是一个完整具有实现某种特定功能的计算机应用系统，因此它应用包含系统的全部硬件的组成结构与应用软件。图 2-1 所示为组成嵌入式系统应用的示意图，其中计算机是整个系统的指挥、管理、测控、处理的核心，嵌入在整个系统中。

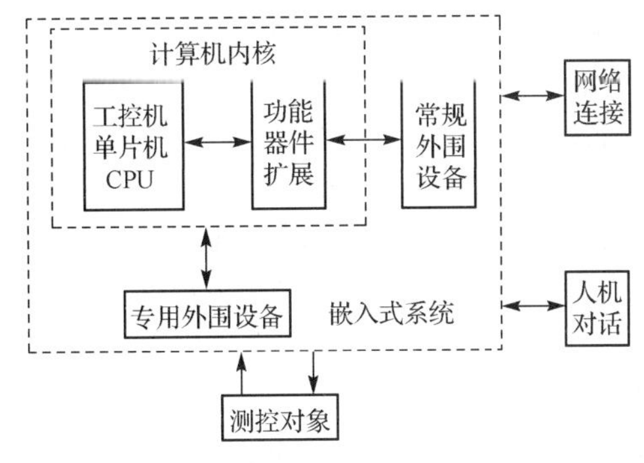

图 2-1　嵌入式应用系统

嵌入式系统的硬件主要由以下几部分组成：嵌入式系统的计算机内核、常规外围设备、专用外围设备、人机对话、网络连接。不同的嵌入式应用系统其硬件配置也各不相同，有简单的、复杂的、很复杂的。显然，以单片机为内核的应用系统是最典型的嵌入式应用系统。

一个完整的嵌入式应用系统，除了针对确定的应用对象而配置的硬件组成系统外，还必须配置相应的软件系统。两者相辅相成，才能使应用系统正确、有效而可靠的工作。一个嵌入式应用系统必须配备相应的软件系统，主要包括：嵌入式系统软件、应用软件。

（2）单片机是嵌入式系统中应用最典型、最广泛的内核

单片机作为最典型的嵌入式系统，它的成功应用推动了嵌入式系统的发展。近年来，各种类型的工控机、各种以通用微处理器构成的计算机主板模块、以通用微处理器为核心片内扩展一些外围功能电路单元构成的嵌入式微处理器，甚至单片形态的 PC 等，都实现了嵌入式应用，组成了嵌入式系统的庞大家族。

单片机是现代计算机、电子技术结合的新兴领域，无论是单片机本身还是单片机应用系统的设计方法，都会随时代不断发生变化。

随着单片机技术的发展，功能不断增强，应用更加广泛。目前应用于嵌入式系统的计算机内核绝大部分是单片机。所以说，单片机是当前构成嵌入式应用系统中最典型的主流机型。学好单片机基本理论及其技术，是开发、设计各类嵌入式应用系统的基础。

2.1.5 单片机应用系统开发的软硬件环境

1. 单片机应用系统开发的硬件环境

在设计一单片机应用系统的时，需要一定的硬件开发环境，不同的设计者需要的环境不同。

（1）开发环境基本组成

一个典型的单片机应用系统开发环境如图2-2所示，单片机应用系统开发环境中的硬件由PC、单片机仿真器、用户目标系统、编程器和数条连接电缆组成。

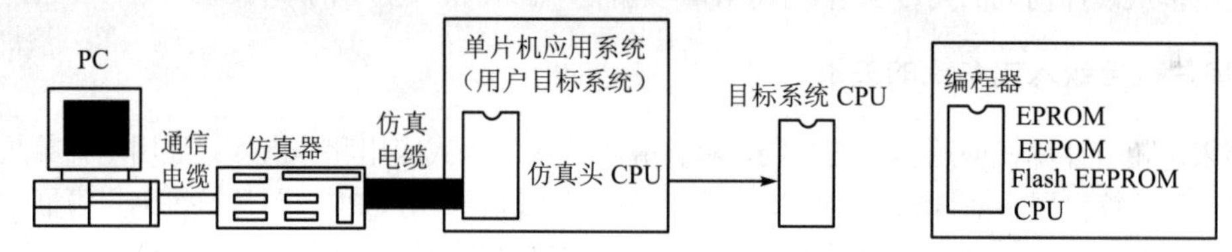

图2-2　单片机典型开发环境组成示意图

软件由PC上的单片机集成开发环境软件和编程器软件构成，前者为单片机仿真器随机软件，后者为编程器随机软件。

单片机仿真器又称单片机开发系统。单片机仿真器的工作步骤是：取下用户目标系统的单片机芯片（目标系统CPU），把仿真器上的CPU仿真头插入用户目标系统CPU相应的位置，从而将仿真器中的CPU和ROM借给了目标系统。PC通过仿真器和目标系统建立起一种透明的联系，程序员可以观察到程序的运行（实际上程序在仿真器中运行）和CPU内部的全部资源情况。也就是说，在开发环境中，用户目标系统的程序存储器是闲置的。我们调试的是仿真器中的程序，仿真器中的程序运行完全受仿真器的监控程序控制。仿真器的监控程序相当于PC的操作系统，该监控程序与PC上运行的集成开发环境相配合，使得我们可以修改和调试程序，并能观察程序的运行情况。

程序调试完成后，将编程器通过通信电缆连接到PC上，将调试好的程序通过编程器写入单片机芯片（即写入单片机内部的程序存储器），从用户目标系统上拔掉仿真头CPU，即完成了单片机的仿真调试。然后换上写入程序的单片机芯片（目标系统CPU），得到单片机应用系统的运行态，又称脱机运行。由于仿真器的功能差别很大，脱机运行有时和仿真运行并不完全一致，还需要返回仿真过程调试。上述过程有时可能要重复多次。

单片机仿真器在开发环境中出借CPU和程序存储器到用户目标系统，调试完成后，通过编程器把程序固化到程序存储器，插入目标系统，同时插入目标系统CPU，即可得到单片机应用系统的运行态。

编程器的功能是把调试好的目标代码写入单片机的片内（外）程序存储器中，把写好后的芯片插到用户目标板上进行脱机（脱离仿真器）运行，如未达到用户要求，则要重新返回仿真阶段查找软件或硬件的原因。这个过程可能要重复多遍。

（2）单片机的在线编程

通常进行单片机开发时，编程器是必不可少的。仿真、调试完的程序，需要借助编程器烧到单片机内部或外接的程序存储器中。普通编程器的价格从几百元到几千元人民币不等，对于一般的单片机爱好者来说，这是一笔不小的开支。另外，在开发过程中，程序每改动一次就要拔下电路板上的芯片编程后再插上，比较麻烦。

随着单片机技术的发展，出现了可以在线编程的单片机。目前有两种实现在线编程的方法：在系统编程（ISP）和在应用编程（IAP）。ISP 一般通过单片机专用的串行编程接口对单片机内部的 Flash 存储器进行编程，而 IAP 技术是从结构上将 Flash 存储器映射为两个存储体，当运行一个存储体上的用户程序时，可对另一个存储体重新编程，之后将控制从一个存储体转向另一个。ISP 的实现一般需要很少的外部电路辅助实现，而 IAP 的实现更加灵活，通常可利用单片机的串行口接到计算机的 RS232 口，通过专门设计的固件程序对内部存储器编程。例如，Atmel 公司的单片机 AT89S8252 提供了一个 SPI 串行接口对内部程序存储器编程（ISP），而 SST 公司的单片机 SST89C54 内部包含了两块独立的存储区，通过预先编程其中一块存储区中的程序就可以通过串行口与计算机相连，使用 PC 专用的用户界面程序直接下载程序代码到单片机的另一块存储区中。

ISP 和 IAP 为单片机的实验和开发带来了很大的方便和灵活性，也为广大单片机爱好者带来了福音。利用 ISP 和 IAP，不需要编程器就可以进行单片机的实验和开发，单片机芯片可以直接焊接到电路板上，调试结束即为成品，甚至可以远程在线升级或改变单片机中的程序。

（3）使用 JTAG 界面单片机仿真开发环境

JTAG（Joint Test Action Group，联合测试行动小组）是一种国际标准测试协议（与 IEEE 1149.1 兼容），主要用于芯片内部测试。现在大部分高级器件都支持 JTAG 协议，如 DSP 和 FPGA 器件等。标准的 JTAG 接口有 4 线：TMS、TCK、TDI 和 TDO，分别为模式选择、时钟、数据输入和数据输出线。JTAG 最初是用来对芯片进行测试的，其基本原理是在器件内部定义一个 TAP（Test Access Port，测试访问口），通过专用的 JTAG 测试工具对内部节点进行测试。JTAG 测试允许多个器件通过 JTAG 接口串联在一起，形成一个 JTAG 链，能实现对各器件的分别测试。现在，JTAG 接口还常用于实现 ISP，对 Flash E^2PROM 等器件进行编程。

JTAG 编程方式是在线编程，在这种方式下不需要编程器。传统生产流程中的先对芯片进行预编程、现装配的方式也因此而改变，简化的流程为先固定器件到电路板上，再用 JTAG 编程，从而大大加快了工程进度。

新一代的单片机芯片内部不仅集成了大容量的 Flash E^2PROM，还具有 JTAG 接口，可连接 JTAG ICE 仿真器。PC 提供高级语言开发环境（Windows），支持 C 语言及汇编语言，不仅可以下载程序，还可以在系统中调试程序，具有调试目标系统的所有功能。开发不同的单片机系统只需更换目标板。JTAG 仿真开发环境如图 2-3 所示。

图 2-3　JTAG 单片机仿真开发系统

在 TTAG 单片机仿真开发环境中，JTAG 适配器提供了计算机通信口到单片机 JTAG 口的透明转换，并且不出借 CPU 和程序存储器给应用系统，使得仿真更加贴近实际目标系统。单片机内部已集成了基于 JTAG 协议的调试和下载程序。

2．单片机应用系统开发的软件环境

设计单片机应用系统需要的软件平台，主要包括以下几类：仿真软件平台、原理图及 PCB 图绘制软件平台、程序调试软件平台等。

仿真软件平台的代表是 Proteus 软件；原理图及 PCB 图绘制软件平台的代表是 Protele；程序调试软件平台的代表是 μVision、WAVE、DAIS 等。另外还有串口调试软件、程序下载软件等。

具体软件平台的使用可参看有关资料。

2.2 51单片机的总体结构

51系列单片机已有多种产品，可分为两大系列：51子系列（又称为基本型）和52子系列（又称为增强型）。

51子系列主要有8031、8051、8751三种机型。它们的指令系统与引脚完全兼容，其差别仅在于片内有无ROM或EPROM：8051有4KB的ROM，8751有4KB的EPROM，8031片内无程序存储器。

52子系列主要有8032、8052、8752三种机型。52子系列与51子系列的不同之处在于：片内数据存储器增至256B，片内程序存储器增至8KB（8032无），有3个定时器/计数器，6个中断源，其余性能均与51子系列的相同。

为了适应不同的需要，近几年单片机生产厂商又在基本单片机的基础上生产了称为特殊型的MCS-51单片机。特殊型MCS-51单片机体现在以下几个方面。

① 内部程序存储器容量的扩展，由1KB、2KB、4KB、8KB、16KB、20KB、32KB，发展到64KB，甚至更多。

② 片内数据存储器的扩展，目前已有512B、1KB、2KB、4KB、8KB等。

③ 增加了外设的功能，如片内A/D、D/A、DMA、并行接口、PCA（可编程计数阵列）、PWM（脉宽调制）、PLC（锁相环控制）、WDT（看门狗）等。

④ 增加存储器的编程方式，如ISP和IAP，可以通过并口、串口或专门引脚烧录程序。

⑤ 通信功能的增强，有2个串口、I^{2}C总线、SPI、USB总线、CAN总线、自带TCP/IP协议等。

⑥ 带有JTAG（Joint Test Action Group）的调试型单片机。

无论是增强型还是特殊型，都是从基本型发展而来的，因此本书介绍以基本型为主。

2.2.1 内部结构

51单片机是在一块芯片上集成了CPU、RAM、ROM、定时器/计数器和多种I/O功能部件，具有了一台微型计算机的基本结构，主要包括以下部件：1个8位的CPU、1个布尔处理机、1个片内振荡器、128B的片内数据存储器、4KB的片内程序存储器（8031无）、外部数据存储器和程序存储器的寻址范围为64KB、21B的专用寄存器、4个8位并行I/O接口、1个全双工的串行口、2个16位的定时器/计数器、5个中断源、2个中断优先级、111条指令、片内采用单总线结构。图2-4所示为51系列单片机的内部结构框图。

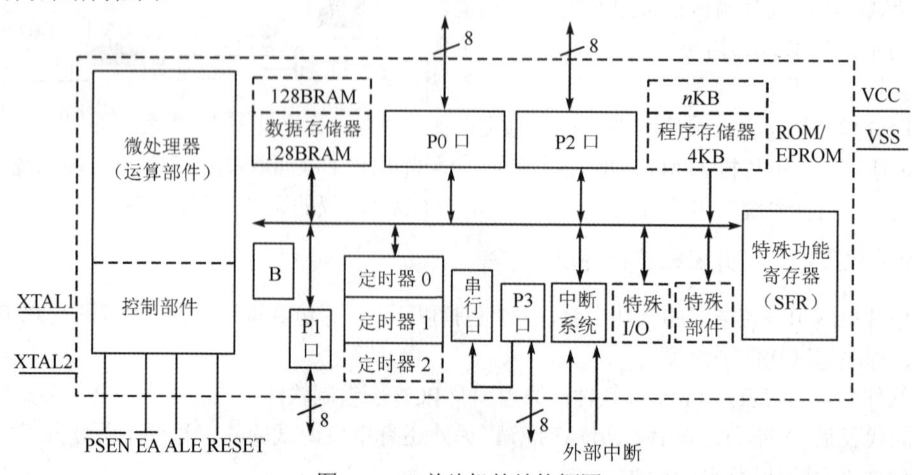

图2-4 51单片机的结构框图

从图 2-4 中可以看出，51 系列单片机内部按功能可划分为 8 个组成部分：微处理器（CPU）、数据存储器（RAM）、程序存储器（ROM/EPROM）、特殊功能寄存器（SFR）、I/O 接口、串行口、定时器/计数器及中断系统，各部分是通过片内单一总线连接起来的。

（1）微处理器（CPU）

微处理器包括运算器和控制器两大部分，它是单片机的核心，完成运算和控制功能。运算器是单片机的运算部件，用于实现算术运算和逻辑运算；控制器是单片机的指挥和控制部件，它保证单片机各部分能自动而协调地工作。

（2）片内数据存储器（RAM）

片内数据存储器共有 256 个 RAM 空间，但其中后 128 个单元被专用寄存器（SFR）占用。数据存储器用于存储程序运行期间的变量、中间结果、数据暂存和缓冲等。

（3）片内程序存储器（ROM/EPROM）

8031 片内没有程序存储器，8051 内部有 4KB 的掩模 ROM，8751 内部有 4KB 的 EPROM。程序存储器用于存放程序和原始数据或表格。

（4）定时器/计数器

51 单片机内部有两个 16 位定时器/计数器，以实现定时或计数功能，其核心部件——计数器是"加法计数器"。

（5）并行 I/O 接口

51 单片机内部有 4 个并行 I/O 接口（P0、P1、P2、P3），以实现数据的并行输入/输出及总线扩展。

（6）串行口

51 单片机内部有一个全双工的串行通信口，以实现单片机和其他设备之间的串行数据传送。该串行通信口功能较强，既可作为全双工异步通信收发器使用，也可作为同步移位寄存器使用。

（7）中断系统

51 单片机有 5 个中断源（2 个外部中断、2 个定时器/计数器溢出中断、1 个串行口中断）。中断优先级分为高、低两级。

（8）位处理器

位处理器也称为布尔处理器。位处理器能对可寻址位进行复位、置位、取反等位操作。位处理器是单片机的重要组成部分，因为它是单片机实现控制功能的保证。

上述这些部件通过片内总线连接在一起构成一个完整的单片机。单片机的地址信号、数据信号和控制信号都是通过总线传送的。总线结构减少了单片机的连线和引脚，提高了集成度和可靠性。

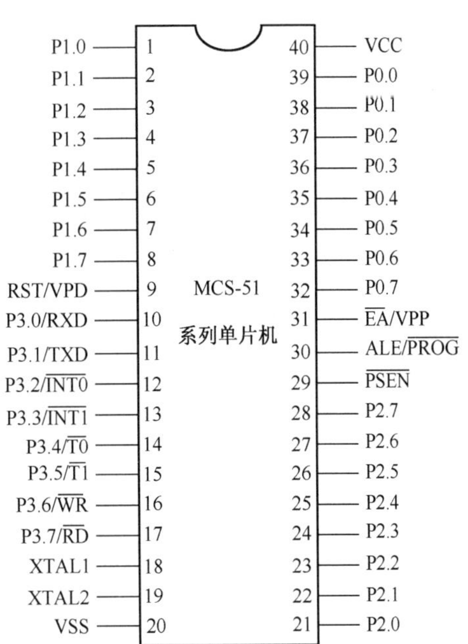

图 2-5　51 单片机外部引脚图

2.2.2 外部引脚说明

51 单片机大都采用 40 条引脚的双列直插式封装（DIP），其引脚示意如图 2-5 所示。各引脚说明如下。

（1）电源引脚 VCC、VSS

电源引脚接入单片机的工作电源。

VCC（40 脚）：接+5V 电源（直流电源正端）；VSS（20 脚）：接地（直流电源负端）。

（2）时钟引脚 XTAL1、XTAL2

时钟电路是单片机的心脏，它用于产生单片机工作所需要的时钟信号。可以说单片机就是一个复杂的同步时序电路，为了保证同步工作的实现，电路应在统一的时钟信号控制下严格地按时序进行工作。

单片机的时钟产生方法有内部时钟方式和外部时钟方式两种，内部方式所得到的时钟信号比较稳定，应用较多，大多数单片机应用系统采用内部时钟方式。

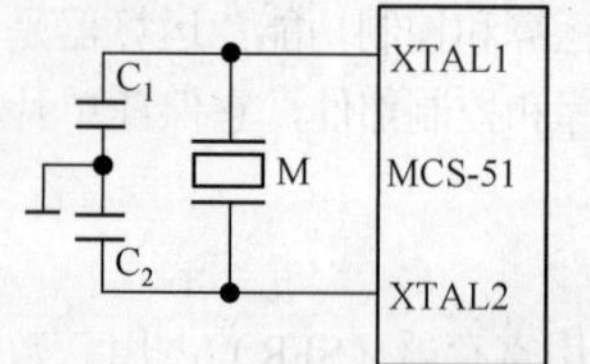

图 2-6 采用内部时钟方式的电路

内部时钟方式是采用外接晶体和电容组成并联谐振电路，电路如图 2-6 所示。

51 单片机允许的振荡晶体 M 可在 1.2～24MHz 间选择，典型值有 6MHz、11.0592MHz、12MHz。电容 C_1、C_2 起稳定振荡频率、快速起振的作用，它们的取值对振荡频率输出的稳定性、大小及振荡电路的起振速度有一定的影响，可在 20～100pF 之间选择，典型值为 30pF。

晶体振荡频率越高，则系统的时钟频率也高，单片机运行速度就快，但运行速度越快，存储器的速度要求就越高，对印制电路板的工艺要求也高（线间寄生电容要小）。随着技术的发展，单片机的时钟频率也在提高，现在 8 位的高速单片机芯片的使用频率已达 40MHz。

应该指出，振荡电路产生的振荡脉冲并不直接为系统所用，而是经过二分频后才作为系统时钟信号的（状态周期）。6 个状态周期构成 51 单片机的另一个时序周期——机器周期。关于时序周期的有关知识在后面介绍。

（3）RST/VPD（9 脚）

RST 即 RESET，VPD 为备用电源。该引脚为单片机的上电复位或掉电保护端。当单片机振荡器工作时，该引脚上出现持续两个机器周期的高电平，可实现复位操作，使单片机恢复到初始状态。复位后应使此引脚电平为小于等于 0.5V 的低电平，以保证单片机正常工作。上电时，考虑到振荡器有一定的起振时间，该引脚上高电平必须持续 10ms 以上才能保证有效复位。

计算机在启动运行时都需要复位，这就使 CPU 和系统中的其他部件都处于一个确定的初始状态，并从这个状态开始工作。

只要 RST 保持高电平，51 单片机便保持复位状态。此时 ALE、PSEN、P0、P1、P2、P3 口都输出高电平。RST 变为低电平，退出复位状态，CPU 从初始状态开始工作。复位操作不影响片内 RAM 的内容，复位以后内部寄存器的初始状态如表 2-1 所示。

表 2-1 复位后的内部寄存器状态

寄 存 器	复位状态	寄 存 器	复位状态
PC	0000H	TMOD	00H
ACC	00H	TCON	00H
B	00H	TH0	00H
PSW	00H	TL0	00H
SP	07H	TH1	00H
DPTR	0000H	TL1	00H
P0～P3	0FFH	SCON	00H
IP	（×××00000）	SBUF	（××××××××）
IE	（0××00000）	PCON	（0×××0000）

51 单片机通常采用上电自动复位和按钮复位两种方式。最简单的上电自动复位电路如图 2-7 所示。对于 CMOS 型单片机，因 RST 引脚的内部有一个拉低电阻，故电阻 R 可以不接。单片机在上电瞬间，RC 电路充电，RST 引脚端出现正脉冲，只要 RST 端保持两个机器周期以上的高电平（因为振荡器从

起振到稳定需要大约 10ms 的时间，故通常定为大于 10ms），就能使单片机有效复位。当晶体振荡频率为 12MHz 时，RC 的典型值为 C=10μF，R=8.2kΩ。简单复位电路中，干扰信号易串入复位端，可能会引起内部某些寄存器错误复位，这时可在 RST 引脚上接一去耦电容。

通常，因为系统运行等的需要，常常需要人工按钮复位，如图 2-8 所示，只需将一个常开按钮并联于上电复位电路，按下开关一定时间就能使 RST 引脚端为高电平，从而使单片机复位。

在考虑单片机复位电路的同时，也要考虑系统的复位问题。

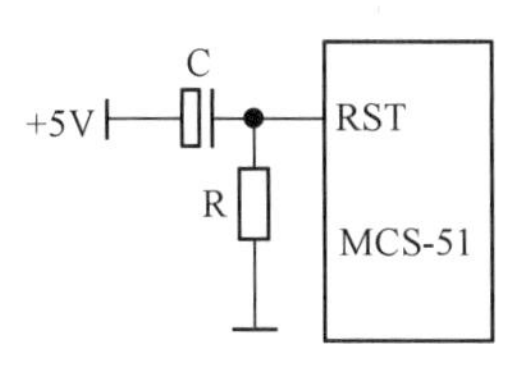

图 2-7　上电复位电路

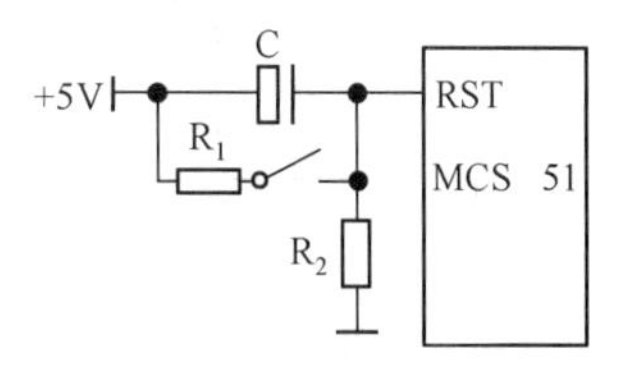

图 2-8　上电与手动复位电路

（4）输入/输出引脚 P0～P3

输入/输出引脚 P0～P3 除具有基本的输入/输出功能外，P0、P2、P3 还具有第二功能。

P0 口～P3 口当用作基本的输入/输出口时，分别用 P0、P1、P2 和 P3 来表示。

P0 口当用作第二功能时，是作为地址总线低 8 位及数据总线分时复用口，一般作为扩展时地址/数据总线口使用。

P2 口当用作第二功能时，用作高 8 位地址总线，一般作为扩展时地址总线的高 8 位使用。

P3 口当用作第二功能时，其定义如表 2-2 所示。

表 2-2　P3 口的第二功能定义

引　脚	第二功能	
P3.0	RXD	串行口输入端
P3.1	TXD	串行口输出端
P3.2	$\overline{\text{INT0}}$	外部中断 0 请求输入端，低电平有效
P3.3	$\overline{\text{INT1}}$	外部中断 1 请求输入端，低电平有效
P3.4	T0	定时器/计数器 0 计数脉冲输入端
P3.5	T1	定时器/计数器 1 计数脉冲输入端
P3.6	$\overline{\text{WR}}$	外部数据存储器及 I/O 口写选通信号输出端，低电平有效
P3.7	$\overline{\text{RD}}$	外部数据存储器及 I/O 口读选通信号输出端，低电平有效

当不用作第二功能使用时，P0～P3 口可以作为基本的输入/输出口使用；P3 口部分位线用作了第二功能时，其余的位线还可以作为基本的输入/输出位线使用。

（5）ALE/PROG（30 脚）

地址锁存有效输出端。ALE 在每个机器周期内输出两个脉冲。在访问外部存储器时，ALE 输出脉冲的下降沿用于锁存 16 位地址的低 8 位。即使不访问外部存储器，ALE 端仍有周期性正脉冲输出，其频率为振荡频率的 1/6。但是，每当访问外部数据存储器时，在两个机器周期中 ALE 只出现一次，即丢失一个 ALE 脉冲。ALE 端可以驱动 8 个 TTL 负载。

对于片内具有 EPROM 的单片机 8751，在 EPROM 编程期间，此引脚用于输入编程脉冲 PROG。

（6）$\overline{\text{PSEN}}$（29 脚）、$\overline{\text{EA}}$（31 脚）

$\overline{\text{PSEN}}$ 为片外程序存储器读选通信号输出端，低电平有效。$\overline{\text{EA}}$ 为片外程序存储器选用端，当 $\overline{\text{EA}}$ 端为高电平时，选择片内 ROM，否则为片外 ROM。

这两个引脚都是和片外程序存储器有关，现在的单片机存储器系统中一般不需要扩展片外程序存储器了，所以这两个引脚信号就没有什么意义了，只要将$\overline{EA}$接高电平就可以了。

对于片内有EPROM的单片机8751，在EPROM编程期间，此引脚用于施加编程电源VPP。

综上所述， 51系列单片机的引脚可归纳为以下两点：

① 单片机功能多，引脚数少，因而许多引脚都具有第二功能。

② 单片机对外呈现总线形式，由P2、P0口组成16位地址总线，由P0口分时复用为数据总线，由$\overline{PSEN}$与P3口中的$\overline{WR}$、$\overline{RD}$构成对外部存储器及I/O的读/写控制，由P3口的其他引脚构成串行口、外部中断输入、计数器的计数脉冲输入。51单片机的总线结构如图2-9所示。

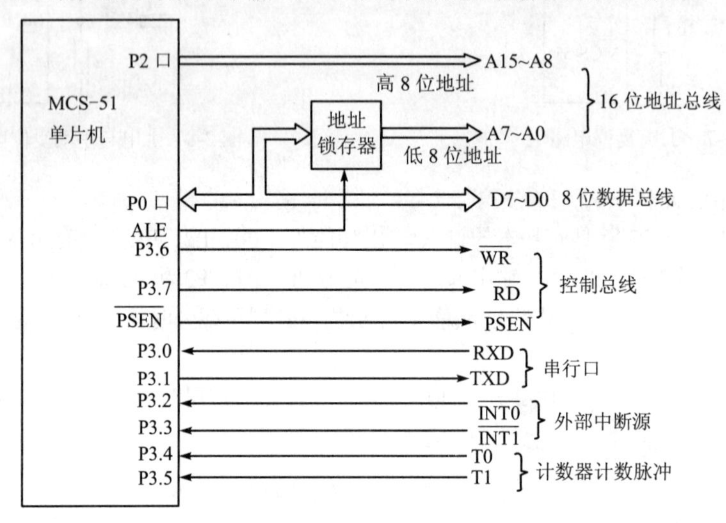

图2-9　51单片机的总线结构图

2.2.3　CPU的时序周期

计算机在执行指令时，会将一条指令分解为若干基本的微操作。这些微操作所对应的脉冲信号在时间上的先后次序称为计算机的时序。因此，微型计算机中的CPU实质上就是一个复杂的同步时序电路，这个时序电路是在时钟脉冲推动下工作的。

CPU发出的时序信号有两类：一类用于片内各功能部件的控制，这类信号很多，但用户知道它是没有什么意义的，故通常不做专门介绍；另一类用于片外存储器或I/O接口的控制，需要通过器件的控制引脚送到片外，这部分时序对分析硬件电路原理至关重要，也是用户普遍关心的问题。

51单片机的时序由下面4种周期构成。

（1）振荡周期

振荡周期是指为单片机提供定时信号的振荡源的周期。

（2）状态周期

两个振荡周期为一个状态周期，用S表示。两个振荡周期作为两个节拍分别称为节拍P1和节拍P2。在状态周期的前半周期P1有效时，通常完成算术逻辑运算；在后半周期P2有效时，一般进行内部寄存器之间的传输。

（3）机器周期

CPU执行一条指令的过程可以划分为若干阶段，每一阶段完成某一项基本操作，如取指令、存储器读/写等。通常把完成一个基本操作所需要的时间称为机器周期。

51 单片机的一个机器周期包含 6 个状态周期，用 S1, S2, …, S6 表示；共 12 个节拍，依次可表示为 S1P1, S1P2, S2P1, S2P2, …, S6P1, S6P2，其时序单元如图 2-10 所示。

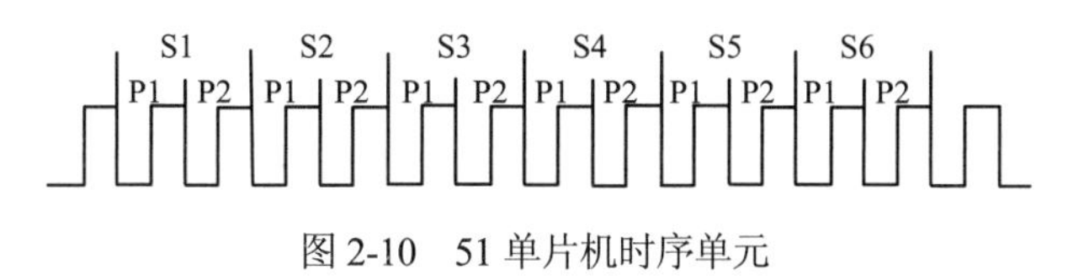

图 2-10　51 单片机时序单元

（4）指令周期

指令周期是指执行一条指令所占用的全部时间，它以机器周期为单位。51 系列单片机除乘法、除法指令是 4 机器周期指令外，其余都是单周期指令和双周期指令。若用 12MHz 晶体振荡器（晶振），则单周期指令和双周期指令的指令周期时间分别是 1μs 和 2μs，乘法和除法指令为 4μs。

通过上面的分析，我们可以看出，外部晶振的二分频是 51 单片机的内部时钟周期，6 个时钟周期构成了单片机的机器周期。如果单片机的外部晶振是 12MHz，则其内部的机器周期是 1μs，指令周期为 1～4μs。

2.3　51 单片机的存储器

51 系列单片机存储器从物理结构上可分为片内、片外程序存储器（8031 和 8032 无片内程序存储器）与片内、片外数据存储器等 4 部分；从功能上可分为 64KB 程序存储器空间、128B 片内数据存储器空间、128B 内部特殊功能寄存器空间、位地址空间和 64KB 片外数据存储器等 5 部分；其寻址空间可划分为：程序存储器、片内数据存储器和片外数据存储器 3 个独立的地址空间。

51 单片机的程序存储器（ROM）和数据存储器（RAM），在使用上是严格区分的，不得混用。程序存储器通常存放程序指令、常数及表格等，系统在运行过程中不能修改其中的数据；数据存储器则存放缓冲数据，系统在运行过程中可修改其中的数据。

2.3.1　程序存储器

1. 编址与访问

计算机的工作是按照事先编制好的程序命令序列逐条顺序执行的，程序存储器用来存放这些已编制好的程序和表格常数，它由只读存储器 ROM 或 EPROM 组成。计算机为了有序工作，设置了一个专用寄存器——程序计数器 PC。每取出指令的 1 个字节后，其内容自动加 1，指向下一个字节，使计算机依次从程序存储器中取指令予以执行，完成某种操作。由于 51 单片机的程序计数器为 16 位，因此可寻址的地址空间为 64KB。

51 单片机从物理配置上可有片内、片外程序存储器，由 $\overline{EA}$ 引脚选择。在现代 51 单片机应用系统设计中，一般都选择片内带足够大程序存储器的单片机，所以不需要扩展片外的程序程序器，这样就可以直接将 $\overline{EA}$ 接高电平。

2. 程序存储器中的 6 个特殊地址

程序地址空间原则上可由用户任意安排，但复位和 5 个中断源的程序入口地址在 51 系列单片机中是固定的，用户不能更改。这些入口地址如表 2-3 所示。

表 2-3 51 系列单片机复位、中断入口地址

操　　作	入口地址	操　　作	入口地址
复位	0000H	外部中断 1	0013H
外部中断 0	0003H	定时器/计数器 1 溢出中断	001BH
定时器/计数器 0 溢出中断	000BH	串行口中断	0023H

注：定时器/计数器 2 溢出或 T2EX 端负跳变（52 子系列）中断源的程序入口地址为 002BH。

表 2-3 中 6 个入口地址互相离得很近，只隔 3 个或 8 个单元，容纳不下稍长的程序段。所以其中实际存放的往往是一条无条件转移指令，使程序分别跳转到用户程序真正的起始地址，或跳转到所对应的中断服务程序的真正入口地址。

2.3.2 数据存储器

1．编址与访问

51 单片机片内、外数据存储器是两个独立的地址空间，应分别单独编址。片内数据存储器除 RAM 块外，还有特殊功能寄存器（SFR）块。数据存储器的编址如图 2-11 所示。

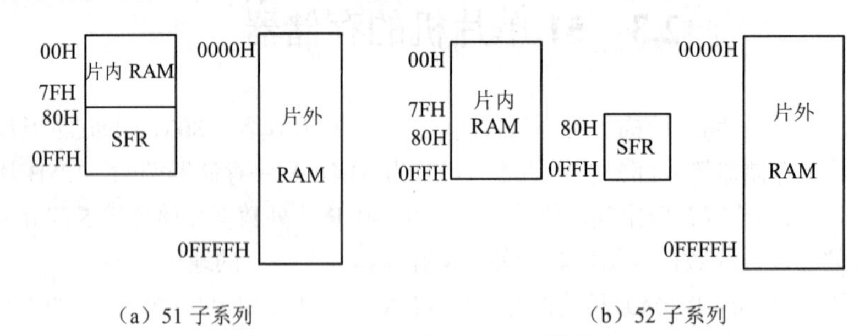

（a）51 子系列　　（b）52 子系列

图 2-11　数据存储器编址图

说明：

① 51 单片机的 51 子系列的内部数据存储器为 128 字节，地址空间为 00H～7FH，52 子系列的内部数据存储器为 256 字节，地址空间为 00H～0FFH，特殊功能寄存器地址空间为 80H～0FFH。显然，内部数据存储器区的 80H～0FFH 空间与特殊功能寄存器的地址重叠，但是通过指令中采取不同的寻址方式可解决这个重叠问题，即特殊功能寄存器只能用“直接寻址”方式，内部数据存储器 80H～0FFH 单元只能用“寄存器间接寻址”方式，也就是说，地址重叠不会造成混乱，只是在软件编程时应注意。

② 如果只扩展少量片外数据存储器，容量不超过 256 字节，也可按 8 位编址，自 00H 开始，最大可至 0FFH。这种情况下，地址空间与片内数据存储器重叠，但访问片内、外用不同的指令，也不会引起混乱。

③ 片外数据存储器按 16 位编址，其地址空间与程序存储器重叠，但不会引起混乱，访问程序存储器是用 $\overline{PSEN}$ 信号控制，而访问片外数据存储器时，由 $\overline{RD}$ 信号（读）和 $\overline{WR}$ 信号（写）控制。

2．片内数据存储器

51 单片机片内 RAM 共有 128 字节，字节范围为 00H～7FH。图 2-12 所示为 51 子系列单片机片内 RAM 的配置图。由图 2-9 可见，片内数据存储器共分为工作寄存器区、位寻址区、数据缓冲区共 3 个区域。

00H～07H	0 区								工作寄存器区
08H～0FH	1 区								
10H～17H	2 区								
18H～1FH	3 区								
20H	07H	06H	05H	04H	03H	02H	01H	00H	位寻址区
21H	0FH	0EH	0DH	0CH	0BH	0AH	09H	08H	
22H	17H	16H	15H	14H	13H	12H	11H	10H	
23H	1FH	1EH	1DH	1CH	1BH	1AH	19H	18H	
24H	27H	26H	25H	24H	23H	22H	21H	20H	
25H	2FH	2EH	2DH	2CH	2BH	2AH	29H	28H	
26H	37H	36H	35H	34H	33H	32H	31H	30H	
27H	3FH	3EH	3DH	3CH	3BH	3AH	39H	38H	
28H	47H	46H	45H	44H	43H	42H	41H	40H	
29H	4FH	4EH	4DH	4CH	4BH	4AH	49H	48H	
2AH	57H	56H	55H	54H	53H	52H	51H	50H	
2BH	5FH	5EH	5DH	5CH	5BH	5AH	59H	58H	
2CH	67H	66H	65H	64H	63H	62H	61H	60H	
2DH	6FH	6EH	6DH	6CH	6BH	6AH	69H	68H	
2EH	77H	76H	75H	74H	73H	72H	71H	70H	
2FH	7FH	7EH	7DH	7CH	7BH	7AH	79H	78H	
30H～7FH									数据缓冲区

图 2-12　51 单片机片内 RAM 分配图

（1）工作寄存器区

00H～1FH 单元为工作寄存器区。工作寄存器也称通用寄存器，用于临时寄存 8 位信息。工作寄存器分成 4 个区，每个区都是 8 个寄存器，用 R0～R7 来表示。程序中每次只用一个区，其余各区不工作。使用哪一区寄存器工作，由程序状态字 PSW（关于 PSW 的含义在特殊功能寄存器中介绍）中的 PSW.3（RS0）和 PSW.4（RS1）两位来选择，其对应关系如表 2-4 所示。

表 2-4　工作寄存器区的选择表

PSW.4(RS1)	PSW.3(RS0)	当前使用的工作寄存器区 R0～R7
0	0	0 区（00H～07H）
0	1	1 区（08H～0FH）
1	0	2 区（10H～17H）
1	1	3 区（18H～1FH）

通过软件设置 RS0 和 RS1 两位的状态，就可任意选一区寄存器工作。这个特点使 51 单片机具有快速现场保护的功能，对于提高程序效率和响应中断的速度是很有利的。

该区域当不被用作工作寄存器时，可以作为一般的 RAM 区使用。

（2）位寻址区

20H～2FH 单元是位寻址区。这 16 个单元（共计 16×8=128 位）的每一位都赋予了一个位地址，位地址范围为 00H～7FH。位地址区的每一位都可当作软件触发器，由程序直接进行位处理。通常可以把各种程序状态标志、位控制变量存入位寻址区内。

该区域当不被用作位寻址区时，可以作为一般的 RAM 区使用。

在这里要注意，位地址 7FH 和字节地址 7FH 是两个完全不同的概念。

（3）数据缓冲区

30H～7FH 是数据缓冲区，即用户 RAM，共 80 个单元。

由于工作寄存器区、位寻址区、数据缓冲区统一编址，使用同样的指令访问，这三个区的单元既有自己独特的功能，又可统一调度使用。因此，前两个区未使用的单元也可作为用户 RAM 单元使用，使容量较小的片内 RAM 得以充分利用。

52 子系列单片机片内 RAM 有 256 个单元，前两个区的单元数与地址都与 51 子系列的一致，用户 RAM 区却为 30H～0FFH，有 208 个单元。对于片内 RAM 区的字节地址 80H～0FFH 的区域，只能采用间接寻址方式进行访问。

（4）堆栈和堆栈指针

堆栈是按先进后出的原则进行读写的特殊 RAM 区域。51 单片机的堆栈区是不固定的，原则上可以在内部 RAM 的任何区域内。实际应用中要根据对片内 RAM 各功能区的使用情况灵活设置，但应避开工作寄存器区、位寻址区和用户实际使用的数据区。

系统复位后，SP 初始化为 07H，所以第一个压入堆栈的数据存放在 08H 单元，即堆栈区是从 07H 单元开始的一部分连续存储单元。

2.3.3　特殊功能寄存器

特殊功能寄存器（SFR，Special Function Registers），又称为专用寄存器，专用于控制、管理片内算术逻辑部件、并行 I/O 口、串行 I/O 口、定时器/计数器、中断系统等功能模块的工作。用户在编程时可以置数设置，却不能自由移作它用。各专用寄存器（PC 例外）与片内 RAM 统一编址，且可作为直接寻址字节直接寻址。除 PC 外，51 子系列单片机共有 18 个专用寄存器，其中 3 个为双字节寄存器，共占用 21 字节；52 子系列有 21 个专用寄存器，其中 5 个为双字节寄存器，共占用 26 字节。按地址排列的各特殊功能寄存器名称、符号、地址如表 2-5 所示。其中有 12 个专用寄存器可以位寻址，它们字节地址的低半字节为 0H 或 8H（即可位寻址的特殊功能寄存器字节地址具有能被 8 整除的特征）。在表 2-5 中也示出了这些位的位地址与位名称。

表 2-5　特殊功能寄存器名称、符号、地址一览表

专用寄存器名称	符号	地址	位地址与位名称							
			D7	D6	D5	D4	D3	D2	D1	D0
P0 口	P0	80H	87	86	85	84	83	82	81	80
堆栈指针	SP	81H								
数据指针低字节	DPL	82H								
数据指针高字节	DPH	83H								
定时器/计数器控制	TCON	88H	TF1 8F	TR1 8E	TF0 8D	TR0 8C	IE1 8B	IT1 8A	IE0 89	IT0 88
定时器/计数器方式控制	TMOD	89H	GATE	C/$\overline{T}$	M1	M0	GATE	C/T	M1	M0
定时器/计数器 0 低字节	TL0	8AH								
定时器/计数器 1 低字节	TL1	8BH								
定时器/计数器 0 高字节	TH0	8CH								
定时器/计数器 1 高字节	TH1	8DH								
P1 口	P1	90H	97	96	95	94	93	92	91	90
电源控制	PCON	97H	SMOD	—	—	—	GF1	GF0	PD	IDL
串行控制	SCON	98H	SM0 9F	SM1 9E	SM2 9D	REN 9C	TB8 9B	RB8 9A	TI 99	RI 98
串行数据缓冲器	SBUF	99H								
P2 口	P2	A0H	A7	A6	A5	A4	A3	A2	A1	A0
中断允许控制	IE	A8H	EA AF	— —	ET2 AD	ES AC	ET1 AB	EX1 AA	ET0 A9	EX0 A8

续表

专用寄存器名称	符号	地址	位地址与位名称							
			D7	D6	D5	D4	D3	D2	D1	D0
P3 口	P3	B0H	B7	B6	B5	B4	B3	B2	B1	B0
中断优先级控制	IP	B8H	— —	— —	PT2 BD	PS BC	PT1 BB	PX1 BA	PT0 B9	PX0 B8
定时器/计数器 2 控制	T2CON*	C8H	TF2 CF	EXF2 CE	RCLK CD	TCLK CC	EXEN2 CB	TR2 CA	C/T2 C9	CP/RL2 C8
定时器/计数器 2 自动重装低字节	RLDL*	CAH								
定时器/计数器 2 自动重装高字节	RLDH*	CBH								
定时器/计数器 2 低字节	TL2*	CCH								
定时器/计数器 2 高字节	TH2*	CDH								
程序状态字	PSW	D0H	C D7	AC D6	F0 D5	RS1 D4	RS0 D3	OV D2	— D1	P D0
累加器	A	E0H	E7	E6	E5	E4	E3	E2	E1	E0
B 寄存器	B	F0H	F7	F6	F5	F4	F3	F2	F1	F0

注：表中带*的寄存器与定时器/计数器 2 有关，只在 52 子系列芯片中存在，RLDH、RLDL 也可写做 RCAP2H、RCAP2L，分别称为定时器/计数器 2 捕捉高字节、低字节寄存器。

注意：在 SFR 块地址空间 80H～0FFH 中，仅有 21（51 子系列）或 26（52 子系列）字节作为特殊功能寄存器离散分布在这 128 字节范围内，其余字节无意义，用户不能对这些字节进行读/写操作。若对其进行访问，将得到一个不确定的随机数，因而是没有意义的。

用户在使用特殊功能寄存器时，不需要记住特殊功能寄存器及其位的地址，只要记住特殊功能寄存器及位的名称就可以了，操作时对其名字进行操作。

51 单片机的特殊功能寄存器可分为两大类：与内部功能部件有关的、与 CPU 有关的。与内部功能部件有关的特殊功能寄存器将在介绍各功能部件的同时介绍，现在只介绍与 CPU 有关的特殊功能寄存器。和 CPU 有关的特殊功能寄存器主要有以下几个。

1．累加器 A 和寄存器 B

累加器 A 又称为 ACC，是一个具有特殊用途的 8 位的寄存器，它是 CPU 中使用最频繁的寄存器。进入 ALU 作算术和逻辑运算的操作数多来自 A，运算结果也常送至 A 保存。累加器 A 相当于数据的中转站。由于数据传送大都要通过累加器完成，因此累加器容易产生“堵塞”现象，即累加器具有“瓶颈”现象。

寄存器 B 是为 ALU 进行乘除法运算而设置的，若不做乘除法运算，则可作为通用寄存器使用。

2．程序状态字 PSW

程序状态字 PSW 是一个 8 位的寄存器，它保存指令执行结果的特征信息，为下一条指令或以后的指令的执行提供状态条件。PSW 中的各位一般是在指令执行过程中形成的，但也可以根据需要采用传送指令加以改变。其各位定义如下：

PSW.7	PSW.6	PSW.5	PSW.4	PSW.3	PSW.2	PSW.1	PSW.0
C	AC	F0	RS1	RS0	0V	—	P

（1）进位标志 C（PSW.7）

在执行某些算术运算类、逻辑运算类指令时，可被硬件或软件置位或清 0。它表示运算结果是否有进位或借位。如果在最高位有进位（加法时）或借位（减法时），则 C=1，否则 C=0。

进位标志C也是51单片机的位处理器。位处理器是51单片机ALU所具有的一种功能。单片机指令系统中的位处理指令集（17 条位操作类指令）、存储器中的位地址空间以及借用程序状态寄存器PSW中的进位标志C作为位操作"累加器"，构成了51单片机内的布尔处理机，可对直接寻址的位(bit)变量进行位操作，如置位、清0、取反、测试转移以及逻辑"与"、"或"等位操作，使用户在编程时可以利用指令完成原来单凭复杂的硬件逻辑所完成的功能，并可方便的设置标志等。

（2）辅助进位（或称半进位）标志位AC（PSW.6）

它表示两个8位数运算，低4位有无进（借）位的状况。当低4位相加（或相减）时，若D3位向D4位有进位（或借位），则AC=1，否则AC=0。在BCD码运算的十进制调整中要用到该标志。

（3）用户自定义标志位F0（PSW.5）

用户可根据自己的需要对F0赋予一定的含义，通过软件置位或清0，并根据F0=1或0来决定程序的执行方式，或系统某一种工作状态。

（4）工作寄存器区选择位RS1、RS0（PSW.4、PSW.3）

可用软件置位或清0，用于选定当前使用的4个工作寄存器区中的某一区。关于寄存器区的选择参看表2-4。

（5）溢出标志位OV（PSW.2）

做加法或减法时由硬件置位或清0，以指示运算结果是否溢出。在带符号数加减运算中，OV=1表示加减运算超出了累加器所能表示的数值范围（–128～+127），即产生了溢出，因此运算结果是错误的。OV=0表示运算正确，即无溢出产生。

执行乘法指令MUL AB也会影响OV标志，积大于255时，OV=1，否则OV=0；执行除法指令DIV AB也会影响OV标志，如B中所存放的除数为0，则OV=1，否则0V=0。

（6）奇偶标志位P（PSW.0）

在执行指令后，单片机根据累加器A中1的个数的奇偶自动将该标志置位或清0。若A中1的个数为奇数，则P=1，否则P=0。该标志对串行通信的数据传输非常有用，通过奇偶校验可检验传输的可靠性。

需要说明的是，尽管PSW中未设定"0"标志位和"符号"标志位，但51单片机指令系统中有两条指令（JZ、JNZ）可直接对累加器A的内容是否为"0"进行判断。此外，由于51单片机可以进行位寻址，直接对8位二进制数的符号位进行位操作（如JB、JNB、JBC指令），所以使用相应的条件转移指令对上述特征状态进行判断也是很方便的。

3．堆栈指针SP

51单片机的堆栈是在片内RAM中开辟的一个专用区。堆栈指针SP是一个8位的专用寄存器，用来存放栈顶的地址。进栈时，SP自动加1，将数据压入SP所指定的地址单元；出栈时，将SP所指示的地址单元中数据弹出，然后SP自动减1。因此SP总是指向栈顶。

系统复位后，SP的初始化为07H，因此堆栈实际上由08H单元开始。08H～1FH单元分别属于工作寄存器区1～3，若在程序设计中要用到这些区，则最好把SP值用软件改设为1FH或更大值。通常设堆栈区在30H～7FH区间。由于堆栈区在程序中没有标识，因此程序设计人员在进行程序设计时应主动给可能的堆栈区空出若干单元，这些单元是禁止用传送指令来存放数据的，只能由PUSH和POP指令访问它们。

4．数据指针DPTR

数据指针DPTR是一个16位的专用地址指针寄存器，主要用来存放16位地址，作为间址寄存器使用。DPTR也可以分为两个8位的寄存器，即DPH（高8位字节）和DPL（低8位字节）。

本 章 小 结

本章是主要介绍 51 单片机的硬件结构基础，共 3 部分内容。

（1）单片机概述：单片机定义；常用的单片机产品；单片机与 CPU、ARM、嵌入式系统的关系；仿真器、51 单片机的开发。

（2）51 单片机的总体结构：P0～P3 口、中断系统、定时器/计数器、串行口；外部引脚、总线结构；振荡周期、状态周期、机器周期。

（3）51 单片机的存储器结构：程序存储器中的特殊地址；片内数据存储器的结构；特殊功能寄存器的意义。

本章是单片机硬件基础。

习　　题

1．51 系列单片机内部有哪些主要的逻辑部件？

2．51 单片机设有 4 个 8 位并行端口，实际应用中 8 位数据信息由哪个端口传送？16 位地址线怎样形成？P3 口有何功能？

3．51 单片机内部 RAM 区的功能结构如何分配？4 个工作寄存器区使用时如何选择？位寻址区域的字节范围是多少？

4．51 单片机位地址 7FH 与字节地址 7FH 有何区别？位地址 7FH 具体在内存中的什么位置？

5．51 单片机复位的作用是什么？复位后单片机的状态如何？

6．什么是时钟周期、机器周期和指令周期？当 51 单片机外部的振荡频率是 8MHz 时，其机器周期为多少？

7．51 单片机的 4 个并行的 I/O 接口，为什么说能作为 I/O 使用的一般只有 P1 口？

8．简述单片机与 CPU、ARM、嵌入式系统的关系。

第 3 章　51 系列单片机软件编程基础——汇编语言

51 单片机已成为单片机领域一个广义的名词。自从 Intel 公司 20 世纪 80 年代初推出 MCS-51 系列单片机以后，世界上许多著名的半导体厂商也相继生产与该系列兼容的单片机，使产品型号不断增加、品种不断丰富、功能不断加强。从系统结构上看，所有的 51 系列单片机都是以 Intel 公司最早的典型产品 8051 为核心，增加了一定的功能部件后构成的。单片机的编程语言一般采用汇编语言或 C 语言。

本章主要对 51 单片机的指令系统以及汇编语言编程语言进行讨论，为后面单片机的使用打下基础。

3.1　51 单片机指令系统概述

3.1.1　指令格式

在指令系统中，不同的指令描述了不同的操作，但在结构上，每条指令通常由操作码和操作数两部分组成。操作码表示计算机执行该指令将进行何种操作；操作数表示参加操作的数本身或操作数所在的地址。

51 单片机的指令汇编语言指令有如下格式：

```
[标号:] 操作码  [操作数 1], [操作数 2], [操作数 3]; 注释
```

整个语句必须在一行之内写完。

第一部分为标号（可以省略）。它是用户定义的符号，符号实际上是符号地址，标号值代表这条指令在程序存储器中的存放地址。标号以字母开始，后跟 1～8 个英文字母或数字，后面跟冒号“:”。

第二部分为操作码。在汇编语言中由英文字母缩略写成，因此亦称助记符。它反映了指令的功能。

第三部分为操作数。根据不同的指令，可以有 1 个、2 个、3 个或 0 个操作数，它与助记符之间至少要有一个空格，可以有多个空格，操作数之间用逗号“，”分开。它反映了指令的对象。

第四部分为注释（可以省略）。它以分号“;”开始，是用户对该条指令或程序段的说明，注释必须在一行之内写完，换行时需要另外以分号“;”开始。注释内容可为任何字符。

3.1.2　操作数的类型

计算机在工作过程中，主要是对数据的处理，即对操作数的处理，下面先介绍操作数的类型，再讨论寻址方式。

操作数的类型有 3 种：立即数、寄存器操作数、存储器操作数。

1．立即数

立即数作为指令代码的一部分出现在指令中，它通常作为源操作数使用。

在汇编指令中，立即数可以用二进制数、十六进制数或十进制数等形式表示，也可以用一个可求出确定值的表达式来表示。

2．寄存器操作数

寄存器操作数把操作数存放在寄存器中，即用寄存器存放源操作数或目的操作数。

通常在指令中给出寄存器的名称，在双操作数指令中，寄存器操作数可以做源操作数，也可以做目的操作数。

3. 存储器操作数

存储器操作数把操作数放在存储器中，因此在汇编指令中给出的是存储器的地址。

3.1.3 指令描述约定

为便于后面对 51 单片机指令系统的学习，这里先对描述指令的一些符号的约定意义进行说明。

- R*n*：现行选定的工作寄存器区中 8 个寄存器 R7～R0（$n=0$～7）。
- direct：8 位片内数据存储单元地址。它可以是一个内部数据 RAM 单元（0～127），也可以是一个专用寄存器地址（即 I/O 口、控制寄存器、状态寄存器等）（128～255）。
- @R*i*：通过寄存器 R1 或 R0 间接寻址的 8 位片内数据 RAM 单元（0～255），$i=0, 1$。
- #data：指令中 8 位立即数。
- #data16：指令中 16 位立即数。
- addr16：16 位目标地址。用于 LCALL 和 LJMP 指令，可指向 64 KB 程序存储器地址空间的任何地方。
- addr11：11 位目标地址。用于 ACALL 和 AJMP 指令，转向至下一条指令第一字节所在的 2 KB 程序存储器地址空间内。
- rel：带符号的 8 位偏移量字节。用于 SJMP 和所有条件转移指令中。偏移字节相对于下一条指令第一字节计算，在–128～+127 范围内取值。
- bit：内部数据 RAM 或专用寄存器里的直接寻址位。
- /bit：表示对该位取反操作。
- (X)：X 中的内容。
- ((X))：由 X 所指向的单元中的内容。

3.1.4 寻址方式

寻址就是寻找指令中操作数或操作数所在的地址。

在高级语言编程时，程序设计人员不必关心程序和数据的内存空间的安排问题，但在汇编语言程序设计时，要针对系统的硬件环境编程，数据的存放、传送、运算都要通过指令来完成，编程者必须自始至终都十分清楚操作数的位置，以便将它们传送至适当的空间去操作。因此，如何寻找存放操作数的空间位置和提取操作数就变得十分重要。所谓寻址方式就是如何找到存放操作数的地址，把操作数提取出来的方法，它是计算机的重要性能指标之一，也是汇编语言程序设计中最基本的内容之一。

51 单片机基本寻址方式有 7 种：立即寻址、寄存器寻址、直接寻址、寄存器间接寻址、基寄存器加变址寄存器间接寻址、相对寻址、位寻址。

1. 立即寻址

指令中给出的是一个具体的数值，操作时是对该数据操作。立即数只能作为源操作数出现在指令中，紧跟在操作码的后面，作为指令的一部分与操作码一起存放在程序存储器中，可以立即得到并执行，不需要经过别的途径去寻找，故称为立即寻址。在汇编指令中，在一个数的前面冠以“#”号作为前缀，就表示该数为立即数。例如：

```
MOV     A，#70H
```

指令中70H就是立即数。这一条指令的功能是执行将立即数70H传送到累加器A中的操作。该指令操作码的机器码为74H，占用一个字节存储单元，立即数70H存放在紧跟在其后的一个字节存储单元，作为指令代码的一部分。整条指令的机器码为74H 70H。

2．寄存器寻址

指令中给出的是某一寄存器的名字，操作时是将该寄存器中的内容取出来进行操作。例如：

```
MOV     A，R0
```

指令中源操作数和目的操作数都是寄存器寻址。该指令的功能是把工作寄存器R0中的内容传送到累加器A中，如R0中的内容为70H，则执行该指令后A的内容也是70H。

寄存器寻址按所选定的工作寄存器R0～R7进行操作，指令机器码的低3位的8种组合000、001、…、110、111分别指明所用的工作寄存器R0、R1、…、R6、R7。如MOV A，Rn（n=0～7），这8条指令对应的机器码分别位E8H～EFH。

累加器ACC、B寄存器、数据指针DPTR和进位C（位累加器C）也可用寄存器寻址方式访问，只是对它们的寻址，具体寄存器名隐含在操作码中。

3．直接寻址

指令中给出的是某一存储单元地址，操作时是对该单元中的内容进行操作。该地址指出了参与运算或传送的数据所在的字节单元或位的地址。例如：

```
MOV     A，70H
```

指令中源操作数就是直接寻址，70H为操作数的地址。该指令的功能是把片内RAM地址为70H单元的内容送到A中。该指令的机器码为E5H 70H，8位直接地址在指令操作码中占一个字节。

直接寻址方式访问以下存储空间：

① 特殊功能寄存器（特殊功能寄存器只能用直接寻址方式访问，既可以用它们的地址，也可以使用它们的名字）；

② 片内数据存储器的低128字节(对于52子系列芯片,其内部数据存储器高128字节(80～0FFH)不能用直接寻址方式访问)；

由于52子系列的片内RAM有256个单元，其高128个单元与SFR的地址是重叠的。为了避免混乱，单片机规定：直接寻址的指令不能访问片内RAM的高128个单元（80H～FFH），若要访问这些单元只能用寄存器间接寻址指令，而要访问SFR只能用直接寻址指令。另外，访问SFR可在指令中直接使用该寄存器的名字来代替地址，如：

```
MOV     A，80H
```

可以写成:

```
MOV     A，P0
```

因为P0口的地址为80H。

③ 位地址空间。

4．寄存器间接寻址

指令中给出的是某一寄存器的名字，操作时是以该寄存器中的内容为地址，将该地址中的数据取出来进行操作。这里需要强调的是：寄存器中的内容并不表示操作数本身，而是操作数的地址，到该地址单元中才能得到操作数。寄存器起地址指针的作用。例如：

```
MOV     A, @R1
```

指令的源操作数是寄存器间接寻址。该指令的功能是将以工作寄存器 R_1 中的内容为地址的片内 RAM 单元的数据传送到 A 中去。若 R_1 中的内容为 70H，片内 RAM 地址为 70H 的单元中的内容为 2FH，则执行该指令后，片内 RAM70H 单元的内容 2FH 被送到 A 中。寄存器间接寻址示意图如图 3-1 所示。

可用作寄存器间接寻址的寄存器只有工作寄存器 R0、R1 和 DPTR。用 R0、R1 作地址指针时，可寻址片内 RAM 的 256 个单元，但不能访问 SFR 块，也可以 8 位地址访问片外 RAM 的低 256 个地址单元。DPTR 作地址指针用于访问片外 RAM 的 64KB 范围。

5. 基寄存器加变址寄存器间接寻址

指令中给出的是某一基寄存器（数据指针 DPTR 或 PC）和某一变址寄存器（累加器 A），操作时以给出的基寄存器和变址寄存器中的内容之和为地址，将该地址中的数据取出来进行操作。这种寻址方式常用于访问程序存储器中的常数表。例如：

```
MOVC    A, @A+DPTR
```

指令中的源操作数就是这种寻址方式。该指令寻址及操作功能如图 3-2 所示。

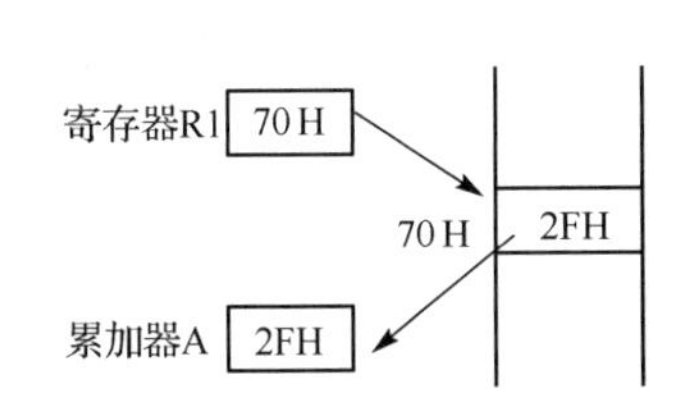

图 3-1　寄存器间接寻址方式示意图

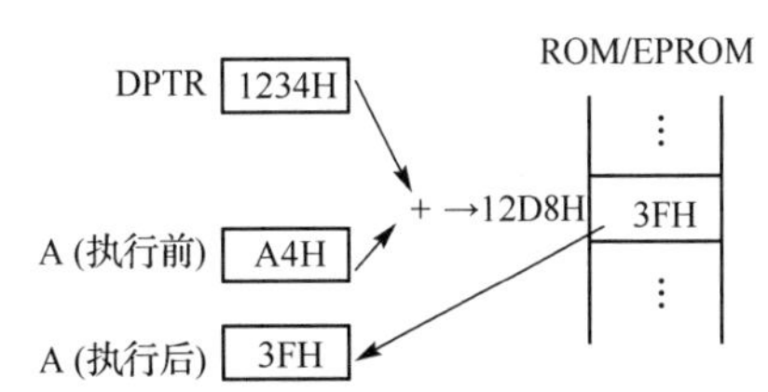

图 3-2　基寄存器加变址寄存器的间接寻址方式示意图

6. 相对寻址

相对寻址是以当前程序计数器 PC 值加上指令中给出的偏移量 rel，而构成实际操作数地址的寻址方式。它用于访问程序存储器，常出现在相对转移指令中。

在使用相对寻址时要注意以下两点：

① 当前 PC 值是指相对转移指令的存储地址加上该指令的字节数。例如：

```
JZ  rel
```

是一条累加器 A 为 0 就转移的双字节指令。若该指令的存储地址为 2050H，则执行该指令时的当前 PC 值即为 2052H，即当前 PC 值是相对转移指令取指结束时的值。

② 偏移量 rel 是有符号的单字节数，以补码表示，其值的范围是–128～+127(00H～0FFH)，负数表示从当前地址向前转移，正数表示从当前地址向后转移。所以相对转移指令满足条件后，转移的地址（目的地址）为：

目的地址=当前 PC 值+rel=指令存储地址+指令字节数+rel。

7. 位寻址

位寻址是在位操作指令中直接给出位操作数的地址，可以对片内 RAM 中的 128 位和特殊功能寄存器 SFR 中的 93 位进行寻址。

虽然 51 单片机的寻址方式有多种，但指令对哪一个存储器空间进行操作是由指令的操作码和寻址方式确定的。总的来说，具有以下几点原则：

① 对程序存储器只能采用基寄存器加变址寄存器间接寻址方式。

② 对特殊功能寄存器空间只能采用直接寻址（可以用符号来代表地址），不能采用寄存器间接寻址方式。

③（对52单片机）内部数据存储器高128字节，只能采用寄存器间接寻址方式，不能采用直接寻址方式。

④ 内部数据存储器低128字节既能采用寄存器间接寻址方式，又能采用直接寻址方式。

⑤ 外部扩展的数据存储器及I/O口只能采用寄存器间接寻址。

3.2　51单片机指令系统

51单片机指令系统共有42种操作助记符，用来描述33种操作功能，由111条指令组成。从功能上可划分为数据传送类指令（29条）、算术运算类指令（24条）、逻辑运算类指令（24条）、控制转移类指令（17条）、位操作类指令（17条）；从空间属性上分为单字节指令（49条）、双字节指令（46条）和最长的3字节指令（16条）；从时间属性上可分为单机器周期指令（64条）、双机器周期指令（45条），以及只有乘、除两条4个机器周期的指令。可见，MCS-51单片机指令系统在存储空间和执行时间方面具有较高的效率。在学习指令系统的过程中一般关注指令的功能属性。

在指令执行过程中，对程序状态字PSW的标志位影响比较大。在51系列单片机的程序状态字PSW中，有4个测试标志：P（奇偶）、OV（溢出）、C（进位）、AC（辅助进位），不同的指令对标志位的影响不同，归纳如下。

① P（奇偶）标志仅对累加器A操作的指令有影响，凡是对A操作的指令都将A中“1”的个数反映到PSW的P标志位上。

② 传送指令、加1、减1指令、逻辑运算指令不影响标志位C、OV、AC。

③ 加、减运算指令影响P、C、OV、AC这4个标志位，乘、除指令使C = 0，当乘积大于255或除数为0时，OV=1。

具体指令对标志位的影响可参阅不同的指令。标志位的状态是控制转移类指令的判断条件。

3.2.1　数据传送类指令

传送类指令是指令系统中最活跃、使用最多的一类指令，主要用于数据的保存及交换等场合。按其操作方式，又可把它们分为三种：数据传送、栈操作和数据交换。基本的助记符有：MOV、MOVX、MOVC、PUSH、POP 、XCH、XCHD、SWAP。数据传送类指令见表3-1。

表3-1　数据传送类指令

分类	指令助记符	说明	对标志的影响				字节数	机器周期数
			P	OV	AC	C		
以累加器A为目的操作数的指令	MOV A, Rn	A←(Rn)	●				1	1
	MOV A,direct	A←(direct)	●				2	1
	MOV A,@Ri	A←((Ri))	●				1	1
	MOV A,#data	A←#data	●				2	1
以Rn为目的操作数的指令	MOV Rn,A	Rn←(A)					2	1
	MOV Rn,direct	Rn←(direct)					2	2
	MOV Rn,#data	Rn←#data					2	1
以直接地址为目的操作数的指令	MOV direct,A	Direct←(A)					2	1
	MOV direct,Rn	direct←(Rn)					2	2
	MOV direct,direct	direct←(direct)					3	2
	MOV direct,@Ri	direct←((Ri))					2	2
	MOV direct,#data	direct←#data					3	2

续表

分类	指令助记符	说明	对标志的影响				字节数	机器周期数
			P	OV	AC	C		
以间接地址为目的操作数的指令	MOV @Ri,A	(Ri)←(A)					1	1
	MOV @Ri,direct	(Ri)←(direct)					2	2
	MOV @Ri,#data	(Ri)←#data					2	1
16 位数据传送指令	MOV DPTR,#data16	DPTR←#data16					3	2
查表指令	MOVC A,@A+PC	A←((A)+(PC))	●				1	2
	MOVC A,@A+DPTR	A←((A)+(DPTR))	●				1	2
累加器 A 与片外RAM数据传送指令	MOVX A,@Ri	A←((Ri))					1	2
	MOVX A,@DPTR	A←((DPTR))	●				1	2
	MOVX @Ri,A	(Ri)←(A)	●				1	2
	MOVX @DPTR,A	(DPTR)←(A)					1	2
堆栈操作指令	PUSH direct	((SP))←(direct)					2	2
	POP direct	direct←((SP))					2	2
交换指令	XCH A,Rn	(A)←(Rn)	●				1	1
	XCH A,direct	(A)←(direct	●				2	1
	XCH A,@Ri	(A)←((Ri))	●				1	1
半字节交换指令	XCHD A,@Ri	(A)3～0←((Ri)) 3～0	●				1	1
	SWAP A	(A) 3～0←(A) 7～4					1	1

1. 指令说明

（1）数据传送

数据传送个格式：

助记符 目的，源

该指令是实现数据的传送，将源操作数的内容传送到目的操作数中。目的操作数可以为寄存器操作数、存储器操作数，但不能为立即数；源操作数可以为寄存器操作数、存储器操作数、立即数。

数据传送主要有 3 个助记符：MOV、MOVC、MOVX。

① MOV 指令

MOV 指令主要实现单片机内部操作数之间的数据传送，主要是以累加器 A 为目的操作数、以工作寄存器 Rn 为目的操作数、以单片机片内 RAM 为目的操作数、以间接地址为目的操作数、以 DPTR 为目的操作数。例如：

```
MOV     A, R7
MOV     R2, (70H)
MOV     40H, 70H
MOV     @R0, #77H
MOV     DPTR, #1234H
```

注意：以 DPTR 为目的操作数的数据传送是 16 位数的数据操作，其余的都是 8 位数的数据传送。

② MOVC 指令

```
MOVC    A, @A+PC
MOVC    A, @A+DPTR
```

MOMC 指令为查表指令，即将程序存储器的内容送累加器。

这组指令的功能是以基寄存器（PC 或 DPTR）的内容与变址寄存器 A 作为无符号数的内容相加，

组成新的16位地址，该地址单元的内容送到累加器A。这两条指令专门用于当数据放在程序存储器中时来查数据表。这里应特别注意PC总是指向下一条指令的地址。

MOVC　A，@A+PC 指令。因为当前的PC值是由查表本身的存储地址确定的，而变址寄存器A的内容为0～255，所以(A)和（PC）相加所得到的新地址只能在该查表指令以下256个单元内，表格的大小受到了限制。

MOVC　A，@A+DPTR 指令。与该指令存放的地址无关，只与数据指针DPTR及累加器A的内容有关，因此数据表格大小和位置可在64K字节存储器中任意安排。例如：

```
ORG      8000H
MOV      A，#30H
MOVC     A，@A+PC
     ...
ORG      8030H
DB       'ABCDEFGHIJ'
     ...
```

上面的查表指令执行后，将8003H+30H=8033H地址所对应的程序存储器中的内容44H（字符“D”的ASCII码）送到累加器A。例如：

```
MOV      DPTR，#8000H
MOV      A，#30H
MOVC     A，@A+DPTR
```

上面的指令执行后，将8030H所对应的程序存储器中的内容送到累加器A。

实际编程过程中，用MOVC　A，@A+DPTR比较多，而MOVC A，@A+PC用得比较少。

③ MOVX指令

```
MOVX     A，@Ri
MOVX     A，@DPTR
MOVX     @Ri，A
MOVX     @DPTR，A
```

这组指令的功能是将累加器A和外部扩展的RAM或I/O口之间的数据传送，包括两条“读”操作，两条“写”操作。

在对外部存储器及I/O进行操作时，是对存储器的地址或I/O口的端口地址中的数据的进行操作，只能采用寄存器间接寻址方式，间接寻址寄存器为Ri或DPTR。存储器的地址或I/O口的端口地址可以是16条地址线形成的，也可以是8条地址线形成的，当是16条地址线形成的地址时，采用DPTR寄存器间接寻址，当时8条地址形成的地址时，采用Ri寄存器间接寻址。

由于外部RAM和IO是统一编址的，所以从指令本身看不出来是对RAM还是对I/O口操作，而只能由硬件的地址分配情况来确定。例如：

```
MOV      DPTR，#6000H
MOVX     A，@DPTR
```

上面的指令执行后，将地址为6000H的外部数据存储器或I/O口的内容送到累加器A。

```
MOV      DPTR，#6000H
MOV      A，#10H
MOVX     @DPTR，A
```

上面的指令执行后，将立即数10H送到地址为6000H的外部数据存储器或I/O口中。

```
MOV     R0，#30H
MOVX    @R0，A
```

上面的指令执行后，将累加器 A 的内容传送到地址为 30H 的外部数据存储器或 I/O 口中。

（2）堆栈操作

```
PUSH    direct
POP     direct
```

PUSH direct 的功能是首先将堆栈指针 SP 加 1，然后把直接地址指出的内容传送到堆栈指针 SP 寻址的内部 RAM 单元中。

POP direct 的功能是将堆栈指针 SP 寻址的内部 RAM 单元中的内容送到直接地址指出的内部 RAM 字节单元中，然后堆栈指针 SP 减 1。例如，设(SP)=60H，(A)=30H，(B)=70H，执行下列指令后(SP)=？，(DPTR)=？

```
PUSH    ACC     ；(SP)=60H+1=61H，(61H)=(A)=30H
PUSH    B       ；(SP)=61H+1=62H，(62H)=(B)=70H
POP     DPL     ；(DPL)=(62H)=70H，(SP)=62H-1=61H
POP     DPH     ；(DPH)=(61H)=30H，(SP)=61H-1=60H
```

上面的指令执行后，(SP）=60H，(DPTR）=3070H。

堆栈操作指令一般用于子程序调用、中断等保护数据或 CPU 现场，应特别注意的是，指令 PUSH 和 POP 指令都应成对出现（包括隐性存在的 PUSH、POP 指令，如子程序调用 LCALL 指令隐含压栈两次，子程序返回指令 RET 隐含弹栈两次）。如果程序指令 PUSH 和 POP 指令不成对出现，将出现非正常操作。

（3）数据交换

数据交换提供了 XCH、XCHD、SWAP 助记符。

① XCH——字节交换指令

```
XCH     A，目的
```

本组指令是字节交换指令，其功能是将累加器 A 的内容（必须有累加器 A 作为目的操作数）和源操作数（工作寄存器、直接地址、间接地址）的内容相互交换。如：

设(A)=10H，(R1)=20H，执行指令：

```
XCH     A，R1
```

结果为：(A)=20H，(R1)=10H

② XCHD——半字节交换指令

```
XCHD    A，@Ri
```

XCHD A,@Ri 是将累加器 A 的内容的低 4 位和源操作数的内容的低 4 位相互交换，操作数的高 4 位内容保持不变。如：

设(A)=12H，(R1)=30H，(30H)=34H，执行指令：

```
XCHD    A,@R1
```

结果为：(A)=14H，(30H)=32H

③ SWAP——累加器 A 的高半字节与低半字节的交换

```
SWAP    A
```

SWAP A 为累加器 A 自身半字节交换指令，其功能是将累加器 A 的内容的低 4 位与高 4 位交换。

设(A)=12H，执行指令：

```
SWAP    A
```

结果为：(A)=21H。

2．指令举例

【例 3-1】 把片内 RAM6AH 单元内容传送到片外 RAM300H 单元，编程如下：

```
MOV     DPTR，#300H
MOV     A，6AH
MOVX    @DPTR，A
```

【例 3-2】 把外部数据存储器 2040H 单元内容传送到片外 RAM2230H 单元，编程如下：

```
MOV     DPTR，#2040H
MOVX    A，@DPTR
MOV     DPTR，#2230H
MOVX    @DPTR,A
```

【例 3-3】 试说明下述程序中每一条指令的作用，已知 A 中内容为 34H。

```
MOV     R6，#29H
XCH     A，R6
SWAP    A
XCH     A，R6
```

根据上述程序对指令解释如下：

```
MOV     R6，#29H      ；把立即数 29H 送入 R6 中
XCH     A，R6         ；A 与 R6 中的内容交换，交换后 A 为 29H，R6 为 34H
SWAP    A             ；对 A 的高低半字节交换，交换后 A 的内容为 92H
XCH     A，R6         ；A 与 R6 中的内容交换。交换后 A 的内容为 34H，R6 为
                      ；92H
```

由此程序段可见，A 的内容没改变，它在这段程序中起了中间寄存器的作用。

3.2.2 算术运算类指令

算术运算指令可处理 4 种类型的数：无符号二进制数、带符号二进制数、无符号压缩十进制数和无符号非压缩十进制数。二进制数可以是 8 位，若是带符号数，则用补码表示。

上述 4 种类型的数的表示方法概括于表 3-2 中。从表中可见，对于一个 8 位二进制数，把它看成 4 种不同类型的数时，所表示的数值是不同的。算术运算指令处理的数都必须是有效的，否则会导致错误的结果。

表 3-2 4 种类型数的表示方法

二进制数（B）	十六进制（H）	无符号二进制（D）	带符号二进制（D）	非压缩十进制	压缩十进制
0000 0111	07	7	+7	7	07
1000 1001	89	137	–119	无效	89
1100 0101	C5	197	–59	无效	无效

51 单片机算术运算类指令包括加、减、乘、除基本四则运算和增量（加 1）、减量（减 1）运

算，见表 3-3。算术/逻辑运算（ALU）部件仅执行无符号二进制整数的算术运算，借助溢出标志，可对带符号数进行 2 的补码运算；借助进位标志，可进行多精度加、减运算；也可以对压缩的 BCD 码数进行运算。这类指令有：ADD、ADDC、INC、SUBB、DEC、DA、MUL、DIV 共 8 种操作助记符。

表 3-3　算术运算类指令

分类	指令助记符	说明	对标志的影响				字节数	执行周期数
			P	OV	AC	C		
不带进位的加法指令	ADD A,Rn	A←(A)+(Rn)	●	●	●	●	1	1
	ADD A,direct	A←(A)+(direct)	●	●	●	●	2	1
	ADD A,@Ri	A←(A)+((Ri))	●	●	●	●	1	1
	ADD A,#data	A←(A)+data	●	●	●	●	2	1
带进位的加法指令	ADDC A,Rn	A←(A)+(Rn) +C	●	●	●	●	1	1
	ADDC A,direct	A←(A)+(direct)+C	●	●	●	●	2	1
	ADDC A,@Ri	A←(A)+((Ri))+ C	●	●	●	●	1	1
	ADDC A,#data	A←(A)+data+ C	●	●	●	●	2	1
带借位的减法指令	SUBB A,Rn	A←(A)-(Rn) -C	●	●	●	●	1	1
	SUBB A,direct	A←(A)-(direct)-C	●	●	●	●	2	1
	SUBB A,@Ri	A←(A)-((Ri))- C	●	●	●	●	1	1
	SUBB A,#data	A←(A)-data- C	●	●	●	●	2	1
增量（加 1）指令	INC A	A←(A)+1	●				1	1
	INC Rn	Rn←(Rn)+1					1	1
	INC direct	direct←(direct)+1					2	1
	INC @Ri	(Ri)←((Ri))+1					1	1
	INC DPTR	DPTR←(DPTR)+1					1	2
减量（减 1）指令	DEC A	A←(A)-1	●				1	1
	DEC Rn	Rn←(Rn)-1					1	1
	DEC direct	direct←(direct)-1					2	1
	DEC @Ri	(Ri)←((Ri))-1					1	1
十进制调整指令	DA A	对 A 进行十进制调整	●		●	●	1	1
乘法指令	MUL AB	AB←(A)*(B)	●	●		0	1	4
除法指令	DIV AB	AB←(A)/(B)	●	●		0	1	4

1．指令说明

（1）加法类指令

加法类指令主要不带进位的加法指令 ADD、带进位的加法指令 ADDC、加 1 指令 INC、十进制数加法调整指令 DA A。

① 不带进位的加法指令

```
ADD        A，源操作数
```

这组指令的功能是把累加器 A 的内容与源操作数的内容相加，结果存在累加器 A 中。

源操作数的寻址方式可以是寄存器寻址、直接寻址、寄存器间接寻址、立即寻址。如果位 7 有进位输出，则置位进位标志 C，否则清 C；如果位 3 有进位输出，则置位半进位标志 AC，否则清 AC；如果位 6 有进位输出而位 7 没有，或者位 7 有进位输出而位 6 没有，则置位溢出标志 OV，否则清 OV。例如：

设(A)=53H，(70H)=0FCH，执行指令

```
      ADD     A，70H
      0101 0011
 +    1111 1100
 ----------------
 1    0100 1111
```

执行结果为：(A)=4FH，C=1，AC=0，OV=0，P=1。

对于加法，溢出只能发生在两个加数符号相同的情况。在进行带符号数的加法运算时，溢出标志OV是一个重要的编程指标，利用它可以判断两个带符号数相加，和数是否溢出（即和大于+127或小于–128）

② 带进位的加法指令

```
ADDC     A，源操作数
```

这组指令的是带进位位的加法，其功能是把累加器A的内容与源操作数的内容、进位位C的内容相加，结果存在累加器A中，对标志位的影响和ADD指令相同。例如：

设(A)=85H，(20H)=0FFH，C=1，执行指令：

```
         ADDC     A，20H
运算过程：        1000 0101
                 1111 1111
             +           1
        ----------------------
              1  1000 0101
```

结果：(A)=85H；C=1，AC=1，0V=0。

③ 增量（加1）指令

```
INC       目的操作数
```

这组增量指令的功能是把目的操作数加1，结果又放回到目的操作数。若原来为0FFH将溢出为00H，不影响任何标志。目的操作数有寄存器寻址、直接寻址和寄存器间接寻址方式。

注意：当用本指令修改P1（即指令中的direct为端口P0～P3，地址分别为80H、90H、A0H、B0H）时，其功能是修改输出口的内容，首先读入端口的内容，然后在CPU中加1，继而输出到端口。这里读入端口的内容来自端口的锁存器而不是端口的引脚。

④ 十进制调整指令

```
DA  A
```

这条指令是对累加器参入的BCD码加法运算所获得的8位结果（在累加器中）进行十进制调整，使累加器中的内容调整为二位BCD码的数。该指令的执行过程如图3-3所示。

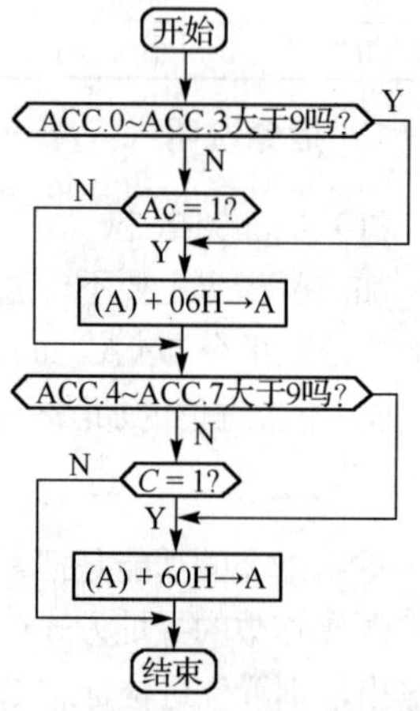

图3-3　DA A指令执行示意图

例如：

设(A)=56H，(R5)=67H，执行指令：

```
ADD      A，R5
DA       A
```

结果：(A)=23H，C=1。

（2）减法指令

减法类指令主要有带借位位的减法指令SUBB、减1指令DEC。

① 带借位的减法指令

```
SUBBA，源操作数
```

这组是带借位减法指令，其功能是从累加器中减去指定的源操作数的内容、进位标志，结果在累加器中。进行减法过程中，如果位 7 需借位，则 C 置位，否则 C 清 0；如果位 3 需借位，则 AC 置位，否则 AC 清 0；如果位 6 需借位而位 7 不需借位或者位 7 需借位而位 6 不需借位则溢出标志 OV 置位，否则溢出标志清 0。在带符号数运算时，只有当符号不相同的两数相减时才会发生溢出。例如：

设(A)=85H，(20H)=34H，C=1，执行指令：

```
        SUBB      A，20H
运算过程：       1000 0101
                0011 0100
          -             1
     ─────────────────────
            0  0101 0000
```

结果：(A)=50H；C=0，AC=0，0V=1。

如果在减法的运算中不考虑 C 的影响，则在用 SUBB 指令之前必须将 C 清 0，例如：

设(A)=85H，(20H)=34H，C=1，执行指令：

```
        CLR      C
        SUBB     A，20H
运算过程：       1000 0101
                0011 0100
          -             0
     ─────────────────────
            0  0101 0001
```

结果：(A)=51H；C=0，AC=0，0V=1。

② 减量（减 1）指令

```
DEC        目的操作数
```

这组增量指令的功能是把目的操作数减 1，结果又放回到目的操作数。若原来为 00H 将下溢为 0FFH，不影响任何标志。目的操作数有寄存器寻址、直接寻址和寄存器间接寻址方式。

注意：当指令中的直接地址 direct 为 P0～P3 端口（即 80H、90H、A0H、B0H）时，指令可用来修改一个输出口的内容，也是一条具有读—修改—写功能的指令。指令执行时，首先读入端口的原始数据，在 CPU 中执行减 1 操作，然后再送到端口。注意：此时读入的数据来自端口的锁存器而不是引脚。

（3）乘法指令

```
MUL      AB
```

这条指令的功能是把累加器 A 和寄存器 B 中的无符号 8 位整数相乘，其 16 位积的低位字节在累加器 A 中，高位字节在寄存器 B 中。如果积大于 255（0FFH），则溢出标志 OV 置位，否则 OV 清 0。进位标志总是清 0。例如：

设(A)=50H，(B)=0A0H，执行指令：

```
MUL      AB
```

结果：(B)=32H，(A)=00H（即积为 3200H），C=0，OV=1。

（4）除法指令

```
DIV      AB
```

这条指令的功能是把累加器 A 中的 8 位无符号整数除以寄存器 B 中的 8 位无符号整数，所得商的整数部分存放在累加器 A 中，余数在寄存器 B 中，进位 C 和溢出标志 OV 清 0。如果原来 B 中的内容为 0（被 0 除），则结果 A 和 B 中内容不定，且溢出标志 OV 置位，在任何情况下，C 都清 0。例如：

设(A)=0FBH，(B)=12H，执行指令：

```
DIV     AB
```

结果：(A)=0DH，(B)=11H，C=0，OV=0。

2. 举例说明

【例3-4】 试编写程序计算：1234H+0FE7H，将和的高8位存入片内RAM41H，低8位存入40H。程序如下：

```
MOV     A,#34H
ADD     A,#0E7H
MOV     40H,A
MOV     A,#12H
ADDC    A,#0FH
MOV     41H,A
```

【例3-5】 把上例中的加法运算改为减法，其他要求相同。程序如下：

```
CLR     C
MOV     A，#34H
SUBB    A，#0E7H
MOV     40H，A
MOV     A，#12H
SUBB    A，#0FH
MOV     41H，A
```

【例3-6】 试编写计算17H×68H的程序，将乘积的高8位存入31H，低8位存入30H。程序如下：

```
MOV     A，#17H
MOV     B，#68H
MUL     AB
MOV     30H，A
MOV     31H，B
```

【例3-7】 编写6位BCD码加法运算程序。

设被加数存入片内RAM30H～32H单元中，加数存入片内RAM40H～42H，低位在前，高位在后，各单元中均为压缩的BCD码。将结果之和分别存入50H～52H单元中。程序如下：

```
MOV     A，30H
ADD     A，40H
DA      A
MOV     50H，A
MOV     A，31H
ADDC    A，41H
DA      A
MOV     51H，A
MOV     A，32H
ADDC    A，42H
DA      A
MOV     52H，A
RET
```

【例 3-8】 编写十进制减法程序。

由于 MCS-51 单片机没有十进制减法调整指令，为了能利用十进制加法调整指令 DA　A，可采用把 BCD 码减法运算变换成 BCD 码加法运算，即

$$X_{BCD}-Y_{BCD}=X_{BCD}+[-Y_{BCD}]$$

然后，用 DA　A 指令对其“和”进行十进制调整。

1 字节单元可存放 2 位 BCD 数，2 位 BCD 数的模是 100，需要 9 位二进制数表示，故用 99+1=9AH，即用 8 位二进制数来代替 2 位 BCD 数的模 100，所以 2 位 BCD 数的补码为 9AH-BCD 码。

设被减数和减数均为压缩的 BCD 码，分别存入 R3、R4 中，其差值也存入 R3 中，程序如下：

```
CLR     C
MOV     A，#9AH
SUBB    A，R4
ADD     A，R3
DA      A
MOV     R3，A
RET
```

3.2.3　逻辑运算类指令

51 单片机逻辑运算类指令包括清除、求反、移位及与、或、异或等操作。这类指令有：CLR、CPL、RL、RLC、RR、RRC、ANL、ORL、XRL，共 9 种操作助记符，如表 3-4 所示。

表 3-4　逻辑运算类指令

分类	指令助记符	说明	对标志的影响				字节数	执行周期数
			P	OV	AC	C		
两个操作数的逻辑与指令	ANL A，Rn	A←(A)∧(Rn)	●				1	1
	ANL A，direct	A←(A) ∧(direct)	●				2	1
	ANL A，@Ri	A←(A) ∧((Ri))	●				1	1
	ANL A,#data	A←(A) ∧data	●				2	1
	ANL direct，A	direct←(direct) ∧(A)					2	1
	ANL direct，#data	Direct←(direct) ∧data					3	2
两个操作数的逻辑或指令	ORL A，Rn	A←(A)∨(Rn)	●				1	1
	ORL A，direct	A←(A)∨(direct)	●				2	1
	ORL A，@Ri	A←(A)∨((Ri))	●				1	1
	ORL A,#data	A←(A)∨data	●				2	1
	ORL direct，A	direct←(direct)∨(A)					2	1
	ORL direct，#data	direct←(direct)∨data					3	2
两个操作数的逻辑异或指令	XRL A，Rn	A←(A)⊕(Rn)	●				1	1
	XRL A，direct	A←(A)⊕(direct)	●				2	1
	XRL A，@Ri	A←(A)⊕((Ri))	●				1	1
	XRL A,#data	A←(A)⊕data	●				2	1
	XRL direct，A	direct←(direct)⊕(A)					2	1
	XRL direct，#data	direct←(direct)⊕data					3	2
对累加器 A 的单操作数的逻辑操作指令	CLR A	A←0	●				1	1
	CPL A	A←($\bar{A}$)	●				1	1
	RL A	A 循环左移一位					1	1
	RLC A	A 带进位循环左移一位	●				1	1
	RR A	A 循环右移一位					1	1
	RRC A	A 带进位循环右移一位	●				1	1

1. 指令说明

（1）两个操作数的逻辑与、或、异或指令

① ANL 目的操作数，源操作数

② ORL 目的操作数，源操作数

③ XRL 目的操作数，源操作数

这组指令的功能是在目的操作数和源操作数之间以位为基础的逻辑与、或、异或操作，将结果存放在目的操作数中。目的操作可以有寄存器寻址、直接寻址，源操作数可以有寄存器寻址、直接寻址、寄存器间接寻址和立即寻址。当这条指令用于修改一个输出口时，作为原始口数据的值将从输出口数据锁存器（P3～P0）读入，而不是读引脚状态。

在程序设计中，“逻辑与”指令主要用于对目的操作数的某些位屏蔽（清0）操作，方法是将需要屏蔽的位与“0”相与，其余位与“1”相与；“逻辑或”指令主要用于对目的操作数的某些位置位，方法是将需要置位的位与“1”相或，其余位与“0”相或；“逻辑异或”指令主要用于对目的操作数的某些位取反，而其余位不变。方法是将需要取反的位与“1”相异或，其余位与“0”相异或。

例如：分析下列程序的执行结果。

```
MOV     A，#77H     ；(A)=77H
XRL     A，#0FFH    ；(A)=88H
ANL     A，#0FH     ；(A)=08H
MOV     P1，#64H    ；(P1)=64H
ANL     P1，#0F0H   ；(P1)=60H
ORL     A，P1       ；(A)=68H
```

（2）对累加器A的单操作数的逻辑操作指令

```
CLR     A   ；将累加器A的内容清0
CPL     A   ；将累加器A的内容逐位取反
RL      A   ；将累加器A的内容向左循环移位1位，移位情况见图3-4(A)
RR      A   ；将累加器A的内容向右循环移位1位，移位情况见图3-4(B)
RLC     A   ；将累加器A的内容和进位位C一起向左循环移位1位，移位情况见图3-4（c）
RRC     A   ；将累加器A的内容和进位位C一起向右循环移位1位，移位情况见图3-4（d）
```

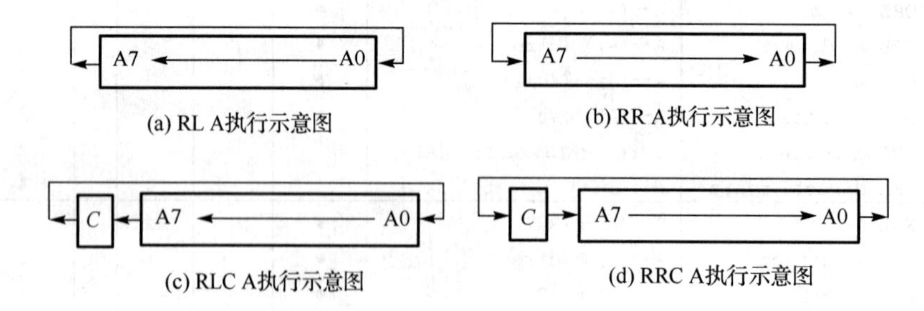

(a) RL A执行示意图 (b) RR A执行示意图 (c) RLC A执行示意图 (d) RRC A执行示意图

图3-4 循环移位指令执行示意图

例如：

设(A)=0F3H，C=1，顺序执行以下指令：

```
CPL     A       ；(A)=0CH，C=1
RL      A       ；(A)=18H，C=1
RLC     A       ；(A)=31H，C=0
RR      A       ；(A)=98H，C=0
```

```
RRC     A         ; (A)=4CH, C=0
CLR     A         ; (A)=0, C=0
```

2. 指令应用举例

【例 3-9】 把累加器 A 中低 4 位（高 4 位清 0）送入外部数据存储器的 3000H 单元。程序如下：

```
MOV     DPTR, #3000H
ANL     A, #0FH
MOVX    @DPTR, A
```

【例 3-10】 将累加器 A 的低 4 位的状态通过 P1 口的高 4 位输出。程序如下：

```
ANL     A, #0FH
SWAP    A
ANL     P1, #0FH
ORL     P1, A
```

【例 3-11】 编程将片内 RAM21H 单元的低 4 位和 20H 单元的低 4 位合并为一个字节送片内 RAM30H，要求 21H 的低 4 位放在高位上。编程如下：

```
MOV     30H, 20H
ANL     30H, #0FH
MOV     A, 21H
SWAP    A
ANL     A, #0F0H
ORL     30H, A
RET
```

【例 3-12】 把在 R4 和 R5 中的两字节数（作为一个字）取补（高位在 R4 中）。程序如下：

```
CLR     C
MOV     A, R5
CPL     A
ADD     A, #01H
MOV     R5, A
MOV     A, R4
CPL     A
ADDC    A, #00H
MOV     R4, A
RET
```

3.2.4 控制转移类指令

计算机在运行过程中，有时因为操作的需要或程序较复杂，程序指令往往不能按顺序逐条执行，需要改变程序运行的方向，即将程序跳转到某个指定的地址处再执行。51 单片机提供了丰富的控制转移类指令，包括无条件转移、条件转移、调用和返回指令等。这类指令有 AJMP、LJMP、SJMP、JMP、JZ、JNZ、CJNE、DJNZ、ACALL、LCALL、RET、RETI、NOP，共 13 种操作助记符，见表 3-5。

表 3-5 控制转移类指令

分类		指令助记符	说明	对标志的影响				字节数	执行周期数
				P	OV	AC	C		
无条件转移指令	绝对短跳转指令	AJMP addr11	PC10～0←addr11					2	2
	长跳转指令	LJMP addr16	PC←addr16					3	2
	相对短跳转指令	SJMP rel	PC←(PC)+rel					2	2
	间接跳转指令	JMP @A+DPTR	PC←(A)+(DPTR)					1	2
条件转移指令	判零跳转指令	JZ rel	PC←(PC)+2 若(A)=0 则 PC←(PC)+rel					2	2
		JNZ rel	PC←(PC)+2 若(A)≠0 则 PC←(PC)+rel					2	2
	比较不相等跳转指令	CJNE A,direct,rel	PC←(PC)+3 若(A)≠(direct) 则 PC←(PC)+rel				●	3	2
		CJNE A,#data,rel	PC←(PC)+3 若(A)≠data 则 PC←(PC)+rel				●	3	2
		CJNE Rn,#data,rel	PC←(PC)+3 若(Rn)≠data 则 PC←(PC)+rel				●	3	2
		CJNE @Ri,#data,rel	PC←(PC)+3 若((Ri))≠data 则 PC←(PC)+rel				●	3	2
	减1不为0跳转指令	DJNZ Rn,rel DJNZ direct,rel	PC←(PC)+2 Rn←(Rn)-1 若(Rn)≠0 则 PC←(PC)+rel PC←(PC)+3 Direct←(direct)-1 若(direct)≠0 则 PC←(PC)+rel					2 3	2 2
调用和返回指令	短调用指令	ACALL addr11	PC←(PC)+2,SP←(SP)+1 (SP)←(PC)L, SP←(SP)+1 (SP)←(PC)H, PC10～0←addr11					2	2
	长调用指令	LCALL addr16	PC←(PC)+3,SP←(SP)+1 (SP)←(PC)L, SP←(SP)+1 (SP)←(PC)H, PC15～0←addr16					3	2
	从子程序返回指令	RET	(PC)H←((SP)), SP←(SP)-1 (PC)L←((SP)), SP←(SP)-1 从子程序返回						2
	从中断返回指令	RETI	(PC)H←((SP)), SP←(SP)-1 (PC)L←((SP)), SP←(SP)-1 从中断返回	1					2
空操作指令		NOP	空操作					1	1

1. 指令说明

（1）无条件转移指令

51 单片机提供了 4 条无条件转移指令。

```
AJMP    addr11
LJMP    addr16
SJMP    rel
JMP     @A+DPTR
```

① AJMP　addr11 是绝对短跳转指令，是 2K 字节范围内的无条件转移。跳转的目标地址必须与 AJMP 的下一条指令的第一个字节在同一 2KB 个字节范围内，这是因为跳转的目的地址与 AJMP 的下一条指令的第一个字节的高 5 位 addr15~11 相同。这条指令是为与 MCS-48 兼容而保留的指令，在 MCS-51 单片机程序设计中可以不用。

② LJMP addr16 是长跳转指令，是 64K 字节内的无条件转移。这条指令执行时把 16 位操作数的高低 8 位分别装入 PC 的 PCH 和 PCL，无条件的转向指定地址。跳转的目的地址可以在 64KB 程序存储器地址空间的任何地方，不影响任何标志位。例如：

设标号 NEXT 的地址为 3010H，则执行以下程序：

```
LJMP    NEXT
```

不管这条长跳转指令存放在程序存储器地址空间的什么位置，运行结果都会使程序跳转到 3010H 地址处执行。

③ SJMP　rel 是相对短跳转指令。这条指令执行时先将 PC 内容加 2，再加相对偏移量 rel，计算出跳转的目标地址。rel 是一个带符号的字节数，在程序中用补码表示，其值范围为-128~+127；当 rel 为正数表示正向跳转，为负数表示反向跳转。例如：

```
THISL: SJMP  THATL
```

设标号 THISL 处的地址为 0100H，标号 THATL 的地址为 0155H，则可按以下表达式来计算偏移量：0100H+2+rel=0155H，则 rel=53H。

同理若已知偏移量，则可计算出目标地址为：（PC）+2+rel。

④ JMP @A+DPTR 是间接跳转指令。这条指令的功能是把累加器 A 中的 8 位无符号数与数据指针 DPTR 中的 16 位地址相加，相加形成的 16 位新地址送入 PC。指令执行过程不改变累加器和数据指针的内容，也不影响标志位。利用这条指令能实现程序的散转。

（2）条件转移指令

条件转移指令是依据某种特定条件转移的指令。条件满足时转移（相当于一条相对转移指令），条件不满足时则顺序执行下面的指令。目的地址在下一条指令的起始地址为中心的 256 个字节范围中（−128~+127）。

① 判零跳转指令 JZ/ JNZ

这组指令的功能是对累加器 A 的内容进行判断。

JZ：如果累加器 A 的内容为 0，则执行转移；

JNZ：如果累加器 A 的内容不为 0，则执行转移。

例如：

设(A)=02H，且在程序中没有改变累加器 A 的内容，请指出当程序执行到条件转移指令 JNZ 处时的转移情况。

```
MAIN:   …
        …
        JNZ NEXT
        …
NEXT:   …
        …
```

因为(A)=02H，不为 0，故当程序执行到条件转移指令处时满足条件，则程序跳转至 NEXT 地址处执行。

② 比较不相等跳转指令 CJNE

这组指令的功能是比较前面两个操作数的大小。如果它们的值不相等则转移。在 PC 加到下一条指令的起始地址后，通过把指令最后一个字节的有符号的相对偏移量加到 PC 上，并计算出转向地址。如果第一操作数（无符号整数）小于第二操作数则进位标志 C 置位，否则 C 清 0。不影响任何一个操作数的内容。操作数有寄存器寻址、直接寻址、寄存器间接寻址等方式。

例如：根据 A 的内容大于 60H、等于 60H、小于 60H 三种情况作不同的处理程序：

```
        CJNE  A，#60H，NEQ      ；(A)不等于 60H 转移
EQ:     …                       ；(A)=60H 处理程序
        …
NEQ:    JC    LOW               ；(A)<60H 转移
        …                       ；(A)>60H 处理程序
        …
LOW:                            ；(A)<60H 处理程序
```

③ 减 1 不为 0 跳转指令 DJNZ：

这组指令把源操作数减 1，结果回送到源操作数中去，如果结果不为 0 则转移。源操作数有寄存器寻址和直接寻址。通常程序员把内部 RAM 单元作程序循环计数器。

【例 3-13】 延时程序，程序如下：

```
START:  SETB    P1.1            ；P1.1 置 1
DL:     MOV     30H，#03H       ；30H←03H（置初值）
DL0:    MOV     31H，#0F0H      ；31H←0F0H（置初值）
DL1:    DJNZ    31H，DL1        ；31H←(31H)-1，(31H)不为 0 重复执行
        DJNZ    30H，DL0        ；30H←(30H)-1，(30H)不为 0 转 DL0
        CPL     P1.1            ；P1.1 求反
        SJMP    DL
```

这段程序的功能是通过延时，在 P1.1 上输出一个方波。可以用改变 30H 和 31H 的初值，来改变延时时间实现改变方波的频率。

（3）调用和返回指令

在程序设计中，常常把具有一定功能的公用程序段编制成子程序。当主程序转至子程序时用调用指令，而在子程序的最后安排一条返回指令，使执行完子程序后再返回到主程序。为保证正确返回，每次调用子程序时自动将下一条指令地址保存到堆栈，返回时按先进后出的原则再把地址弹出至 PC 中。

① 绝对调用指令 ACALL addr11

指令执行时 PC 加 2，获得下一条指令的地址，并把这 16 位地址压入堆栈，栈指针加 2。然后把指令中的 a10～0 的值送入 PC 中的 PC10～PC0 位，PC15～PC11 不变，获得子程序的起始地址（即 P15P14P13P12P11a10a9a8a7a6a5a4a3a2a1a0）转向执行子程序。所用的子程序的起始地址必须与 ACALL 后面一条指令第一个字节同在一个 2K 区域的存储器区内。指令的操作码与被调用的子程序的起始地址的页号有关。这条指令是为与 MCS-48 兼容而保留的指令，在 MCS-51 单片机程序设计中可以不用。

② 长调用指令 LCALL addr16

这条指令执行时把 PC 内容加 3 获得下一条指令首地址，并把它压入堆栈（先低字节后高字节），SP 内容加 2。然后把指令的第二、三字节（a15～a8，a7～a0）装入 PC 中，转去执行该地址开始的子程序。这条调用指令可以调用存放在存储器中 64K 字节范围内任何地方的子程序。指令执行后不影响

任何标志。能用 ACALL addr11 指令的地方可以用 LCALL addr16 指令代替，但用 LCALL addr16 指令的地方不一定能用 ACALL addr11 占领代替。

例如：设(SP)=60H，标号地址 START 为 0100H，标号 MIR 为 8100H，执行指令：

```
START :  LCALL   MIR
```

结果：(SP)=62H，(61H)=03H，(62H)=01H，(PC)=8100H。

③ 子程序返回指令 RET

子程序返回指令是把栈顶相邻两个单元的内容弹出送到 PC，SP 的内容减 2，程序返回到 PC 值所指的指令处执行。RET 指令通常安排在子程序的末尾，使程序能从子程序返回到主程序。

例如：

设(SP)=62H，(62H)=07H，(61H)=30H，执行指令：

```
RET
```

结果：(SP)=60H，(PC)=0730H，CPU 从 0730H 开始执行程序。

④ 中断返回指令 RETI

这条指令的功能与 RET 指令类似。通常安排在中断服务程序的最后。它的应用在中断一节中讨论。

（4）空操作指令 NOP

空操作也是 CPU 的控制指令，它没有使程序转移的功能。因仅此一条，故不单独分类。

2. 指令应用举例

【例 3-14】 将累加器 A 的低 4 位取反 4 次，高 4 位不变，每变换一次从 P1 口输出。程序如下：

方法 1：

```
        MOV     R0，#0
   LL： XRL     A，#0FH
        INC     R0
        MOV     P1，A
        CJNE    R0，#04H，LL
        RET
```

方法 2：

```
        MOV     R0，#04H
   LL： XRL     A，#0FH
        MOV     P1，A
        DJNZ    R0，LL
        RET
```

【例 3-15】 如果累加器 A 中存放待处理命令编号（0~7），程序存储器中存放着标号为 PMTB 的转移表首地址，则执行下面的程序，将根据 A 中命令编号转向相应的处理程序。

```
PM：     MOV     R1，A          ；(A)*3
         RL      A
         ADD     A，R1
         MOV     DPTR，#PMTB    ；转移表首址
         JMP     @A+DPTR        ；跳转到((A)+(DPTR))间址单元
PMTB：   LJMP    PM0            ；转向命令 0 处理入口
         LIMP    PM1            ；转向命令 1 处理入口
         LJMP    PM2            ；转向命令 2 处理入口
         LJMP    PM3            ；转向命令 3 处理入口
         LJMP    PM4            ；转向命令 4 处理入口
         LJMP    PM5            ；转向命令 5 处理入口
```

```
        LJMP    PM6             ；转向命令 6 处理入口
        LJMP    PM7             ；转向命令 7 处理入口
```

3.2.5　位操作类指令

51 单片机内有一个布尔处理机，它具有一套处理位变量的指令集，它以进位标志 C 作为累加器，以 RAM 地址 20H～2FH 单元中的 128 位和地址为 8 的倍数的特殊功能寄存器的位地址单元作为操作数，进行位变量的传送、位状态控制、修改和位逻辑操作等操作。在使用位操作类指令时要和字节操作类指令区别开来，因为它们有的助记符是相同的。这类指令的助记符有：MOV、CLR、CPL、SETB、ANL、ORL、JC、JNC、JB、JNB、JBC，共 11 种操作助记符，见表 3-6。

表 3-6　位操作及控制转移类

分类	指令助记符	说明	对标志的影响				字节数	执行周期数
			P	OV	AC	C		
位数据传送指令	MOV C,bit	C←bit				●	2	1
	MOV bit,C	bit←C					2	2
位变量修改指令	CLR C	C←0				●	1	1
	CLR bit	bit←0					2	1
	CPL C	C←$\overline{C}$				●	1	1
	CPL bit	bit←$\overline{bit}$					2	1
	SETB C	C←1				●	1	1
	SETB bit	bit←1					2	1
位变量逻辑与、或指令	ANL C,bit	C←(C)∧(bit)				●	2	2
	ANL C,/bit	C←(C)∧$\overline{bit}$				●	2	2
	ORL C,bit	C←(C) ∨(bit)				●	2	2
	ORL C,/bit	C←(C) ∨$\overline{bit}$				●	2	2
位变量条件转移指令	JC rel	PC←(PC)+2,若（C）=1 则 PC←(PC)+rel					2	2
	JNC rel	PC←(PC)+2,若（C）=0 则 PC←(PC)+rel					2	2
	JB bit,rel	PC←(PC)+3,若（bit）=1 则 PC←(PC)+rel					3	2
	JNB bit,rel	PC←(PC)+3,若（bit）=0 则 PC←(PC)+rel					3	2
	JBC bit,rel	PC←(PC)+3,若（bit）=1 则 (bit)←0, PC←(PC)+rel					3	2

1．指令说明

（1）位数据传送指令

这组指令的功能是把源操作数指出的位变量送到目的操作数指定的位单元中。其中以进位标志 C 作为位累加器，即其中一个操作数为位累加器 C，另一个操作数可以是任何直接寻址的位（以 RAM 地址 20H～2FH 单元中的 128 位和地址为 8 的倍数的特殊功能寄存器的位地址）。不影响其他寄存器或标志位。例如：

设(20H)=02H，顺序执行以下指令：

```
    MOV     C，01H    ；C=20H.1=1
    MOV     07H，C    ；20H.7= C=1
```

结果为：(20H)=82H。

（2）位变量修改指令

这组指令的功能分别是清 0、取反、置位进位标志或直接寻址的位。不影响其他寄存器或标志位。

（3）位变量逻辑与、或指令

这组指令的功能是把位累加器 C 的内容与直接位地址的内容进行逻辑与、或操作，结果传送到位累加器 C 中。第二操作数前的斜杠“/”表示对该位取反后再参入逻辑运算，但该位原来的值不发生改变。

（4）位变量条件转移指令

这组指令的功能是若满足条件则转移到目标地址去执行，不满足条件则顺序执行下一条指令。应特别注意，目的地址在以下一条指令的起始地址为中心的 256 字节范围内（–128～+127 字节）。

JC：如果进位标志 C 为 1，则执行转移。

JNC：如果进位标志 C 为 0，则执行转移。

JB：如果直接寻址位的值为 1，则执行转移。

JNB：如果直接寻址位的值为 0，则执行转移。

JBC：如果直接寻址位的值为 1，则执行转移，然后将直接寻址位清 0。

在用汇编语言编写程序时，为了容易看懂程序，偏移量 rel 往往用一个标号来代替，汇编时由汇编程序自动计算出偏移字节数，并填入指令代码中。例如：

设(22H)=02H，且在程序中没有改变 22H 地址单元的内容，请指出当程序执行到位条件转移指令 JB 处时的转移情况。

```
MAIN:   …
        …
        JB   11H，NEXT
        …
NEXT:   …
        …
```

因为 11H 位地址指出的位地址即位 22H，其值为 1，故当程序执行到位条件转移指令处时满足条件，则程序跳转至 NAXT 地址处执行（这里用标号代替偏移量，当然跳转的地址范围为-128～+127 字节）。

2. 指令应用举例

【例 3-16】 将累加器的 ACC.5 与 00H 位相与后，通过 P1.4 输出。程序如下：

```
        MOV     C，ACC.5
        ANL     C，00H
        MOV     P1.4，C
```

【例 3-17】 比较片内 RAM40H、50H 中两个无符号数的大小，若 40H 中的数小则把片内 RAM 中的位地址 40H 置 1；若 50H 中数小，则把片内 RAM 中的位地址 50H 置 1；若相等则把片内 RAM 中的位地址 20H 置 1。程序如下：

```
        MOV     A，40H
        CJNE    A，50H，L1
        SETB    20H
        SJMP    L
L1:     JC      L2
```

```
        SETB    50H
        SJMP    L
L2:     SETB    40H
L:      RET
```

3.3 51单片机的伪指令

前面介绍的5单片机指令系统中每一条指令都是意义明确的助记符来表示的。这是因为现代计算机一般都配备汇编语言，每一语句就是一条指令，命令CPU执行一定的操作，完成规定的功能。但是用汇编语言编写的源程序，计算机不能直接执行。因为计算机只认识机器指令（二进制编码）。因此必须把汇编语言源程序通过汇编程序翻译成机器语言程序（称为目标程序），计算机才能执行，这个翻译过程称为汇编。汇编程序对用汇编语言写的源程序进行汇编时，还要提供一些汇编用的指令，例如要指定程序或数据存放的起始地址；要给一些连续存放的数据确定单元等。但是，这些指令在汇编时并不产生目标代码，不影响程序的执行，所以称为伪指令。

1. ORG定位伪指令

ORG伪指令总是出现在每段源程序或数据块的开始。它指明此语句后面的程序或数据块的起始地址。其一般格式：

```
ORG     nn
```

在汇编时由nn确定此语句后面第一条指令（或第一个数据）的地址。该段源程序（或数据块）就连续存放在以后的地址内，直到遇到另一个ORG nn语句为止。在一个汇编语言源程序中允许存在多条定位伪指令，但其每一个nn值都应和前面生成的机器指令存放地址不重叠。例如：

```
        ORG     1000H
START:  MOV     A，#10H
            …
        ORG     2000H
SECOND: CLR     A
            …
```

第一条定位伪指令指定了标号START的地址为1000H，MOV A，#10H指令及其后面的指令汇编成机器码放在从1000H开始的存储单元中。第二条定位伪指令指定了标号SECOND的地址为2000H。从START地址开始的程序段所占用的存储地址最多只能到1FFFH，否则与从SECOND开始的程序段地址重叠。

如果某系统有主程序，有中断服务程序（如外部中断0、定时器/计数器T0），整个程序结构应该是这样的：

```
        ORG     0000H
        LJMP    MAIN            ；主程序
        ORG     0003H
        LJMP    INT0INT         ；外部中断0中断服务程序
        ORG     000BH
        LJMP    T0INT           ；定时器/计数器T0中断服务程序
        ORG     0100H
MAIN:       …                   ；主程序
            …
```

```
INT0INT:    …                   ；外部中断 0 中断服务程序
            …
            RETI
T0INT:      …                   ；定时器/计数器 T0 中断服务程序
            …
            RETI
```

2. DB 定义字节伪指令

格式为：

```
标号：DB        字节常数或字符或表达式
```

其中：标号区段可有可无，字节常数或字符是指一个字节数据，或用逗号分开的字节串，或用引号括起来的字符串（一个 ASCII 字符相当于一个字节）。此伪指令的功能是把字节常数或字节串存入内存连续单元中。例如：

```
        ORG     9000H
DATA1:  DB  73H，01H，90H
DATA2:  DB  02H
```

伪指令 ORG　9000H 指定了标号 DATA1 的地址为 9000H，伪指令 DB 指定了数 73H，01H，90H 顺序地存放在从 9000H 开始的单元中；DATA2 也是一个标号，它的地址与前一条伪指令 DB 连续，为 9003H，数 02H 存放在 9003H 单元中。例如：

```
        ORG     1000H
        DB      0AAH
DATA1:  DB      25，25H
DATA2:  DB      'MCS-51'
```

经汇编后，从地址 1000H 处开始的存储单元的内容为：

```
(1000H)=0AAH
(1001H)=19H
(1002H)=25H
(1003H)=4DH
(1004H)=43H
(1005H)=53H
(1006H)=2DH
(1007H)=35H
(1008H)=31H
```

其中从 1003H 地址单元开始的内容为字符串‘MCS-51’（共 6 个字符）对应的 ASCII 码。

3. DW 定义字伪指令

格式：

```
标号：DW  字或字串
```

DW 伪指令的功能与 DB 相似，其区别在于 DB 是定义一个字节，而 DW 是定义一个字（规定为两个字节，即 16 位二进制数），故 DW 主要用来定义地址。存放时一个字需要两个单元，高 8 位在前，低 8 位在后。例如：

```
        ORG     1000H
```

```
        DW      1234H
DATA1:  DW      56H，2000
```

经汇编后，从地址1000H处开始的存储单元的内容为：

```
(1000H)=12H
(1001H)=34H
(1002H)=00H
(1003H)=56H
(1004H)=07H
(1005H)=D0H
```

4．EQU赋值伪指令

格式：

```
字符名称  EQU  操作数
```

EQU伪指令的功能是将操作数赋值于字符名称，使两边的两个量等值。例如：

```
D10      EQU  10
ADD-Y    EQU  07ABH
MOV      A，D10
LCALL    ADD-Y
```

这里D10当作RAM上的一个直接地址，而ADD-Y定义了一个16位地址，实际上它是一个子程序的入口地址。

5．DS定义存储空间伪指令

格式：

```
DA  表达式
```

在汇编时，从指定地址开始保留DS之后“表达式”的值所规定的存储单元。
例如：

```
ORG      1000H
DS       07H
DB       20H，20
DW       12H
```

经汇编后，从地址1000H开始保留7个存储单元，然后从1007H处开始的存储单元的内容为：

```
(1007H)=20H
(1008H)=14H
(1009H)=00H
(100AH)=12H
```

DB、DW、DS伪指令都是只对程序存储器起作用，它们不能对数据存储器进行初始化。

6．BIT定义位地址符号伪指令

格式：

```
字符名称  BIT  位地址
```

这里的“字符名称”与标号不同（其后没有冒号），但它是必须的，其功能是把BIT之后的“位地址”值赋给“字符名称”。例如：

```
    P11      BIT  P1.1
    A02      BIT  02H
```

这样，P1 口位 1 地址 91H 就赋给了 P11，而 A02 的值为 02H。

7. END 汇编结束伪指令

END 伪指令通知汇编程序结束汇编。在 END 之后即使后面还有指令，汇编程序也不进行处理。因此一个源程序中只允许出现一个 END 语句，并且放在整个程序的最后。

3.4　51 单片机汇编语言程序设计基础

前面介绍了 51 单片机的指令系统，这些指令只有按工作要求有序地编排为一段完整的程序，才能起到一定的作用，完成规定的任务。所谓程序设计，就是人们把要解决的问题用计算机能接受的语言，按一定的步骤描述出来。程序设计时要考虑两个方面：其一是针对某种语言进行程序设计；其二是解决问题的方法和步骤。对同一个问题，可以选择高级语言（如 PASCAL、C 等）来进行设计，也可以选择汇编语言来进行设计，并且往往有多种不同的解决方法。通常把解决问题而采用的方法和步骤称为“算法”。

汇编语言程序设计在单片机应用中占有重要的地位，程序设计的好坏直接影响单片机应用系统的性能。本节主要介绍 51 单片机汇编语言程序设计的基本问题。

3.4.1　程序设计概述

51 单片机提供 111 条指令，它们以指令助记符的形式出现，指令助记符的集合叫汇编语言。由汇编语言编写的程序称为汇编语言源程序，汇编语言源程序必须翻译成由机器代码组成的目标程序，机器才能执行。用来把程序自动翻译成目标程序的软件称为汇编程序。

在实际应用中主要是编写汇编语言源程序，翻译成机器码的工作由专门的软件平台来完成。

1. 程序设计步骤

用汇编语言编写一个程序的过程大致可分为如下 6 步。

（1）分析问题，确定问题的数学模型

拿到一个问题后，全面分析，将解决问题所需要的条件、原始数据、输入输出信息、运行速度要求、运算精度要求等搞清楚，找出规律，归纳出数学模型。

（2）确定符合计算机运算的算法

计算机算法比较灵活，一般要优选逻辑简单、运算速度快、精度高的算法，还要考虑编程简单、占用内存少的算法。

（3）绘制流程图

流程图是由带方向的线段、框图、菱形图等绘制的一种图，不同的图形代表不同的含义，有 3 种基本图形：起始/终止框、执行框、判断框，如图 3-5 所示。用流程图能把解决问题的先后顺序直观的表示出来，因此流程图在程序设计中应用很普遍。

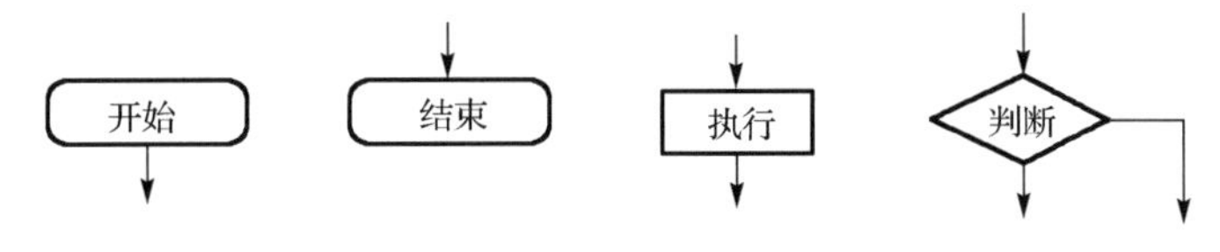

图 3-5　程序框图示意图

（4）内存单元分配

原始数据、运行中的中间数据及结果等都需要安排在某些单元中，这就需要确定数据，包括工作单元的数量，分配存放单元。

（5）编写程序

按计算机的语法，据流程图编写51单片机汇编语言程序。

（6）程序调试与修改

程序调试是为了修改错误，这是非常重要的一步。一个程序经过多次修改才能成功。

2. 程序设计技术

程序设计的过程是一个复杂的过程，在程序设计时需要考虑的主要问题包括模块化问题、程序层次结构问题、抗干扰问题等。

（1）模块化程序设计

模块化程序设计是单片机应用中的常见程序设计技术。它是把功能完整的、较长的程序，分解为若干个相对独立、功能明确的小程序模块，对各个程序模块分别进行设计、编程和调试，最后把各个功能模块集成为所需的程序。

模块化程序设计的优点是：一个模块可以为多个程序所共享；单个功能明确的程序模块的设计和调试比较方便，容易完成。利用已经编制好的成熟模块，将大大缩短开发程序的时间，节约成本。

（2）自顶向下的程序设计

自顶向下的程序设计，先从主程序开始设计，然后逐步细化，在向下一层展开时，检查本层设计是否正确，在上一层是正确的条件下，才能向下细化。下层从属的程序和子程序用符号来代替。主程序设计好后，再编制各个从属程序和子程序，最后完成整个系统软件的设计。调试也按这个顺序进行。

自顶向下的程序设计优点是思路清楚，设计调试和连接按一条思路进行。缺点是修改比较麻烦。

（3）软件的抗干扰技术

在设计软件时，需要考虑软件抗干扰技术。一般采用的软件抗干扰技术是数字滤波技术、指令冗余技术与软件陷阱技术等。数字滤波技术用程序实现，不需要增加硬件成本，可靠性高稳定性好，方便灵活。在程序设计时，多采用单字节指令，并在关键地方人为插入一些单字节指令或将有效指令重复书写，这便是指令冗余。指令冗余技术可以降低程序“弹飞”的发生率。而软件陷阱，就是用一条引导指令，将捕获到的程序引向一个指定地址，在那里有一段专门对程序进行出错处理的程序。软件抗干扰技术的特点是不需要增加硬件，缺点是增加了程序容量。

3.4.2 顺序结构程序设计

顺序结构程序是一种最简单、最基本的程序（也称为简单程序），它的特点是按照程序编写的顺序逐条依次执行，程序流向不变，直到程序结束。这是程序的最基本的形式，是所有复杂程序的基础或某个组成部分。

顺序程序虽然并不难编写，但是要设计出高质量的程序还是需要掌握一定的技巧。为此需要熟悉指令系统，正确地选择指令，掌握程序设计的基本方法和技巧，以达到提高程序执行效率、减少程序长度、最大限度地优化程序的目的。下面举例说明。

【例3-18】 编程将片内RAM21H单元的低3位和20H单元的低5位合并为1字节送片内RAM30H，要求21H的低3位放在高位上。编程如下：

```
ORG     0000H
MOV     30H，20H
```

```
ANL     30H, #1FH
MOV     A, 21H
SWAP    A
RL      A
ANL     A, #0E0H
ORL     30H, A
SJMP    $
END
```

【例 3-19】 求内部 RAM20H、21H 中的 4 位压缩 BCD 数与 22H、23H 中的 4 位压缩 BCD 数的差，结果送 24H、25H 中。

编程说明：关于 51 单片机十进制数减法指令，本书已在前面进行了说明。本例是 4 位 BCD 码减法，减法的原理为：

(9999+1)H–(22H)(23H)+(20H)(21H)，结果送片内 RAM24H、25H。程序如下：

```
ORG     0000H
CLR     C
MOV     A, #9AH              ; 用 999AH-(22H)(23H)
SUBB    A, 23H
MOV     25H, A               ; 结果送 24H 和 25H
MOV     A, #99H
SUBB    A, 22H
MOV     24H, A
MOV     A, 25H               ; (24H)(25H)+(20H)(21H)
ADD     A, 21H
DA      A
MOV     25H, A               ; 结果存 24H25H
MOV     A, 24H
ADDC    A, 20H
DA      A
MOV     24H, A
SJMP    $
END
```

3.4.3 分支结构的程序设计

分支结构程序的特点是程序中含有转移指令，可以根据程序要求无条件或有条件地改变程序执行顺序，选择程序流向。

编写分支结构程序的重点是确定分支条件，进而选择正确地转移指令。转移指令有三种：无条件转移、条件转移和散转。这三类指令形成的分支程序有不同的特点。

（1）无条件转移

它的程序转移方向是设计者事先安排的，与已执行程序的结果无关，使用时只需给出正确的转移目标地址或偏移量即可，如：

```
        ORG     0000H
LJMP    MAIN
        …
        ORG     0030H
MAIN:   …
        …
```

（2）条件转移

它是根据已执行程序对标志位或累加器或对内部 RAM 某位的影响结果，决定程序的走向，形成各种分支。在编写有条件转移语句时要特别注意以下几点：

① 条件转移的关键是确定分支的条件，可用于分支结构程序中的语句有：JZ/JNZ、CJNE、DJNZ、JC/JNC、JB/JNB、JBC。

② 在分支程序设计中，要注意分支条件成立与不成立时的转移情况。条件转移的框图有以下几种情况，如图 3-6 所示。

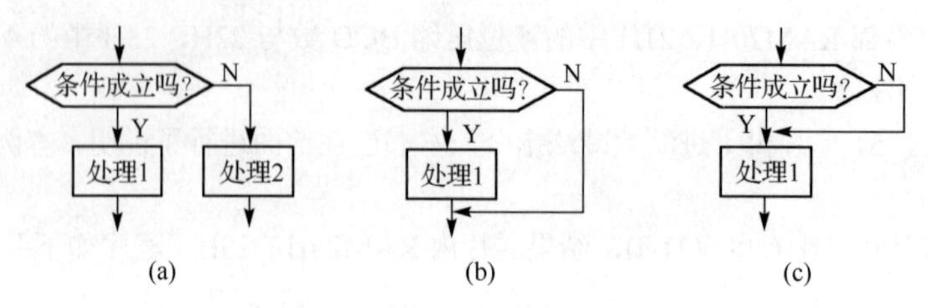

图 3-6　分支程序设计中分支情况

在图 3-6 中，(a)和(b)是正确的，而(c)是不正确的，即条件成立与不成立需要做不同的处理工作，而不能做相同的处理工作。

（3）散转

它是根据某种已输入的或运算的结果，使程序转向各个处理程序中去，一般单片机实现散转程序常用于逐次比较和算法处理的方法。这些方法一般比较麻烦、易出错，51 单片机具有一条专门的散转指令 JMP　@A+DPTR，可以使它较方便地实现散转功能。

（4）条件转移程序设计举例

下面通过例题讨论条件转移的基本编程。条件转移的编程主要是解决好转移条件的判断。

【例 3-20】 编制程序使 y 按下式赋值：

$$y=\begin{cases}1, & x>0\\ 0, & x=0\\ -1, & x<0\end{cases}$$

将变量 x 存放在片内 RAMVAR 单元之中，函数值 y 存放在片内 FUNC 单元中。

编程说明：这是一个二分支的程序，满足条件则转移。程序流程图如图 3-7 所示。

程序如下：

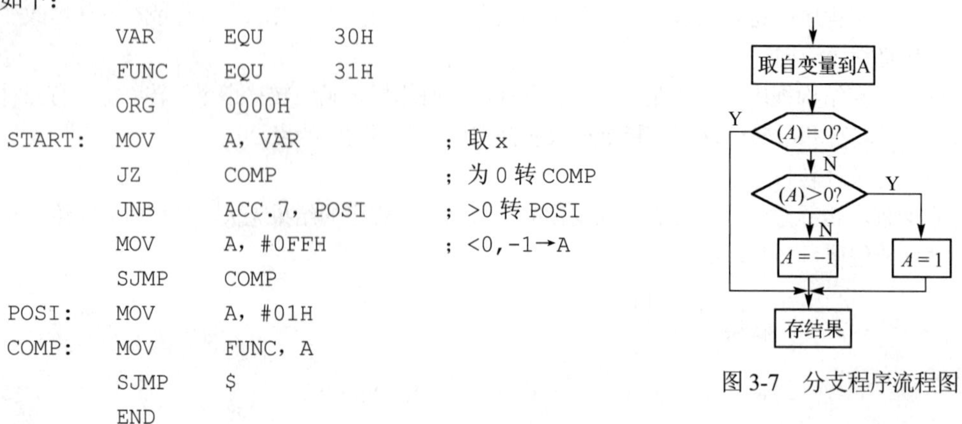

```
        VAR     EQU     30H
        FUNC    EQU     31H
        ORG     0000H
START:  MOV     A, VAR          ; 取 x
        JZ      COMP            ; 为 0 转 COMP
        JNB     ACC.7, POSI     ; >0 转 POSI
        MOV     A, #0FFH        ; <0,-1→A
        SJMP    COMP
POSI:   MOV     A, #01H
COMP:   MOV     FUNC, A
        SJMP    $
        END
```


图 3-7　分支程序流程图

【例 3-21】 两个无符号数比较大小。

设外部数据存储器单元 ST1 和 ST2 存放两个不带符号的二进制数，找出其中的大数存入 ST3 单元。流程图如图 3-8 所示。

程序如下：

```
        ORG     0000H
START1: CLR     C               ；进位位清 0
        MOV     DPTR，#ST1      ；设数据指针
        MOVX    A，@DPTR        ；取第一个数
        MOV     R1，A           ；暂存第一个数
        INC     DPTR
        MOVX    A，@DPTR        ；取第二个数
        MOV     R2，A           ；暂存第二个数
        SUBB    A，R1           ；两数比较
        JNC     BIG1
        XCH     A，R1           ；第一个数大
        SJMP    L
BIG1:   MOV     A，R2
L:      INC     DPTR
        MOVX    @DPTR，A        ；存大数
        SJMP    $
        END
```

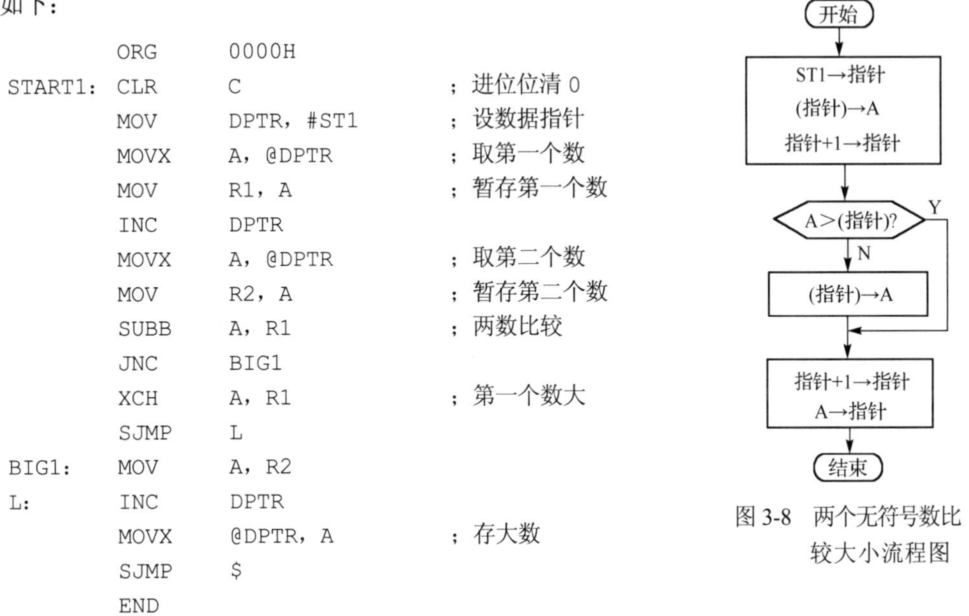

图 3-8　两个无符号数比较大小流程图

【例 3-22】 空调机在制冷时，若排出空气比吸入空气温度低 8℃，则认为工作正常，否则认为工作故障，并设置故障标志。

设片内 RAM40H 中存放吸入空气温度值，41H 中存放排除空气温度值。若(40H)–(41H)≥8℃，则空调机制冷正常，在 42H 单元中存放“0”。否则在 42H 单元中存放“FFH”，以示故障（在此 42H 单元被设定为故障标志）。

为了可靠地监控空调机的工作情况，应做两次减法，第一次减法(40H)–(41H)，若 C=1，则肯定有故障；第二次减法用两个温度的差值减去 8℃，若 C=1，说明温差小于 8℃，空调机也不正常工作。程序流程图如图 3-9 所示。

程序如下：

```
        ORG     0000H
START:  MOV     A，40H          ；吸入温度值送 A
        CLR     C
        SUBB    A，41H
        JC      ERROR           ；C=1 有故障
        SUBB    A，#8
        JC      ERROR           ；温差小于 8℃，有故障
        MOV     42H，#0         ；工作正常标志
        SJMP    EXIT
ERROR:  MOV     42H，#0FFH      ；工作故障标志
EXIT:   SJMP    $
        END
```

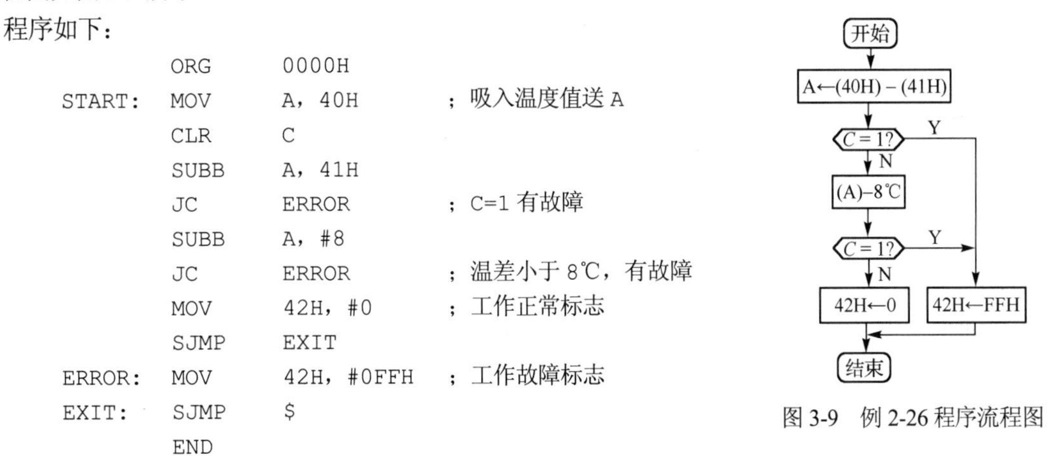

图 3-9　例 2-26 程序流程图

从以上的条件分支程序可见，它与简单程序的区别在于：分支程序存在两个或两个以上的结果。在设计过程中关键是根据给定的条件进行判断，以得到某一个结果，这样就要用到比较指令、测试指令以及无条件/条件转移指令。条件分支程序设计的技巧，就在于正确而巧妙地使用这些指令。

3.4.4 循环结构的程序设计

循环程序是强制 CPU 重复执行某一指令序列的一种程序结构形式。凡是遇到需要重复操作的程序，这时可用循环程序结构。循环结构程序简化了程序书写，减少了内存占用空间。

1．概述

循环结构的程序一般由 5 部分组成：初始化，循环体、循环修改、循环控制和结束部分。

① 初始化：包括置循环初值、置地址指针初值、置存放单元初值和数的单元初值等。

② 循环处理：重复执行的程序段部分。

③ 循环修改：修改变量和修改指针。

④ 循环控制：判断控制变量是否满足终止条件，不满足则转去重复执行循环体工作部分，满足则退出循环，做结束处理。

⑤ 结束部分：分析及存放执行结果。

循环程序的结构一般有两种形式：

① 先进入循环体，再控制循环，即至少执行一次循环体。如图 3-10(A)所示。

② 先控制循环，后进入循环体，即根据判断结果，控制循环的执行与否，有时可以不进入循环体就退出循环程序。如图 3-10(b)所示。

两种结构的循环也分别称为“直到型循环”和“当型循环”。

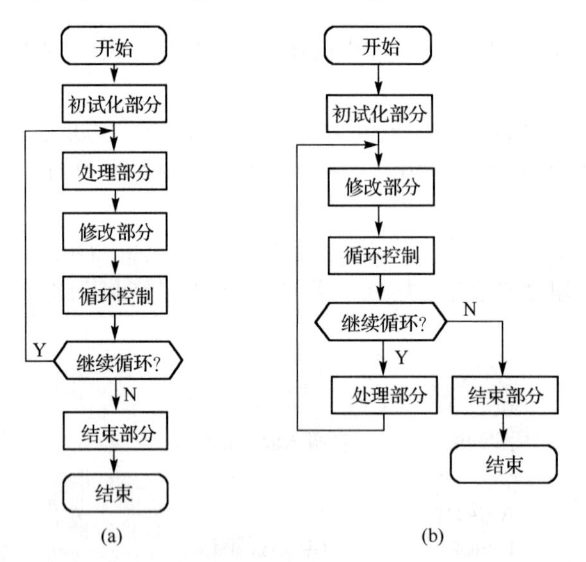

图 3-10 循环程序的结构形式示意图

循环结构的程序，不论是先处理后判断，还是先判断后处理，其关键是控制循环的次数。根据需解决问题的实际情况，对循环次数的控制有多种：循环次数已知的，用计数器控制；循环次数未知的，可以按条件控制循环，也可以用逻辑尺控制循环。

循环程序分为单重循环与多重循环。程序的循环体中不再包含循环程序，即为单重循环程序，如图 3-11(a)所示。如果在循环体中，还包含有循环程序，那么就称为循环嵌套，这样的程序就称为二重、三重甚至多重循环程序，图 3-11(b)为一双重循环示意图。在多重循环程序中，只允许外重循环嵌套内重循环程序，而不允许循环体互相交叉。另外也不允许从循环程序的外部跳入循环程序的内部。

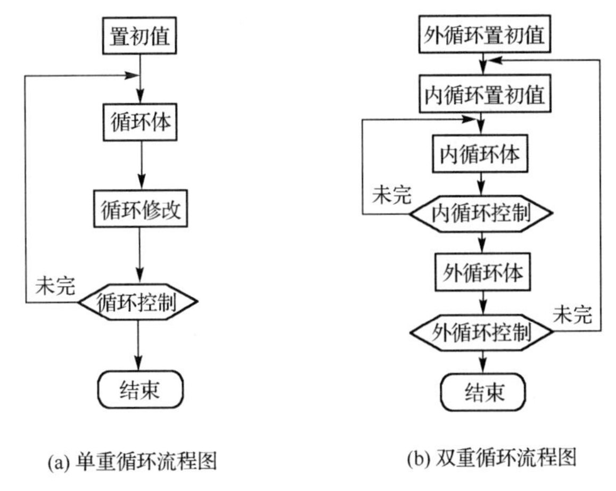

图 3-11 循环程序流程图

2. 循环结构程序设计举例

（1）循环次数已知的单循环程序

【例 3-23】 工作单元清 0。

设有 50 个工作单元，其首址存放在 DPTR 中，循环次数存放在 R2 寄存器中，每执行一次循环，R2 的内容减 1，直至 R2=0，循环程序结束。

程序如下：

```
        ORG     0000H
CLEAR:  CLR     A
        MOV     R2，#32H        ；置计数器
LOOP:   MOVX    @DPTR，A
        INC     DPTR            ；修改地址指针
        DJNZ    R2，LOOP        ；控制循环
        SJMP    $
        END
```

【例 3-24】 多个单字节数据求和。

求无符号数累加和 $\sum_{i=1}^{n} A_i$。若 A_i 均为单字节数，并按 $i(i=1,2,\cdots,n)$ 顺序存放在片内 RAM 从 60H 开始的单元中，n 放在 R2 中，要求它们的和（双字节），放在 R3R4 中。

编程说明：为方便调试，假设有 8 个字节的无符号数，已经存在片内 RAM 60H 开始的连续单元中。程序中用 R2 作为计数器，存放待加的数据项数，R0 作为地址指针，用它来寻址 A_i。在做连加时，要考虑进位的处理。一般来说，循环工作部分中的数据应该用间接方式来寻址。程序框图如图 3-12 所示。

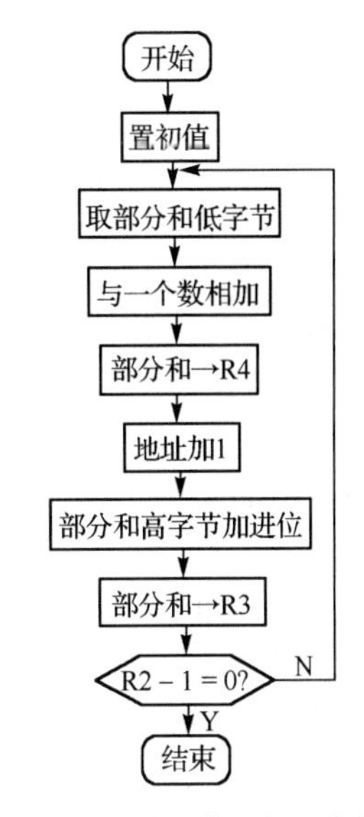

图 3-12 无符号数累加和流程图

程序如下：

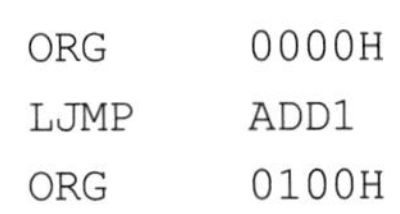

```
        ORG     0000H
        LJMP    ADD1
        ORG     0100H
```

```
ADD1:   MOV     R3，#00H      ；部分和高字节清0
        MOV     R4，#00H      ；部分和低字节清0
        MOV     R2，#8        ；数据个数送R2
        MOV     R0，#60H      ；数据首址送R0
LOOP:   MOV     A，R4         ；取部分和低位
        ADD     A，@R0        ；与Xi相加
        MOV     R4，A         ；存部分和
        CLR     A             ；将A清0
        ADDC    A，R3         ；部分和高字节加进位
        MOV     R3，A         ；存部分和
        INC     R0            ；地址加1
        DJNZ    R2，LOOP      ；未加完继续重复
        SJMP    $
        END
```

【例3-25】 设在DAT开始的片内RAM中存放8个无符号字节数，找出最大值，并暂存在A中。

编程说明：通过对问题的分析，我们知道求无符号数极大值，可以采用下面算法：将表中首地址中的数据放入A中，将A中的数据与下个地址中的数据进行比较，如果A中的大，则继续取下个地址中的数据比较；如果A中的小，则进行交换。到最后A中的是所有数中的最大值。设数据指针为R0，用R2作计数器，存放比较次数，比较次数等于无符号数的个数减1。为调试程序，不妨假设DAT的地址为40H。这是一个单重循环，程序如下：

```
        ORG     0000H
        MOV     R2， #07H        ；比较次数
        MOV     R0， #40H        ；数据区首地址
        MOV     A，@R0           ；第1个数据送至A
        INC     R0
MAX:    CLR     C
        MOV     R3，A
        SUBB    A，@R0
        MOV     A，R3
        JNC     L1               ；A中大处理
        XCH     A，@R0
L1:     INC     R0
        DJNZ    R2，MAX
        SJMP    $
        END
```

在上面的程序中，所处理的是无符号数，找到的最大值在累加器A中，首地址40H中的数据无意义了。

试一试：如果要寻找最小值，将上面的程序做一点小的修改就可以，试写出程序。

（2）循环次数未知的单循环

以上介绍的几个循环程序例子，它们的循环次数是已知的，适合用计数器置初值的方法，而有些循环程序事先不知道循环次数。不能用以上方法。这时需要根据判断循环条件的成立与否，或用建立标志的方法控制循环程序的结束。

【例3-26】 测试字符串的长度。

设有一串字符依次存放在内部 RAM 中从 50H 单元开始的连续单元中。该字符串以回车符为结束标志。

测字符串长度程序，将该字符串中的每一个字符依次与回车符相比，若比较不相等，则统计字符串长度的计数器加 1，继续比较；若比较相等，则表示该字符串结束，计数器中的值就是字符串的长度。

程序如下：

```
COUNT:  MOV     R2，#0FFH
        MOV     R0，#4FH                ；数据指针 R0 置初值
LOOP:   INC     R0
        INC     R2
        CJNE    @R0，#0DH，LOOP
        RET
```

待测字符以 ASCII 码形式存放在 RAM 中，回车符的 ASCII 码为 0DH，程序中用一条 CJNE @R0，#0DH，LOOP 指令实现字符比较及控制循环的任务，当循环结束时，R2 的内容为字符串长度。

试一试：如果字符串中没有回车符，程序该如何处理。

（3）多重循环和冒泡程序

【例 3-27】 设片内 RAM 30H 开始的单元有无序字符表，假设为 10 个字节，将其按代码值从小到大的顺序依次排列在这片单元中。

编程说明：为了将 10 单元中的数按从小到大的顺序排列，可从 30H 开始，两数逐次进行比较，保存小数取出大数，且只要有地址单元内容的互换就置位标志。多次循环后，若两数比较不再出现单元互换的情况，就说明从 30H～39H 单元中的数全部从小到大排列完毕。

程序流程图如图 3-13。

程序如下：

```
        ORG     0000H
START:  CLR     00H
        CLR     C
        MOV     R7，#09H
        MOV     R0，#30H
        MOV     A，@R0
LOOP:   INC     R0
        MOV     R2，A
        SUBB    A，@R0
        MOV     A，R2
        JC      NEXT
        SETB    00H
        XCH     A，@R0
        DEC     R0
        MOV     @R0，A
        INC     R0
NEXT:   MOV     A，@R0
        DJNZ    R7，LOOP
        JB      00H，START
        SJMP    $
        END
```

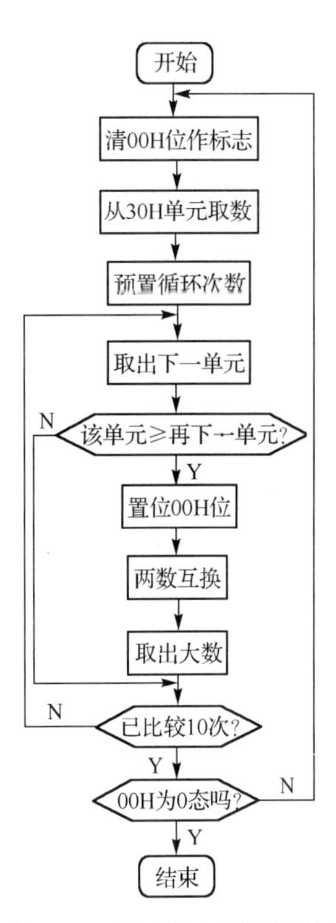

图 3-13　冒泡排序程序流程图

3．编写循环程序时应注意的问题

从上面介绍的几个例子不难看出，循环程序的结构大体上是相同的。要特别注意以下几个问题：

① 在进入循环之前，应合理设置循环初始化变量。

② 循环体只能执行有限次，如果无限执行的话，称之为“死循环”，这是应当避免的。

③ 不能破坏和修改循环体，要特别注意避免从循环体外直接跳转到循环体内。

④ 多重循环的嵌套，应当注意嵌套的形式，主要形式如图3-14所示。在图3-14中，(a)、(b)是正确的，应避免图(c)的情况。由此可见，多重循环是从外层向内层一层层进入，从内层向外层一层层退出。不要在外层循环中用跳转指令直接转到内层循环体内。

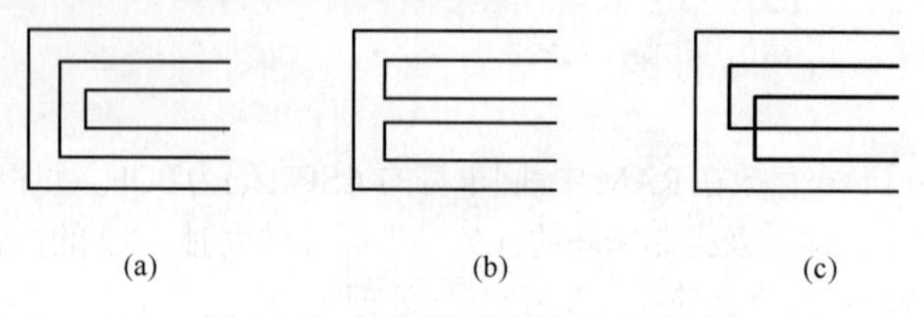

(a)　　(b)　　(c)

图3-14　多重循环嵌套的主要形式

⑤ 循环体内可以直接转到循环体外或外层循环中，实现一个循环由多个条件控制结束的结构。

⑥ 对循环体的编程要仔细推敲，合理安排，对其进行优化时，应主要放在缩短执行时间上，其次是程序的长度。

3.4.5　查表程序的设计

1．概述

所谓查表法，就是对一些复杂的函数运算如 sin$x$、$x+x^2$ 等，事先把其全部可能范围的函数值按一定的规律编成表格存放在计算机的程序存储器中。当用户程序中需要用到这些函数时，直接按编排好的索引值（或程序号）寻找答案。这种方法节省了运算步骤，使程序更简便、执行速度更快。在控制应用场合或智能仪器仪表中，经常使用查表法。这种方法唯一的不足是要占用较多的存储单元。

为了实现查表功能，在51单片机中专门设置了两条查表指令：

```
MOVC    A，@A+DPTR
MOVC    A，@A+PC
```

第1条指令用得比较多。该指令采用DPTR存放数据表格的地址，其查表过程比较简单。查表前需要把数据表格起始地址存入DPTR，然后把所查表的索引值送入累加器A中，最后使用MOVC A，@A+DPTR完成查表。

2．查表程序设计举例

【例3-28】　已知数据0～9的平方，设变量x的值在累加器A中，查表后求x^2的值放回累加器，试编制程序。

编程说明：数据0～9的平方值存放在程序存储器中。在程序中TABLE的地址可以是16位二进制数决定的任意值，也就是说，理论上TABLE表可以放在程序存储器的任意空间。

程序如下：

```
        ORG     0000H
SQR1:   MOV     DPTR，#TABLE
```

```
        MOVC    A, @A+DPTR
        SJMP    $
TABLE:  DB  00H, 01H, 04H, 09H, 16H
        DB  25H, 36H, 49H, 64H, 81H
        END
```

【例 3-29】 设有一个 51 单片机控制系统，其输入参数 X 是非规则变量，X 与 Y 的对应关系如下：

```
X    0123H    0234H    • • •    0AC4H
Y    34A7H    5678H    • • •    E345H
```

共存在 m 种对应关系，试编写查表程序。

本程序的表格就按上述原则编排，这样一旦找到 X 的存放地址，相应的 Y 值就在其后的两个单元中。

设 X 值存放在片内 RAM20H、21H 单元中，所查出的 Y 值存入 22H、23H 中，表格末地址加 1 后存放在 24H、25H 中，以检查表格是否查完。程序如下：

```
        MOV     DPTR, #TAB
LP:     CLR     A
        MOVC    A, @A+DPTR
        CJNE    A, 20H, LP1
        INC     DPTR
        CLR     A
        MOVC    A, @A+DPTR
        CJNE    A, 21H, LP1
        INC     DPTR
        CLR     A
        MOVC    A, @A+DPTR
        MOV     22H, A
        INC     DPTR
        MOVC    A, @A+DPTR
        MOV     23H, A
        RET
LP1:    INC     DPTR
        INC     DPTR
        INC     DPTR
        INC     DPTR
        MOV     A, 25H
        CJNE    A, DPL, LP
        MOV     A, 24H
        CJNE    A, DPH, LP
        MOV     A, #0FFH
        RET
TAB:    DB  01H, 23H, 34H, A7H
        DB  02H, 34H, 56H, 78H
        ...
        DB  0AH, C4H, E3H
```

这是一个非规则变量的查表程序。

如果X为非规则变量，即X并非0～n中的所有数，对应某些正整数i，Y无定义，即在0～n区域中，仅有部分正整数与i，Y有对应关系。这种情况可以这样设计表格：

```
DB        X的高字节
DB        X的低字节
DB        Y的高字节
DB        Y的低字节
```

表格的每一项由4个连续的单元组成的。

本章小结

本章主要介绍51单片机的指令系统和汇编语言程序设计的基本问题，共4部分内容。

（1）51单片机指令系统概述：指令格式、操作数类型、寻址方式。

（2）51单片机指令系统：数据传送类、算术运算类、逻辑运算类、控制转移类、位操作类。

（3）伪指令：ORG、DB、EQU、BIT、END。

（4）51单片机汇编语言程序设计基础：程序框图、顺序结构程序设计、分支结构程序设计、循环结构程序设计、查表程序设计。

本章属于51单片机软件应用基础。

习　　题

1．访问外部数据存储器和程序存储器可以用哪些指令来实现？举例说明。

2．设堆栈指针SP中的内容为60H，内部RAM中30H和31H单元的内容分别为24H和10H，执行下列程序段后61H、62H、30H、31H、DPTR及SP的内容将有何变化？

```
PUSH    30H
PUSH    31H
POP     DPL
POP     DPH
MOV     30H，#00H
MOV     31H，#0FFH
```

3．设(A)=40H，(R1)=23H，(40H)=05H。执行下列两条指令后，累加器A和R1以及内部RAM中40H单元的内容各为何值？

```
XCH     A，R1
XCHD    A，@R1
```

4．设(A)=01010101B，(R5)=10101010B，分别写出执行ANL A，R5；ORL A，R5；XRL A，R5指令后的结果。

5．写出实现下列要求的指令或程序片段。

（1）将内部RAM20H单元内容与累加器A内容相加，结果存放在20H单元中。

（2）将内部RAM30H单元内容与内部RAM31H单元内容相加，结果存放到内部RAM31H单元中。

（3）将内部RAM20H单元内容传送到外部RAM2000H单元中。

（4）使内部RAM20H单元的D7和D3位清0，其他位保持不变。

（5）使内部RAM20H单元的D7和D3位置1，D5位清0，其他位保持不变。

（6）使内部 RAM20H 单元的 D7 和 D3 位置 1，D5 位取反，其他位保持不变。

6. 试分析下列程序段执行后，(A)=？，(30H)=？

```
MOV     30H, #0A4H
MOV     A, #0D6H
MOV     R0, #30H
MOV     R2, #5EH
ANL     A, R2
ORL     A, @R0
SWAP    A
CPL     A
XRL     A, #0FEH
ORL     30H, A
```

7. 设(R0)=20H，(R1)=25H，(20H)=80H，(21H)=90H，(22H)=0A0H，(25H)=0A0H，(26H)=6FH，(27H)=76H，下列程序执行后，结果如何？

```
        CLR     C
        MOV     R2, #3
LOOP:   MOV     A, @R0
        ADDC    A, @R1
        MOV     @R0, A
        INC     R0
        INC     R1
        DJNZ    R2, LOOP
        JNC     NEXT
        MOV     @R0, #01H
        SJMP    $
NEXT:   DEC     R0
        SJMP    $
```

8. 设片内 RAM(30H)=0EH，执行下面程序后，(A)=？，指出该程序完成的功能。

```
MOV     R0, #30H
MOV     A, @R0
RL      A
MOV     B, A
RL      A
RL      A
ADD     A, B
```

9. 编程将片内 RAM 30H~39H 单元中内容送到以 3000H 为首的存储区中。

10. 片内 RAM60H 开始存放 20 个数据，试统计正数、负数及为零的数据个数，并将结果分别存在 50H、51H、52H 单元中。

11. 从片外 RAM2000H 单元开始存有 20 个有符号数，要求把它们传送到片外 RAM3000H 开始的单元，但负数不传送，试编写程序。

12. 设 10 次采样值依次放在片内 RAM 50H~59H 的连续单元中，试编程去掉一个最大值，去掉一个最小值，求其余 8 个数的平均值，结果存放在 60H 中。

第4章　51系列单片机P0～P3口应用基础

通过第2章的介绍，我们知道51单片机内部有4个并行的I/O口，分别为P0（P0.7～P0.0）、P1（P1.7～P1.0）、P2（P2.7～P2.0）、P3（P3.7～P3.0）。这4个并行的I/O口除具有基本的输入/输出功能外，大多还具有与中断系统、定时器/计数器、串行口、外部存储器及I/O口的扩展有关的第二功能。关于第二功能的内容在后续相应的章节中讨论，本章主要介绍51单片机片内并行口的原理及输入/输出操作。

4.1　认识51单片机的P0～P3口

在认识51单片机的P0～P3口之前，先看两个概念。

双向口：单片机的I/O口是CPU与片外设备进行信息交换的通道，是为提高接口的驱动能力，具有由场效应管组成的输出驱动器。当驱动器场效应管的漏极具有开路状态时，该口就具有高电平、低电平和高阻抗3种状态，称为双向口。

准双向口：单片机I/O口的输出场效应管的漏极接有上拉电阻，该口具有高电平、低电平两种状态，称为准双向口。

在51单片机内部包含4个并行的I/O接口，分别称为P0口、P1口、P2口和P3口，每一个口都是8位的，每个口的位都有一个输出锁存器和一个输入缓冲器。输出锁存器用于存放需要输出的数据，每个端口的8位输出锁存器构成一个特殊功能寄存器，且冠名与端口相同；输入缓冲器用于对端口引脚上输入的数据进行缓冲，因此各引脚上输入的数据必须一直保持到CPU把它读走为止。P0、P1、P2和P3端口的电路形式不同，其功能也不同。

4.1.1　P1口

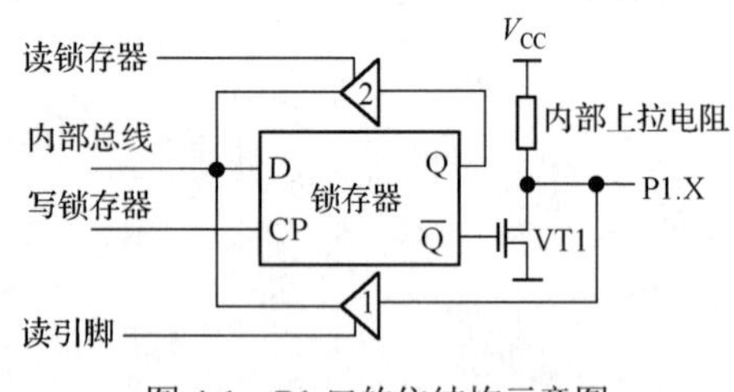

图4-1　P1口的位结构示意图

图4-1所示为P1口的位结构原理图。

图中的锁存器起输出作用，场效应管V1与上拉电阻组成输出驱动器，以增大负载能力。三态门1是输入缓冲器，三态门2在端口操作时使用。

P1口作为通用的I/O接口使用，具有输出、读引脚、读锁存器三种工作方式。

1．输出方式

P1口工作于输出方式，此时数据经内部总线送入锁存器存储。如果某位的数据为1，则该位锁存器输出端Q＝1，$\overline{Q}$＝0使V1截止，从而在引脚P1.X上出现高电平；反之，如果数据为0，则Q＝0，$\overline{Q}$＝1使V1导通，在引脚P1.X上出现低电平。

2．读引脚方式

读引脚时，控制器打开三态门1，引脚P1.X上的数据经三态门1进入芯片的内部总线，并送到累加器A。输入时无锁存功能。

在单片机执行读引脚操作时，如果锁存器原来寄存的数据Q＝0，那么由于$\overline{Q}$＝1，将使V1导通，引脚被始终钳位在低电平上，不可能输入高电平。为此，使用读引脚指令前，必须先用输出指令置 Q＝1，使 V1 截止。这就是 P1 被称为准双向口的原因。“准双向”的含义为输出直接操作，输入前需先置 1，再输入。

3．读锁存器方式

51 系列单片机有很多指令可以直接进行端口操作，这些指令的执行过程分成“读—修改—写”三步，即先将端口的数据读入 CPU，在 ALU 中进行运算，运算结果再送回端口。执行“读—修改—写”类指令时，CPU 实际是通过三态门 2 读回锁存器 Q 端的数据的。

这种读锁存器的方式是为了避免可能出现的错误。例如，用一根口线去驱动端口外的一个晶体管基极，当向口线写“1”时，该晶体管导通，导通后的 PN 结会把端口引脚的高电平拉低，这样直接读引脚就会把本来的“1”误读为“0”。但若从锁存器 Q 端读，就能避免这样的错误，得到正确的数据。也就是说，如果某位输出为 1，有外接器件拉低电平，就有区别了，读锁存器状态是 1，读引脚状态是 0，锁存器状态取决于单片机企图输出什么电平。引脚状态则是引脚的实际电平。

是读引脚还是读锁存器，其过程 CPU 内部会自动处理，读者不必在意。但应注意，当作为读引脚方式使用时，应先对该口写“1”，使场效应管截止，再进行读操作，以防止场效应管处于导通状态，使引脚为“0”，从而引起误读。

P1 口能驱动 4 个 LSTTL 负载。通常把 100μA 的电流定义为 1 个 LSTTL 负载的电流，所以 P1 口吸收或输出电流不大于 400μA。P1 口有内部上拉电阻，因此在输入时，即使由集电极开路或漏极开路电路驱动，也无须外接上拉电阻。

P1 口作为一般的 I/O 接口使用时，记为 P1.7～P1.0。

4.1.2　P3 口

图 4-2 所示为 P3 口的位结构原理图。

P3 口为多功能口。当第二功能输出端保持“1”时，与非门 3 对锁存器 Q 端是畅通的，这时 P3 口完全实现第一功能，即作为通用的 I/O 接口使用，而且是一个准双向 I/O 接口，其功能与 P1 口是相同的。P3 口除了作为准双向通用 I/O 接口使用外，每一根端口线还有第二功能，见表 2-1。

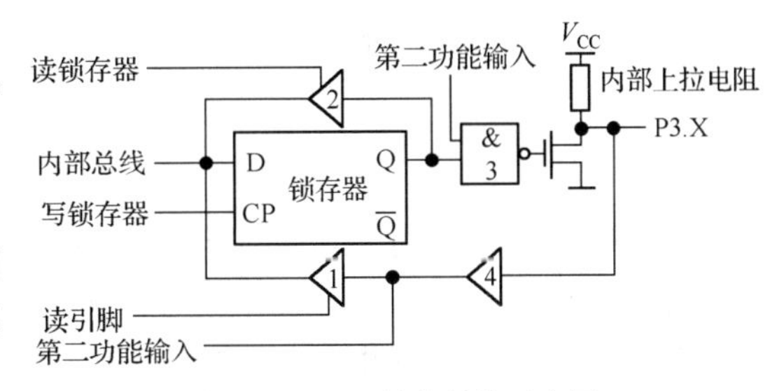

图 4-2　P3 口的位结构示意图

在应用中，P3 口的各位如不设置为第二功能，则自动处于第一功能。在更多的情况下，根据需要可将几条口线设置为第二功能，剩下的口线作为第一功能使用，此时宜采用位操作形式。

图 4-2 下方的输入通道中有两个缓冲器 1 和 4。第二功能输入信号取自缓冲器 4，而通用输入信号取自“读引脚”缓冲器 1 的输出端。

P3 口的负载能力和 P1 口相同，能驱动 4 个 LSTTL 负载。P3 口作为一般的 I/O 接口使用时记为 P3.7～P3.0；作为第二功能口使用时，提供 1 个全双工的串行口、2 个外部中断源的中断输入、2 个计数器的计数脉冲输入、2 个对外部 RAM 及 I/O 口的读/写控制信号。

4.1.3　P0 口

图 4-3 所示为 P0 口的位结构原理图。

P0 口的输出驱动电路由上拉场效应管 V2 和驱动场效应管 V1 组成，控制电路包括一个与门、一

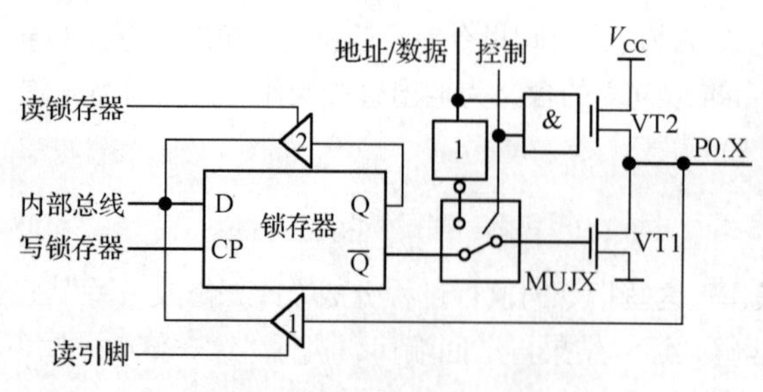

图 4-3　P0 口的位结构示意图

个非门和多路开关 MUX。

P0 口既可以作为通用的 I/O 接口进行数据的输入/输出，也可以作为单片机系统的地址/数据线使用，为此在 P0 口的电路中有一个多路转换电路 MUX。在控制信号的作用下，多路转换电路可以分别接通锁存器输出或地址/数据线输出。

P0 口作为通用的 I/O 接口使用时，CPU 内部发出控制电平 0 封锁与门，即与门的输出为 0（不会受另一条输入端状态的限制），上拉场效应管 V2 处于截止状态，多路开关与 $\overline{Q}$ 端接通。此时输出级是漏极开路电路。这时 P0 口与 P1 口一样，有输出、读引脚和读锁存器三种工作方式。

1．输出方式

当写脉冲加在锁存器时钟端 CP 端上时，与内部总线相连的 D 端数据取反后出现在 $\overline{Q}$ 端，又经输出 V1 反相，在 P0 引脚上出现的数据正好是内部总线的数据。当要从 P0 口输入数据时，引脚信息仍经输入缓冲器进入内部总线。

在输出数据时，由于 V2 截止，输出级是漏极开路电路，要使“1”信号正常输出，必须外接上拉电阻。

2．读引脚方式

P0 口作为通用 I/O 接口使用时，是准双向口。其特点是在输入数据时，应先把口置 1，此时锁存器的 $\overline{Q}$ 端为 0，使输出级的两个场效应管 V1、V2 均截止，引脚处于悬浮状态，这时才可做高阻输入。因为从 P0 口引脚输入数据时，V2 一直处于截止状态，所以引脚上的外部信号既加在三态缓冲器 1 的输入端，又加在 V1 的漏极。若在此之前曾输出锁存过数据 0，则 V1 是导通的，这样引脚上的电位就始终被钳位在低电平，使输入高电平无法读入。因此在输入数据时，应先向 P0 口写 1，使 V1、V2 均截止，方可得到正确的引脚信息。

3．读锁存器方式

此时 V2 截止，与 P1 口在读锁存器方式时“读—修改—写”的工作过程一样。

在 P0 口用作地址/数据分时功能连接外部存储器时，由于访问外部存储器期间，CPU 会自动向 P0 口的锁存器写入 FFH，因此对用户而言，P0 口此时才是真正的三态双向口。

在访问片外存储器而需从 P0 口输出地址或数据信号时，控制信号应为高电平“1”，使转换开关 MUX 把反相器的输出端与 V2 接通，同时把与门打开。当地址或数据为“1”时，经反相器使 V1 截止，而经与门使 V2 导通，P0.X 引脚上出现相应的高电平“1”；当地址或数据为“0”时，经反相器使 V1 导通而 V2 截止，引脚上出现相应的低电平“0”。这样就将地址/数据的信号输出了。

综上所述，P0 口在有外部扩展存储器时，被作为地址/数据总线口，此时是一个真正的双向口；在没有外部扩展存储器时，P0 口也可作为通用的 I/O 接口，但此时只是一个准双向口。另外，P0 口的输出级能以吸收电流的方式驱动 8 个 LSTTL 负载，即灌入电流不大于 800μA。

P0 口作为一般的 I/O 接口使用时，记为 P0.7～P0.0；作为数据口使用时，记为 D7～D0；作为地址线使用时，要增加一个锁存器，锁存器的输出是地址线的低 8 位，记为 A7～A0。

4.1.4　P2 口

图 4-4 所示为 P2 口的位结构原理图。

P2 口既可作为通用的 I/O 接口使用，也可作为地址总线使用，故其位结构比 P1 口多了一个多路控制开关 MUX。

当 P2 口作为通用 I/O 接口使用时，多路开关 MUX 倒向锁存器的输出端 Q，构成一个准双向口。其功能与 P1 口相同，有输出、读引脚、读锁存器三种工作方式。

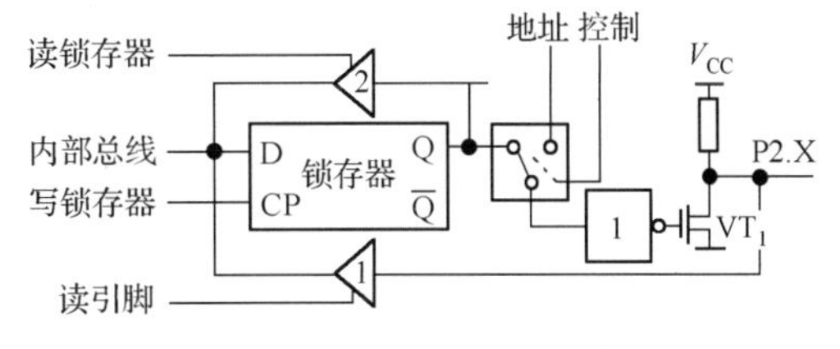

图 4-4　P2 口的位结构示意图

P2 口的另一功能是作为系统扩展的地址总线口。当单片机从片外 ROM 中取指令，或者执行访问片外 RAM、片外 ROM 的指令时，多路开关 MUX 接通“地址”，P2 口出现程序指针 PC 的高 8 位地址或数据指针 DPTR 的高 8 位地址。以上操作对锁存器的内容不受影响，所以取指令或访问外部存储器结束后，由于多路开关 MUX 又与锁存器 Q 端接通，引脚上将恢复原来的数据。

P2 口的负载能力和 P1 口的相同，能驱动 4 个 LSTTL 负载。P2 口作为一般的 I/O 接口使用时，记为 P2.7～P2.0；作为地址口使用时是地址的高 8 位，记为 A15～A8。

4.1.5　P0～P3 口特点总结

① 若要执行输入操作，P0～P3 口都必须先输出高电平，才能读取该端口所连接的外部设备的数据。

② P0 口 8 位皆为漏极开路输出，每个引脚可以驱动 8 个 LS 型 TTL 负载；P1～P3 口的 8 位类似于漏极开路输出，但已接上拉电阻，每个引脚可驱动 4 个 LS 型 TTL 负载。

③ P0 口内部无上拉电阻，执行输出功能时，外部必须接上拉电阻（一般为 10kΩ即可）；P1～P3 口内部具有约 30kΩ的上拉电阻，执行输出操作时，无须连接外部上拉电阻。

④ 若系统连接外部存储器或 I/O 口芯片，P0 口作为地址总线（A7～A0）及数据总线（D7～D0）的复用引脚，此时内部具有上拉电阻，不用外接；若系统连接外部存储器或 I/O 口芯片，而外部存储器或 I/O 口芯片的地址线超过 8 条时，则 P2 可作为地址总线（A15～A8）引脚；P3 口的 8 个引脚各自具有其他功能，如表 2-2 所示。

4.2　输 出 操 作

51 单片机内部并行 I/O 输出操作包括字节操作和位操作。下面通过例子来说明具体的操作。

4.2.1　基本输出操作举例——字节输出与位输出

【例 4-1】 字节操作。电路如图 4-5 所示，P1 口接 8 个发光二极管作为输出指示，编程实现使 8 个发光二极管按一定的频率亮、灭闪烁。

分析：P1 口输出“高电平”时灯“灭”，输出“低电平”时灯“亮”；亮、灭闪烁可以通过一软件延时程序实现。

```
        ORG     0000H
        MOV     SP,#70H         ；设置堆栈指针 SP 初值
L1:     MOV     P1,#0           ；所有灯亮
        LCALL   DL              ；调用延时子程序
        MOV     P1,#0FFH        ；所有灯灭
        LCALL   DL              ；调用延时子程序
        SJMP    L1
```

```
DL:     MOV     R7,#0           ；延时子程序
DL1:    MOV     R6,#0
        DJNZ    R6,$
        DJNZ    R7,DL1
        RET
        END
```

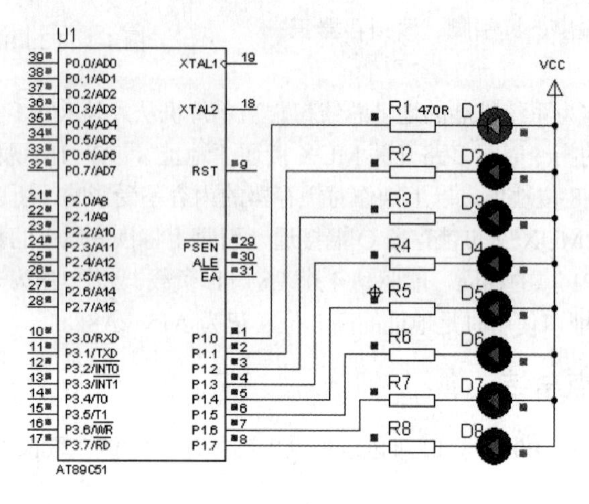

图 4-5　P1 口输出操作实例图

DL 是一延时子程序，调整 R7 和 R6 的内容，可以改变延时时间（程序的延时已是最长时间了）。思考：DL 延时子程序延时了多长时间？还想再长延时，如何解决？

【例 4-2】 位操作例子。电路如图 4-5 所示，编程实现 P1.3 所接的发光二极管亮、灭闪烁。

```
        ORG     0000H
        MOV     SP,#60H
L1:     CLR     P1.3            ；P1.3 对应的灯亮
        LCALL   DL              ；调用延时子程序
        SETB    P1.3            ；P1.3 对应的灯灭
        LCALL   DL              ；调用延时子程序
        SJMP    L1
DL:     MOV     R7,#0           ；延时子程序
DL1:    MOV     R6,#0
        DJNZ    R6,$
        DJNZ    R7,DL1
        RET
        END
```

修改：

① P1.7 对应的灯亮、灭闪烁。

② P1.1、P1.3、P1.5 对应的灯亮、灭闪烁。

③ P1.0 对应的灯亮时，P1.7 对应的灯灭；P1.0 对应的灯灭时，P1.7 对应的灯亮。

④ 将 P1 口改为 P3 口。

4.2.2　扩展输出操作举例——流水灯与霹雳灯

【例 4-3】流水灯示例。电路如图 4-5 所示，编程实现 8 个灯从低到高流水灯的显示闪烁。

分析：流水灯闪烁规律为：11111110B—11111101B—11111011B—…—01111111B，从初值循环左移 1 位就可以。

```
        ORG     0000H
        MOV     SP,#60H
        MOV     A,#0FEH                 ; 初值，最低位亮
L1:     MOV     P1,A
        LCALL   DL                      ; 调用延时子程序
        RL      A                       ; 循环左移 1 位
        SJMP    L1
DL:     MOV     R7,#0                   ; 延时子程序
DL1:    MOV     R6,#0
        DJNZ    R6,$
        DJNZ    R7,DL1
        RET
        END
```

修改：

① 两个灯左循环。

② 右循环。

③ 从左到右，一个一个亮保持到全亮，然后再重复。

【例 4-4】 霹雳灯示例。电路如图 4-5 所示，由 P1 口驱动 8 个 LED 灯，编程实现霹雳灯闪烁。

分析：所谓的霹雳灯是指一排 LED 里，任何一个时间只有一个 LED 亮，而亮灯的顺序为由左而右再由右到左，感觉就像一个 LED 由左跑到右再由右跑到左。霹雳灯规律如下：

11111110B—11111101B—…—01111111B—10111111B—11011111—…—11111110—…。

在程序设计上，有很多方法可以达到这个目的，例如采用计数循环方式，首先左移 7 次，再右移 7 次，如此循环不停。

程序框图如图 4-6 所示。

```
        ORG     0000H
        MOV     SP,#60H                 ; 设置堆栈初值
        MOV     A,#0FEH                 ; 设置灯亮初值
L:      MOV     R2,#7                   ; 计数 7 次
L1:     MOV     P1,A                    ; 一个灯亮
        LCALL   DL                      ; 调用延时子程序
        RL      A
        DJNZ    R2,L1                   ; (R2)=0 时，(A)=7FH
        MOV     R2,#7
L2:     MOV     P1,A
        LCALL   DL
        RR      A
        DJNZ    R2,L2                   ; (R2)=0 时，(A)=0FEH
        SJMP    L
DL:     MOV     R7,#0
DL1:    MOV     R6,#0
        DJNZ    R6,$
        DJNZ    R7,DL1
        RET
        END
```

图 4-6　霹雳灯程序框图

修改：

实现双灯的霹雳灯功能。

4.2.3 扩展输出操作举例——8 段 LED 静态与动态显示

对于 51 单片机的 P0～P3 口，可以输出控制 8 段 LED 显示器。

1. 认识 8 段 LED 显示器

（1）结构与原理

通常的 8 段 LED 显示器中有 8 个发光二极管，引脚如图 4-7(a)所示。a、b、c、d、e、f、g、dp 称为 LED 的段，公共端 com 称为 LED 的位。从引脚 a～dp 输入不同的 8 位二进制数，可显示不同的数字或字符。根据公共端的连接情况有共阴极和共阳极两种，如图 4-7(b)和(c)所示。对共阴极 LED 显示器的发光二极管的公共端 com 接地，当某发光二极管的阳极为高电平时，相应的发光二极管点亮；共阳极 LED 显示器则相反。

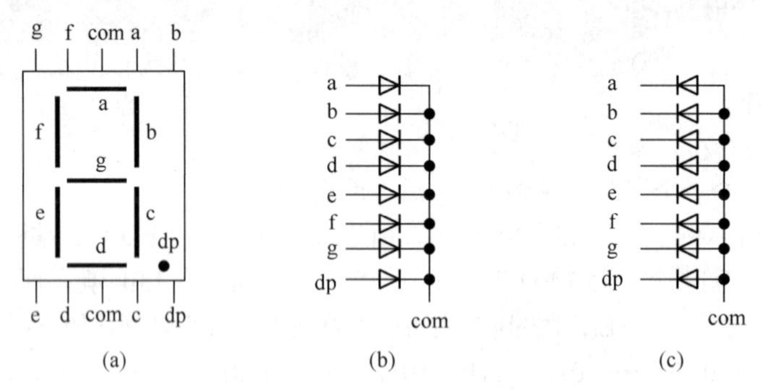

图 4-7 七段 LED 显示器引脚与结构图

（2）显示器的驱动问题

显示器中的每个段是一个发光二极管，要其正常发光必须提供足够的电流。不同的 LED 显示器具有不同的正常发光电流范围，因此在设计硬件电路时要为显示器提供驱动电路，以保证其正常工作。

2. 显示子程序的编写问题

硬件电路设计好之后，编写显示子程序对显示进行管理非常关键。显示子程序的功能是将显示缓冲区中的内容查表送到相应的显示器上完成显示。在对显示进行软件管理的过程中，要注意以下几点：

（1）根据硬件电路的结构建立一个显示的代码表

建立代码表的目的是解决好显示内容和显示代码转换问题。

显示的内容就是在显示器上要显示出来的内容，如 1、4、A 等。如要显示 1，对共阴极显示器来说，需要 b、c 段亮，其余的段不亮。在单片机中，段是由数据线上的内容来控制的，如果数据线 D7、D6、D5、D4、D3、D2、D1、D0 对应着 LED 的段 dp、g、f、e、d、c、b、a，要在显示器上显示 1，则在数据线需要输出 00000110B（06H），这个 06H 就称为 1 的显示代码。如果硬件电路确定了，每一个要显示的内容都有一个固定的显示代码和它对应。在显示过程中，实际上是把要显示的内容的代码送到数据线，由数据线将显示的代码送到显示器的段上，这样在显示器上就显示出相应的内容了。

表 4-1 列出了按照数据线 D7、D6、D5、D4、D3、D2、D1、D0 对应着 LED 的段 dp、g、f、e、d、c、b、a 的硬件连接时的显示内容和显示代码之间的关系。如果硬件连接发生变化，对应关系将发生变化。

表 4-1　LED 显示器的七段码

显示字符	共阴极七段码	共阳极七段码	显示字符	共阴极七段码	共阳极七段码
0	3FH	C0H	9	6FH	90H
1	06H	F9H	A	77H	88H
2	5BH	A4H	B	7CH	83H
3	4FH	B0H	C	39H	C6H
4	66H	99H	D	5EH	A1H
5	6DH	92H	E	79H	86H
6	7DH	82H	F	71H	8EH
7	07H	F8H	P	73H	8CH
8	7FH	80H	-	40H	BFH

在 ROM 区域中，将所有要显示的内容（提前是已知的）的显示代码按照一定的顺序建立一个表格，这个表格称为显示的代码表，如：

```
DSPTAB: DB 3FH,06H,5BH,4FH,66H,6DH,7DH,07H,7FH,6FH ; 显示内容 0～9 的显示代码表
```

（2）开辟显示缓冲区

在片内 RAM 中开辟出一块特殊区域—显示缓冲器。显示缓冲区中存放要显示的内容所对应的代码在代码表中的相对位置。显示缓冲区的位数和硬件电路中显示器的位数相同，每个显示缓冲器对应着一位显示器。

（3）查表并操作相应的显示器

根据显示缓冲区中的内容（相应的显示器要显示的内容所对应的显示代码在代码表中的相对位置），在代码表中得到相应的显示代码，送到相应的显示器上进行显示。

```
MOV     A,#data
MOV     DPTR,#DSPTAB
MOVC    A,@A+DPTR
```

（4）显示子程序的调用

在主程序中对显示缓冲区送相应的数据，然后调用显示子程序就可以了。在主程序中，显示缓冲区的内容变化了，显示的内容就随着变化了。对显示子程序的调用因不同的显示方式而不同。对于静态显示，只要显示缓冲区的内容发生变化就可以调用显示子程序；对于动态显示方式，可以分为随机调用和定时调用两种方式。下面通过例题加深理解。

3. 8 段 LED 静态显示技术

所谓静态显示，就是当显示器显示某一个字符时，相应的发光二极管恒定地导通或截止。例如七段显示器的 f、e、d、c、b、a 导通，dp、g 截止，则显示 0。这种显示方式中，每一位显示器都需要一个 8 位输出口控制，所以占用硬件多，一般用于显示器位数较少的场合。

【例 4-5】 利用 51 单片机的并行口作为静态显示的控制口的示例

电路如图 4-8 所示，通过 51 单片机的 P1 口 P3 作为两位共阴极数码管静态显示的输出口。编程：显示“AB”。

说明：共阴极显示器、两位静态显示；U2、U3 是 74LS245，起驱动的功能；本程序只能显示 AB，不能显示别的内容。

（1）两位显示，设置两个单元的显示缓冲区 31H、33H 分别对应着 P1 口和 P3 口的显示器；

（2）共显示两位内容“AB”，显示的代码表只要两位代码就可以了：77H、7CH。

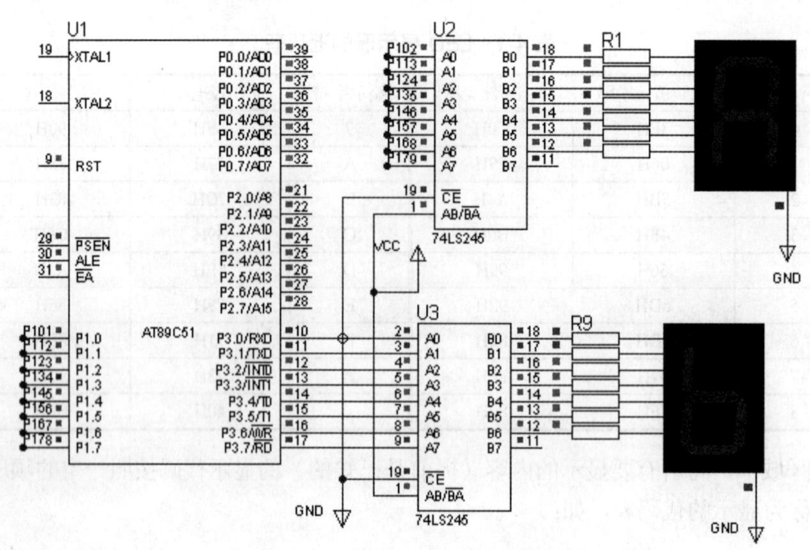

图 4-8　例 4-5 的电路原理图

源程序参考如下：

```
         ORG     0000H
         LJMP    MAIN
         ORG     0030H
MAIN:    MOV     SP,#60H
         MOV     31H,#0          ；显示缓冲区送显示内容在代码表中的相对位置
         MOV     33H,#1
         LCALL   DSP             ；调用显示子程序
         SJMP    $
DSP:     MOV     A,31H           ；显示子程序，查表送 P1 口
         MOV     DPTR,#TAB
         MOVC    A,@A+DPTR
         MOV     P1,A
         MOV     A,33H           ；查表送 P3 口
         MOV     DPTR,#TAB
         MOVC    A,@A+DPTR
         MOV     P3,A
         RET
TAB:     DB      77H,7CH
         END
```

修改：

① 显示“12”。

② 轮流显示“12”、“--”和“AB”。延时时间采用软件延时。

③ 设计一个秒表。

4．8 段 LED 动态显示技术

LED 动态显示是将所有显示器的段选线接在一个 I/O 接口上，称为段口，公共端分别由相应的 I/O 接口线控制，称为位口。

动态显示就是一位一位地轮流点亮各位显示器（扫描方式），对每一位显示器每隔一定时间点亮

一次，即从段口上按位次分别送所要显示字符的段码，在位控制口上也按相应的次序分别选通相应的显示位码（共阴极送低电平，共阳极送高电平），选通的位就显示相应字符，并保持几毫秒的延时，未选通位不显示字符（保持熄灭）。这样，对各位显示就是一个循环过程。从计算机的工作过程来看，在一个瞬时只有一位显示字符，而其他位都是熄灭的，但因为人的“视觉暂留”和显示器的“余辉”，这种动态变化是觉察不到的。从效果上看，各位显示器都能连续而稳定地显示不同的字符，这就是动态显示。

【例 4-6】 利用 51 单片机的并行口作为动态显示的段口与位口的示例。

电路如图 4-9 所示，通过 51 单片机的 P1 口作为段口，P3 作为位口构成六位 LED 动态显示的硬件电路（74LS245 是段驱动，7407 是位驱动）。编程实现显示“123456”。

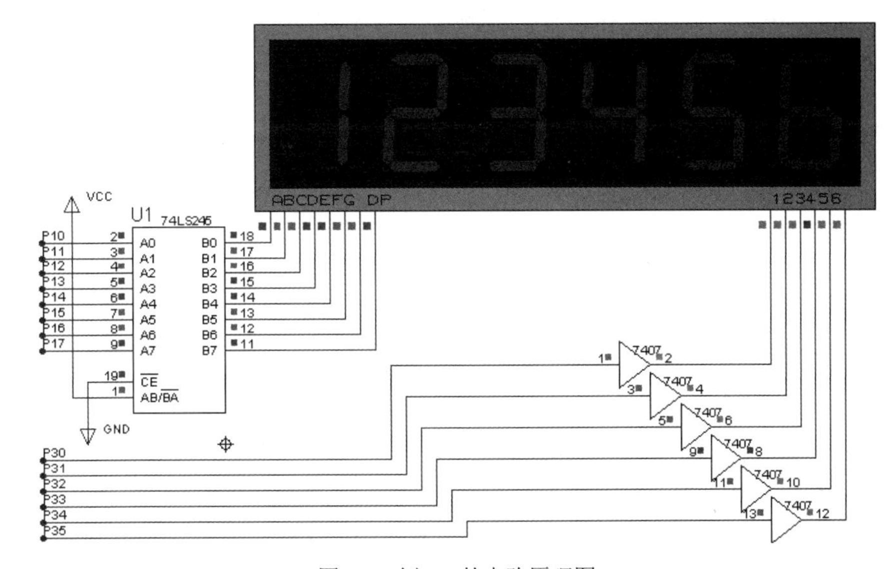

图 4-9　例 4-6 的电路原理图

说明：

① 显示缓冲区为 30H～35H，36H 中为位码。

② DSP 为显示子程序；DL1MS 为延时 1ms 子程序。

③ 动态显示中，显示子程序需要在一定的时间内调用，否则将闪烁。

源程序如下。

```
        ORG     0000H
        LJMP    MAIN
        ORG     0030H
MAIN:   MOV     SP,#60H
        MOV     30H,#1              ；显示缓冲区送数据
        MOV     31H,#2
        MOV     32H,#3
        MOV     33H,#4
        MOV     34H,#5
        MOV     35H,#6
LOOP:   LCALL   DSP                 ；调用显示子程序
        SJMP    LOOP
DSP:    MOV     R0,#30H
```

```
        MOV     36H,#11111110B      ；位码初值
DSP1:   MOV     A,@R0
        MOV     DPTR,#TAB
        MOVC    A,@A+DPTR
        MOV     P1,A                ；送段值
        MOV     A,36H
        MOV     P3,A                ；送位值
        LCALL   DL1MS
        MOV     P3,#0FFH            ；关显示
        JNB     ACC.5,DSP2          ；最左一位吗？结束
        RL      A                   ；未结束，左移一位
        MOV     36H,A
        INC     R0
        SJMP    DSP1
DSP2:   RET
TAB:    DB 3FH,06H,5BH,4FH,66H,6DH,7DH,07H,7FH,6FH
DL1MS:  MOV     38H,#250            ；延时 1ms
DL1:    MOV     37H,#2
        DJNZ    37H,$
        DJNZ    38H,DL1
        RET
        END
```

修改：

①“123456”和“ABCDEF”轮流显示。

② 时钟：时、分、秒显示。

对于显示函数子程序的调用可以有两种方式：随机调用、定时调用。

随机调用是在主程序中，当显示缓冲区的内容发生变化后，就需要对显示子程序进行调用，两次调用之间的时间间隔不能太长，间隔时间太长将发生显示的闪烁现象。上面的程序是随机调用。关于定时调用将在介绍定时器/计数器后讨论。

4.3 输 入 操 作

51 单片机的 P0～P3 口可以作为基本的输入口使用，其输入信号是由外部电路决定的，可以分为两大类：电平信号、脉冲信号。这两类信号可以通过闸刀开关、按钮开关两类开关来模拟，如图 4-10 所示。图 4-10(a)是闸刀型开关示意图，图 4-10(b)是按钮型开关示意图，图 4-10(c)是闸刀型开关输入电路示意图，图 4-10(d)是按钮型开关输入电路示意图。

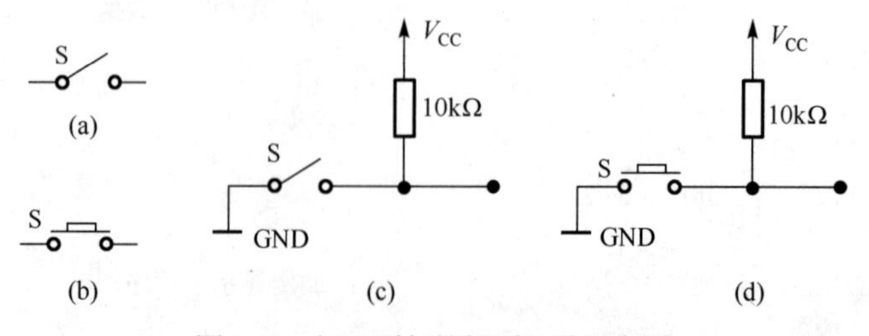

图 4-10　闸刀型与按钮型开关示意图

4.3.1 闸刀型开关输入信号

闸刀型开关输入信号具有残留功能，也就是不会主动恢复（弹回）。当按一下开关（或切换开关）时，其中的接点接通（或断开），若要恢复接点状态，则需再按一下开关（或切换）。常见的闸刀开关如拨码开关、自锁按钮开关、面板用数字式拨码开关、电路板用数字式拨码开关等。

【例 4-7】 闸刀开关型输入信号。电路如图 4-11 所示，编程实现相应的开关闭合时，相应的灯亮。

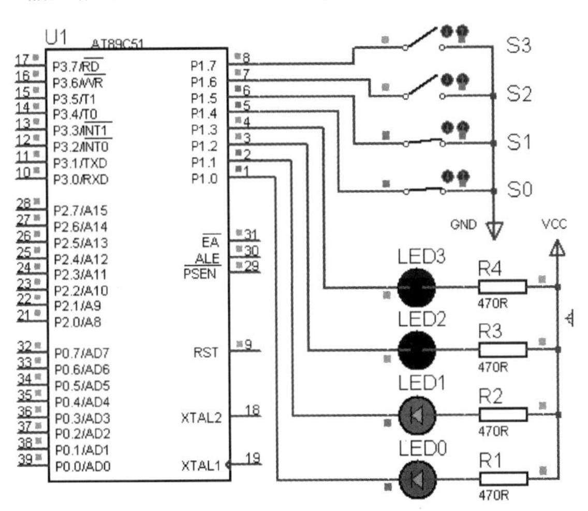

图 4-11 例 3-4 电路原理图

分析：P1 口高 4 位接开关，低 4 位接指示灯，因此 P1 口高 4 位为输入口，低 4 位为输出口；对于输入部分，键按下时输入口为低电平，抬起时输入口为高电平；对于输出部分，输出高电平灯灭，输出低电平灯亮；所以只要将相应的键的状态送到相应的输出位置就可以了。

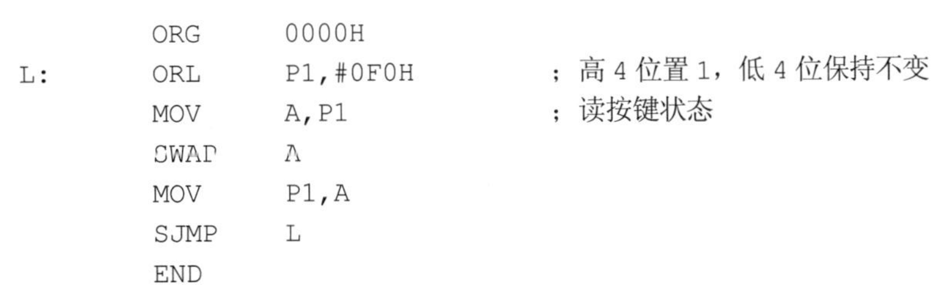

```
        ORG     0000H
L:      ORL     P1,#0F0H        ；高 4 位置 1，低 4 位保持不变
        MOV     A,P1            ；读按键状态
        SWAP    A
        MOV     P1,A
        SJMP    L
        END
```

思考：为什么在读按键状态之前要先置 1？

修改：

① 开关闭合时灯灭。

② S0 控制 LED3，S1 控制 LED2，S2 控制 LED1，S3 控制 LED0。

4.3.2 单个按钮型开关输入信号

按钮型开关输入信号具有自动恢复（弹回）功能，当按下按钮时，其中的接点接通，放开按钮后，接点恢复为断开。

开关在动作时并不是理想的状态，可能会发生许多非预想状态，如图 4-12 所示。这种非预想状态称为抖动。

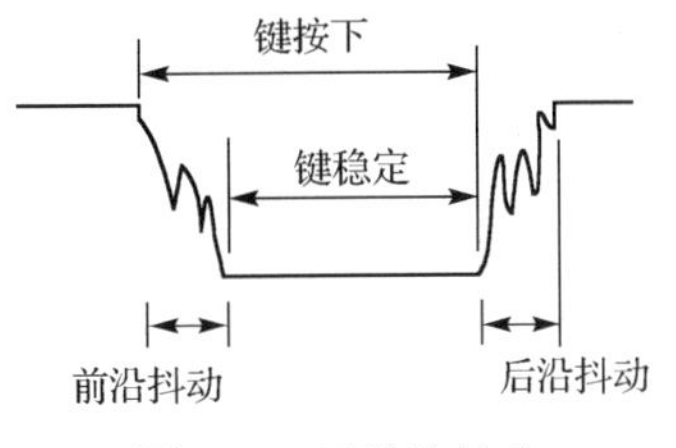

图 4-12 开关的抖动

开关抖动的处理可以分为硬件去抖动和软件去抖动。硬件去抖动需增加硬件投入，因此在单片机应用电路中，一般采用软件去抖动。软件去抖动就是执行一段软件延时程序（10ms 左右）。这样，开关的处理就可以参看如图 4-13 所示的程序框图。在图 4-13 中关注两个问题：去抖动、判断按键是否抬起。

【例 4-8】 按钮开关模拟输入。电路如图 4-14 所示，开始高 4 位的灯亮，低 4 位的灯灭，编程实现 S1 按钮按一下，4 个灯一组亮、灭交替。

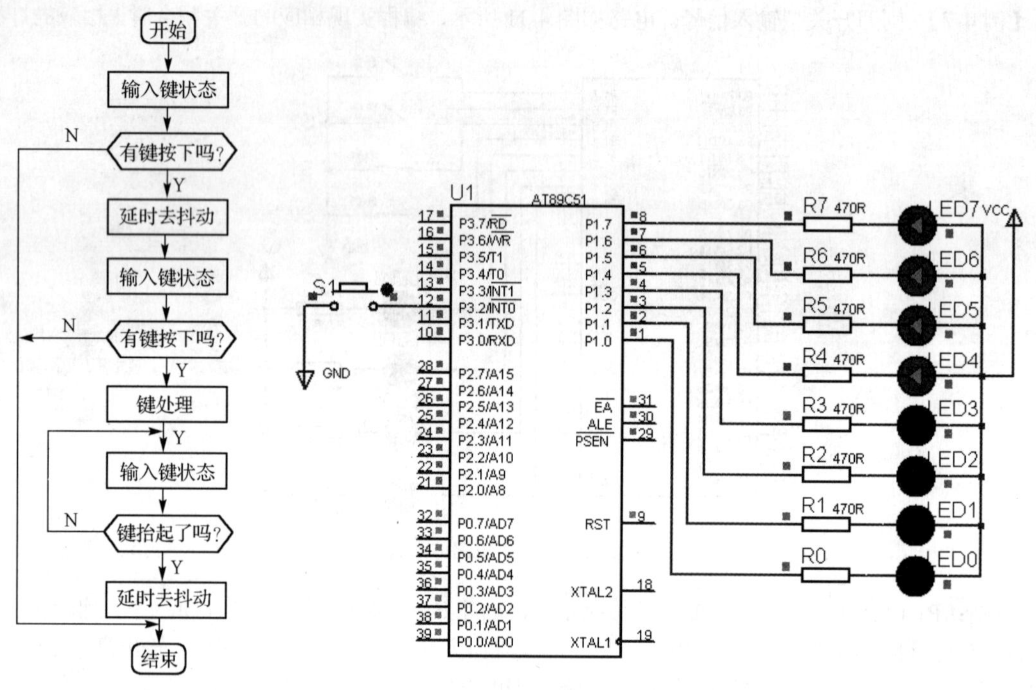

图 4-13 开关处理程序框图

图 4-14 例 4-8 电路原理图

分析：按键按下时为低电平，抬起时为高电平；按键的去抖动需延时 10ms；P1 口作为输出口控制灯，初值为 0FH，亮、灭交替取反就可以。

```
        S1      BIT P3.2        ；位定义，定义 S1 在 P3.2 引脚
        ORG     0000H
        MOV     SP,#60H         ；设置堆栈指针
        MOV     A,#0FH
        MOV     P1,A            ；高 4 位亮，低 4 位灭
LL:     SETB    S1              ；读按键之前，先置 1
        JB      S1,L1           ；未按键，结束
        LCALL   DL              ；有按键，延时 10ms
        SETB    S1
        JB      S1,L1           ；未按键，结束
        CPL     A               ；有按键，A 的内容取反
        MOV     P1,A
        SETB    S1
        JNB     S1,$            ；键未抬起，等待
        LCALL   DL              ；抬起了，延时
L1:     SJMP    LL
```

```
DL:     MOV     R7,#50          ；延时子程序 10ms
DL1:    MOV     R6,#100
        DJNZ    R6,$
        DJNZ    R7,DL1
        RET
        END
```

说明：开关接在 P3.2 上是为以后介绍中断的时间准备的；本例题是属于查询方式，第 5 章介绍的中断的时间可以模拟外部中断输入。

【例 4-9】 电路如图 4-14 所示，开始是所有灯都亮，按一下 S1，灯变为 500ms 闪烁，再按一下，变为全亮。（相当于 S1 为一个控制开关，控制着灯的亮、灭、闪烁。）

分析：注意和例题 4-8 的不同。定义一个位单元，按键每动作一次，该位单元取反：该单元为 0 时，灯全亮，该单元为 1 时，灯闪烁。按键动作用子程序编写。

```
        KEY     BIT 00H         ；定义位单元 20H.0，定义键是否动作
        S1      BIT P3.2        ；定义 S1 为 P3.2
        ORG     0000H
        MOV     SP,#60H         ；设置堆栈指针
        MOV     A,#0
        MOV     P1,A            ；开始全亮
        SETB    KEY             ；键动作状态初始值单元置 1–灯全亮
LOOP:   LCALL   KEYS            ；调用按键扫描子程序
        JNB     KEY,L00         ；KEY=0，全亮
        CPL     A               ；闪烁
        MOV     P1,A
        LCALL   DL100
        SJMP    LEND
L00:    MOV     P1,#0           ；全亮
LEND:   SJMP    LOOP
KEYS:   SETB    S1              ；按键扫描了程序
        JB      S1,L1
        LCALL   DL
        SETB    S1
        JB      S1,L1
        CPL     KEY             ；键按下，KEY 取反
        SETB    S1
        JNB     S1,$            ；键没抬起，等待
        LCALL   DL
L1:     RET
DL:     MOV     R7,#50          ；延时 10ms 子程序
DL1:    MOV     R6,#100
        DJNZ    R6,$
        DJNZ    R7,DL1
        RET
DL100:  MOV     R5,#10          ；延时 100ms 子程序
```

```
DLL:     LCALL    DL
         DJNZ     R5,DLL
         RET
         END
```

4.3.3 多个按钮型开关输入信号——键盘

键盘是由多个按钮开关组成的，单个按钮开关的消抖动、键识别及抬起在键盘中都是适用的，但在软件上也有其不同的地方。

1. 键号、键值、键值表

（1）键号

用户在设计键盘程序时，为每一个按键定义了一个号码，称为键号。如0号键、1号键等，找到了某个键的键号，就确定了该键的功能。

（2）键值

用户在设计键盘程序时，每一个按键根据某种算法，可以得到和其他按键不一样的值，该值称为该按键的键值。

（3）键值表

用户在设计键盘程序时，将所有按键的键值，按照一定的顺序，在code区建立一个表格，该表格称为键值表。

2. 独立式键盘接口技术

当按键的数量比较少（≤8）时，可采用独立式按键的硬件结构。独立式按键是指直接用一根I/O口线构成的单个按键电路。每个独立式按键单独占有一根I/O口线，每根I/O口线上的按键的工作状态不会影响其他I/O口线的工作状态。独立式按键电路如图4-15所示。

图4-15(a)所示为采用中断方式的独立式按键接口电路，图4-15(b)所示为采用查询方式的按键接口电路。通常按键输入都采用低电平有效，上拉电阻保证了按键断开时，I/O口线上有确定的高电平。

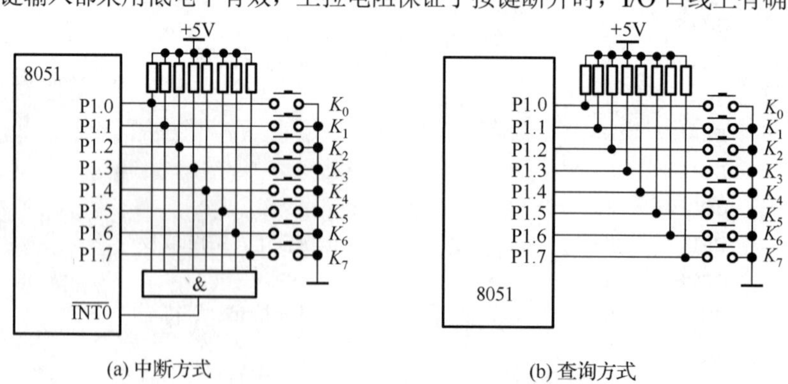

(a) 中断方式　　(b) 查询方式

图4-15　独立式按键的接口示意图

【例4-10】 P1口作为独立式按键接口示例。

电路如图4-16所示，P1口作为并行接口按键的输入口，用P3口接一共阳极LED显示器，编程显示按键的号码0～7。

说明：1位共阳极静态显示；0号键按下时，P1口的内容为11111110B；…；7号键按下时，P1口的内容为01111111B。

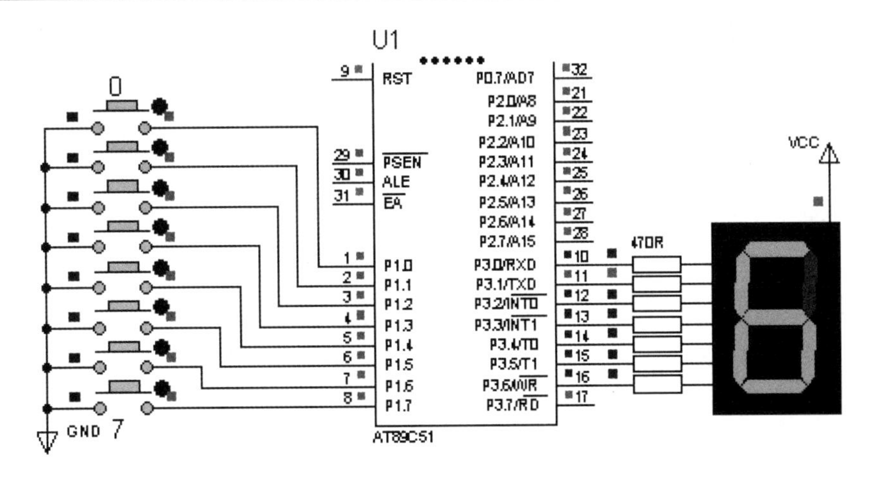

图 4-16　例 4-10 电路原理图

源程序代码如下：

```
        ORG     0000H
        LJMP    MAIN
        ORG     0030H
MAIN:   MOV     SP,#60H
        MOV     R2,#8               ; 键号
LOOP:   LCALL   SKEY                ; 调用键扫描程序
        MOV     30H,R2              ; 30H 为显示缓冲区
        LCALL   DSP                 ; 调用显示子程序
        SJMP    LOOP
                                    ; 显示子程序
DSP:    MOV     A,30H
        MOV     DPTR,#DSPT
        MOVC    A,@A+DPTR
        MOV     P3,A
        RET
DSPT:   DB  0C0H,0F9H,0A4H,0B0H,99H,92H,82H,0F8H,0BFH
                                    ; 键扫描子程序
SKEY:   MOV     P1,#0FFH            ; 读键状态
        MOV     A,P1
        CJNE    A,#0FFH,KEY1
        SJMP    KEYD
KEY1:   LCALL   DL10                ; 延时 10ms
        MOV     P1,#0FFH
        MOV     A,P1
        CJNE    A,#0FFH,KEY2
        SJMP    KEYD
KEY2:   MOV     B,A                 ; 查表将键值转换为键号
        MOV     R2,#0
```

```
LOOP1:  MOV     A,R2
        MOV     DPTR,#KEYT
        MOVC    A,@A+DPTR
        CJNE    A,B,KEY3
        SJMP    KEYD
KEY3:   INC     R2
        CJNE    R2,#8,LOOP1
KEY4:   MOV     P1,#0FFH        ；判断键是否抬起
        MOV     A,P1
        CJNE    A,#0FFH,KEY4
KEYD:   RET
KEYT:   DB  0FEH,0FDH,0FBH,0F7H,0EFH,0DFH,0BFH,7FH   ；键值表
DL10:   MOV     R7,#250
DL101:  MOV     R6,#20
        DJNZ    R6,$
        DJNZ    R7,DL101
        RET
        END
```

扩展与修改：电路如图 4-16 所示，两个输入按键（如 P1.6、P1.7）一个为“+1”键，一个为“−1”键，开始显示器显示“5”，然后根据按键显示后面的内容。

3. 矩阵键盘接口

当按键的数量比较多时，必须采用矩阵键盘。矩阵键盘又称为行列式键盘。

（1）行列式键盘的硬件结构

行列式键盘的硬件结构比较简单，由行输出口和列输入口构成行列式键盘，按键设置在行、列的交点上。图 4-17 所示为 4×4 的行列式键盘的硬件结构。

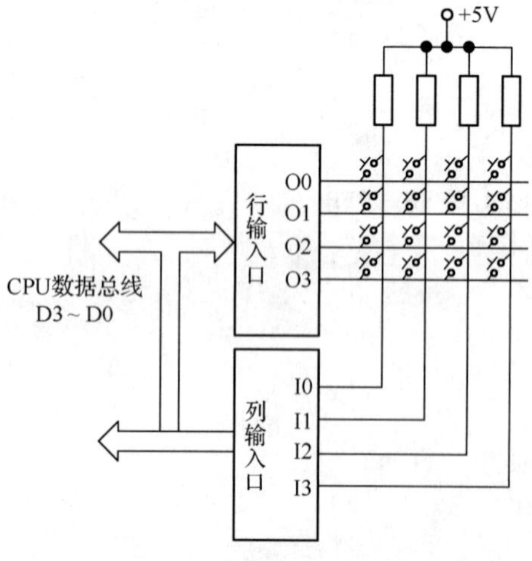

图 4-17 4×4 行列式键盘的硬件连接

（2）行列式键盘的软件管理

对行列式键盘的软件管理分三步。

① 判断整个键盘是否有键按下。

采用粗扫描的办法。让所有的行为 0，读列的数值。如果读得的列值为全 1，说明无键按下，否则说明有键按下。

② 判断被按键的具体位置。

采用细扫描的办法。逐行输出 0，读列的数值。如果读得的列值为全 1，说明被按键不在该行上，再让下一行为 0；否则说明被按键在该行上。

③ 计算被按键的键值，以确定要完成的功能。

采用某种算法，将行和列的信息合并为一个信息，该信息称为该键的键值，并按一定的顺序形成一个键值表。在计算键值时注意，所有按键的键值应采用同一种算法并且计算出来的键值应该各不相同。

矩阵键盘的程序框图如图 4-18 所示。

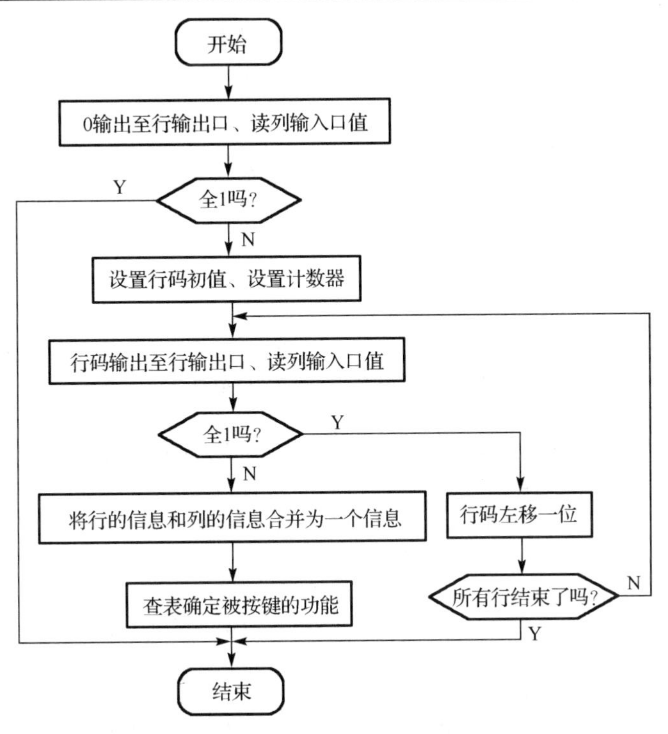

图 4-18　行列式键盘程序框图

【例 4-11】 P1 口作为 4×4 矩阵键盘接口示例。

电路如图 4-19 所示，P1.4～P1.7 作为列输入线，P1.0～P1.3 作为行输出线。P2 口接一个 LED 显示器，编程显示按键的号码 0～F。

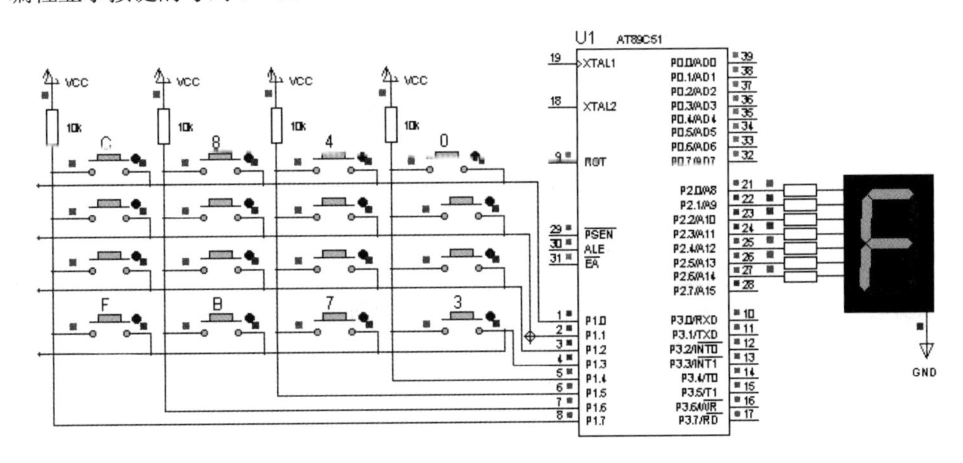

图 4-19　例 9-7 电路原理图

源程序代码如下：

```
        ORG     0000H
        LJMP    MAIN
        ORG     0030H
MAIN:   MOV     SP,#60H
        MOV     R2,#16              ; R2 为键号
```

```
LOOP:   LCALL   SKEY                ；调用键扫描子程序
        MOV     30H,R2              ；30H 位显示缓冲区
        LCALL   DSP
        SJMP    LOOP
DSP:    MOV     A,30H               ；显示子程序
        MOV     DPTR,#DSPT
        MOVC    A,@A+DPTR
        MOV     P2,A
        RET
DSPT:   DB  3FH,06H,5BH,4FH,66H,6DH,7DH,07H,7FH       ；显示代码表
        DB  6FH,77H,7CH,39H,5EH,79H,71H,40H
；键扫描子程序
SKEY:   MOV     P1,#0F0H            ；所有的行输出 0
        MOV     A,P1                ；读列值
        ANL     A,#0F0H             ；屏蔽到低 4 位
        CJNE    A,#0F0H,KEY1        ；有键按下，转 KEY1
        SJMP    KEYD                ；无键，结束
KEY1:   LCALL   DL10                ；有键，延时 10ms
        MOV     A,P1                ；继续读
        ANL     A,#0F0H
        CJNE    A,#0F0H,KEY2        ；有键按下，转 KEY2
        SJMP    KEYD                ；无键，结束
KEY2:   MOV     31H,#0FEH           ；有键，逐行输出 0—行值
KEY3:   MOV     A,31H
        MOV     P1,A                ；逐行输出 0
        MOV     A,P1                ；读列值
        ANL     A,#0F0H             ；屏蔽到无用位
        MOV     B,A                 ；暂存到 B 中—列值
        CJNE    A,#0F0H,KEY4        ；在这一行上，转 KEY4
        MOV     A,31H               ；不在该行上，下一行
        RL      A
        MOV     31H,A
        JNB     ACC.4,KEYD
        SJMP    KEY3
KEY4:   MOV     A,31H               ；行值处理
        ANL     A,#0FH
        ORL     A,B                 ；键值。行值在低 4 位上，列值在高 4 位上
        MOV     B,A
        MOV     R2,#0               ；将键值转换成键号，在 R2 中
KEY6:   MOV     A,R2
        MOV     DPTR,#KEYT
        MOVC    A,@A+DPTR
        CJNE    A,B,KEY5
        SJMP    KEYD
KEY5:   INC     R2
        SJMP    KEY6
KEYD:   RET
```

```
KEYT:    DB       0EEH,0EDH,0EBH, 0E7H        ; 键值表
         DB       0DEH, 0DDH, 0DBH, 0D7H
         DB       0BEH, 0BDH, 0BBH, 0B7H
         DB       7EH, 7DH, 7BH, 77H
DL10:    MOV      R7,#250
DL101:   MOV      R6,#20
         DJNZ     R6,$
         DJNZ     R7,DL101
         RET
         END
```

在矩阵键盘的软件管理过程中，比较关键的是采用某种算法来计算键值。当矩阵键盘的行和列的数量之和小于等于 8 时，算法比较简单、把行的信息放在高位（或低位），列的信息放在低位（或高位），二者组成 1 字节就可以了。当按键的数量比较多时，一种通用的算法是：将行的信息转变为行号（在 0000～1111 之间），将列的信息转变为列号（在 0000～1111 之间），这样就可以将行号作为高 4 位（或低 4 位），列号作为低 4 位（或高 4 位），二者组成 1 字节。这种方法管理的键盘结构可达到 16×16，具体的程序读者自行编写。

4.4　实验与设计

实验 1　闸刀型开关输入/8 段 LED 静态显示输出

【实验目的】掌握 51 单片机片内并行 I/O 口的输入/输出的基本操作；掌握闸刀型开关输入信号的程序管理；掌握 8 段 LED 显示器的程序管理。

【实验电路与内容】电路如图 4-20 所示，P1.0 接一闸刀型开关 S0，P3 口接一共阳极显示器，编程实现 S0 闭合时显示“H”，S0 断开时显示“F”。

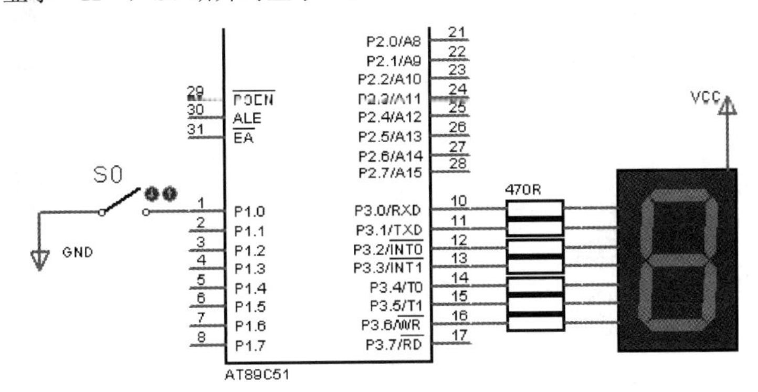

图 4-20　实验 1 电路原理示意图

【参考程序】

```
         S0       BIT P1.0              ; S0 接在 P1.0 上
         DIRBUF   EQU 30H               ; 显示缓冲区 30H
         ORG      0000H
LOOP:    SETB     S0
         JNB      S0,S0H                ; S0 闭合吗？转 S0H
```

```
        MOV     DIRBUF,#0               ; 断开时，显示缓冲区送 0
        SJMP    LL
K0H:    MOV     DIRBUF,#1               ; 闭合时，显示缓冲区送 1
LL:     LCALL   DIR                     ; 调用显示子程序
        SJMP    LOOP
;显示子程序
DIR:    MOV     A,DIRBUF                ; 查表
        MOV     DPTR,#DIRTAB
        MOVC    A,@A+DPTR
        MOV     P3,A                    ; 送 P3 口
        RET
DIRTAB: DB      8EH,89H                 ; F 与 H 的显示代码
        END
```

实验 2 并行键盘/LED 指示灯输出

【实验目的】掌握 51 单片机片内并行 I/O 口的输入/输出的基本操作；掌握并行键盘的硬件与软件设计。

【实验电路与内容】电路如图 4-21 所示，P1 口输出接 8 个发光二极管，P2 口低 4 位接 4 个开关 PB1、PB2、PB3、PB4。

① 按一下 PB1 按钮，前、后 4 个 LED 亮、灭交替显示 3 次，然后 8 个 LED 闪烁 3 次。

② 按一下 PB2 按钮，单灯左移 3 圈，然后 8 个 LED 闪烁 3 次。

③ 按一下 PB3 按钮，单灯右移 3 圈，然后 8 个 LED 闪烁 3 次。

④ 按一下 PB4 按钮，霹雳灯 3 圈，然后 8 个 LED 闪烁 3 次。

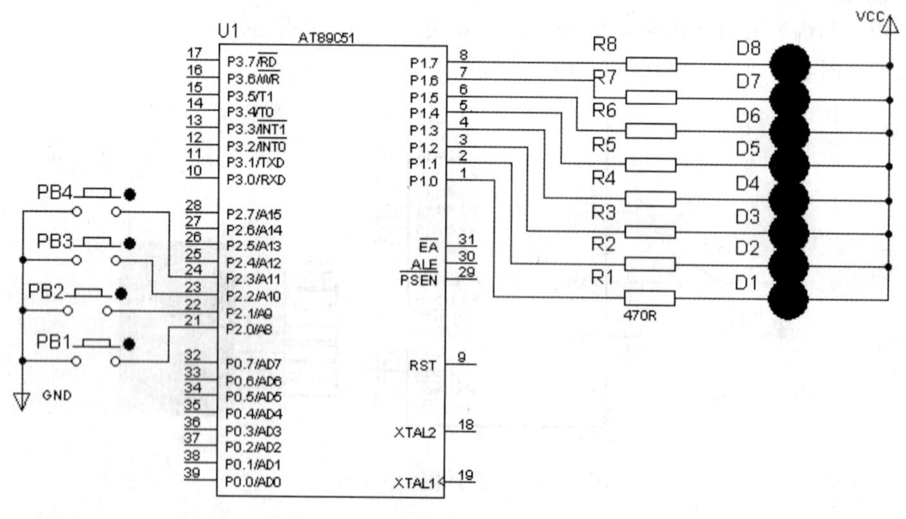

图 4-21 实验 3 电路原理示意图

分析：根据功能要求与电路得知，所要执行的功能需要由不同的子程序实现，如去抖动子程序、交替闪烁子程序、单灯左移子程序、单灯右移子程序、霹雳灯子程序、闪烁子程序，还有延时子程序。根据按钮的状态调用不同的子程序，以执行其功能。

【参考程序】

```
        PB1     BIT P2.0          ；定义 4 个按键的硬件位置
        PB2     BIT P2.1
        PB3     BIT P2.2
        PB4     BIT P2.3
        ORG     0000H
        MOV     SP,#60H           ；设置堆栈指针
LOOP:   MOV     P1,#0FFH          ；初始状态灯全灭
        MOV     P2,#0FFH          ；读按键的状态
        MOV     A,P2
        ANL     A,#0FH            ；屏蔽掉无用位
        CJNE    A,#0FH,L1         ；有键动作时，转 L1
        SJMP    LEND
L1:     LCALL   DL10              ；延时消抖动
        MOV     A,P2
        ANL     A,#0FH
        CJNE    A,#0FH,L2         ；有键按下，转 L2
        SJMP    LEND
L2:     JNB     PB1,PB11          ；是 PB1，转 PB11
        JNB     PB2,PB22          ；是 PB2，转 PB22
        JNB     PB3,PB33          ；是 PB3，转 PB33
        JNB     PB4,PB44          ；是 PB4，转 PB44
        SJMP    LEND
PB11:   LCALL   ALTER3            ；执行 PB1 操作
        LCALL   FLASH3
        SJMP    LEND
PB22:   LCALL   LEFT3             ；执行 PB2 操作
        LCALL   FLASH3
        SJMP    LEND
PB33:   LCALL   RIGHT3            ；执行 PB3 操作
        LCALL   FLASH3
        SJMP    LEND
PB44:   LCALL   PILI3             ；执行 PB4 操作
        LCALL   FLASH3
LEND:   SJMP    LOOP
DL10:   MOV     R7,#50            ；延时 10ms 子程序
DL1:    MOV     R6,#100
        DJNZ    R6,$
        DJNZ    R7,DL1
        RET
DL1S:   MOV     R5,#50            ；延时 500ms 子程序
DL1S1:  LCALL   DL10
        DJNZ    R5,DL1S1
        RET
ALTER3: MOV     A,#0FH            ；P1 口高 4 位、低 4 位亮、灭交替 3 次子程序
        MOV     R2,#3
ALTER31:MOV     P1,A
        LCALL   DL1S
```

```
        CPL     A
        DJNZ    R2,ALTER31
        RET
FLASH3: MOV     A,#0                ; P1 口亮 3 次、灭 3 次交替子程序
        MOV     R2,#6
FLASH31:MOV     P1,A
        CPL     A
        LCALL   DL1S
        DJNZ    R2,FLASH31
        RET
LEFT3:  MOV     A,#0FEH             ; P1 口左流水灯 3 次
        MOV     R2,#24
LEFT31: MOV     P1,A
        LCALL   DL1S
        RL      A
        DJNZ    R2,LEFT31
        RET
RIGHT3: MOV     A,#7FH              ; P1 口右流水灯 3 次
        MOV     R2,#24
RIGHT31:MOV     P1,A
        LCALL   DL1S
        RR      A
        DJNZ    R2,RIGHT31
        RET
PILI3:  MOV     A,#0FEH             ; P1 口霹雳灯循环 3 次
        MOV     R2,#3
PILI31: MOV     R3,#7
LL1:    MOV     P1,A
        LCALL   DL1S
        RL      A
        DJNZ    R3,LL1
        MOV     R3,#7
LL2:    MOV     P1,A
        LCALL   DL1S
        RR      A
        DJNZ    R3,LL2
        DJNZ    R2,PILI31
        RET
        END
```

修改：如果某键动作，一直循环做相应的操作，直到有另外的按键动作。

设计 1　计时秒表的设计

（1）两位 LED 显示，可以显示 00～99 秒。

（2）两个按键，分别为启动/停止键、清 0 键。

要求：设计硬件电路，编写出软件程序（延时由软件形成）。

设计 2　模拟交通信号灯控制装置的设计

（1）6 个发光二极管模拟交通灯。

南北：黄、红、绿；东西：黄、红、绿。

（2）2 个应急开关：南北绿、东西红或东西绿、南北红。

要求：设计硬件模拟电路，编写软件程序。

本 章 小 结

51 单片机有 4 个并行的 I/O 口即 P0～P3 口，P0、P2、P3 口除具有基本的输入/输出功能外，还具有第二功能。本章主要介绍其作为输入/输出口的基本应用。共包含了 4 部分内容：

（1）51 单片机 P0～P3 口的基本知识：主要从应用的角度介绍 P0～P3 口的基本结构、基本操作、特点，目的是使读者对其结构与特点有个基本的了解，为后续的应用打下基础。

（2）输出操作：在输出操作过程中，就是在相应的引脚输出高、低电平。目的是通过相应的例子使读者掌握字节输出、位输出的基本操作。

（3）输入操作：在输入操作时，就是在相应的引脚输入高、低电平，该高、低信号可以由两种开关来模拟：闸刀型开关输入、按钮型开关输入。目的是通过相应的例子，使读者掌握闸刀型输入信号和按钮型输入信号的“读”操作。应该注意在读输入信号时，一定要先将相应的引脚置高电平，然后再读该引脚的状态。

（4）设计：计时秒表的硬件设计电路可参见图 4-8 和图 4-21；软件设计上考虑设置一个秒单元，延时时间到秒单元加 1。模拟交通信号灯控制装置的设计——在硬件电路设计上，6 个灯可以接在 P1.0～P1.5 上，应急开关可以采用闸刀型开关，可以接在 P1.6 和 P1.7，也可以接在其他的口上；软件上考虑位操作、各位之间的关系等。

本章主要是 P0～P3 口的输入/输出操作，要求在了解其基本结构的基础上掌握其输入/输出操作。

习　　题

1．P0～P3 除了具有一般输入/输出端口的功能外，P0、P2、P3 引脚还有什么其他功能？

2．在 51 单片机的输入/输出端口中，哪个输入/输出端口执行输出功能时没有内部上拉电阻？

3．在 51 单片机中，若要扩展外部存储器或 I/O 口，数据总线连接哪个输入/输出端口？

4．在 51 单片机中，若输入/输出端口执行输入操作，为何要先送“1”到该输入端口？

5．试编写一个延时 1s 的延时函数。

6．开关抖动现象如何处理？

7．简述 51 单片机的 P0～P3 口各有什么特点，以 P1 口为例说明准双向 I/O 端口的意义。

第5章　51系列单片机中断系统应用基础

“中断”是CPU与外设交换信息的一种方式。计算机引入中断技术以后，解决了CPU和外设之间的速度配合问题，提高了CPU的效率。有了中断功能，计算机可以实时处理控制现场瞬时变化的信息、参数，提高了计算机处理故障的能力。因此，计算机中断系统的功能也是鉴别其性能好坏的重要标志之一。

本章在介绍51单片机中断系统的基础上，重点讨论51单片机的外部中断源的应用基础，其余中断源的应用放在后续章节中介绍。

5.1　中断系统的再认识

所谓中断，是指CPU正常运行程序时，由于CPU内部事件或外设请求，引起CPU终止正在运行的程序，转去执行请求中断的外设（或内部事件）的中断服务程序，中断服务程序执行完毕，再返回被中止的程序，这个过程称为中断。利用中断可以避免不断检测外设状态，提高CPU的效率。

5.1.1　中断的有关概念

1．中断源与中断请求

引起中断的原因，或是能发出中断申请的来源，称为中断源。中断源有外部中断和内部中断，内部中断由程序预先安排的中断指令引起，或由于CPU运算中产生的某些错误（如除法出错、运算溢出）引起。外部中断是外设或协处理器向CPU发出的中断申请引起的，外部中断又称为硬件中断。

中断源向CPU发出中断信号的过程称为中断申请或中断请求。

2．可屏蔽中断与非屏蔽中断

可屏蔽中断有时也称为直接中断。屏蔽是指CPU可以不处理的中断请求。这种屏蔽实际上是CPU的一种工作方式，可以通过软件（指令）来设置，也就是可以通过指令，使CPU或者允许接受中断请求，或者不接受中断请求。具体的指令由CPU的指令系统来决定。可屏蔽中断是最常见的一种中断方式，所有的微处理器都有这种中断方式。

对非屏蔽中断来说，如果该中断源申请了中断，CPU是一定要处理的。CPU不可以也不能用软件将该中断屏蔽掉。一般一些紧急的情况，如掉电中断申请，就可以安排为这种中断方式，以保证紧急情况一定能得到处理。但并不是所有的微处理器的中断系统都有这种中断方式，51单片机的中断系统就没有非屏蔽中断。

3．中断的开放与关闭

中断的开放与关闭，亦称为开中断和关中断，是指CPU对中断系统的控制状态，只有当CPU处于开中断状态时，才能接受外部的中断申请。反之，当CPU处于关中断状态时，则不能接受外部的中断申请。

CPU具有开中断和关中断控制状态，与CPU是否接受屏蔽中断申请是一致的。当CPU处于关中断控制时，也就是对外实现了中断的屏蔽。CPU只有在开中断的控制状态下，才可以接受可屏蔽中断申请。中断的开放与关闭和非屏蔽中断无关。

CPU 有开中断状态和关中断状态是中断系统工作的需要。当 CPU 在开中断状态下接受了一个外设的中断申请时，就应该处理这个外设要求 CPU 完成的工作。在此期间，一般来说，CPU 不应该再去接受其他的中断申请，而是应该把中断关闭，一心一意地为已接受的中断申请服务。而当中断服务完毕之后，则使中断开放，以便接受新的中断申请。所以，开/关中断状态的存在与设置是完成中断系统的工作所不可缺少的。

4．中断优先级与中断嵌套

当有多个中断源请求中断时，中断系统判别中断申请的优先级，CPU 响应优先级高的中断，挂起优先级低的中断。CPU 在运行中断服务子程序时，若有新的更高优先级的中断申请进入，则 CPU 要挂起原中断进入更高级的中断服务子程序，实现中断嵌套功能。中断嵌套的示意图如图 5-1 所示。

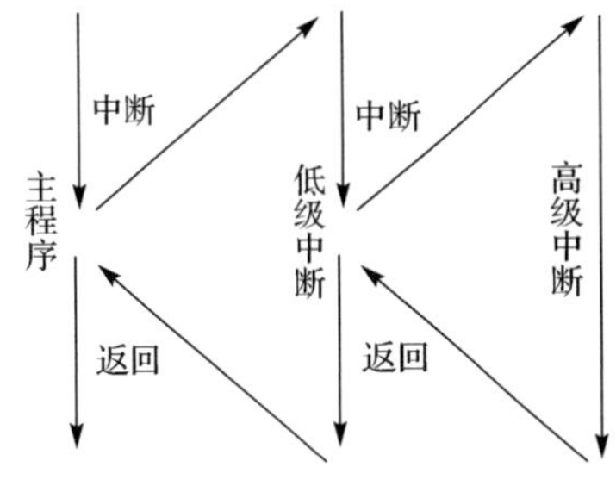

图 5-1　中断嵌套示意图

5．中断响应与中断服务程序

CPU 执行中断服务程序的过程称为中断响应；为相应的中断源而编写的程序称为中断服务程序；中断服务程序在内存中存放的首地址称为中断服务程序入口地址。

5.1.2　中断处理过程

对于不同的计算机，中断处理的具体过程可能不尽相同，即使是同一台计算机，由于中断方式的不同（如可屏蔽中断、非屏蔽中断等），中断处理也会有差别，但是基本的处理过程应该是相同的。一个完整的中断处理的基本过程应包括：中断请求、中断优先权判别、中断响应、中断处理及中断返回。

1．中断请求

中断请求是中断源（或者通过接口电路）向 CPU 发出信号，要求 CPU 中断原来执行的程序并为它服务。中断请求信号可能是电平信号，也可能是脉冲信号。CPU 能够接受的中断请求信号则随 CPU 而定。

外设向 CPU 发出中断请求信号需要两个条件：

① 外设本身的工作已经完成，如键已按下、光电输入机已准备好数据、实时时钟的定时时间已到等，才可向 CPU 申请中断。

② 计算机系统允许该外设发中断请求信号。如果系统由于某种原因不允许它发中断请求，即使外设本身的工作已经完成并发出了状态信号，对应的 I/O 接口电路也不发出中断请求信号，这称为接口电路中断屏蔽或中断禁止。反之，则称为接口电路中断允许或中断开放。

满足上述两个条件后，中断源可以向 CPU 提出中断请求。但 CPU 是否响应中断，还取决于它是处在允许中断状态还是处在禁止中断状态。这由 CPU 内部设置的中断允许触发器控制。中断允许触发器的状态由软件控制，这样 CPU 可处在中断允许状态或中断开放状态，或可处在中断屏蔽状态或中断禁止状态。

2．中断优先权判别

一个计算机系统常有多个中断源；同一中断请求引脚也可以接有多个可以提出中断请求的外设，如图 5-2 所示。遇到几个设备同时中断请求时，CPU 先响应谁，这就有一个中断优先权的问题。

中断优先权有 3 条原则：

① 多个中断源同时申请中断时，CPU 先响应优先权高的中断请求。

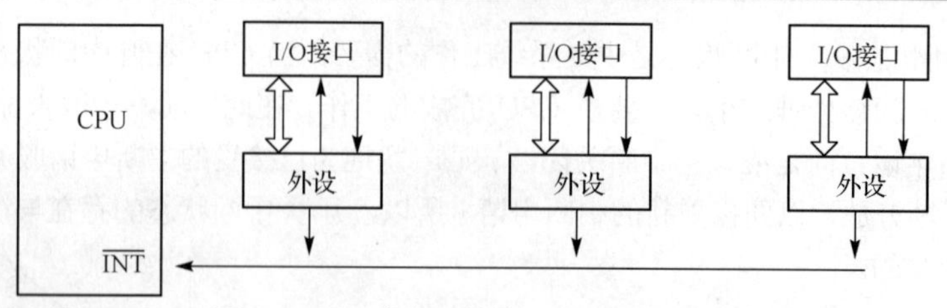

图5-2　同一中断源请求引脚有多个外设

② 优先权级别低的中断正在处理时，若有级别高的中断请求，则在高级别中断服务程序执行完后再返回低级别中断服务程序继续执行，这称为中断嵌套。

③ 同级别或低级别的中断源提出中断请求时，CPU 要等到正在处理的中断服务程序执行完毕返回主程序，并执行了主程序的一条指令后，才接着响应。

中断源中断优先权的高低有的是在计算机设计、制造时就规定的，例如有的计算机规定掉电、故障处理等中断请求的优先权级别高于一般中断请求。有的是让用户自己安排的，这可以采用硬件办法，也可以采用软件办法。例如，将许多会提出中断请求的外设用电路连接成一个链，外设越排在前面，优先权越高，连成链的逻辑电路使排在后面的外设只有在它前面各外设均不中断请求时才能提出中断请求，当前面的外设有中断请求时，将屏蔽后面各外设的中断请求或中断后面外设原已进入的中断服务程序。软件办法采用查询手段依次询问各外设是否有提出中断请求，如有则转去为该外设服务，如无则循序询问下一个外设，这样先查询的外设优先权高，后查询的外设优先权低。

3. 中断响应

如果提出中断请求的中断源优先权高，而且接口电路与 CPU 都中断开放，CPU 将响应中断，自动执行下列工作：

① 保留断点：中止正在执行的程序，并对断点进行保护，即将断点地址的值压入堆栈保存，以便中断服务程序执行完后能返回断点处继续执行程序。

② 转入中断服务程序：将中断服务程序的入口地址送入 PC，以转到中断服务程序。各中断源要求服务的内容不同，所以要编制不同的中断服务程序，它们有不同的入口地址。CPU 首先要确定是哪一个中断源在申请中断，然后将对应的入口地址送入 PC。

4. 中断处理

中断处理也称为中断服务，实际上就是在执行中断服务程序。在中断服务程序中，一般要完成以下工作：

① 保护现场：根据需要把断点处有关寄存器的内容推入堆栈保护。因为 CPU 的寄存器无论是在调用程序和被调用程序中都是可以使用的。如果某些寄存器在主程序中已经保存了数据，并且在以后的执行中还要继续使用，而在中断服务程序中也要用到这些寄存器，则原来的数据就会被新的数据取代，以后主程序再使用这些数据就要出错。

因此，对于子程序中要使用的寄存器，一般都应先推入堆栈加以保护。具体应保护哪些寄存器的内容，则应视情况而定。

② 处理开/关中断：一般的中断系统在响应中断后是自动关中断的，在退出中断服务程序前，一定要恢复到开中断的状态，以便 CPU 在结束这次中断处理后，接受和处理其他的中断申请。

另外，进入中断服务程序后，需要考虑是否还允许其他中断源申请中断。

③ 执行中断服务程序：中断服务的核心就是执行中断服务程序，对于程序设计者来说，就是要根据外设和 CPU 交换数据的要求，编写中断服务程序。

④ 恢复现场：在结束中断服务程序之前，要将推入堆栈保护的寄存器内容，弹出到各自所属的寄存器，以便回到主程序后，继续执行原来的程序。

⑤ 结束中断服务程序：中断服务程序的最后必须有一条中断返回指令，用以结束中断服务程序的执行。

5. 中断返回

中断返回是在中断服务程序中，用一条返回指令来实现的。此时，CPU 将压入堆栈保护的断点地址弹出到计数器 PC，从而使 CPU 继续执行中断的主程序。

5.2　认识 51 单片机中断系统

51 系列单片机中，不同型号的单片机的中断源数量不同。51 单片机的 51 子系列有 5 个中断源，52 子系列有 6 个中断源。它们均有两级优先级，通过 4 个专用中断控制寄存器（IE、IP、TCON、SCON）进行中断管理。

5.2.1　51 单片机中断系统结构

51 单片机的中断系统包括中断源和中断控制等，其结构原理如图 5-3 所示。

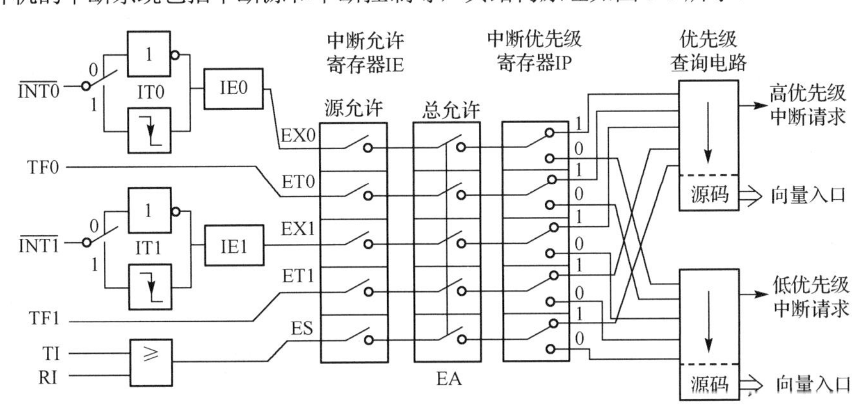

图 5-3　51 单片机中断系统结构图

51 单片机的 5 个中断源分为两种类型：一类是外部中断源，包括 $\overline{\text{INT0}}$ 和 $\overline{\text{INT1}}$；另一类是内部中断源，包括两个定时器/计数器（T0 和 T1）的溢出中断（TF0 和 TF1）和串行口的发送/接收中断(TI/RI)。

1. 外部中断

51 单片机提供了两个外部中断请求 $\overline{\text{INT0}}$ 和 $\overline{\text{INT1}}$，它们的中断请求信号有效方式分为电平触发和脉冲触发两种。电平方式是低电平有效，脉冲方式为负跳变触发有效。

CPU 在每个机器周期的 S5P2 检测 $\overline{\text{INT0}}$ 和 $\overline{\text{INT1}}$ 上的信号。对于电平方式，只要检测到低电平信号即为有效申请；对于脉冲方式，则需要比较两次检测到的信号，才能确定中断请求信号是否有效。中断请求信号高低电平的状态都应至少维持一个机器周期，以确保电平变化能被单片机检测到。

2. 内部中断

除外部中断源外，51 单片机内部还有 TF0、TF1、TI、RI，分别为定时器/计数器溢出中断和串行口的发送/接收中断的中断源。

当中断源有中断请求时，相应的中断源的中断请求标志置位。外部中断 0、外部中断 1、定时器/计数器 0 溢出中断、定时器/计数器 1 溢出中断和串行口的发送/接收中断的中断请求标志分别为 IE0、IE1、TF0、TF1、TI 或 RI。IE0、IE1、TF0、TF1 在特殊功能寄存器 TCON 中，TI 或 RI 在特殊功能寄存器 SCON 中。

5.2.2 中断控制寄存器

51 单片机设置了 4 个专用寄存器用于中断控制，这 4 个寄存器分别为定时器/计数器控制寄存器（TCON）、串行口控制寄存器（SCON）、中断允许控制寄存器（IE）、中断优先级控制寄存器（IP），用户可以通过设置其相应位的状态来管理中断系统。

1. 定时/计数器控制寄存器（TCON）

TCON 寄存器是定时器/计数器控制寄存器，其地址为片内 RAM 88H。TCON 主要用来控制 2 个定时器/计数器的启/停、定时器/计数器溢出标志、2 个外部中断源中断请求标志及外部中断源的中断触发方式选择。TCON 的格式如下：

	D7	D6	D5	D4	D3	D2	D1	D0
TCON (88H)	TF1	TR1	TF0	TR0	IE1	IT1	IE0	IT0

在该寄存器中，TR1、TR0 用于定时器/计数器的启动控制，其余 6 位用于中断控制，其作用如下。

IT0（IT1）为外部中断 0（1）请求信号方式控制位。IT = 1 为脉冲触发方式（负跳变有效）；IT = 0 为电平触发方式（低电平有效）。通过指令可以将 IT0（IT1）置 1 或清 0，如：

```
CLR     IT0          ;外部中断 0 的中断请求触发方式为电平方式（IT0 清 0）
SETB    IT1          ;外部中断 1 的中断请求触发方式为脉冲方式（IT1 置 1）
```

IE0（IE1）为外部中断 0（1）请求标志位。当 CPU 检测到 P3.2（P3.3）端有中断请求信号时，由硬件置位，使 IE = 1 请求中断，中断响应后转向中断服务程序时，根据不同的中断请求触发方式，有不同的清除方式。

TF0（TF1）为定时器/计数器溢出标志位，中断响应后转向中断服务程序时，硬件自动清 0。

TR0(TR1)放在定时器/计数器一节介绍。

2. 串行口控制寄存器（SCON）

SCON 是串行口控制寄存器，其地址为片内 RAM 98H，SCON 格式如下：

	D7	D6	D5	D4	D3	D2	D1	D0
SCON (98H)	SM0	SM1	SM2	REN	TB8	RB8	TI	RI

SCON 中的高 6 位用于串行口控制，其功能将在串行口部分介绍；低 2 位（RI、TI）用于中断控制，其作用如下。

TI 为串行口发送中断请求标志位，发送完一帧串行数据后，由硬件置 1，其清 0 必须由软件完成。

RI 为串行口接收中断请求标志位，接收完一帧串行数据后，由硬件置 1，其清 0 必须由软件完成。

在 51 单片机串行口中，TI 和 RI 的逻辑“或”作为一个内部中断源，二者之一置位都可以产生串行口中断请求，然后在中断服务程序中测试这两个标志位，以决定是发送中断还是接收中断。

3. 中断允许控制寄存器（IE）

IE是中断允许控制寄存器，其地址为片内RAM A8H，CPU对中断系统的所有中断及某个中断源的“允许”与“禁止”都是由它来控制的。IE中断允许寄存器格式如下：

	D7	D6	D5	D4	D3	D2	D1	D0
IE (A8H)	EA	—	—	ES	ET1	EX1	ET0	EX0

寄存器中用于控制中断的共有6位，实现中断管理，其作用如下。

EA为中断允许总控制位。EA＝1时，CPU开放中断；EA＝0时，CPU屏蔽所有中断请求。

ES、ET1、EX1、ET0、EX0为对应的串行口中断、定时器/计数器1中断、外部中断1中断、定时器/计数器0中断、外部中断0中断的中断允许位。对应位为1时，允许其中断，对应位为0时，禁止其中断。通过指令可以规定51单片机的中断系统及各中断源的开放与屏蔽。如：

```
CLR     EA          ;屏蔽了所有中断（EA清0）
CLR     EX0         ;屏蔽了外部中断0中断（EX0清0）
SETB    ET1         ;开放定时器/计数器1中断（ET1置1）
```

51单片机中断系统的管理是由中断允许总控制EA和各中断源的控制位联合作用实现的，缺一不可。

51单片机系统复位后，IE各位均清0，即禁止所有中断。

4. 中断优先级控制寄存器（IP）

IP是中断优先级控制寄存器，其地址为片内RAM B8H，中断优先级控制寄存器的格式如下：

	D7	D6	D5	D4	D3	D2	D1	D0
IP (B8H)	—	—	—	PS	PT1	PX1	PT0	PX0

51单片机规定了两个中断优先级：高级中断和低级中断，用中断优先级寄存器（IP）的5位状态管理5个中断源的优先级别，即PS、PT1、PX1、PT0、PX0分别对应串行口中断、定时器/计数器1中断、外部中断1中断、定时器/计数器0中断、外部中断0中断，当相应位为1时，设置其为高级中断；相应位为0时，设置其为低级中断。通过指令可以规定各中断源的中断优先级，如：

```
SETB    PS      ;设置串行口中断为高级中断（PS置1）
CLR     PX0     ;设置外部中断0中断为低级中断（PX0清0）
```

5.2.3 中断优先级与中断响应

1. 中断优先级

51单片机中断系统具有两级优先级（由IP寄存器把各中断源的优先级分为高优先级和低优先级），它们遵循下列两条基本原则：

① 为了实现中断嵌套，高优先级中断请求可以中断低优先级的中断服务；反之，则不允许。

② 同等优先级中断源之间不能中断对方的中断服务过程。

为了实现上述两条原则，中断系统内部包含两个不可寻址的优先级状态触发器。其中一个用来指示某个高优先级的中断源正在得到服务，并阻止所有其他中断的响应；另一个触发器则指出某低优先级的中断正得到服务，所有同级的中断都被阻止，但不阻止高优先级中断源。

当同时收到几个同一优先级的中断时，响应哪一个中断源取决于内部查询顺序。其优先级排列如图5-4所示。

中断源
外部中断0中断
定时器/计数器0溢出中断
外部中断1中断
定时器/计数器1溢出中断
串行口中断

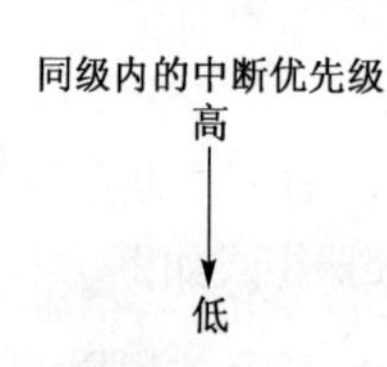

图 5-4　中断优先级排列

2．中断响应

CPU 的中断响应是对中断服务程序的执行。

51 单片机在每个机器周期的 S5P2 期间，顺序对每个中断源进行采样，CPU 在下一个机器周期的 S6 期间按优先级顺序查询中断标志，如果查询到某个标志位为“1”，表明有中断请求发生，则在下一个机器周期的 S1 期间按优先级进行中断处理。中断得到响应后，由硬件将程序计数器 PC 内容压入堆栈保护，然后将对应的中断服务程序入口地址装入程序计数器 PC，执行相应的中断服务程序。但是，如果出现下列情况之一时，中断不能进行响应：

① CPU 正在为高级或同级的中断源服务；

② 查询中断请求的机器周期不是当前指令的最后一个机器周期（以确保当前指令的完整执行）；

③ 正在执行的指令是 RETI 或是访问 IE 或 IP 的指令（这时必须再执行一条指令后才能响应中断）。

以上三种情况，通常称为中断受阻。如果中断受阻，CPU 将不能立即响应中断，因为 51 单片机对中断查询结果不做记忆，当有新的查询结果出现时，因以上原因而被拖延的查询结果将不复存在，其中中断请求也就不能被响应。如果中断不受阻，即满足中断响应条件，CPU 就会如期进入中断响应。

具体地讲，CPU 响应中断的过程分为以下几个步骤：

① 保护断点。即保护下一条将要执行的指令的地址，就是将该地址送入堆栈。

② 确定中断服务程序入口地址。不同的中断源有不同的中断编号和中断服务程序入口地址，如表 5-1 所示。

表 5-1 中的 5 个中断服务程序入口地址之间，各有 8 个单元的空间，一般情况下难以容纳一个完整的中断服务程序，通过在这些地址中放入无条件转移指令而跳转到相应的中断服务程序实际地址。

③ 执行相应的中断服务程序。

④ 中断返回。执行完中断服务程序后，就返回主程序的中断处，继续主程序的执行。

中断响应过程如图 5-5 所示。

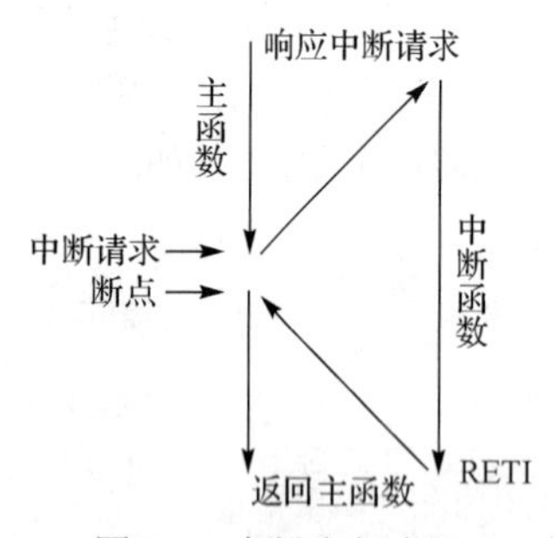

图 5-5　中断响应过程

表 5-1　中断源编号及中断函数入口地址

中断源	入口地址	编号
外部中断 0	0003H	0
定时器/计数器 0 溢出	000BH	1
外部中断 1	0013H	2
定时器/计数器 1 溢出	001BH	3
串行口	0023H	4

由上述过程可知，51 单片机响应中断后，只保护断点地址而不保护现场（如累加器 A、工作寄存器及 PSW 等）。另外不能清除串行口中断标志 TI 和 RI，也无法清除外部中断的电平触发信号，所有这些应在用户编制中断服务程序时予以考虑。

3．中断请求的撤除

在中断请求被响应前，中断源发出的中断请求是由 CPU 锁存在特殊功能寄存器 TCON 和 SCON 的相应中断标志位中的。一旦某个中断请求得到响应，CPU 必须把它的相应标志位复位成 0 状态，否则 51 单片机就会因中断未能得到及时撤除而重复响应同一中断请求，这是绝对不允许的。

MCS-51 单片机的 51 子系列有 5 个中断源，但实际上只分属于三种中断类型。这三种类型是：外部中断、定时器/计数器溢出中断和串行口中断。对于这三种中断类型的中断请求，其撤除方法是不同的。

（1）定时器/计数器溢出中断请求的撤除

TF0 和 TF1 是定时器/计数器溢出中断标志位，它们因定时器/计数器溢出中断请求的输入而置位，因定时器/计数器溢出中断得到响应而自动复位成 0 状态。因此定时器/计数器溢出中断源的中断请求是自动撤除的，用户根本不必专门为它们撤除。

（2）串行口中断请求的撤除

TI 和 RI 是串行口中断的标志位，中断系统不能自动将它们撤除，这是因为 51 进入串行口中断服务程序后常需要对它们进行检测，以测定串行口发生了接收中断还是发送中断。为了防止 CPU 再次响应这类中断，用户应在中断服务程序的适当位置处通过指令将它们撤除：

```
CLR     TI          ;撤除发送中断
CLR     RI          ;撤除接收中断
```

（3）外部中断的撤除

外部中断请求有两种触发方式：电平触发和脉冲触发。对于这两种不同的中断触发方式，51 单片机撤除它们的中断请求的方法是不相同的。

在脉冲触发方式下，外部中断标志 IE0 和 IE1 是依靠 CPU 两次检测 $\overline{\text{INT0}}$ 和 $\overline{\text{INT1}}$ 上的触发电平状态而设置的。因此，芯片设计者使 CPU 在响应中断时自动复位 IE0 或 IE1，就可撤除 $\overline{\text{INT0}}$ 或 $\overline{\text{INT1}}$ 上的中断请求，因为外部中断源在中断函数时是不可能再在 $\overline{\text{INT0}}$ 或 $\overline{\text{INT1}}$ 上产生负边沿而使相应的中断标志 IE0 或 IE1 置位的。

在电平触发方式下，外部中断标志 IE0 和 IE1 是依靠 CPU 检测 $\overline{\text{INT0}}$ 和 $\overline{\text{INT1}}$ 上的低电平而置位的。尽管 CPU 响应中断时相应中断标志 IE0 或 IE1，能自动复位成“0”状态，但若外部中断源不能及时撤除它在 $\overline{\text{INT0}}$ 或 $\overline{\text{INT1}}$ 上的低电平，就会再次使已经变“0”的中断标志 IE0 或 IE1 置位，这是绝对不允许的。因此电平触发型外部中断请求的撤除必须使 $\overline{\text{INT0}}$ 或 $\overline{\text{INT1}}$ 上的低电平随着其中断被 CPU 响应而变为高电平。一种可供采用的电平型外部中断的撤除电路如图 5-6 所示。

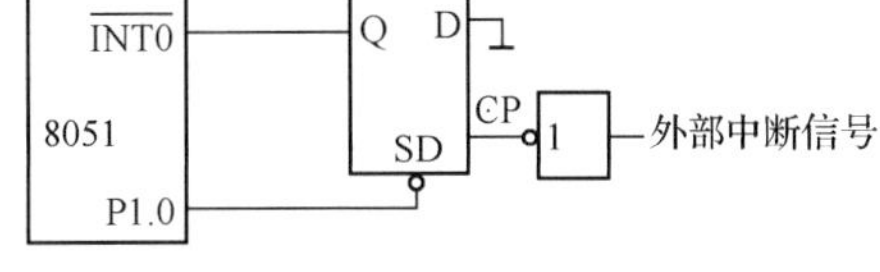

图 5-6　电平型外部中断的撤除电路

由图可见，当外部中断源产生中断请求时，D 触发器复位成“0”状态，Q 端的低电平被送到 $\overline{\text{INT0}}$，该低电平被 51 单片机检测后就使中断标志 IE0 置 1。51 单片机响应 $\overline{\text{INT0}}$ 上的中断请求可转入 $\overline{\text{INT0}}$ 中断服务程序执行，故可以在中断函数开头安排如下程序来使 $\overline{\text{INT0}}$ 上的电平变高：

```
SETB    P1.0
CLR     P1.0
CLR     IE0
…
```

51 单片机执行上述程序就可在 P1.0 上产生一个宽度为两个机器周期的负脉冲。在该负脉冲作用下，D 触发器被置位成 1 状态，$\overline{\text{INT0}}$ 上的电平也因此而变高，从而撤除了其上的中断请求。

5.2.4　有中断时的程序结构

采用汇编语言编写程序时，51 单片机提供了 5 个中断源的中断服务程序入口地址，而各中断服务程序入口地址之间只有 8 个存储单元，一般情况下难以容纳一个完整的中断服务程序，所以一般在这些地址中放入无条件转移指令而跳转到相应的中断服务程序实际地址。如某系统有 3 个中断源，分别为外部中断0中断、定时器/计数器1溢出中断、串行口中断，采用汇编语言编程时的程序结构应该是这样的：

```
        ORG     0000H           ；程序服务入口地址 0000H
        LJMP    MAIN            ；MAIN 为主程序标号
        ORG     0003H           ；外部中断 0 服务程序入口地址
        LJMP    WINT0           ；WINT0 为外部中断 0 中断服务程序标号
        ORG     001BH           ；定时器/计数器 1 溢出中断入口地址
        LJMP    T1INT           ；T1INT 为定时器/计数器 1 溢出中断服务程序标号
        ORG     0023H           ；串行口中断服务程序入口地址
        LJMP    SINT            ；SINT 为串行口中断服务程序标号
        ORG     0100H           ；设定主程序存放在 0100H 开始的单元
MAIN:   …
        …
WINT0:  …                       ；外部中断 0 中断服务程序
        …
        RETI                    ；外部中断 0 中断服务程序返回
T1INT:  …                       ；定时器/计数器 1 中断服务程序
        …
        RETI                    ；定时器/计数器 1 中断服务程序返回
SINT:   …                       ；串行口中断服务程序
        …
        RETI                    ；串行口中断服务程序返回
```

5.3 外部中断举例

5.3.1 外部中断源初始化

51单片机提供了2个外部中断源 $\overline{\text{INT0}}$ 和 $\overline{\text{INT1}}$ 。

$\overline{\text{INT0}}$ 中断称为外部中断0中断，占用P3.2引脚，其中断请求号为0；$\overline{\text{INT1}}$ 中断称为外部中断1中断，占用P3.3引脚，其中断请求号为2。

外部中断源的初始化是通过设置相应的特殊功能寄存器的相应位来实现的。和外部中断有关的特殊功能寄存器及相应位包括如下几部分。

（1）TCON寄存器中的IT0、IT1位

TCON寄存器是定时器/计数器控制寄存器，其中IT0、IT1和外部中断源有关。

IT0、IT1分别为外部中断0和外部中断1的中断触发方式控制位。IT=1为脉冲触发方式（负跳变有效），IT=0为电平方式（低电平有效）。

```
CLR     IT0         ；令 /INT0 为电平触发方式
SETB    IT1         ；令 /INT1 为脉冲触发方式
```

（2）IP寄存器中的PX0、PX1位

IP寄存器是中断优先级控制寄存器，PX0、PX1分别是外部中断0和外部中断1的中断优先级的设定。

```
CLR     PX0             ；设定外部中断 0 为低级中断
SETB    PX1             ；设定外部中断 1 为高级中断
```

（3）IE寄存器中的EA、EX0、EX1位

IE寄存器是中断控制寄存器。

EA 为中断允许总控制位。EA=1 时，CPU 开放所有中断；EA=0 时，CPU 屏蔽所有中断请求。

EX0、EX1 为外部中断 0 中断和外部中断 1 中断的中断允许位。对应位为 1 时，允许其中断，对应位为 0 时，禁止其中断。

```
SETB    EA          ；开放总的中断控制
SETB    EX0         ；允许外部中断 0 中断
CLR     EX1         ；禁止外部中断 1 中断
```

以上是采用位操作，也可以对 TCON、IP、IE 寄存器进行字节操作。例如：

```
MOV     IE,#81H     ；开 INT0 中断
ORL     IP,#01H     ；令 INT0 为高优先级
ORL     TCON,#01H   ；令 INT0 为电平触发
```

显然，采用位操作指令进行中断系统初始化是比较简单的。因为用户不必记住各控制位在寄存器中的位置，只需按各控制位名称来设置，而各控制位名称是比较容易记忆的。

5.3.2 外部中断实例

【例 5-1】电路如图 5-7 所示，按钮 S0 接在 51 单片机的 P3.3 引脚上，P1 口接了 8 个发光二极管，初始状态时低 4 位灯亮，高 4 位的灯灭，编程实现按一下 S0，P1 口的发光状态发生反转。

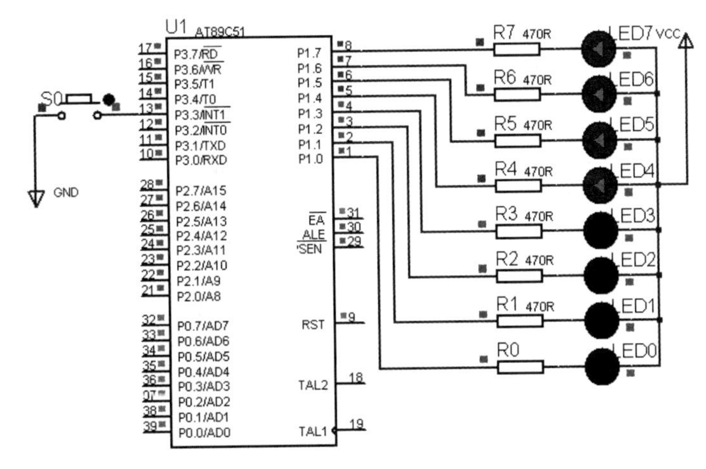

图 5-7　例 5-1 电路原理图

说明：S0 模拟外部中断 1。该电路在第 4 章例 4-6 中用过，该题使用的是中断 1，注意和查询的区别。参考程序：

```
        ORG     0000H
        LJMP    MAIN            ；主程序标号 MAIN
        ORG     0013H
        LJMP    WINT1           ；外部中断 1 中断服务程序标号 WINT1
        ORG     0030H           ；主程序
MAIN:   MOV     SP,#60H         ；设置堆栈指针 SP
        MOV     A,#0FH
        MOV     P1,A            ；初始状态高 4 位亮、低 4 位灭
        SETB    IT1             ；设置外部中断 1 为脉冲触发方式
        SETB    EA              ；总的中断允许
        SETB    EX1             ；外部中断 1 允许
```

```
        SJMP    $               ；等待中断
WINT1:  CPL     A               ；中断服务程序
        MOV     P1,A            ；输出取反
        RETI                    ；中断返回
        END
```

说明：

① 整个程序包括两个程序：主程序 MAIN、外部中断 1 的中断服务程序 WINT1。

② 程序中没有出现 P3.3 引脚。

③ P3.3 是外部中断 1 的中断信号输入引脚。

④ IT1、EA、EX1 是外部中断 1 的有关控制位。

【例 5-2】 电路如图 5-7 所示，利用 S0 按钮控制 P1 口的灯，要求每按一下顺序就点亮一盏灯（其余的灯是灭的）。

分析：要实现中断一次，顺序点亮一盏灯（其余的是灭的），第 1 次中断输出 11111110B，第二次中断输出 11111101B，第 3 次中断输出 11111011B……，可以考虑外部中断 1 中断 1 次，累加器 A 的循环左移 1 位，A 的初值为 11111110B。

```
        ORG     0000H
        LJMP    MAIN
        ORG     0013H
        LJMP    WINT1           ；外部中断 1
        ORG     0030H
MAIN:   MOV     SP,#60H
        MOV     A,#0FEH         ；A 的初值 11111110B
        SETB    IT1             ；脉冲触发方式
        SETB    EA              ；外部中断 1 管理
        SETB    EX1
        MOV     P1,#0FFH        ；开始灯全灭
        SJMP    $               ；等待中断
WINT1:  MOV     P1,A            ；中断服务程序
        RL      A
        RETI
        END
```

修改：电路如图 5-7 所示，利用 S0 按钮控制 P1 口的灯，要求每按一下就点亮一盏灯（前面点亮的保持亮的状态）。

【例 5-3】 电路如图 5-8 所示，当 S0 动作时，P1.0 端口的电平反向，当外 S1 动作，P1.7 端口的电平反向。

```
        ORG     0000H           ；主程序
        LJMP    MAIN
        ORG     0003H
        LJMP    WINT0           ；外部中断 0 中断服务程序
        ORG     0013H
        LJMP    WINT1           ；外部中断 1 中断服务程序
        ORG     0030H
MAIN:   MOV     SP,#60H
        CLR     P1.0            ；灯的初始值为亮
```

```
        CLR     P1.7
        SETB    IT0             ; 设置外部中断 0、1 为脉冲触发方式
        SETB    IT1
        SETB    EA              ; 中断允许管理
        SETB    EX0
        SETB    EX1
        SJMP    $               ; 等待中断
WINT0:  CPL     P1.0            ; 外部中断 0-P1.0 取反
        RETI
WINT1:  CPL     P1.7            ; 外部中断 1—P1.7 取反
        RETI
        END
```

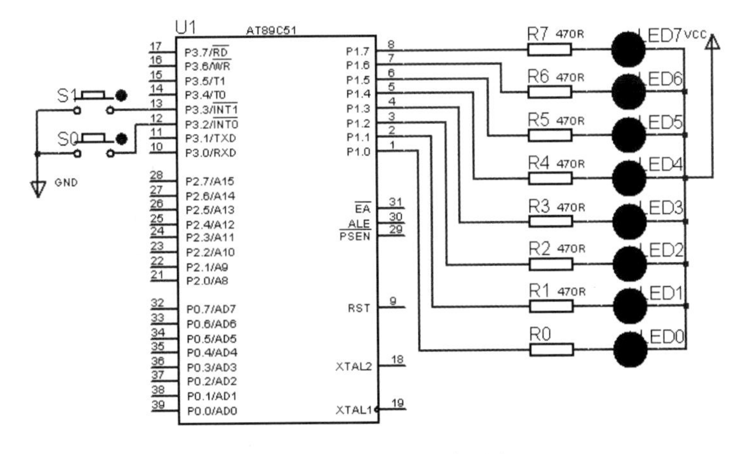

图 5-8　例 5-3 电路原理图

修改：

① S0 控制 P1.0—P1.3 的灯，S1 控制 P1.4—P1.7 的灯。

② 按下 S0 后，点亮 8 只 LED；按下 S1 后，变为闪烁状态。

【例 5-4】 电路如图 5-9 所示，主函数：LED 灯闪烁；中断函数：单灯左移，而左移 3 圈结束。

```
        ORG     0000H
        LJMP    MAIN
        ORG     0003H
        LJMP    WINT0
        ORG     0030H
MAIN:   MOV     SP,#60H
        SETB    IT0
        SETB    EA
        SETB    EX0
        MOV     A,#0
LOOP:   MOV     P1,A            ; 灯闪烁
        LCALL   DL              ; 延时
        CPL     A
        SJMP    LOOP
DL:     MOV     R7,#0           ; 延时子程序
```

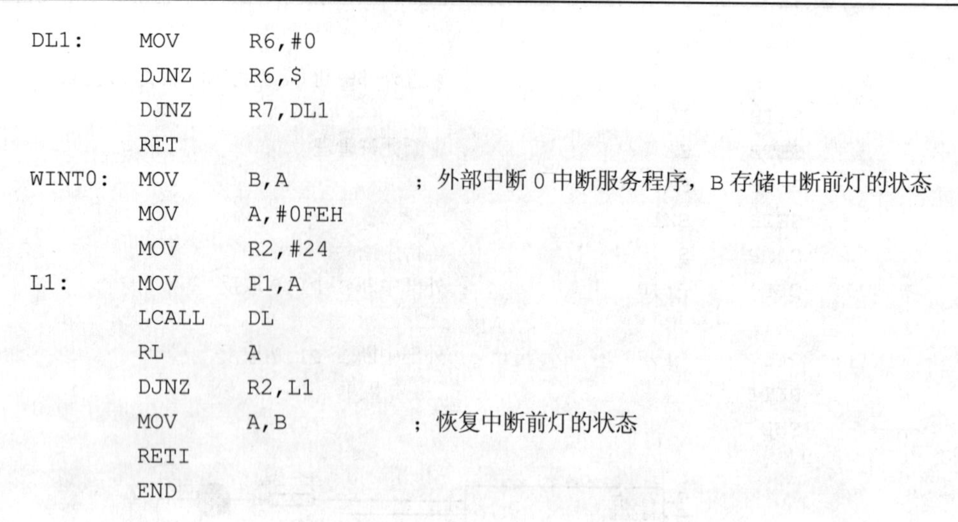

```
DL1:    MOV     R6,#0
        DJNZ    R6,$
        DJNZ    R7,DL1
        RET
WINT0:  MOV     B,A             ；外部中断 0 中断服务程序，B 存储中断前灯的状态
        MOV     A,#0FEH
        MOV     R2,#24
L1:     MOV     P1,A
        LCALL   DL
        RL      A
        DJNZ    R2,L1
        MOV     A,B             ；恢复中断前灯的状态
        RETI
        END
```

修改：采用外部中断 1，灯右移动 3 圈。

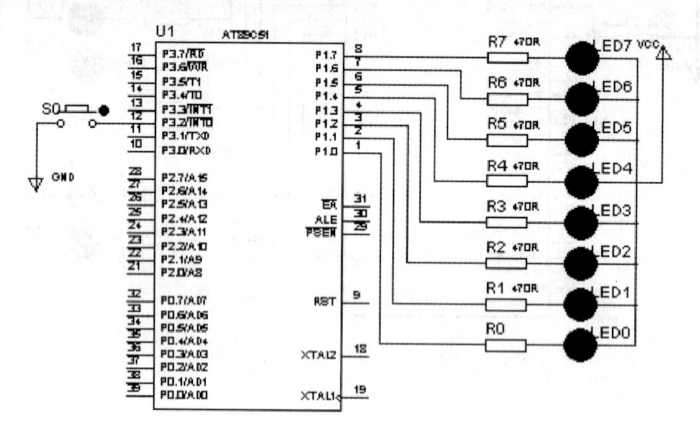

图 5-9　例 5-4 电路原理图

【例 5-5】 外部中断示例。在本实例中，首先通过 P1.7 口点亮发光二极管 D1，然后外部输入一脉冲串，则发光二极管 D1 亮、灭交替。电路如图 5-10 所示。

编写程序如下：

```
        ORG     0000H
        LJMP    MAIN
        ORG     0003H
        LJMP    WINT0
        ORG     0030H
MAIN:   MOV     SP,#60H
        SETB    IT0
        SETB    EA
        SETB    EX0
        SJMP    $
WINT0:  CPL     P1.7
        RETI
        END
```

修改：如果有 3 个脉冲，则灯亮、灭交替一次，请编程。

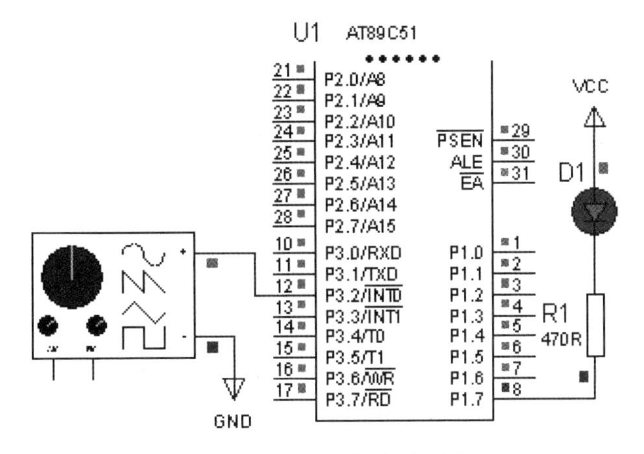

图 5-10　例 5-4 电路原理图

5.4　实验与设计

实验　按钮型开关模拟外部中断实验

【实验目的】掌握外部中断源的基本使用方法；掌握中断与查询的区别；掌握 8 段 LED 静态显示的软件设计。

【电路与内容】电路如图 5-11 所示，P3.2 和 P3.3 接两个按钮开关 S0、S1，P1 口 P2 口接了两个共阴极 LED 显示器，编程实现：开始实现数字 50，定义 S0 和 S1 分别为+1 和−1 键，按 S0 显示的数字+1，按 S1 显示的数字−1。（S0 和 S1 的管理采用中断的方式。）

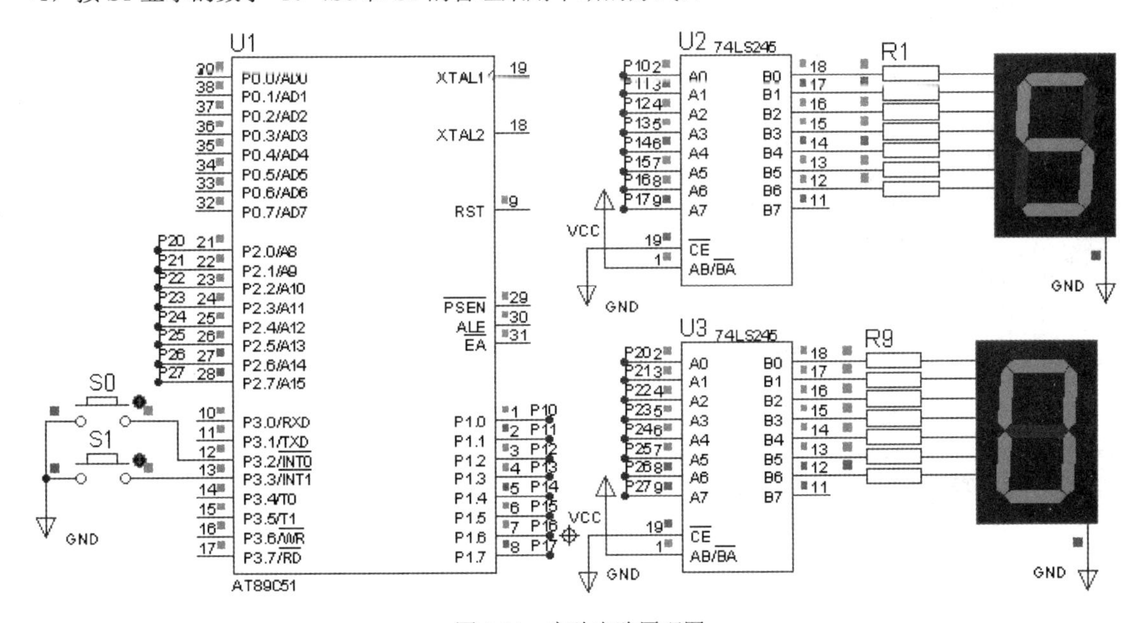

图 5-11　实验电路原理图

【参考程序】

```
        DIRBUF0 EQU 30H                    ；定义显示缓冲区
        DIRBUF1 EQU 31H
        JIAJIAN1EQU 32H                    ；定义一个+1/-1单元
        ORG     0000H                      ；主程序
        LJMP    MAIN
        ORG     0003H                      ；外部中断0
        LJMP    WINT0
        ORG     0013H                      ；外部中断1
        LJMP    WINT1
        ORG     0030H
MAIN:   MOV     SP, #60H
        MOV     JIAJIAN1,#50H              ；+1/-1单元初值为50
        SETB    IT0                        ；中断管理
        SETB    IT1
        SETB    EA
        SETB    EX0
        SETB    EX1
LOOP:   MOV     A, JIAJIAN1                ；+1/-1单元高4、低4分开
        ANL     A,#0FH
        MOV     DIRBUF0,A                  ；低4位送显示缓冲区0
        MOV     A, JIAJIAN1
        ANL     A,#0F0H
        SWAP    A
        MOV     DIRBUF1,A                  ；高4位送显示缓冲区1
        LCALL   DSP                        ；调用显示
        SJMP    LOOP
DSP:    MOV     A,DIRBUF0                  ；显示子程序
        MOV     DPTR,#DSPTAB
        MOVC    A,@A+DPTR
        MOV     P2,A
        MOV     A,DIRBUF1
        MOVC    A,@A+DPTR
        MOV     P1,A
        RET
DSPTAB: DB      3FH,06H,5BH,4FH,66H,6DH,7DH,07H,7FH,6FH
WINT0:  MOV     A, JIAJIAN1                ；外部中断0  +1
        ADD     A,#1
        DA      A
        MOV     JIAJIAN1,A
        RETI
WINT1:  MOV     A,#9AH                     ；外部中断1  -1
        CLR     C
        SUBB    A,#1
        ADD     A, JIAJIAN1
        DA      A
        MOV     JIAJIAN1,A
```

```
RETI
END
```

设计　出租车计价器里程计量装置的设计

出租车车轮运转 1 圈产生 2 个负脉冲，轮胎周长为 2m。试测量并显示出租车的行驶里程，测量与显示范围 0～999999 米。设计硬件电路并编写程序。(信号通过中断方式取得)。

本 章 小 结

本章主要介绍了 51 单片机的中断系统，包括 4 部分的内容：

（1）中断系统的再认识：中断、中断源、中断请求、可屏蔽中断与非屏蔽中断、中断处理程序；中断请求、中断优先级判别中断响应、中断处理、中断返回。

（2）认识 51 单片机的中断系统：5 个中断与 2 个中断优先级、2 个外部中断、3 个内部中断；通过 4 个专用中断控制寄存器（IE、IP、TCON、SCON）进行中断管理；中断优先级的顺序、中断服务程序入口地址、中断服务程序。

（3）外部中断举例：51 单片机提供了 2 个外部中断源 $\overline{\text{INT0}}$ 和 $\overline{\text{INT1}}$；$\overline{\text{INT0}}$ 中断称为外部中断 0 中断，占用 P3.2 引脚，其中断服务程序入口地址为 0003H；$\overline{\text{INT1}}$ 中断称为外部中断 1 中断，占用 P3.3 引脚，其中断服务程序入口地址为 0013H；触发方式设定——TCON 寄存器中的 IT0、IT1 位；IP 寄存器中的 PX0、PX1 位决定优先级；）IE 寄存器中的 EA、EX0、EX1 位决定中断是否允许。

（4）设计 1：车轮运转脉冲从外中断 0（P3.2）引脚输入；每个脉冲代表 1m；行驶里程为周长运转圈数；主程序对系统初始化，中断服务程序对里程加+1。

（5）设计 2：中断嵌套的设计——设定好中断优先级。

习　　题

1．什么是中断源？ 51 单片机有哪些中断源？各有什么特点？

2．在 51 单片机中，外部中断有哪两种触发方式？如何加以区分？

3．试编写外部中断 1 为跳沿触发方式的中断初始化程序。

4．51 单片机能提供几个中断优先级？各中断源优先级如何确定？在同一优先级中各中断源的优先级如何确定？

5．51 单片机各中断源的中断服务程序入口地址各是多少？

6．中断允许寄存器 IE 各位的定义是什么？

7．简述 51 单片机中断处理过程。

8．试编写一段对中断系统初始化的程序，允许外部中断 0、外部中断 1、定时器/计数器 T0 溢出中断、串行口中断，且使定时器/计数器 T0 溢出中断为高优先级中断。

第6章 51系列单片机定时器/计数器应用基础

在计算机测控系统中，常常要求有一些定时时钟，以实现定时控制、定时测量或延时动作，也往往要求有计数器能对外部事件计数，如测速电机的转速、频率、工件个数等。这就需要单片机具有定时和计数功能。单片机内部的定时器/计数器正是为此设计的。

本章主要讲解51单片机的定时器/计数器的原理、结构、应用。

6.1 可编程的硬件定时器/计数器的再认识

从某个时间点开始，经过多长时间之后做什么，就是“定时”的概念；从某个时间点开始，计多少个数之后做什么，就是“计数”的概念。

在微型计算机中，定时和计数都是一个计数的问题，对周期固定信号的“计数”就转换为“定时”。

可编程的硬件定时，实际上是一种软、硬件相结合的定时方法，是为了克服单独的软件定时和硬件定时的缺点，而将定时电路做成通用的定时器/计数器并集成到一个硅片上，其定时参数和工作方式可用软件来控制。这种定时器/计数器芯片可直接对系统时钟进行计数，通过写入不同的计数初值，可方便地改变定时时间，且定时期间不需要CPU的管理，如Intel公司的Intel 8253定时器/计数器。

6.1.1 功能

在微机系统中，定时器/计数器的功能主要体现在以下几个方面：

① 以均匀分布的时间间隔中断分时操作系统，以便切换程序。

② 向I/O设备输出精确的定时信号。如在监测系统中对被测点的定时采样、在打印程序中的超时处理、在读键盘时的延迟去抖动处理等。

③ 检测外部事件发生的频率或周期，如CPU风扇转速测量等。

④ 统计外部某过程（如实验、生产及武器发射等过程）中某一事件发生的次数。如生产线上对零件的统计、高速路上车流量的统计等。

6.1.2 工作原理

用可编程定时器/计数器电路进行定时或计数时，先要根据预定的定时时间或计数值，用指令对定时器/计数器芯片设定计数初值，然后启动芯片进行工作。定时器/计数器一旦开始工作，CPU就可以去做别的事情，等定时器/计数器定时时间到或计数值到，便自动产生一个输出信号，该信号可用来向CPU提出中断请求，通知CPU定时时间或计数值已到，使CPU做相应的处理，或者直接利用输出信号去启动设备工作。

这种方法不但显著提高了CPU的利用率，而且定时时间或计数值由软件设置，使用起来十分灵活方便，加上定时时间或计数值又很精确，所以获得了广泛应用。

可编程定时器/计数器的核心部件是一个计数器，计数器的工作就是对输入到该计数器的信号进行计数。计数器有两种，分别为加法计数器和减法计数器。对于加法计数器，是在初值的基础上来一个信号，计数器的值加1；对于减法计数器，则是在初值的基础上来一个信号，计数器的值减1。

作为计数器，即在设置好计数初值（时间常数）后，来一个计数信号，便开始减1（或加1）计数，减为 0（或加到溢出时）时，输出一个信号；作为定时器，即在设置好定时常数后，来一个周期计数信号，便进行减 1（或加 1）计数，减为 0（或加到溢出）时，输出一个信号。从定时器/计数器内部来说，两者的工作过程没有根本差别，都是基于计数器的减 1（或加 1）工作。典型的定时器/计数器的原理结构图如图 6-1 所示。

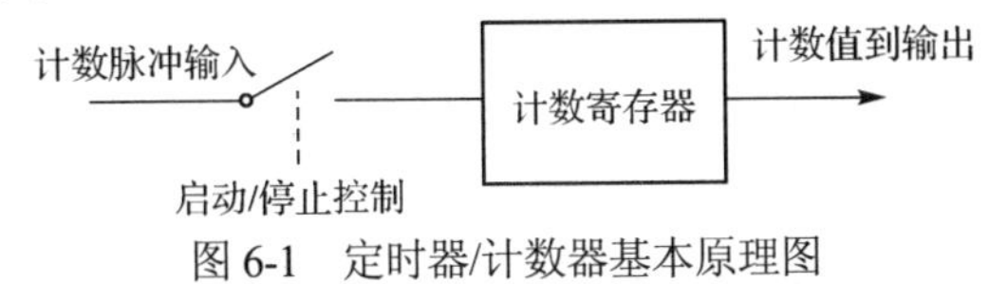

图 6-1　定时器/计数器基本原理图

在可编程的定时器/计数器中，还应包括控制寄存器，以选择不同的工作方式。

6.1.3　计数器初值的计算

在对可编程的定时器/计数器使用时，一个主要的问题是计数器初值的计算。当可编程的定时器/计数器作为计数器使用时，要计算计数器的初值 X，需要知道两个值：计数器的二进制位数 N、需要计数的多少 n；当作为定时器使用时，要计算计数器的初值 X 需要知道三个值：计数器的二进制位数 N、定时时间长短 t、定时器的计数周期 T。对于加法计数器和减法计数器要常用不同的初值计算公式，如表 6-1 所示。

表 6-1　计数器初值计算公式

	计数器公式	定时器公式
加法计数器	$X=2^N-n$	$t=(2^N-X)\times T$
减法计数器	$X=n$	$t=X\times T$

51 单片机的定时器/计数器的计数器是加法计数器。

6.2　认识 51 单片机的定时器/计数器

51 单片机内部有两个 16 位的可编程定时器/计数器，即定时器/计数器 0 和定时器/计数器 1（8052 提供 3 个，第 3 个称为定时器/计数器 2），分别用 T0 和 T1 表示。它们的计数值都是通过程序设定的，改变计数值就可以改变定时时间，使用时非常灵活方便。

6.2.1　定时器/计数器的结构

51 单片机定时器/计数器的基本结构如图 6-2 所示，其核心部件是两个 16 位的加法计数器。每个 16 位的计数器可以分成两个 8 位的计数器（其中 TH1 和 TL1 是 T1 的计数器，TH0 和 TL0 是 T0 的计数器）。

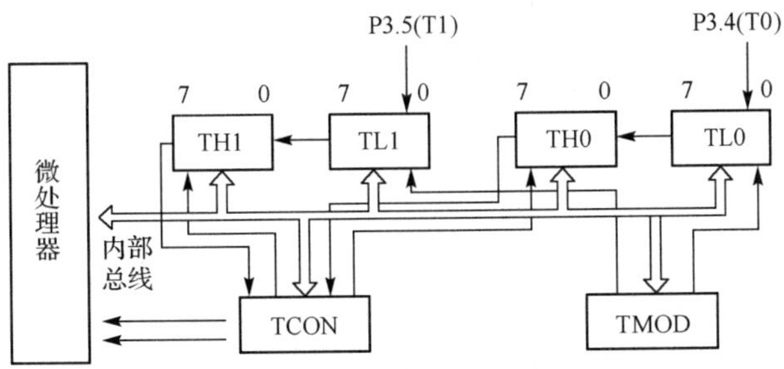

图 6-2　定时器/计数器结构原理图

在工作过程中，51 单片机的定时器/计数器可工作于定时器方式，也可以工作于计数器方式。

在作定时器使用时，输入的时钟脉冲是由晶体振荡器的输出经 12 分频后得到的，所以定时器也可看作是对 51 单片机机器周期的计数（因为每个机器周期包含 12 个振荡周期，故每一个机器周期定时器加 1，可以把输入的时钟脉冲看成机器周期信号），故其频率为晶振频率的 1/12。如果晶振频率为 12MHz，则定时器每接收一个输入脉冲的时间为 1μs。

在作为计数器使用时，是对外部事件的计数。外部输入信号是通过相应的外部输入引脚 T0（P3.4）或 T1（P3.5）输入。在这种情况下，当检测到输入引脚上的电平由高跳变到低时，计数器就加 1（它在每个机器周期的 S5P2 时采样外部输入，当采样值在这个机器周期为高，在下一个机器周期为低时，则计数器加 1），加 1 操作发生在检测到这种跳变后的一个机器周期的 S3P1，因此需要两个机器周期来识别一个从 1 到 0 的跳变，故最高计数频率为晶振频率的 1/24。这就要求输入信号的电平在跳变后至少一个机器周期内保持不变，以保证在给定的电平再次变化前至少被采样一次。

6.2.2 定时器/计数器的控制寄存器

51 单片机的定时器/计数器应用时需要对其有关的控制寄存器进行初始化，和定时器/计数器有关的控制寄存器主要有两个，分别为 TCON 和 TMOD。

1. 定时器控制寄存器（TCON）

TCON 的格式如下：

	D7	D6	D5	D4	D3	D2	D1	D0
TCON (88H)	TF1	TR1	TF0	TR0	IE1	IT1	IE0	IT0

TCON 寄存器既参与中断控制又参与定时控制。有关中断的控制内容已在前面介绍了，现在只介绍和定时器有关的控制位。

（1）TF0 和 TF1：计数器溢出标志位

当计数器计数溢出（计满）时，该位置 1。使用中断方式时，此位作为中断标志位，在转向中断服务程序时由硬件自动清 0。使用查询方式时，此位作为状态位供查询，但应注意查询有效后，须用软件方法及时将该位清 0。如：

```
L1: JNB    TF0, L1
    CLR    TF0
    ......
```

（2）TR0 和 TR1：定时器运行控制位

TR0（TR1）=0 停止定时器/计数器工作

TR0（TR1）=1 启动定时器/计数器工作

该位根据需要以软件方法使其置 1 或清 0。如：

```
CLR     TR0          ; 停止定时器/计数器 0
SETB    TR1          ; 启动定时器/计数器 1
```

2. 工作方式控制寄存器（TMOD）

TMOD 寄存器是一个专用寄存器，用于设定两个定时器/计数器的工作方式，但 TMOD 寄存器不能位寻址，只能用字节传送指令设置其内容。格式如下：

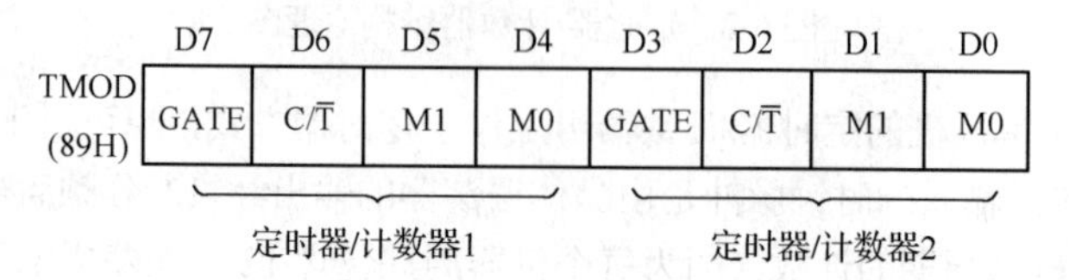

（1）GATE 门控位：决定相应的外部中断是否起作用

GATE=0　由运行控制位 TR 启动定时器/计数器

GATE=1　由外中断请求信号（$\overline{\text{INT0}}$和$\overline{\text{INT1}}$）和 TR 的组合状态启动定时器/计数器

（2）C/$\overline{\text{T}}$：定时方式或计数方式选择位

C/$\overline{\text{T}}$=0　定时器工作方式；C/$\overline{\text{T}}$=1　计数器工作方式

（3）M1M0：工作模式选择位

M1M0=00　模式 0—13 位定时器/计数器工作模式

M1M0=01　模式 1—16 位定时器/计数器工作模式

M1M0=10　模式 2—常数自动装入的 8 位定时器/计数器工作模式

M1M0=11　模式 3—仅适用于 T0，为两个 8 位定时器/计数器工作模式；在模式 3 时 T1 停止计数

如定时器/计数器 T1 工作于定时器方式、模式 1、门控位不起作用，定时器/计数器 T0 工作于计数器方式、模式 2、门控位不起作用，则可这样设定 TMOD：

```
MOV      TMOD,#16H
```

6.2.3　定时器/计数器工作模式

51 单片机的定时器/计数器共有四种工作模式，现以定时器/计数器 0 为例进行介绍。定时器/计数器 1 与定时器/计数器 0 的工作原理基本相同，但模式 3 下 T1 停止计数。

1．模式 1

定时器/计数器模式 1 是 16 位的定时器/计数器的工作模式，其计数器由 TH0 全部 8 位和 TL0 的低 8 位构成。图 6-3 所示为定时器/计数器 0 在工作模式 1 时的电路逻辑结构。

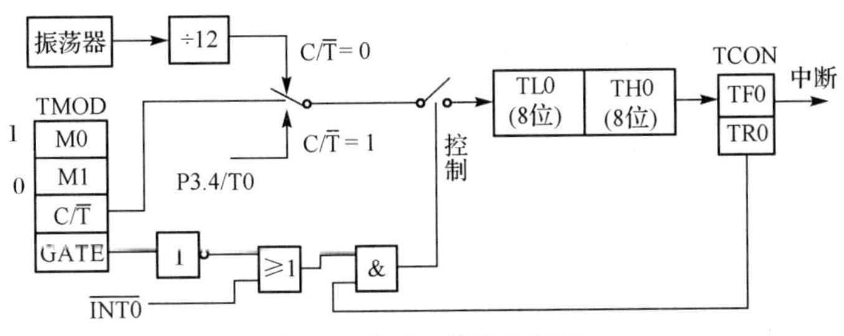

图 6-3　模式 1 逻辑结构图

当 C/$\overline{\text{T}}$=0 时，多路开关接通振荡器的 12 分频输出，16 位计数器以此进行计数，这就是所谓的定时器工作方式；当 C/$\overline{\text{T}}$=1 时，多路开关接通计数引脚 P3.4/T0，外部计数脉冲由该引脚输入，当计数脉冲发生负跳变时，计数器加 1，这就是所谓的计数器工作方式。不管是哪种工作方式，当 TL0 的低 8 位计数溢出时，向 TH0 进位，而全部 16 位计数溢出时，则向计数溢出标志位 TF0 进位。

计数器的运行控制是由 GATE、$\overline{\text{INT0}}$、TR0 来组合完成的。

（1）门控位 GATE=0

当设定门控位 GATE=0 时，相应的外部中断不起作用。由以上逻辑结构图可见，此时相应的外部中断$\overline{\text{INT0}}$无论是什么信号，都不会影响计数器的运行，计数器的运行是由 TR0 来控制的。TR0=1，启动计数器工作；TR0=0，停止计数器工作。因此，在单片机的定时或计数应用过程中，要注意定时器方式寄存器 TMOD 的 GATE 位一定要设置为 0。

（2）门控位 GATE=1

当设定门控位 GATE=1 时，相应的外部中断起作用。由以上逻辑结构图可见，此时相应的外部中

断$\overline{INT0}$的信号影响到了计数器的运行控制。当TR0和GATE均为1时，启动计数器工作，有一个为0时，停止计数器工作。这种情况可用于测量外部信号的脉冲宽度。

（3）定时和计数范围

在模式1下，计数器的计数值范围是：1～65536（2^{16}）。

则当为计数器工作方式时，计数器的初值范围为：$0 \sim 2^{16}-1$

当为定时工作方式时，定时时间的计算公式为：

$$定时时间=(2^{16}-计数初值)\times 定时周期$$

若晶振频率为12MHz，其定时周期1μs。

则最短定时时间为：　　$T_{min}=[2^{16}-(2^{16}-1)]\times 1\mu s=1\mu s$。

最长定时时间为：　　$T_{max}=(2^{16}-0)\times 1\mu s=65536\mu s$。

2. 模式0

模式0是13位计数结构的工作模式，计数器由TH0全部8位和TL0低5位构成，TL0的高3位不用。其逻辑电路和工作情况与模式1完全相同，所不同的只是组成计数器的位数。图6-4所示为定时器/计数器0在工作模式0时的电路逻辑结构。

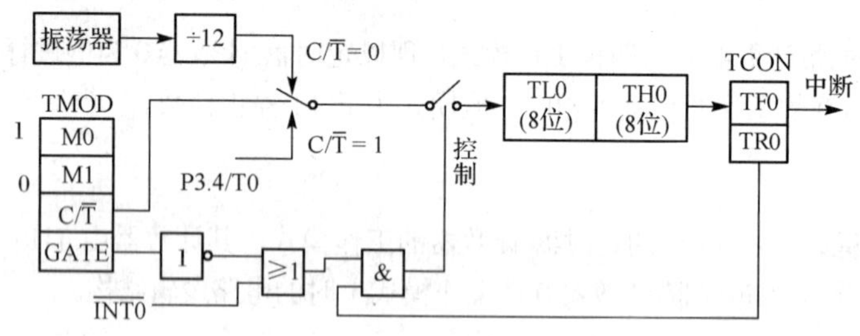

图6-4　模式0逻辑结构图

51单片机之所以重复设置完全一样的模式0和模式1，是出于与MCS-48单片机兼容的考虑，所以对于模式0无须多加讨论。在一般情况下不使用模式0，而多使用模式1。下面仅将其计数范围和定时范围列出。

在模式0下，计数器的计数值范围是：1～8192（2^{13}）。

则当为计数器工作方式时，计数器的初值范围为：$0 \sim 2^{13}-1$

当为定时工作方式时，定时时间的计算公式为：

$$定时时间=(2^{13}-计数初值)\times定时周期$$

若晶振频率为12MHz，其定时周期1μs：

则最短定时时间为：　　$T_{min}=[2^{13}-(2^{13}-1)]\times 1\mu s=1\mu s$

最长定时时间为：　　$T_{max}=(2^{13}-0)\times 1\mu s=8192\mu s$

注意：采用模式0时，对于初值是取低5位送TL0，剩余的8位送TH0。

3. 模式2

工作模式0和工作模式1的特点是计数器溢出后，计数值回“0”，而不能自动重装初值。因此循环定时或循环计数应用时就存在反复设置计数初值的问题，这不但影响定时精度，而且也给程序设计带来麻烦。模式2就是针对此问题而设置的，它具有自动重装计数初值的功能。在这种工作模式下，把16位计数分为两部分，即以TL作为计数器，以TH作为预置计数器，初始化时把计数初值分别装入TL和TH中。当计数器溢出时，由预置计数器自动给计数器TL重新装初值。

（1）电路逻辑结构

图 6-5 所示为定时器/计数器 0 在工作模式 2 的逻辑结构。

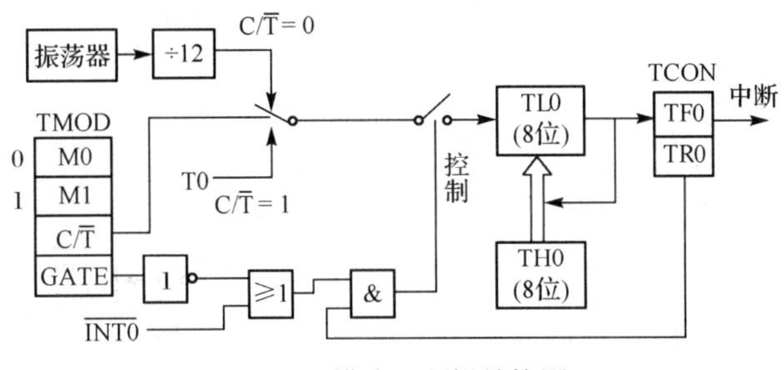

图 6-5　模式 2 逻辑结构图

初始化时，8 位计数初值同时装入 TL0 和 TH0 中。TL0 计数溢出时，置位 TF0，同时把保存在预置计数器 TH0 中的计数初值自动装入 TL0，然后 TL0 重新计数，如此重复不止。这不但省去了用户在程序中重装指令，而且也有利于提高定时精度。但这种模式是 8 位计数器结构，计数值有限，最大只能到 256。

这种自动重装工作模式非常适应于循环定时或循环计数应用。例如用于产生固定脉宽的脉冲和用作串行数据通信的波特率发生器。

（2）计数与定时范围

在模式 2 下，计数器的计数值范围是：1～256（2^8）。

则当为计数器工作方式时，计数器的初值范围为：0～2^8–1

当为定时工作方式时，定时时间的计算公式为：

$$定时时间= (2^8-计数初值)\times 定时周期$$

若晶振频率为 12MHz，其定时周期 1μs。

则最短定时时间为：　$T_{min}=[2^8-(2^8-1)]\times 1\mu s=1\mu s$

最长定时时间为：　$T_{max}=(2^8-0)\times 1\mu s=256\mu s$

3. 模式 3

前三种工作模式，对两个定时器/计数器 T0 和 T1 的设置和使用是完全相同的，但是在工作模式 3 下，两个定时器/计数器的设置和使用却是不同的，因此要分开介绍。

（1）工作模式 3 下的定时器/计数器 0

在工作模式 3 下，定时器/计数器 T0 被拆成两个独立的 8 位 TL0 和 TH0。其中 TL0 既可以用作计数器，又可以用作定时器，定时器/计数器 0 的各控制位和引脚信号全归它使用，其功能和操作与模式 0 和模式 1 完全相同，而且逻辑电路结构也极其类似，如图 6-6(a)所示。

定时器/计数器 0 的高 8 位 TH0，只能作为简单的定时器使用。由于定时器/计数器 0 的控制位已被 TL0 占用，因此只好借用定时器/计数器 1 的控制位 TR1 和 TF1，即以计数溢出置位 TF1，而定时的启动和停止则由 TR1 的状态控制，见图 6-6(b)。

由于 TL0 既能作为定时器使用又能作为计数器使用，而 TH0 只能作为定时器使用，因此在工作模式 3 下，定时器/计数器 0 构成两个定时器或一个定时器和一个计数器。

（2）在定时器/计数器 0 设置为工作模式 3 时的定时器/计数器 1

这里只讨论定时器/计数器 0 工作于模式 3 时定时器/计数器 1 的使用情况。因为定时器/计数器 0 工作在模式 3 时已借用了定时器/计数器 1 的运行控制位 TR1 和计数溢出标志位 TF1，所以定时器/计数器1不能工作于模式3，只能工作于模式0、模式1或模式2，且在定时器/计数器0已工作于模式3时，定时器/计数器1通常用作串行口的波特率发生器，以确定串行通信的速率。因为已没有计数溢出标志位TF1可供使用，因此只能把计数溢出直接送给串行口，如图6-7所示。

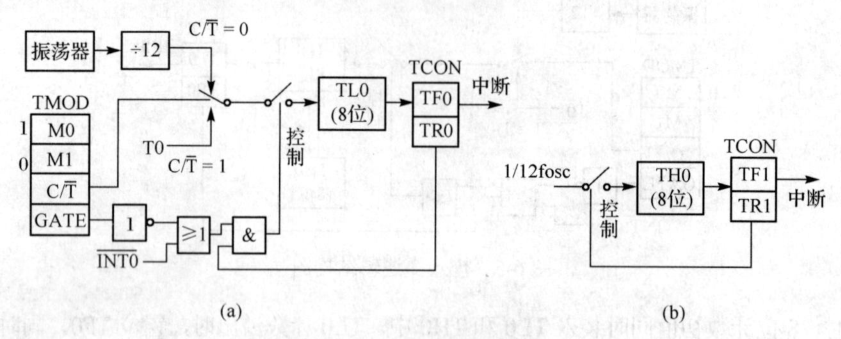

图6-6 模式3逻辑结构图

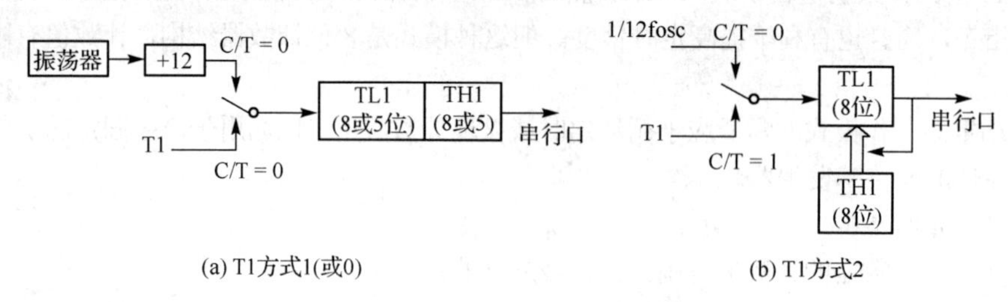

图6-7 T0在模式3时T1的使用

当作为波特率发生器使用时，只需设置好工作模式，便可自动运行。如要停止工作，只需送入一个把它设置为模式3的方式控制字就可以了。

6.3 定时器/计数器的应用举例

51单片机的定时器/计数器是可编程的，在编写程序时应主要考虑：正确地设置控制字；计算和设置计数初值；编写相应的程序等。

6.3.1 定时器/计数器的初始化

在使用51单片机的定时器/计数器前，应对它进行初始化编程，主要是对TCON和TMOD寄存器编程，还需要计算和装载定时器/计数器的计数初值。一般应完成以下几个步骤。

（1）TMOD寄存器的设定

可设定用定时器/计数器T0还是T1或者都用、门控位是否起作用、定时器方式或计数器方式、工作模式。在选择工作模式时，要考虑每种工作模式的最大计数值、最长定时时间。

如使用T1定时，门控位不起作用、模式1，则TMOD为：00010000B。

（2）计数器的计数初值 X

已知需要计的数 n：$X=2^N-n$

（3）中断系统的管理

如果是中断方式，要确定响应的中断的服务程序入口地址（中断类型号）；响应的中断位EA、ET1、ET0的管理。若不是中断方式，该步骤可以省略。

中断服务程序入口地址分别为00BH、001BH。

（4）定时器/计数器启动

对 TR0 或 TR1 进行置 1。

上面 4 个步骤是定时器/计数器的初始化步骤，如果系统采用查询方式，启动定时器/计数器之后，要查询响应的标志位 TF1 或 TF0，该标志位为“0”时要等待，为“1”时说明定时时间到或计数值到，此时需要软件将 TF1 或 TF0 清 0。

【例 6-1】 计数器工作方式初始化示例。

定时器/计数器 0 工作于计数方式，且允许中断，计数值 n=100，分别令其工作在模式 1 和模式 2，进行初始化编程。

（1）模式 1 初始化编程

① TMOD 的确定

定时器/计数器 0 工作于计数方式，则 $C/\overline{T}$=1；门控位不起作用，则 GATE=0；模式 1，所以 M1M0=01。计数器 1 不用，TMOD 的高 4 位取 0000，则 TMOD=05H。

② 初值的确定

计数寄存器为 16 位，因此计数寄存器初值分别为：

```
X=65536-100=65436=0FF9CH
TH0=0FFH     TL0=9CH
```

③ 初始化程序

```
MOV     TMOD,#05H        ; 设置计数器工作方式
MOV     TH0,#0FFH        ; 计数器高 8 位 TH0 赋初值
MOV     TL0,#9CH         ; 计数器低 8 位 TL0 赋初值
SETB    TR0              ; 启动计数器
```

（2）模式 2 编程

① TMOD 的确定

计数器 0 工作于模式 2，所以 M1M0=10。计数器 1 不用，TMOD 的高 4 位取 0，则 TMOD=06H。

② 初值的确定

模式 2 为 8 位初值自动重载方式，计数寄存器初值分别为：TH0=TL0=256–100=156。

③ 初始化程序

```
MOV     TMOD,#06H
MOV     TH0,#156
MOV     TL0,#156
```

其余语句与前面相同。

【例 6-2】 定时器工作方式初始化示例。

单片机外接晶振频率 f_{osc}=12MHz，定时器/计数器 0 工作于定时方式，且允许中断，定时时间为 20ms，令其工作在模式 1，进行初始化编程。

① TMOD 的确定

定时器/计数器 0 工作于定时方式，从而 $C/\overline{T}$=0；门控位不起作用，则 GATE=0。定时器 0 工作于模式 1，所以 M1M0=01。定时器 1 不用，TMOD=00000001=01H。

② 初值的确定

外部晶振频率 f_{osc}=12MHz，则 51 单片机机器周期为 1μs。计数器为 16 位，因此定时器的计数初值为：X= (65536–20000)/1=35536=8AD0H。

计数寄存器初值分别为：TH0＝8AH，TL0=0D0H。

③ 初始化程序

```
MOV     TMOD,#01H       ；设置定时器工作方式
MOV     TH0,#8AH        ；计数器高 8 位 TH0 赋初值
MOV     TL0,#0D0H       ；计数器低 8 位 TL0 赋初值
SETB    TR0             ；启动计数器
SETB    ET0             ；开计数器中断
SETB    EA
```

6.3.2 应用举例

【例 6-3】 模式 1、2 应用：设系统时钟频率为 12MHz，用定时器/计数器 T0 编程实现从 P1.0 输出周期为 500μs 的方波。

分析：从 P1.0 输出周期为 500μs 的方波，只需 P1.0 每 250μs 取反一次则可。当系统时钟为 12MHz，定时/计数器 T0 工作于模式 1 时，最长定时时间为 65536μs，工作于模式 2 时，最长定时时间为 256μs，都满足 250μs 的定时要求。下面采用两种编程模式分别编程，希望读者能进行比较。

模式 1：TMOD 为 00000001B；初值 X：$250=(65536-X)\times 1$，$X=65286=0FF06H$；

模式 2：TMOD 为 00000010B；初值 X：$250=(256-X)\times 1$，$X=6$；

无论模式 1 或是模式 2，都可以采用中断方式或是查询方式。

（1）模式 1

中断方式参考程序：

```
        ORG     0000H
        LJMP    MAIN            ；主程序
        ORG     000BH
        LJMP    TOINT           ；定时器 T0 中断服务程序
        ORG     0030H
MAIN:   MOV     SP,#60H
        MOV     TMOD,#01H       ；T0、定时器方式、模式 1
        MOV     TH0,#0FFH       ；初值
        MOV     TL0,#06H
        SETB    EA              ；中断管理
        SETB    ET0
        SETB    TR0             ；启动定时器 T0
        SJMP    $               ；等待中断
TOINT:  CPL     P1.0            ；中断到，P1.0 取反
        MOV     TH0,#0FFH       ；重新赋初值
        MOV     TL0,#06H
        RETI                    ；中断返回
        END
```

查询方式参考程序：

```
        ORG     0000H
        LJMP    MAIN            ；主程序
        ORG     0030H
MAIN:   MOV     SP,#60H
        MOV     TMOD,#01H       ；T0、定时器方式、模式 1
```

```
        MOV     TH0,#0FFH       ; 初值
        MOV     TL0,#06H
        SETB    TR0             ; 启动定时器 T0
L1:     JNB     TF0, L1         ; 定时时间未到，等待
        CLR     TF0             ; 清时间到标志
        CPL     P1.0            ; 取反
        MOV     TH0,#0FFH       ; 重新赋初值
        MOV     TL0,#06H
        SJMP    L1
        END
```

（2）模式 2

中断方式参考程序：

```
        ORG     0000H
        LJMP    MAIN            ; 主程序
        ORG     000BH
        LJMP    TOINT           ; 定时器 T0 中断服务程序
        ORG     0030H
MAIN:   MOV     SP,#60H
        MOV     TMOD,#02H       ; T0、定时器方式、模式 1
        MOV     TH0,#6          ; 初值
        MOV     TL0,#6
        SETB    EA              ; 中断管理
        SETB    ET0
        SETB    TR0             ; 启动定时器 T0
        SJMP    $               ; 等待中断
TOINT:  CPL     P1.0            ; 中断到，P1.0 取反
        RETI                    ; 中断返回
        END
```

查询方式参考程序：

```
        ORG     0000H
        LJMP    MAIN            ; 主程序
        ORG     0030H
MAIN:   MOV     SP,#60H
        MOV     TMOD,#02H       ; T0、定时器方式、模式 1
        MOV     TH0,#6          ; 初值
        MOV     TL0,#6
        SETB    TR0             ; 启动定时器 T0
L1:     JNB     TF0, L1         ; 定时时间未到，等待
        CLR     TF0             ; 清时间到标志
        CPL     P1.0            ; 取反
        SJMP    L1
        END
```

【例 6-4】 模式 3 应用：假定 51 单片机外接 6MHz 晶振，通过定时器/计数器 T0 定时，需要在 P1.0 和 P1.1 分别产生周期为 400μs 和 800μs 的方波。

说明：此时可令 TL0 和 TH0 产生 200μs 和 400μs 的定时中断，并在中断服务程序中对 P1.0 和 P1.1 取反。

由于采用了 6MHz 晶振，因此单片机的机器周期为 2μs。根据前面介绍的定时初值的计算，因此可计数 TL0 的初值 X=156=9CH，TH0 的初值 X=56=38H。

参考程序如下：

```
        ORG     0000H
        LJMP    MAIN                    ; 主程序
        ORG     000BH
        LJMP    T0INT                   ; 定时器 T0 中断服务程序
        ORG     001BH
        LJMP    T1INT                   ; 定时器 T1 中断服务程序
        ORG     0030H
MAIN:   MOV     SP,#60H                 ; 设置堆栈指针
        MOV     TMOD,#03H               ; 设定定时器 T0、模式 3
        MOV     TH0,#9CH                ; 设置初值
        MOV     TL0,#38H
        SETB    EA                      ; 中断管理
        SETB    ET0
        SETB    ET1
        SETB    TR0                     ; 定时器启动
        SETB    TR1
        SJMP    $                       ; 等待中断
T0INT:  CPL     P1.0                    ; P1.0 取反
        MOV     TL0,#9CH                ; 重新赋值
        RETI
T1INT:  CPL     P1.1                    ; P1.1 取反
        MOV     TH0,#38H                ; 重新赋值
        RETI
        END
```

【例 6-5】 超过最长定时时间的定时。设系统时钟频率为 12MHz，编程实现从 P1.1 输出周期为 1s 的方波。

由于定时时间较长，一个定时器/计数器不能直接实现（一个定时器/计数器最长定时时间为 65ms 多一点）。一般的方法是利用硬件定时器产生一基准定时，如 10ms、20ms 或者 50ms，再定义一个软件计数器，利用软件计数器对基准定时进行计数。如基准定时为 50ms，即 50ms 中断一次；设置软件计数器为 100，中断一次软件计数器减 1，减到 0 就实现了 50×100ms 的定时时间。

系统时钟为 12MHz，定时器/计数器 T0 定时 50ms，软件计数值为 10，选模式 1，方式控制字 TMOD 为 00000001B（01H），则初值 X=65536-50000=15536=3CB0H。

源程序参考如下：

```
        ORG     0000H
        LJMP    MAIN
        ORG     000BH
        LJMP    T50MS
        ORG     0030H
MAIN:   MOV     SP,#60H
        MOV     TMOD,#01H               ; 定时器 T0、定时 50ms
        MOV     TH0,#3CH                ; 设置初值
        MOV     TL0,#0B0H
```

```
        MOV     R7,#10          ；软件计数器，初值 100
        SETB    EA              ；中断管理
        SETB    ET0
        SETB    TR0             ；启动定时器 T0
        SJMP    $               ；等待中断
T50MS:  MOV     TH0,#3CH        ；重新赋初值
        MOV     TL0,#0B0H
        DJNZ    R7,LL           ；500ms 到了吗？不到转 LL
        MOV     R7,#10          ；到了，重新赋值 R7
        CPL     P1.1            ；P1.1 取反
LL:     RETI                    ；中断返回
        END
```

另外，还可以采用使用两个硬件定时器的方法。设定定时器/计数器 T0 为定时器方式，定时 50ms，设定定时器/计数器 T1 为计数器方式，计数 50 次，例 6-5 的具体硬件电路如图 6-8 所示，参考程序请读者自行编写。

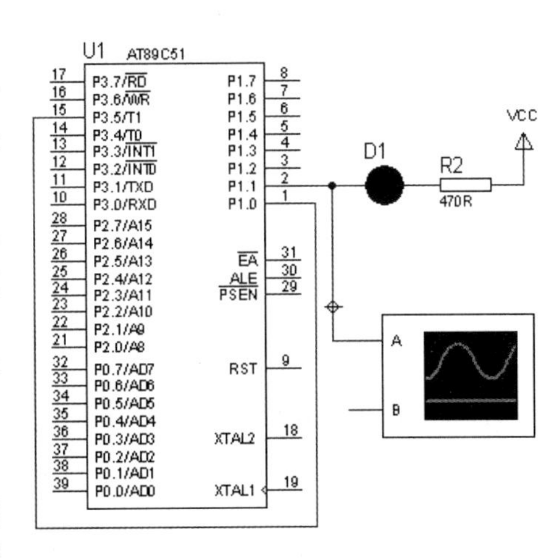

图 6-8　例 6-5 电路原理图

【例 6-6】 一定占空比信号的输出。设系统时钟频率为 12MHz，编程实现：P1.1 引脚上输出周期为 1s，占空比为 20%的脉冲信号。

分析：根据输出要求，脉冲信号在一个周期内高电平占 0.2s，低电平占 0.8s，超出了定时器的最大定时间隔，因此利用定时器 0 产生一基准定时配合软件计数来实现。取 10ms 作为基准定时，采用工作模式 1，这样整个周期需要 100 个基准定时，其中高电平占 20 个基准定时，低电平占 80 个基准定时。源程序参考如下：

```
        ORG     0000H
        LJMP    MAIN
        ORG     000BH
        LJMP    T0INT
        ORG     0030H
MAIN:   MOV     SP，#60H
        MOV     R7，#0
        MOV     TMOD，#01H      ；初始化
        MOV     TH0，#0D8H
        MOV     TL0，#0F0H
        SETB    EA
        SETB    ET0
        SETB    TR0
L1:     SJMP    L1
                                ；中断服务程序
T0INT:  MOV     TH0，#0D8H      ；重载初始值
        MOV     TL0，#0F0H
        INC     R7              ；计数器+1
        CJNE    R7，#20，LL1    ；不等于 20 吗？
        CLR     P1.1            ；等于 20
```

```
        SJMP    LLEND
LL1:    CJNE    R7，#100，LLEND        ；不等于 100 吗？
        SETB    P1.1                   ；等于 100
        MOV     R7，#00H
LLEND:  RETI
```

【例 6-7】 利用定时器的门控位 GATE 测量正脉冲宽度，脉冲从 $\overline{\text{INT1}}$（P3.3）引脚输入。门控位 GATE=1，定时器/计数器 T1 的启动受到外部中断 1 引脚 $\overline{\text{INT1}}$ 的控制，当 GATE=1，TR1=1 时，只有 $\overline{\text{INT1}}$ 引脚为高电平时，T1 才被允许计数（定时器/计数器 0 具有同样特性），利用 GATE 的这个功能，可以测量 $\overline{\text{INT1}}$ 引脚（P3.3）上正脉冲的宽度（机器周期数），其方法如图 6-9 所示。

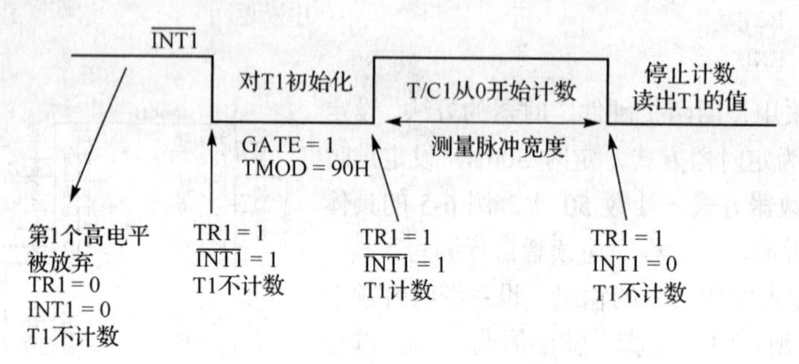

图 6-9　利用 GATE 位测量正脉冲宽度

程序主要部分如下：

```
START:  MOV     TMOD，#90H      ；T1，门控方式、定时器、方式 1
        MOV     TH1，#00H       ；计数初值
        MOV     TL1，#00H
WAIT1:  JB      P3.3，WAIT1     ；检测到的第 1 个高电平放弃，等待 INT1
                                ；变低。如果没有这条语句，可能计数不是从
                                ；正脉冲开始瞬间计数的。为计数做好准备
        SETB    TR1
WAIT2:  JNB     P3.3，WAIT2     ；等待下一个高电平的到来
WAIT3:  JB      P3.3，WAIT3     ；INT1 高电平时计数，低电平时停止
        CLR     TR1             ；停止计数
        MOV     R2，TL1         ；将计数结果送 R2、R3 进一步处理
        MOV     R3，TH1
        ......
        ......
```

注意：本例是在停止了计数后读取计数值的，这时计数结果已无法改变。如果需要在定时/计数器运行中读取计数值，可能会出错。原因是不可能在同一时刻读取 TH1 和 TL1 的内容。比如，先读 TL1，后读 TH1，由于计数器还在运行，在读 TH1 前，恰好 TL1 产生溢出向 TH1 进位，这时 TL1 的值就完全不同了。

一种解决的办法是：先读 TH1，后读 TL1，再读 TH1，若两次读得的 TH1 相同，则可确定读得的内容是正确的。若两次读得的 TH1 有变化，则再重复上述过程，直至正确为止。程序如下：

```
RDTIME: MOV     A，TH1          ；读 TH1
        MOV     R0，TL1         ；读 TL1
```

```
        CJNE    A，TH1，RDTIME          ；比较两次 TH1 是否相等，不等重复
        MOV     R1，A                   ；相等，把结果存入 R1、R0
        RET
```

【例 6-8】 计数器应用举例。用定时器/计数器 T0 监视一生产线，每生产 100 个工件，发出一包装命令，包装成一箱，并记录其箱数。

硬件电路如图 6-10 所示。

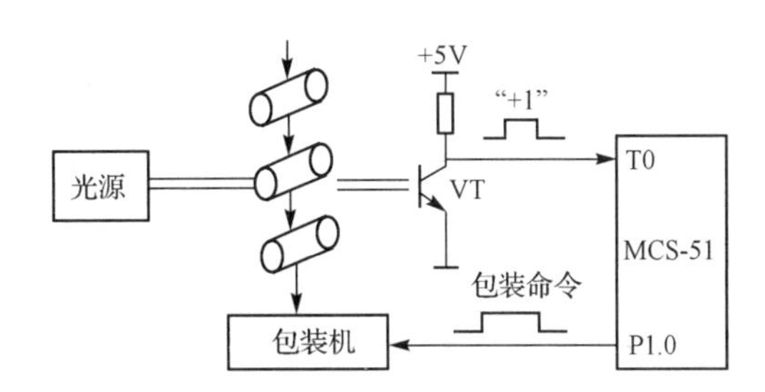

图 6-10　用 T0 作为计数器的硬件电路

用 T0 作为计数器，T 为光敏三极管。当有工件通过时，三极管输出高电平，即每通过一个工件，便会产生一个计数脉冲。

T0 工作于计数器方式、模式 2，方式控制字 TMOD：00000110B；计数初值 TH0=TL0=256−100 = 156=9CH；用 P1.0 启动包装机包装命令；用 R5R4 作为箱数计数器。

程序如下：

```
        ORG     0000H
        LJMP    MAIN            ；主程序
        ORG     000BH           ；T0 中断服务程序
        LJMP    COUNT
        ORG     0030H
MAIN:   MOV     SP，#60H
        CLR     P1.0
        MOV     R5，#0          ；箱数计数器清 0
        MOV     R4，#0
        MOV     TMOD，#06H      ；置 T0 工作方式
        MOV     TH0，#9CH
        MOV     TL0，#9CH
        SETB    EA              ；CPU 开中断
        SETB    ET0
        SETB    TR0
        SJMP    $               ；模拟主程序
COUNT:  MOV     A，R4           ；箱数计数器加 1
        ADD     A，#01H
        MOV     R4，A
        MOV     A，R5
        ADDC    A，#00H
        MOV     R5，A
        SETB    P1.0            ；启动包装
        MOV     R3，#100
DLY:    NOP                     ；给外设一定时间
        DJNZ    R3，DLY
        CLR     P1.0            ；停止包装
        RETI                    ；中断返回
        END
```

6.4 实验与设计

实验 1 按钮型开关模拟计数器实验

【实验目的】掌握 51 单片机计数器的基本应用；掌握不同模式下的出 1 程序设计。

【电路与内容】电路如图 6-11 所示，P1 口接 8 个发光二极管，P3.4 和 P3.5 分别接 2 个按钮开关模拟计数器输入。定时器/计数器 0 有一个计数值时，让 P1.0 位取反；当定时器/计数器 1 有 3 个计数值时，P1.7 位取反。

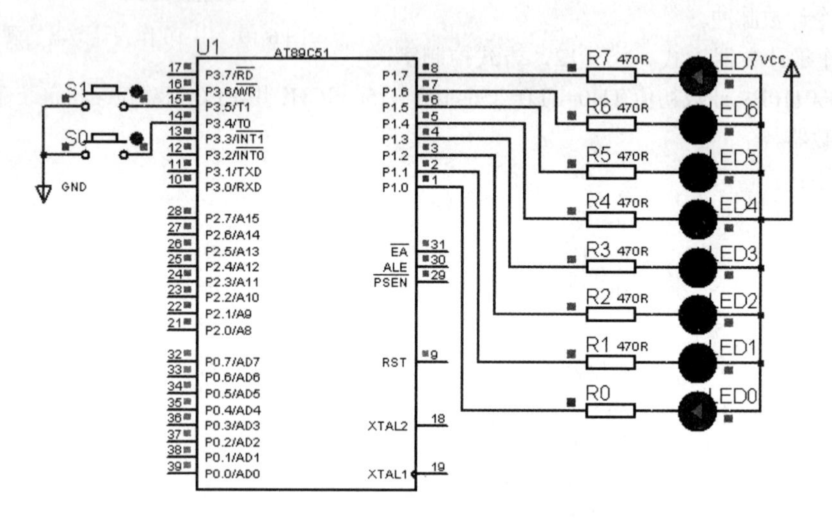

图 6-11 实验 1 的电路原理示意图

【参考源程序】

```
        ORG     0000H
        LJMP    MAIN            ；主程序
        ORG     000BH
        LJMP    T01             ；计数器 T0 中断服务程序
        ORG     001BH
        LJMP    T13             ；计数器 T1 中断服务程序
        ORG     0030H
MAIN:   MOV     SP,#60H
        MOV     TMOD,#66H       ；T0、T1 计数器方式，模式 2
        MOV     TH0,#255        ；T0 初值
        MOV     TL0,#255
        MOV     TH1,#253        ；T1 初值
        MOV     TL1,#253
        SETB    EA              ；中断管理
        SETB    ET0
        SETB    ET1
        SETB    TR0             ；启动 T0
        SETB    TR1             ；启动 T1
```

```
        SJMP    $                ；等待中断
T01:    CPL     P1.0
        RETI
T13:    CPL     P1.7
        RETI
        END
```

实验 2　定时器实验

【实验目的】掌握 51 单片机定时器的基本应用；掌握超过最长定时时间的实现方法。

【电路与内容】电路如图 6-12 所示，P1 口和 P2 口分别接两个 LED 显示器，编程实现两位显示 1s 加 1（1S 由硬件定时器产生）。

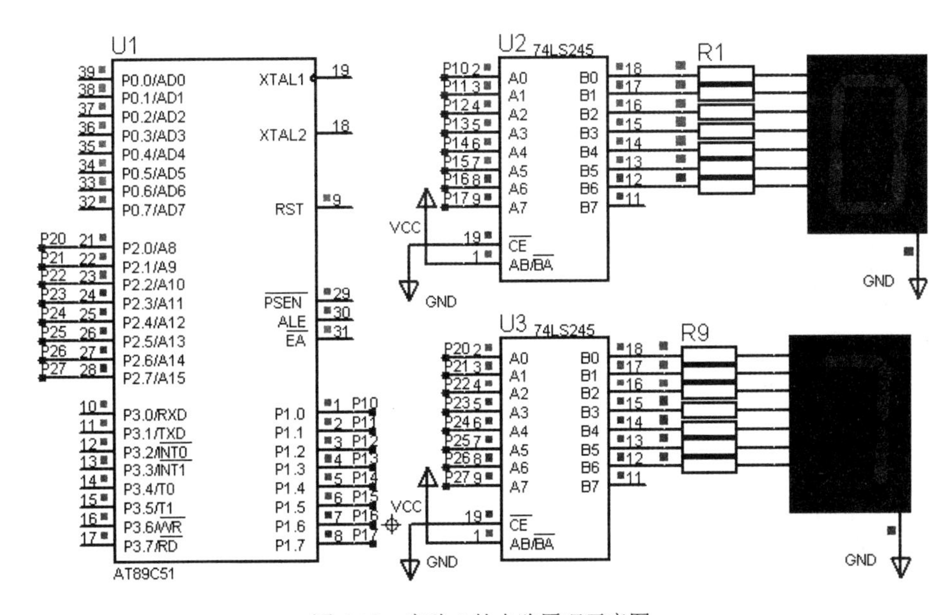

图 6-12　实验 2 的电路原理示意图

【参考程序】

```
        DYUAN    EQU  30H          ；定义一个秒单元
        DIRBUF0  EQU  31H          ；显示缓冲区
        DIRBUF1  EQU  32H
        ORG      0000H             ；主程序
        LJMP     MAIN
        ORG      000BH             ；定时 50ms*20
        LJMP     T0INT
        ORG      0030H
MAIN:   MOV      SP,#60H
        MOV      TMOD,#01H         ；定时 模式 1
        MOV      TH0,#3CH          ；初值 50ms
        MOV      TL0,#0B0H
        MOV      R7,#20            ；软件计数器
        SETB     EA                ；中断管理
        SETB     ET0
```

```
        SETB    TR0             ; 启动T0
        MOV     DYUAN,#0        ; 秒单元初值为0
LOOP:   MOV     A,DYUAN         ; 将秒单元高4位、低4位分离
        ANL     A,#0FH
        MOV     DIRBUF0,A       ; 低4位送显示缓冲区0
        MOV     A,DYUAN
        ANL     A,#0F0H         ; 高4位送显示缓冲区1
        SWAP    A
        MOV     DIRBUF1,A
        LCALL   DSP             ; 调用显示
        SJMP    LOOP
DSP:    MOV     A,DIRBUF0       ; 显示子程序
        MOV     DPTR,#DIRTAB
        MOVC    A,@A+DPTR
        MOV     P2,A
        MOV     A,DIRBUF1
        MOVC    A,@A+DPTR
        MOV     P1,A
        RET
DIRTAB: DB      3FH,06H,5BH,4FH,66H,6DH,7DH,07H,7FH,6FH
T0INT:  MOV     TH0,#3CH        ; 重新赋初值
        MOV     TL0,#0B0H
        DJNZ    R7,T0END        ; 1S不到
        MOV     R7,#20          ; 1S到
        MOV     A,DYUAN         ; 秒单元+1
        ADD     A,#1
        DA      A
        MOV     DYUAN,A
T0END:  RETI
        END
```

设计1　多种频率发生器的设计

4个拨动开关S0、S1、S2、S3，分别控制4个不同频率（周期）的信号输出（一个输出端），4个周期分别100ms、500ms、1s、2s，并有4个指示灯指示（2s为20%占空比的信号，其余的为周期信号）。

设计2　出租车计价器里程计量装置的设计

出租车车轮运转1圈产生2个负脉冲，轮胎周长为2m。试测量并显示出租车的行驶里程，测量与显示范围0～999999米，设计硬件电路并编写程序。（信号通过计数器方式取得。）

本章小结

本章主要介绍51系列单片机的定时器/计数器的基本应用，包括4部分基本内容。

（1）定时器/计数器的再认识：定时器是对固定周期信号的计数、计数器寄存器、计数初值。

（2）认识51单片机的定时器/计数器：51系列单片机有2个16位的定时器/计数器T0和T1，均可作为定时器或计数器使用；定时器采用的是对内部机器周期的计数，计数器采用的是对外部脉冲进

行计数；通过对定时器/计数器初值的设置，可以确定计数器的溢出时间，从而实现不同的定时时间或不同的计数值；TMOD 寄存器决定了采用什么工作方式、什么工作模式；TCON 寄存器的 TF 提供了定时时间到或计数值到的状态信号，TR 对定时器或计数器的启动与停止信号；TH 和 TL 装载初值；51 单片机的定时器/计数器有两种工作方式和 4 种工作模式，工作模式不同，其最大计数值也不同。对于定时器和计数器，要重点掌握模式 1 和模式 2 的应用。

（3）定时器/计数器的应用举例：TMOD 的确定。

计数初值的计算：

设计数初值为 X，计数器的位数为 N。

对于计数器工作方式，已知需要计的数 n，则：$X=2^N-n$。

对于定时器工作方式，已知定时时间 t，机器周期 T，则：$t=(2^N-X)*T$。

（4）设计：多种频率发生器的设计——定时器实现各种频率信号的定时；出租车计价器里程的计算——将车轮输出的信号接到计数器的输入端，采用计数器方式工作。

习　　题

1．51 单片机内设有几个可编程的定时器/计数器？各有几种工作方式？几种工作模式？如何设定？

2．51 单片机作为定时器或计数器应用时，其输入信号分别是什么？

3．简述 51 单片机 TCON 寄存器中的 TF0 与 TR0 的含义。

4．简述 51 单片机 TMOD 寄存器各位的含义。

5．如果 51 单片机系统的晶振频率为 12MHz，分别指出定时器/计数器作为定时器使用时模式 1 和模式 2 的最长定时时间。

6．设 51 单片机时钟为 12MHz，利用定时器 T0 编程令 P1.0 引脚输出 2ms 的矩形波程序，要求占空系数为 1:2（高电平时间短）。

7．51 单片机 P1 端口上，经驱动接有 8 支发光二极管，若外部晶振频率为 6MHz，试编写程序，使这 8 支发光管每隔 2s 循环发光（要求用 T1 定时）。

8．设计一个监测 P1.0 引脚电平状态的程序，要求每隔 1s 读一次 P1.0，如果所读的状态为“1”，则将片内 RAM10H 单元内容加 1；如果所读的状态为“0”，则将片内 RAM11H 单元内容加 1。设单片机的晶振频率为 12MHz。

第7章 51系列单片机串行口应用基础

51系列单片机内部除含有4个并行的I/O口外，还有一个全双工的异步通信串行I/O口，可以实现单片机与单片机之间或单片机与PC之间的串行通信；也可以使用单片机的串行通信接口，实现键盘输入和LED、LCD显示的输出控制，简化电路，节约单片机的硬件资源。应用串行通信接口，还可以实现远程参数检测和控制。

本章主要介绍51单片机的串行接口及其应用。通过本章的学习，正确理解和掌握51单片机串行接口的结构原理、工作方式；掌握工作方式0的应用，工作方式1～3的编程方法及初始化过程；了解多机通信的基本原理及编程方法。

7.1 串行通信的再认识

串行通信中，发送端将并行数据转换成串行数据后才能发送，而接收端则需要将接收到的串行数据转换成并行数据。因此，为了正确地区分每一个字符及字符中的每一位信息，要求发送端和接收端的工作必须同步，否则可能会出现一个字符在被串行发送后，在接收时因某种原因只要错一位，则后面接收到的所有字符都是错误的。因此，串行通信中如何使收、发双方同步工作是很关键的。

根据接收和发送双方的时钟信号，串行通信可以分为两种类型：同步通信（Synchronous Data Communication，SYNC）、异步通信（Asynchronous Data Communication，ASYNC）。

7.1.1 异步串行通信与同步串行通信

1．异步串行通信

（1）定义

异步通信是指通信的发送和接收设备使用各自的时钟控制数据的发送和接收过程。为使双方的收发协调，要求发送和接收设备的时钟尽可能一致。异步通信是以字符（构成的帧）为单位进行传输，字符和字符之间的间隙（时间间隔）是任意的，但每个字符中的各位是以固定的时间传送的，即字符之间是异步的（字符之间不一定有“位间隔”的整数倍的关系），但同一字符内的各位是同步的（各位之间的距离均为“位间隔”的整数倍），如图7-1所示。

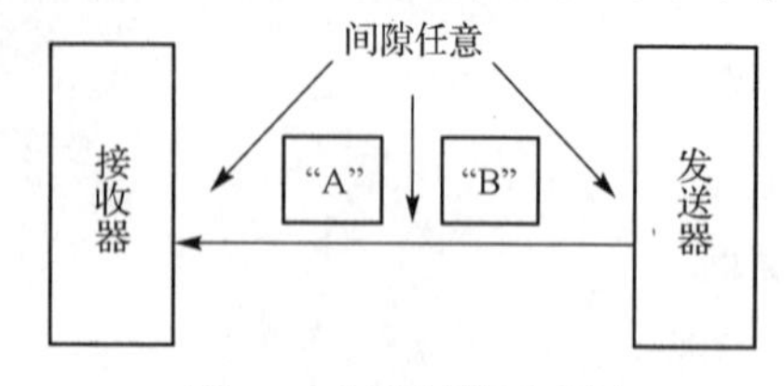

图7-1 异步通信示意图

（2）帧格式

异步通信是把一个字符当成独立的信息来传送，并按照一个规定或预定的时序传送，但在字符之间却取决于字符与字符的任意时序。每一个字符是一帧信息，数据一帧一帧地传送，图7-2是一帧数据为9～12位的帧格式。

对串行异步通信的字符格式做如下说明：

① 起始位：开始一个字符的传送的标志位。起始位使数据线处于0状态。

② 数据位：起始位之后传送的数据信号位。在数据位中，低位在前（左），高位在后（右）。由于字符编码方式的不同，数据位可以是5、6、7或8位。

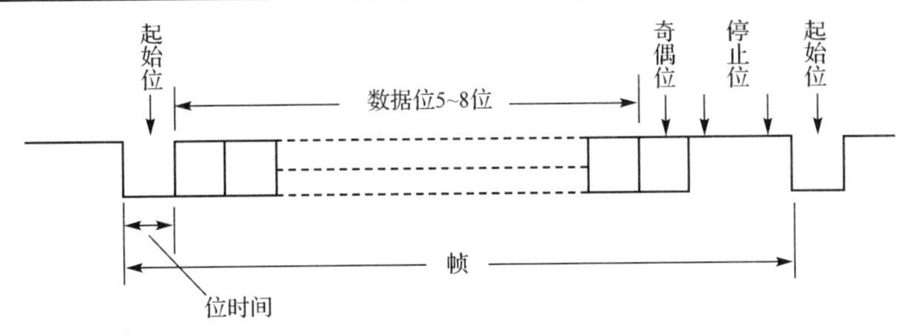

图 7-2　串行异步通信格式

③ 奇偶校验位：用于对字符的传送进行正确性检查，因此奇偶校验位是可选择的，共有三种可能，即奇校验、偶校验和无校验，由用户根据需要选定。

④ 停止位：用以标志一个字符的结束，它对应于 1 状态。停止位在一帧的最后，它可能是 1、1.5 或 2 位，在实际中根据需要确定。

⑤ 位时间：一个格式位的时间宽度。

⑥ 帧：从起始位开始到停止位结束的全部内容称之为一帧。帧是一个字符的完整通信格式，因此也就把串行通信的字符格式称之为帧格式。

通过图 7-2 可以进一步看出，异步通信就是一个字符一个字符地传输，每个字符一位一位地传输，并且传输一个字符时，总是以“起始位”开始，以“停止位”结束，字符之间没有固定的时间间隔要求。每个字符前面都有一位“起始位”（低电平），字符本身由 5～8 位数据位组成，接着字符后面是一位“校验位”（也可以没有），最后 1 位或 1 位半或 2 位是“停止位”，“停止位”后面是不定长的“空闲位”。“停止位”和“空闲位”都规定为高电平，这样就保证“起始位”开始处一定有一个下跳沿。

（3）特点

异步通信的特点是逐个字符地传输，并且传送一个字符总是从起始位开始，在停止位结束。字符之间的空闲位可以任意长，没有固定的时间间隔要求。

例如，传送一个 7 位的 ASCII 码字符，再加上一个起始位、一个奇校验位和一个停止位组成的一帧共 10 位。图 7-3 表示传输字符“E”的 ASCII 码的波形。

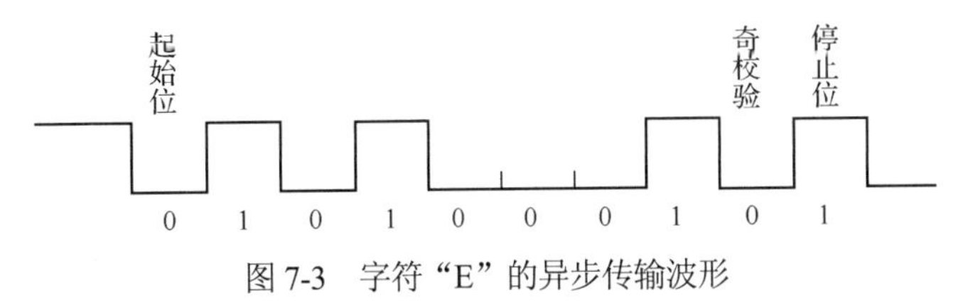

图 7-3　字符“E”的异步传输波形

在图 7-3 中，第 1 位为低电平，表示起始位；第 2～8 位是数据位，表示传输的是字符“E”的 ASCII 码 45H，这是一个从低位到高位表示的二进制码 1000101B；第 9 位为 0，它是奇校验位，以保证数据位与校验位中含“1”的个数是奇数；最后一位为高电平，表示停止位。

作为接收方，通过第一个低电平时为数据接收工作的开始，在最后一个高电平时表示数据传送的结束。通过校验位判断数据在传送过程中是否有误。

在异步通信中，各字符之间是异步的，而字符内部各位之间是同步的，即每个字符出现在数据流中的相对时间是随机的，接收端预先并不知道。而每个字符一经发送，接收和发送双方均以预先固定的时钟频率传送各位。在异步通信中，每个字符要用起始位和停止位作为开始和结束的标志，这样就会占用一些时间，使非数据的传送时间增大。在数据块传送时，为了提高速度，可设法去掉这些标志而采用同步传送。

2. 同步串行通信

（1）定义

同步通信时要建立发送方时钟对接收方时钟的直接控制，使双方达到完全同步。此时，传输数据的位之间均为“位间隔”的整数倍，同时传送的字符间不留间隙，即保持位同步关系，也保持字符同步关系。发送方对接收方的同步可以通过内同步和外同步两种方法实现。

（2）帧格式

采用同步通信时，将许多字符组成一个信息组，通常称为信息帧。在每帧信息的开始加上同步字符，接着字符一个接一个地传输（在没有信息要传输时，要填上空字符，同步传输不允许有间隙）。接收端在接收到规定的同步字符后，按约定的传输速率，接收对方发来的一串信息，如图7-4所示。

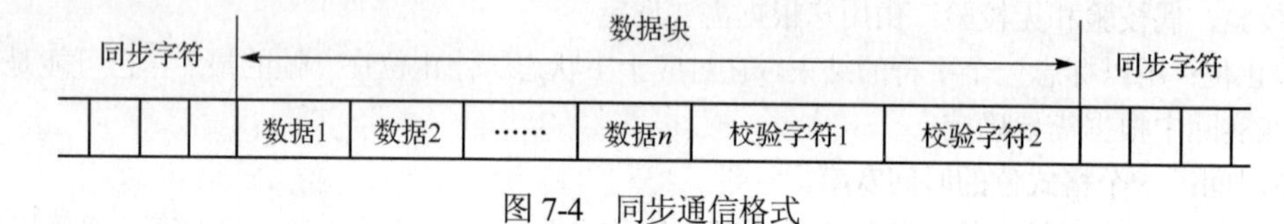

图7-4 同步通信格式

（3）特点

通常在同步通信时，将许多字符组成一个信息组，这样，字符可以一个接一个地传输，但是，在每组信息（通常称为帧）的开始要加上同步字符，在没有信息要传输时，要填上空字符，因为同步传输不允许有间隙。在同步传输过程中，一个字符可以对应5～8位。当然，对同一个传输过程，所有字符对应同样的数位，比如n位，这样传输时，按每n位划分一个时间片，发送端在一个时间片内发送1个字符，接收端则在一个时间片内接收1个字符。

同步传输时，一个信息帧中包含许多字符，每个信息帧用同步字符作为开始，一般将同步字符和空字符用同一个代码。在整个系统中，由一个统一的时钟控制发送端的发送和接收端的接收。接收端当然是应该能识别同步字符的，当检测到有一串数位和同步字符匹配时，就认为开始一个信息帧。

3. 异步通信方式与同步通信方式的比较

（1）从硬件设备的要求看

异步通信方式由于采用了起始位同步，所以对收发时钟要求不高，若接收设备和发送设备两者的时钟频率略有差别，不会因偏差的积累而导致错位，有时字符之间的空闲位，也为这种偏差提供了一种缓冲，所以通信可靠性高而且硬件设备简单。

同步通信方式由于它的数据信息位很长，所以对收发时钟要求非常严格，不仅要求其同频率，而且要求同相位。在近距离通信时，可以采用增加一根时钟信号线的方式来解决，在远距离通信时，采用锁相技术通过调制解调器从数据流中提出同步时钟信号。

由此可见，采用同步通信方式比异步通信方式对硬件的要求高，设备更复杂。

（2）从数据的传输效率看

异步通信在每个字符传输过程中，都必须有1个起始位，1～2 个停止位，即每个字符有2～3个辅助位，如果用异步通信传送400B的数据，则至少必须有800位辅助位，即占去整个数据量的20%。

若采用同步方式，则只需要数据信息的开始，发送1～2个同步字符，若发送400个数据，则辅助位只占数据位的0.5%。

可见，同步通信方式的数据传输效率高于异步通信。

7.1.2　波特率

1．波特率定义

在并行通信中，传输速度以每秒传输的字节（b/s）表示。在串行通信中，常用波特率（Baud Rate）来表示数据传送的速率。所谓波特率，是指每秒钟内所传送二进制数据的位数，单位为波特（Bd），实际上它是传送每一位信息所用时间的倒数。

如果一个串行字符由 1 个起始位、7 个数据位、1 个奇偶校验位和 1 个停止位等 10 个数位构成，每秒钟传送 120 个字符，则实际传送的波特率为：

10 位/字符×120 字符/秒 ＝1200 位/秒 ＝1200 波特

传送每位信息所占用的时间为：1 秒/1200＝0.833 毫秒。

不同的串行通信系统具有不同的波特率，CRT 终端能处理 9600 波特的传输，而点阵打印机最高也只能以 2400 波特的速率来接收信号。

常用的标准波特率：110、300、600、1000、1200、2400、4800、9600 和 19 200 波特。它也是国际上规定的标准波特率。同步传送的波特率高于异步方式，可达到 64 000 波特。

通信线路上所传输的字符数据（代码）是逐位传送的，一个字符由若干位组成。因此，每秒所传输的字符数（字符速率）和波特率是两个概念。在串行通信中，传输速率指的是波特率，而不是字符数率。两者的关系是：假如在异步串行通信中传送一个字符，包括 12 位（其中有 1 位起始位，8 个数据位，1 个奇偶校验位，2 个停止位），其传输速率是 1200b/s，那么，每秒所能传送的字符数是 1200/12＝100 个。

2．波特率因子

在异步串行通信中，发送端需要用一定频率的时钟来决定发送每 1 位数据所占的时间长度（称为位宽度），接收端也要用一定频率的时钟来测定每一位输入数据的位宽度。发送端使用的用于决定数据位宽度的时钟称为发送时钟，接收端使用的用于测定每一位输入数据位宽度的时钟称为接收时钟。由于发送/接收时钟决定了每一位数据的位宽度，所以发送/接收时钟频率的高低决定了串行通信双方发送/接收数据的速度。

在异步串行通信中，总是根据数据传输的波特率来确定发送/接收时钟的频率。通常，发送/接收时钟的频率总是取波特率的 16 倍、32 倍或 64 倍，这有利于在位信号的中间对每位数据进行多次采样，以减少读数错误。发送/接收时钟频率与波特率的关系如下：

发送/接收时钟频率=n×波特率

发送/接收波特率=发送/接收时钟频率/n　　（$n = 1, 16, 32, 64$）

式中，n 为波特率系数或波特率因子（Factor），取值为 1、16、32 或 64。但对于可编程串行接口芯片 8251A，n 不能取 32，只能取 1、16 或 64。

波特率因子就是发送/接收 1 个数据（1 个数据位）所需要的时钟脉冲个数，其单位是个/位。如波特率因子为 16，则 16 个时钟脉冲移位一次。在接收端，接收器对串行数据流进行检测和采样定位，1 个位周期内采样 16 次。采样检测过程如下：在停止位或空闲位后面，接收器利用每个时钟周期的上升沿对数据流进行采样，通过检测是否有 8 个连续的低电平来决定它是否为起始位。如果都是低电平，则确认为起始位，且对应的是起始位中心，然后以此为时间基准，每隔 16 个时钟周期采样 1 次，定位检测 1 位数据。如果不是 8 个连续的低电平（即 8 个采样值中有 1 个非 0），则认为是干扰信号而将其丢掉。

7.1.3 串行通信的检错与纠错

串行通信经常被用于远程通信中。在信息传输过程中，因噪声干扰导致传输出错是不可避免的，因此串行通信采用检错与纠错的方法来保证通信系统的可靠性。在基本通信规程中，采用奇偶校验来检错，以反馈重发方式纠错；而在高级通信控制规程中，常采用循环冗余码（CRC）检错，以自动纠错的方法来纠错。

1. 奇偶校验

奇偶校验就是在发送数据时，在数据位后面加上一位奇偶校验位，校验位的取值为 1 或 0，以保证每个字符（包括校验位）中 1 的总数为奇数或偶数。发送时，发生器会根据位的结构自动在校验位上添 0 或 1。接收器在接收时对接收到的信息进行含 1 个数的奇偶性检查，若发现有错，则建立状态标志（将状态寄存器中的某位置 1)，以便 CPU 查询和进行出错处理。

2. 代码和校验

代码和校验时发送方将所发送的数据块求和（或各字节异或)，产生 1 个字节的校验字符（校验和）附加到数据块末尾。接收方接收数据时同时对数据块（除校验字节外）求和（或各字节异或)，将所得的结果与发送方的“校验和”进行比较，相符则无差错，否则即认为传送过程中出现了差错。

3. 循环冗余校验（CRC 校验）

CRC 校验即循环冗余校验，它利用编码原理对传送的二进制代码序列以某种规则产生一定的校验码，将校验码放在二进制代码之后，并将此新的编码序列发送出去。在接收时，根据信息码与校验码间所符合的某种规则进行校验（也称译码)，从而可检测出传送过程中是否发生错误。这种校验方法纠错能力强，广泛应用于同步通信中。

7.1.4 串行接口芯片 UART 和 USART

由于计算机是按并行方式传送数据的，当它采用串行方式与外部通信时，必须进行串并变换。发送数据时，需通过并行输入、串行输出移位寄存器将 CPU 送来的并行数据转换成串行数据后，再从串行数据线上发送出去；接收数据时，则需经串行输入、并行输出移位寄存器，将接收到的串行数据转换成并行数据后送到 CPU。

另外，在传送数据的过程中，需要一些握手联络信号，确保发送方和接收方以相同的速度工作，同时还要检测传送过程中可能出现的一些错误等，这就需要有专门的可编程串行通信接口芯片来实现这些功能，通过对这些接口芯片进行编程，可以设定不同的工作方式、选择不同的字符格式和波特率等。

1. 常用的通用串行接口芯片

常用的通用串行接口芯片有两类，一类是仅用于异步通信的接口芯片，称为通用异步收发器（UART，Universal Asynchronous Receiver-Transmitter），如 National 8250。另一类芯片既可工作于异步方式，又可工作于同步方式，称为通用同步异步收发器（USART，Universal Synchronous-Asynchronous Receiver–Transmitter)，如 Intel 8251。

UART 由三部分组成：接收器、发送器和控制器。

接收器将串行码转换成并行码，发送器将并行码转换成串行码，控制器则用来接收 CPU 发来的控制信号，执行 CPU 所要求的操作，并输出状态信息和控制信息。

2. UART 的工作过程

UART 工作于接收方式时，其接收电路始终监视着输入端 RXD，当发现数据线上出现一个起始位，就开始一个字符的接收过程。在时钟脉冲 CLOCK 的控制下，先逐位把数据移入移位寄存器，再按相应的格式将串行数据转换成并行数据，送入并行寄存器中，等待 CPU 来读出。如果设置了奇偶校验位，在传送的过程中还能进行奇偶校验，如奇偶校验错，则置奇偶校验出错标志。在接收的过程中，还能自动检测每个字符的停止位，若无停止位，则置帧出错标志。如果传送的过程中，前一个字符还未取走，又送一个新的字符过来，便置溢出标志。

UART 工作于发送方式时，发送缓冲器把来自 CPU 的并行数据加上相应的控制信息，如起始位、停止位和奇偶校验位等，再在时钟脉冲的控制下，经并/串变换电路转换成串行数据后，从 TXD 引脚逐位地发送出去。

为让 CPU 正确控制数据的接收与发送，电路中还设有接收数据就绪 RDY 和发送缓冲器空 TBE 等状态信息。

3. 调制解调器

使用 UART 或 USART 接口芯片设计的串行接口，数据传输距离局限在数百米之内，不适宜长距离传送。

为了能长距离发送串行数据，常常利用标准电话线进行传送，因其传送线路及连接设备均已具备。但电话线只能传送带宽为 300～3000Hz 的声音信号，它不能直接传输频带很宽的数字信号。

解决这个问题的方法是，在发送数据时，先把数字信号转换成音频信号后，再利用电话线进行传输，接收数据时又将音频信号恢复成数字信号。

使用调制器（Modulator）把数字信号转换成模拟信号，送到通信链路上传输，再用解调器（Demodulator）把从通信链路上接收到的模拟信号转换成数字信号。在大多数情况下，通信是双向的，调制器和解调器合在一个装置中成为调制解调器（Modem），如图 7-5 所示。调制器和解调器是在利用电话网进行远距离数据通信时所需要的设备，因此它是一种数据设备（DCE）。

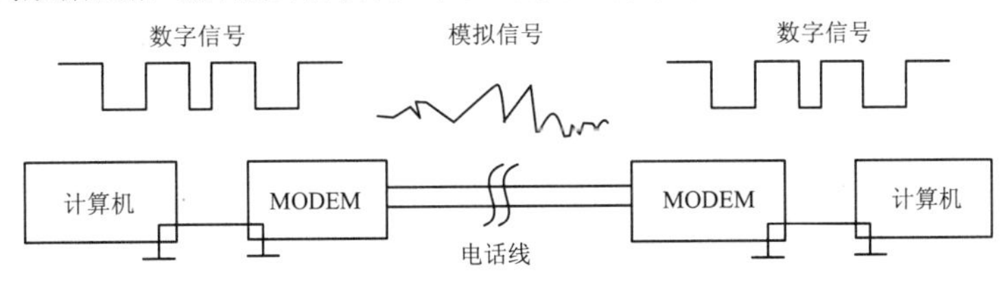

图 7-5　调制与解调示意图

调制的主要形式有幅度（Amplitude）调制、频移键控（FSK，Frequency-Shift Keying）、相移键控（PSK，Phase-Shift Keying）和多路载波（Multiple Carrier）等。

7.2　认识 51 单片机的串行接口

51 单片机内部有一个全双工的串行接口，这个接口既可以用于网络通信，也可以实现串行异步通信，还可以作为同步移位寄存器使用。其帧格式有 8 位、10 位和 11 位，并能设置各种波特率，使用十分灵活。

7.2.1　串行口的结构原理

51 单片机全双工的串行接口对外表现为两个引脚：RXD（P3.0）、TXD（P3.1）。在接收方式下，串行数据通过引脚RXD（P3.0）进入；在发送方式下，串行数据通过TXD（P3.1）送出。在内部结构上，串行口主要由2个数据缓冲器（SBUF）、1个输入移位寄存器、1个串行口控制寄存器（SCON）和1个波特率倍增控制寄存器（PCON）等组成，其结构简图如图7-6所示。

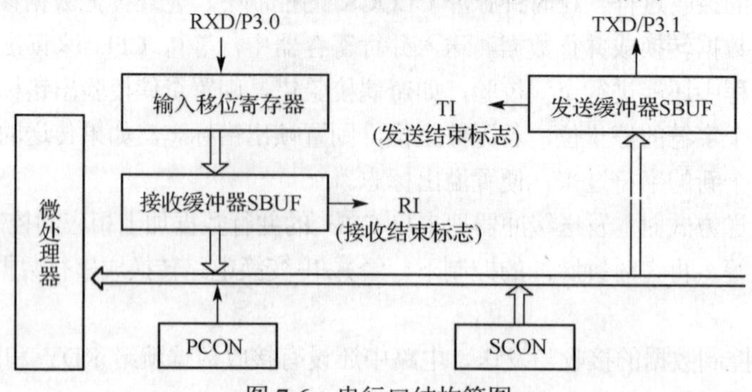

图7-6 串行口结构简图

串行口数据缓冲寄存器（SBUF）是可以直接寻址的专用寄存器。在物理上一个作为发送寄存器，一个作为接收寄存器，两个寄存器共用一个口地址99H，由内部读、写信号区分。CPU写SBUF时为发送缓冲器，读SBUF时为接收缓冲器。接收缓冲器是双缓冲结构，它是为了避免在接收下一帧数据之前，CPU未能及时响应接收器的中断，把上帧数据读走，而产生两帧数据重叠的问题。对于发送缓冲器，为了保证最大传输速率，不需要双缓冲，这是因为发送时CPU是主动的，不会产生写重叠的问题。

特殊功能寄存器SCON用来存放串行口的控制和状态信息，波特率倍增控制寄存器PCON用来对传输过程中的波特率进行加倍控制。

串行通信的过程可以分为串行接收数据过程和串行发送数据过程。

（1）接收数据的过程

在进行通信时，当CPU允许接收时，外界数据通过引脚RXD（P3.0）串行输入，数据的最低位首先进入移位寄存器，一帧数据接收完毕再并行送入接收缓冲器SBUF中，同时将接收结束标志RI置位，向CPU发中断请求。CPU响应中断后，用软件将RI清除并读走输入的数据。接着可以进行下一帧数据的输入，重复将所有的数据接收完毕。接收结束标志RI也可以由CPU进行查询。

（2）发送数据的过程

CPU要发送数据时，即将数据并行写入发送缓冲器（SBUF）中，同时启动数据由TXD（P3.1）引脚串行发送，当一帧数据发送完即发送缓冲器空时，由硬件自动将发送结束标志TI置位，向CPU发中断请求。CPU响应中断后用软件将TI清除并将下一帧数据写入SBUF，重复上述过程将所有的数据发送完毕。发送结束标志TI也可以由CPU进行查询。

7.2.2 串行口的应用控制

51单片机的串行口是可编程的接口，对其两个特殊功能寄存器SCON和PCON的初始化，可以实现对串行口的应用控制。

1. 串行口控制寄存器SCON

串行口控制寄存器是一个可位寻址的特殊功能寄存器，用于串行数据通信的控制。字节地址为98H，位地址为9FH～98H。SCON的格式如下：

	D7	D6	D5	D4	D3	D2	D1	D0
SCON (98H)	SM0	SM1	SM2	REN	TB8	RB8	TI	RI

各位的功能说明如下：

SM0、SM1 是串行口工作方式选择位，这两位的组合决定了串行口的 4 种工作方式，如表 7-1 所示。

表 7-1　SM0、SM1 组合说明表

SM0	SM1	工作方式	功　能	波 特 率
0	0	方式 0	同步移位寄存器方式，用于并行 I/O 口扩展	$f_{osc}/12$
0	1	方式 1	8 位通用异步接收器/发送器	可变
1	0	方式 2	9 位通用异步接收器/发送器	$f_{osc}/32$ 或 $f_{osc}/64$
1	1	方式 3	9 位通用异步接收器/发送器	可变

SM2 是多机通信控制位。因多机通信是在方式 2 和方式 3 下进行的，所以 SM2 位主要用于方式 2 和方式 3。当串行口以方式 2 或方式 3 接收数据时，如 SM2 = 1，则只有当接收到的第 9 位数据（RB8）为“1”时，才将接收到的前 8 位数据送入 SBUF，并置位 RI 产生中断请求；否则，将接收到的前 8 位数据丢弃。而当 SM2 = 0 时，不论接收到的第 9 位数据是“0”还是“1”，都将前 8 位数据装入 SBUF 中，并产生中断请求。在方式 1 时，若 SM2 = 1，则只有接收到有效停止位时，RI 才置 1，以便接收下一帧数据；在方式 0 时，SM2 必须为 0。

REN 是允许接收位。当 REN = 1 时，允许接收数据；当 REN = 0 时，禁止接收数据。该位由软件置位或复位。

TB8 是发送数据的第 9 位。在方式 2、3 时，其值由用户通过软件设置。在双机通信时，TB8 一般作为奇偶校验位使用；在多机通信中，常以 TB8 位的状态表示主机发送的是地址帧还是数据帧，且一般约定：TB8 = 0 为数据帧，TB8 = 1 为地址帧。

RB8 是接收数据的第 9 位。在方式 2、3 时，RB8 存放接收到的第 9 位数据，它代表接收到的数据的特征：可能是奇偶校验位，也可能是地址/数据的标志位。

TI 是发送中断标志位。在方式 0 时，发送完第 8 位后，该位由硬件置位。在其他方式下，于发送停止位之前，由硬件置位。因此，TI = 1 表示帧发送结束，其状态既可供软件查询使用，也可用于请求中断。发送中断响应后，TI 不会自动复位，必须由软件复位。

RI 是接收中断标志位。在方式 0 时，接收完第 8 位后，该位由硬件置位。在其他方式下，当接收到停止位时，由硬件置位。因此，RI = 1 表示帧接收结束，其状态既可供软件查询使用，也可用于请求中断。RI 也必须由软件清 0。

2. 电源控制寄存器 PCON（波特率倍增控制寄存器）

电源控制寄存器是为 CHMOS 型单片机（如 80C51）的电源控制而设置的专用寄存器。字节地址为 87H，其格式如下：

	D7	D6	D5	D4	D3	D2	D1	D0
PCON (89H)	SM0D	—	—	—	—	—	—	—

在 HMOS 的单片机中，该寄存器中除最高位之外，其他位都没有定义。最高位 SMOD 是串行口波特率的倍增位。当 SMOD = 1 时，串行口波特率加倍。系统复位时，SMOD = 0。

7.3　51 单片机串行口的工作方式

51 单片机的串行口工作方式比较复杂，具有 4 种工作方式，这些工作方式是通过 SCON 中的 SM0 和 SM1 两位来确定。

7.3.1 串行口工作方式0

串行口工作方式0为同步移位寄存器输入/输出模式，可外接移位寄存器，以扩展I/O接口。但应注意，在这种方式下，不管是输出还是输入，通信数据总是从P3.0（RXD）引脚输出或输入，而P3.1（TXD）引脚总是用于输出移位脉冲，每一移位脉冲将使RXD端输出或者输入一位二进制码。在TXD端的移位脉冲即为方式0的波特率，其值固定为晶振频率f_{osc}的1/12，即每个机器周期移动一位数据。8位数据为一帧，不设起始位和停止位，先发送或接收最低位。方式0的数据格式如图7-7所示。

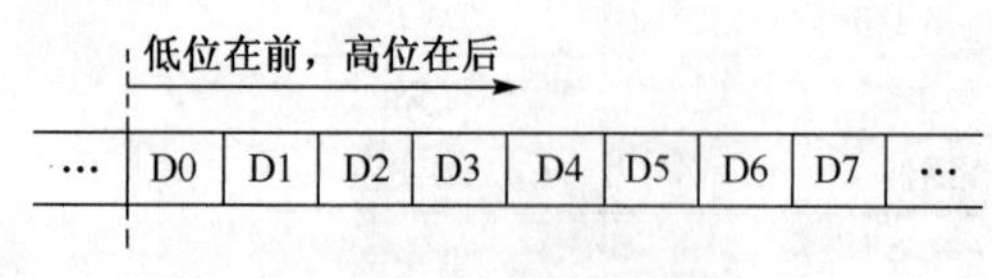

图7-7 串行口方式0的数据帧格式

方式0下，SCON中的TB8、RB8位没有用到，发送或接收完8位数据，由硬件将TI或RI置1，CPU响应中断。TI或RI标志位须由用户软件清0。方式0时，SM2位（多机通信控制位）必须为0。

方式0可分为方式0输入和方式0输出两种方式。

1. 方式0输出

当CPU执行一条将数据写入缓冲寄存器SBUF的指令时，产生一个正脉冲，串行口把SBUF中的8位数据以f_{osc}/12的固定波特率从RXD引脚串行输出，低位在先，TXD引脚输出同步移位脉冲，发送完8位数据后将中断标志TI置1。方式0的数据发送流程为：

① 对寄存器SCON进行初始化，即工作方式的设置。由于使用串行口方式0，只需将00H送入SCON即可。

② 置串行接口控制寄存器SCON的TI = 0，启动串行口发送。

③ 执行写发送缓冲器指令。

单片机的CPU执行完这条指令后，在TXD引脚发送同步移位脉冲，8位数据便从RXD端由低位到高位逐个发送出去。当8位数据发送完毕时，单片机硬件自动置中断标志TI = 1，请求中断，表示发送缓冲器已空。

④ 准备下一次数据发送。标志位TI不会自动清0，当要发送下一组数据时，必须在软件中置TI = 0，然后才能发送下一组数据。串行口方式0的数据输出可以采用查询方式，也可以采用中断方式。

在查询方式下，通过判断语句查询TI的值，如果TI = 1则结束查询，可以发送下一组数据；如果TI = 0，则继续查询。

在中断方式下，TI置位产生中断申请，在中断服务程序中发送下一组数据。此时，需要开启相应的中断请求。

方式0数据发送过程常用于扩展单片机的并行I/O输出端口。单片机的串行口在方式0下，数据以串行方式逐位发出，如果外接一个串入并出的移位寄存器，如74LS164芯片，便可以将串行数据转换为并行数据输出，即扩展了一个单片机的并行输出端口。

【例7-1】 方式0数据发送示例。

方式0数据发送示例的电路如图7-8所示。通过一片74LS164将串行数据转换为并行数据输出，通过指示灯对输出的数据进行指示。在编程过程中可以采用查询方式，也可以采用中断方式。

74LS164引脚图如图7-9所示。

功能：8位串入/并出寄存器，边沿触发，8位串行输入，并行输出。

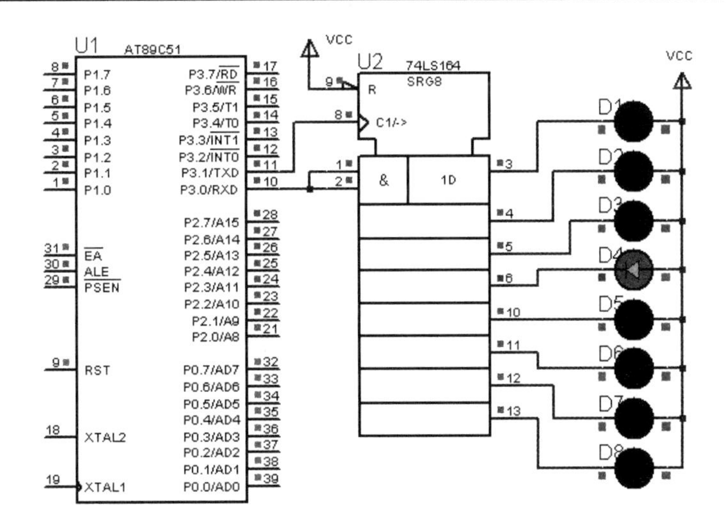

图 7-8　扩展并行输出口

引脚：A、B 为两个数据输入；CP 为时钟输入；MR 为复位输入（低电平有效）；Q0-Q7 数据输出。

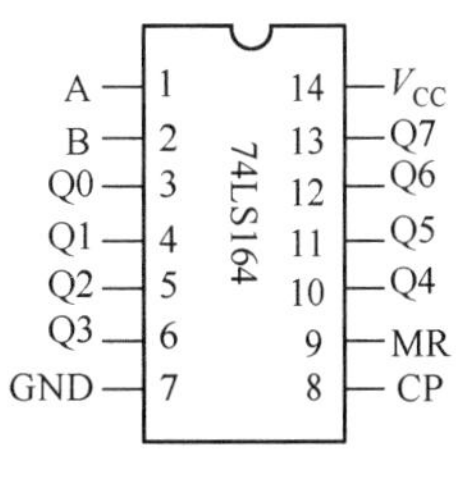

图 7-9　74LS164 引脚图

采用查询方式的程序参考：

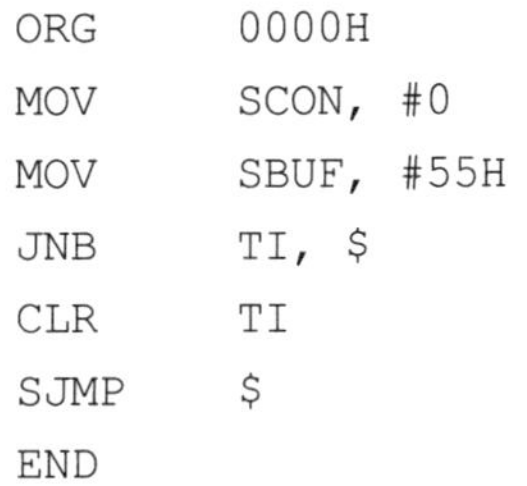

```
ORG     0000H
MOV     SCON, #0        ; 初始化串口方式 0
MOV     SBUF, #55H      ; 输出数据到 SBUF，启动串行输出
JNB     TI, $           ; 等待 TI=1
CLR     TI
SJMP    $
END
```

程序中使用 JBN 语句查询 TI，当 TI = 1 时，表示发送完毕。最后 TI 清 0，准备下一次数据发送。第二次数据传输同样需要查询 TI 标志位。

采用中断方式：

```
        ORG     0000H
        LJMP    MAIN
        ORG     0023H
        LJMP    SISR
        ORG     0030H
MAIN:   MOV     SP, #60H
        MOV     SCON, #0        ; 初始化串口方式 0
        SETB    EA              ; 允许串行中断
        SETB    ES
        MOV     SBUF,#0FH       ; 输出数据到 SBUF，启动串行输出
        SJMP    $               ; 等待 TI=1
SISR:   CLR     TI
        RETI
        END
```

2. 方式 0 输入

对于方式 0 的数据接收，单片机的 TXD 引脚用于发送同步移位脉冲，而 8 位串行数据是通过 RXD 引脚来输入。方式 0 输入时，REN 为串行口接收允许控制位。REN = 0，禁止接收。在方式 0 下，程序可以按照如下流程来进行数据的接收。

① 对寄存器 SCON 进行初始化，即工作方式的设置。由于这里使用的是串行口的方式 0，允许接收，因此需将 10H 送入 SCON，即置 REN=1。另外，在方式 0 工作时，寄存器 SCON 中的 SM2 必须置 0，而 RB8 位和 TB8 位都不起作用，一般置 0 即可。

② 此时，在 TXD 端发送同步移位脉冲，在同步脉冲为低电平时，8 位数据从 RXD 引脚由低位到高位逐位接收。

③ 当 8 位数据接收完毕时，硬件自动置 RI = 1，请求中断，表示接收数据已装入接收缓冲器，可以由 CPU 读取。

④ 准备下一次接收数据。由于 RI 不会自动清 0，当需要接收下一组数据时，必须在软件中置 RI = 0，然后才可以接收下一组数据。此时，同样可以采用查询和中断两种方式。

在查询方式中，使用判断语句查询 RI 的值，如果 RI = 1 则结束查询，可以接收下一组数据；如果 RI = 0，则继续查询。

在中断方式中，在 RI 置位后产生中断申请，在中断服务程序中接收下一组数据。此时，需要开启相应的中断请求。

方式 0 的数据接收过程常用于扩展单片机的并行 I/O 输入端口。单片机的串行口在方式 0 下，数据以串行方式逐位接收，此时，如果在单片机串行口外接一个并入/串出的移位寄存器，如 74LS165 芯片，则可以实现并行数据通过串行口输入，即扩展了并行输入口。

【例 7-2】 方式 0 数据接收示例。

方式 0 数据接收示例的电路如图 7-10 所示。通过一片 74LS165 将并行输入数据转换成串行数据，通过指示灯对接收的数据进行指示。在编程过程中可以采用查询方式，也可以采用中断方式。

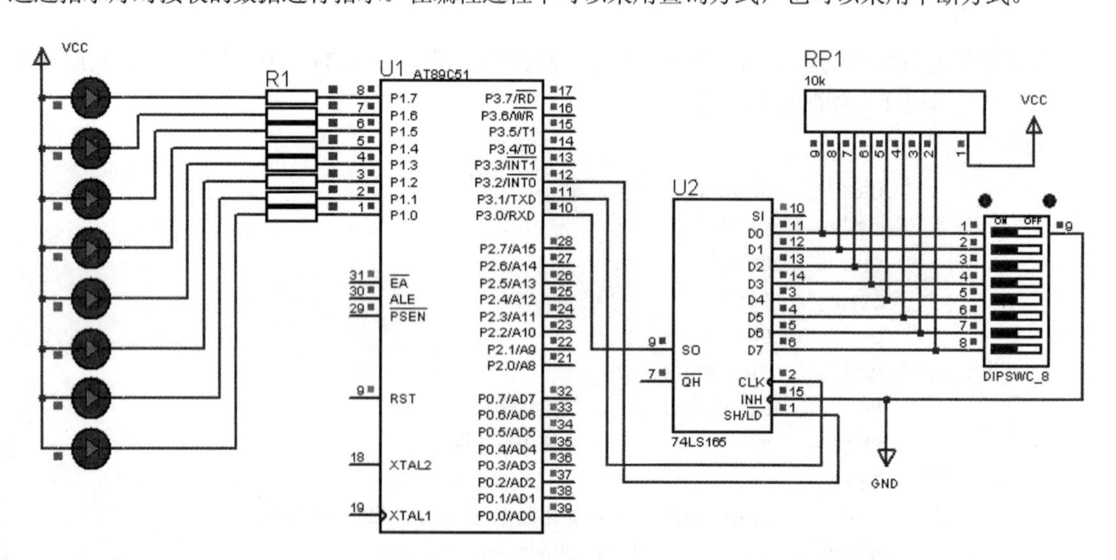

图 7-10　扩展并行输入口

74LS165 是 8 位并行入/串行输出移位寄存器。74LS175 引脚如图 7-11 所示。

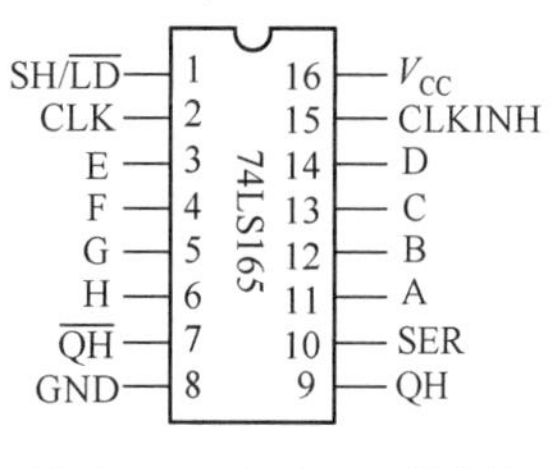

图 7-11　74LS165 引脚图

CLK，CLKINK：时钟输入端（上升沿有效）

A～H：并行数据输入端

SER：串行数据输入端

QH：输出端

/QH：互补输出端

SH/LD：移位控制/置入控制（低电平有效）

查询方式参考程序：

```
        ORG     0000H
        MOV     SCON, #10H      ; 初始化串口方式 0
LL:     CLR     P3.2            ; 并行数据送入 74LS165
        SETB    P3.2
        JNB     RI, $           ; 查询 RI=1
        CLR     RI
        MOV     A, SBUF
        MOV     P1, A
        SJMP    LL
```

这里采用查询方式进行程序设计。程序中使用 JNB 循环查询 RI，当 RI=1 时，表示接收完毕，清 0 RI，准备接收下一个数据，并将读取的数据送到 P1 中。在第二次数据传输时，同样需要查询 RI。

采用中断方式：

```
        ORG     0000H
        LJMP    MAIN
        ORG     0023H
        LJMP    SISR
MAIN:   MOV     SP,#60H
        MOV     SCON,#10H
        SETB    EA
        SETB    ES
        CLR     P3.2
        SETB    P3.2
        SJMP    $
SISR:   CLR     RI
        MOV     A,SBUF
        MOV     P1,A
        CLR     P3.2
        SETB    P3.2
        RETI
        END
```

7.3.2　串行口工作方式 1

串行口的工作方式 1 是波特率可变的串行异步通信方式，工作方式 1 下数据帧的格式如图 7-12 所示。

数据帧由 10 位组成，按顺序分别为起始位、8 位数据位、停止位。数据在传输时，低位在前，高位在后。在程序中可以设置控制寄存器 SCON 的 SM0 = 0 和 SM1 = 1 来将串口设置为工作方式 1。

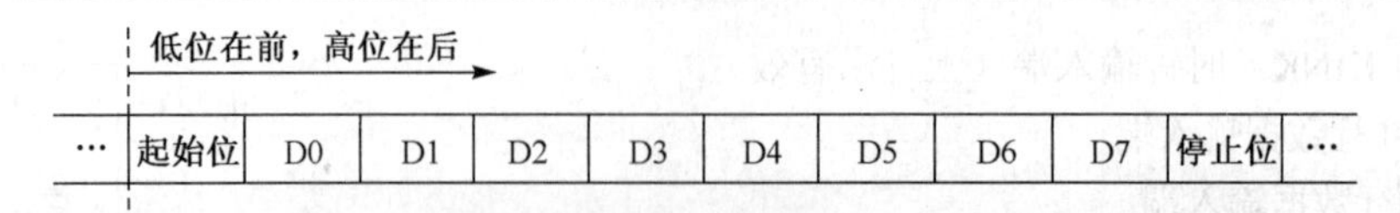

图 7-12 工作方式 1 的帧格式

1. 方式 1 的波特率

串口的工作方式 1 为 10 位异步发送接收方式，其串行移位时钟脉冲由定时器 T1 的溢出率来决定，因此波特率由定时器 T1 的溢出率和波特率倍增位 SMOD 来共同决定。方式 1 的波特率计算公式如下：

$$方式1波特率 = T1溢出率 \times 2^{SMOD}/32$$

设置方式 1 的波特率，需要对定时器 T1 进行工作方式设置，以便于得到需要的波特率发生器。一般使 T1 工作于定时器方式、模式 2，此时为初值自动加载的定时方式。如果计数器的初始值为 X，则每过 256–X 个机器周期的时候，定时器 T1 便将产生一次溢出，溢出的周期为$(256-X)\times 12/f_{osc}$。

此时，单片机的溢出率即是$f_{osc}/[12\times(256-X)]$。

因此，由前面波特率计算公式可得到如下结果：

$$波特率=(2^{SMOD}/32)\times f_{osc}/[12\times(256-X)]$$

通过上面的式子可得到定时器 T1 在模式 2 下的初值 X：

$$X=256-(2^{SMOD}\times f_{osc})/(384\times 波特率)$$

方式 1 下，采用定时器 T1 的工作模式 2 作为波特率发生器时，一些常用波特率的参数及初值设置如表 7-2 所示。

表 7-2 串口方式 1 常用波特率参数设置

波特率（b/s）	f_{osc}(MHz)	SMOD	定时器 T1 工作模式	初值
110	6	0	2	72H
137.5	11.986	0	2	1DH
1200	11.0592	0	2	0E8H
2400	11.0592	0	2	0F4H
4800	11.0592	0	2	0FAH
9600	11.0592	0	2	0FDH
19200	11.0592	1	2	0FDH
62500	12	1	2	0FFH

其中，很多都是用了 11.0592MHz 的晶体振荡频率，这是因为这个频率可以使定时器 T1 的初值设置为整数，便于产生精确的波特率。因此，在使用串行接口的单片机系统中，多采用该晶振。

表中各数据可以根据前面介绍的公式计算得到，这里仅举一例进行说明。例如，对于 51 单片机外接 11.0592MHz 的晶振，即采用内部振荡器工作模式。这里使用工作于模式 2 的定时器 T1 作为串行通信的波特率发生器，波特率为 2400bit/s。如果不使用波特率倍增位 SMOD，则设置 SMOD = 0，则根据前面得到的公式，可知定时器初值如下：

$$X=256-11.0592\times 10^{6}/(384\times 2400)=244=0F4H$$

因此，可以设置 TH1=TL1=0F4H。

进行程序设计，串口方式 1 初始化及波特率初始化的程序示例如下：

```
MOV     TMOD,#20H          ；设置 T1 定时方式，工作于模式 2
```

```
MOV     TH1,#0F4H
MOV     TL1,#0F4H
SETB    TR1
MOV     PCON,#0           ；设置 SMOD 为 0
MOV     SCON,#50H         ；设置方式 1，允许接收
```

2. 方式 1 的数据发送

串行口的工作方式 1 为 10 位异步发送接收方式，单片机 TXD 引脚为数据发送端。通信的双方不需要时钟同步，发送方和接收方都有自己的移位脉冲，通过设置共同的波特率来实现同步。方式 1 发送过程如下：

用软件清除 TI 后，CPU 执行任何一条以 SBUF 为目标寄存器的传送指令，启动发送过程，数据由 TXD 引脚输出，此时的发送移位脉冲是由定时器/计数器 T1 送来的溢出信号经过 16 或 32 分频而得到的。一帧信号发送完时，将置位发送中断标志 TI = 1，向 CPU 申请中断，完成一次发送过程。

方式 1 的数据发送编程流程如下。

① 初始化串口，设置 SCON 寄存器以及 PCON 寄存器。

② 初始化定时器，设置波特率。

③ 置串行接口控制寄存器 SCON 的 TI=0，启动串行口发送。

④ 执行写发送缓冲器 SBUF 语句。

⑤ 硬件自动发送起始位，起始位为逻辑低电平。在发送移位脉冲的作用下，数据帧依次从 TXD 引脚发出。在发送 8 位数据时，低位首先发送，高位最后发送。最后硬件自动发送停止位，停止位为逻辑高电平。

⑥ 在 8 位串行数据发送完毕后，也就是在插入停止位的时候，使 TI 置 1，用以通知 CPU 可以发过下一帧的数据。此时可以采用查询或者中断两种方式来获知 TI 是否置位。当 TI 置位后，程序中清 0 TI，以便于发送下一个数据。

【例 7-3】 方式 1 数据发送程序设计。

串行口方式 1 采用查询方式的程序示例如下：

```
ORG     0000H
MOV     SCON,#40H         ；初始化串行口方式 1
MOV     PCON,#80H
MOV     TMOD,#20H
MOV     TL1,#0F4H         ；波特率 4800b/s
MOV     TH1,#0F4H
CLR     ES
SETB    TR1
MOV     SBUF,#71H
JNB     TI,$
CLR     TI
SJMP    $
```

对于方式 1 的串行数据发送，也可以采用中断来进行程序设计，其程序示例如下：

```
ORG     0000H
LJMP    MAIN
ORG     0023H
LJMP    SISR
```

```
          ORG     0030H
MAIN:     MOV     SP,#60H
          MOV     SCON,$40H          ；初始化串口方式1
          MOV     PCON,#80H
          MOV     TMOD,#20H
          MOV     TL1,#0F4H          ；波特率4800b/s
          MOV     TH1,#0F4H
          SETB    EA
          SETB    ES
          SETB    TR1
          MOV     SBUF,#67H
          SJMP    $
SISR:     CLR     TI
          RETI
```

3. 工作方式1的数据接收

串行口的工作方式1为10位异步发送接收方式，单片机RXD引脚为数据接收端。方式1接收数据中的定时信号可以有两种，接收移位脉冲和接收字符的检测脉冲。

串行口方式1接收数据时的接收移位脉冲，由定时器1的溢出信号和波特率倍增位SMOD来共同决定，即由定时器1的溢出率经过16分频或32分频得到。

接收字符的检测脉冲，其频率是接收移位脉冲的16倍。在接收1位数据的时候，有16个检测脉冲，以其中的第7、第8和第9个脉冲作为真正的接收信号的采样脉冲。对这3次采样结果采取三中取二的原则来确定所检测到的值。由于采样的信号总是在接收位的中间位置，这样便可以抑制干扰，避免信号两端的边沿失真，也可以防止由于通信双方时钟频率不完全相同而带来的接收错误。

在串行口的工作方式1中，可以按照如下流程进行数据的串行接收。

① 初始化串口，设置SCON寄存器及PCON寄存器。这里需要将SCON的REN位置1，启动串行口串行数据接收，RXD引脚便进行串行口的采样。

② 初始化定时器，设置波特率。

③ 在数据传递的时候RXD引脚的状态为1，当检测到从1到0的跳变时，确认数据起始位0。开始接收一帧的串行数据，在接收移位脉冲的控制下，将收到的数据一位一位地送入移位寄存器，直到9位数据完全接收完毕，其中最后一位为停止位。

④ 当RI=0，并且接收到的停止位为1，或者SM2 = 0的时候，8位数据送入接收缓冲器SBUF中，停止位送入RB8中，同时置RI= 1；否则，8位数据不装入SBUF，放弃当前接收到的数据。

⑤ 此时可以采用查询或者中断两种方式来获知RI是否置位。当数据送入接收缓冲器之后，便可以执行读SBUF语句来读取数据。

⑥ 软件中清标志位RI，以便于接收下一次串行数据。

【例7-4】 方式1数据接收程序设计。

串行方式1采用查询方式的程序示例如下：

```
          ORG     0000H
          MOV     SCON,#50H
          MOV     PCON,#80H
          MOV     TMOD,#20H
          MOV     TH1,#0F4H
          MOV     TL1,#0F4H
```

```
        CLR     ES
        SETB    TR1
        JNB     RI,$
        CLR     RI
        MOV     A,SBUF
        SJMP    $
```

对于方式 1 的串行数据接收，也可以采用中断来进行程序设计，其程序示例如下：

```
        ORG     0000H
        LJMP    MAIN
        ORG     0023H
        LJMP    SISR
        ORG     0023H
MAIN:   MOV     SP,#60H
        MOV     SCON ,#50H
        MOV     PCON,#80H
        MOV     TMOD,#20H
        MOV     TH1,#0F4H
        MOV     TL1,#0F4H
        SETB    EA
        SETB    ES
        SETB    TR1
        SJMP    $
SISR:   CLR     RI
        MOV     A,SBUF
        RETI
```

7.3.3　串行口工作方式 2

串行口的工作方式 2 为固定波特率的串行异步通信方式，在方式 2 中数据帧的格式如图 7-13 所示。一帧数据由 11 位构成，按照顺序分别为：起始位 1 位、8 位串行数据（低位在前）、可编程位 1 位、停止位 1 位。在程序中可以设置控制寄存器 SCON 的 SM0 = 1 和 SM1 = 0 来实现。

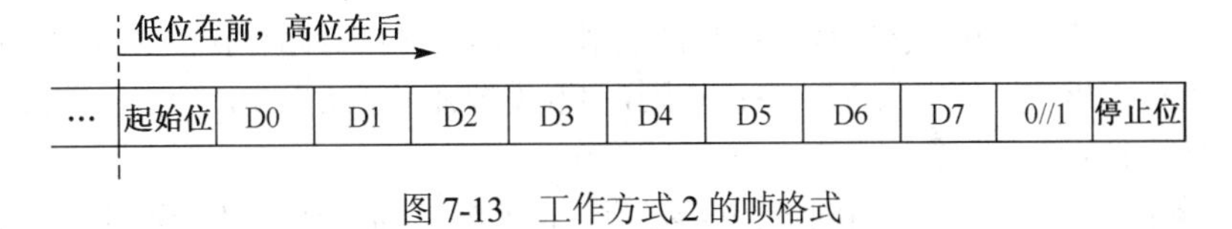

图 7-13　工作方式 2 的帧格式

1. 方式 2 的波特率

串口的工作方式 2 是 11 位异步发送接收方式。方式 2 下的波特率的计算公式如下：

$$方式2波特率 = f_{osc} \times 2^{SMOD}/64$$

从公式中可以看出，在方式 2 下，波特率由单片机的振荡频率 f_{osc} 和 PCON 的波特率倍增位 SMOD 共同决定。当 SMOD = 0 时，波特率为 $f_{osc}/64$，当 SMOD =1 时，波特率为 $f_{osc}/32$。串口方式 2 的波特率不由定时器来设置，只可选两种：$f_{osc}/32$ 或 $f_{osc}/64$。

例如，如果 8051 单片机外接 12 MHz 的晶振，通过寄存器 PCON 可以选择波特率。在程序中，则可以采用如下的赋值语句来实现，示例如下：

```
MOV     PCON,#0         ; 设置 SMOD=0
MOV     PCON,#80H       ; 设置 SMOD=1
```

2. 方式 2 的数据发送

在串行口的工作方式 2 中，TXD 引脚为数据发送端。方式 2 的发送共有 9 位有效的数据，在启动发送之前，需要将发送的第 9 位，即可编程位的数值送入寄存器 SCON 中的 TB8 位。这个编程标志位可以由用户自己定义，硬件不做任何规定。例如，用户可以将这一位定义为奇偶校验位或地址/数据标志位。在串行口的工作方式 2 中，可以按照如下的流程来进行数据的串行发送。

① 首先，初始化串口为工作方式 2。

② 设置波特率。

③ 置串行接口控制寄存器 SCON 的 TI=0，启动串行口发送，并装入 TB8 的值。

④ 执行写发送缓冲器 SBUF 语句，示例如下：

```
MOV     SBUF,#46H;
```

⑤ 硬件自动发送起始位，起始位为逻辑低电平。发送 8 位数据，低位首先发送，高位最后发送。发送第 9 位数据，即 TB8 中的数值。硬件自动发送停止位，停止位为逻辑高电平，同时置 TI = 1，发送完毕。

⑥ 在程序中可以采用查询或中断两种方式获知 TI。如果 TI 置位，则需要在软件中清 0 TI，以便于下一次串行数据发送。

3. 方式 2 的数据接收过程

串口的工作方式 2 是 11 位异步发送接收方式，单片机 RXD 引脚为数据接收端。方式 2 的串行数据接收过程与方式 1 基本类似，只不过方式 1 的第 9 位为停止位，而这里则是发送的可编程位。

串行口的工作方式 2 中，可以按照如下的流程来进行数据的串行接收：

① 首先，初始化串口为方式 2。其中，需要设置串行接口控制寄存器 SCON 的 REN = 1，启动串行口串行数据接收，引脚 RXD 便进行串行口的采样。

② 设置波特率。

③ 在数据传递的时候 RXD 引脚的状态为 1，当检测到从 1 到 0 的跳变时，确认数据起始位 0 开始接收一帧的串行数据，在接收移位脉冲的控制下，将收到的数据逐位地送入移位寄存器，直到 9 位数据完全接收完毕，其中最后一位为发送的 TB8。

④ 当 RI = 0，且 SM2 = 0 或接收到的第 9 位数据为 1 时，8 位串行数据送入接收缓冲器 SBUF 中，而第 9 位数据送入 RB8 中，同时置 RI = 1；否则，8 位数据不装入 SBUF，放弃当前接收到的数据。接收数据真正有效的条件有两个：

- 第一个条件是 RI = 0，表示接收缓冲器已空，即 CPU 已把 SBUF 中上次收到的数据读走，可以进行再次写入。
- 第二个条件是 SM = 0 或收到的第 9 位数据为 1，根据 SM2 的状态和接收到的第 9 位数据状态来鉴定接收数据是否有效。

⑤ 此时可以采用查询或者中断两种方式来获知 RI 是否置位。当数据送入接收缓冲器之后，便可以执行读 SBUF 语句来读取数据，示例如下：

```
MOV     A, SBUF
```

⑥ 最后，软件中清 0 RI，以便于接收下一次串行数据。

一般来说，在单机通信中第 9 位作为奇偶校验位，应令 SM2 = 0，以保证可靠的接收；在多机通信时，第 9 位数据一般作为地址/数据区别标志位，应令 SM2 = 1，则当接收到的第 9 位为 1 时，接收到的数据为地址帧。

7.3.4　串行口工作方式 3

串行口的工作方式 3 为 11 位异步发送接收方式，在方式 3 中数据帧的格式，如图 7-14 所示。1 帧数据由 11 位构成，按照顺序分别为：起始位 1 位、8 位串行数据（低位在前）、可编程位 1 位、停止位 1 位。在程序中可以设置控制寄存器 SCON 的 SM0 = 1 和 SM1 = 1 来实现。

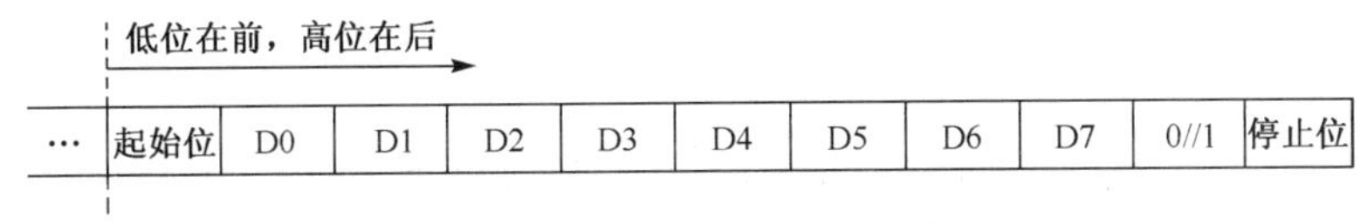

图 7-14　工作方式 3 的帧格式

1. 方式 3 的波特率

方式 3 和方式 2 的工作方式是一样的，不同的是，方式 2 仅有两个固定的波特率可选，而方式 3 的波特率由定时器 1 的溢出率和波特率倍增位 SMOD 决定。

串口的工作方式 3 为 11 位异步发送接收方式。其串行移位时钟脉冲由定时器 T1 的溢出率来决定，因此，波特率由定时器 T1 的溢出率和 SMOD 来共同决定。

具体计算同方式 1。

在方式 3 下，如果采用定时器 T1 的工作模式 2 作为波特率发生器，一些常用波特率的参数及初值设置工作方式 1 中的介绍如表 7-2 所示。

2. 方式 3 的数据发送过程

在串行口的工作方式 3 中，单片机的 TXD 引脚为数据发送端。方式 3 的发送共有 9 位有效的数据，在启动发送之前，需要将发送的第 9 位，即可编程位的数值送入 SCON 中的 TB8 位。这个编程标志位可以由用户自己定义，硬件不做任何规定。例如，用户可以将这一位定义为奇偶校验位或地址/数据标志位。在串行口的工作方式 3 中，可以按照如下的流程来进行数据的串行发送。

① 首先，初始化串口为工作方式 3。

② 初始化定时器，设置波特率。

③ 置串行接口控制寄存器 SCON 的 TI = 0，启动串行口发送，并装入 TB8 的值。

④ 执行写发送缓冲器 SBUF 语句，示例如下：

```
MOV      SBUF, #36H
```

⑤ 硬件自动发送起始位，起始位为逻辑低电平。发送 8 位数据，低位首先发送，高位最后发送。发送第 9 位数据，即 TB8 中的数值。硬件自动发送停止位，停止位为逻辑高电平，同时置 TI = 1，发送完毕。

⑥ 在程序中可以采用查询或中断两种方式获知 TI。如果 TI 置位，则需要在软件中清 0 TI，便于下一次串行数据发送。

3. 方式 3 的数据接收

串口的工作方式 3 是 11 位异步发送接收方式，单片机 RXD 引脚为数据接收端。方式 3 的串行数据接收过程与方式 2 基本类似。在串行口的工作方式 3 中，可以按照如下的流程进行数据的串行接收。

① 首先，初始化串口为方式 3。其中需要置串行接口控制寄存器 SCON 的 REN = 1，启动串行口数据接收，引脚 RXD 便进行串行口的采样。

② 初始化定时器，设置波特率。

③ 在数据传递的时候 RXD 引脚的状态为 1，当检测到从 1 到 0 的跳变的时候，确认数据起始位

0。开始接收一帧的串行数据，在接收移位脉冲的控制下，将收到的数据逐位地送入移位寄存器，直至9位数据完全接收完毕，其中最后一位为发送的TB8。

④ 当RI＝0，且SM2=0或接收到的第9位数据为1时，8位串行数据送入接收缓冲器SBUF中，而第9位数据送入RB8中，同时置RI＝1；否则，8位数据不装入SBUF，放弃当前接收到的数据。即接收数据真正有效的条件有两个：

- 第一个条件是RI=0，表示接收缓冲器已空，即CPU已把SBUF中上次收到的数据读走，可以进行再次写入。
- 第二个条件是SM=0或收到的第9位数据为1，根据SM2的状态和接收到的第9位数据状态来决定接收数据是否有效。

⑤ 此时可以采用查询或者中断两种方式来获知RI是否置位。当数据送入接收缓冲器之后，便可以执行读SBUF语句来读取数据，示例如下：

```
MOV     A, SBUF
```

⑥ 最后，软件中清0 RI，以便于接收下一次串行数据。

一般，在单机通信中第9位作为奇偶校验位，应令SM2＝0，以保证可靠的接收；在多机通信时，第9位数据一般作为地址/数据区别标志位，应令SM2＝1，则当接收到的第9位为1时，接收到的数据位地址帧。

7.4　51单片机串行口的应用举例

串行口在应用过程中，其软件编程非常重要，串行口编程包括编写串行口的初始化程序和串行口的输入/输出程序。

7.4.1　串行口编程基础

1．串行口的初始化

串行口需初始化后，才能完成数据的输入、输出。其初始化过程如下：

① 按选定串行口的操作方式设定SCON的SM0、SM1两位二进制编码。

② 对于方式2或方式3，应根据需要在TB8中写入待发送的第9数据位。

③ 若选定的操作方式不是方式0，还需设定发送的波特率：设定SMOD的状态，以控制波特率是否加倍。若选定操作方式1或3，则应对定时器T1进行初始化以设定其溢出率。

2．串行通信编程步骤

串行通信编程步骤如下。

（1）定好波特率

串行接口的波特率有两种方式：固定的波特率和可变的波特率。当使用可变波特率时，应先计算T1的计数初值，并对T1进行初始化；如果使用固定波特率（工作方式0、工作方式2），则此步可以省略。

【例7-5】 设某51单片机系统，其串行口工作于方式3，要求传送波特率为1200。作为波特率发生器的定时器T1工作在模式2时，请求出计数初值为多少？设单片机的振荡频率为6MHz。

因为串行口工作于方式3时的波特率为

$$\text{方式3的波特率} = 2^{SMOD}/32\times f_{osc}/(12\times(256-\text{TH1}))$$

所以

$$\text{TH1}=256-f_{osc}/(\text{波特率}\times 12\times 32/2^{SMOD})$$

当 SMOD=0 时，初值　　$TH1=256-6\times10^6/(1200\times12\times32/1)=243=0F3H$

当 SMOD=1 时，初值　　$TH1=256-6\times10^6/(1200\times12\times32/2)=230=0E6H$

（2）填写控制字

即对 SCON 寄存器设定工作方式，如果是接收程序后双工通信方式，需要置 REN = 1（允许接收），同时也将 T1 清 0。

（3）串行通信可采用两种方式，即查询方式和中断方式

TI 和 RI 是一帧数据是否发送完或一帧数据是否到齐的标志，可用于查询；如果设置允许中断，可引起中断。两种工作方式的编程方法如下。

① 查询方式发送程序：发送一个数据、查询 TI、发送下一个数据（先发后查）。

② 查询方式接收程序：查询 RI、读入一个数据、查询 RI、读入下一个数据（先查后收）。

③ 中断方式发送数据：发送一个数据、等待中断，在中断中再发送下一个数据。

④ 中断方式接收数据：等待中断、在中断中接收一个数据。

两种方式中，发送或接收数据后都要注意将 TI 或 RI 清 0。

为保证接收、发送双方的协调，除两边的波特率要一致外，双方可以约定以某个标志字符作为发送数据的起始，发送方先发送这个标志字符，待对方收到并给予回应后再正式发送数据。以上针对的是点对点通信，如果是多机通信，标志字符就是各个分机的地址。

3. 查询方式编程

对于波特率可变的工作方式 1 和工作方式 3 来说，查询方式的发送流程如图 7-15 所示，接收方式的流程如图 7-16 所示。

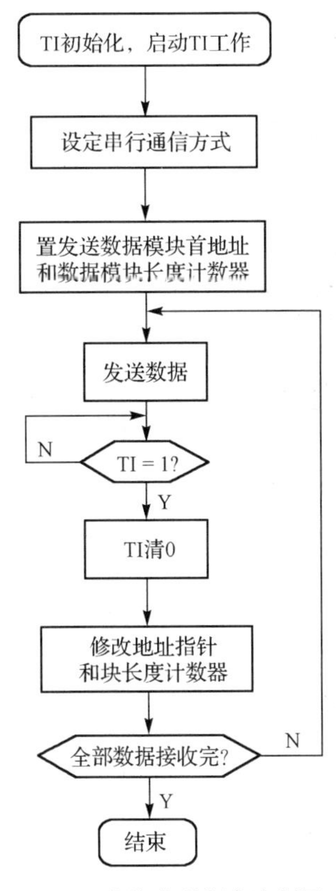

图 7-15　查询发送程序流程图

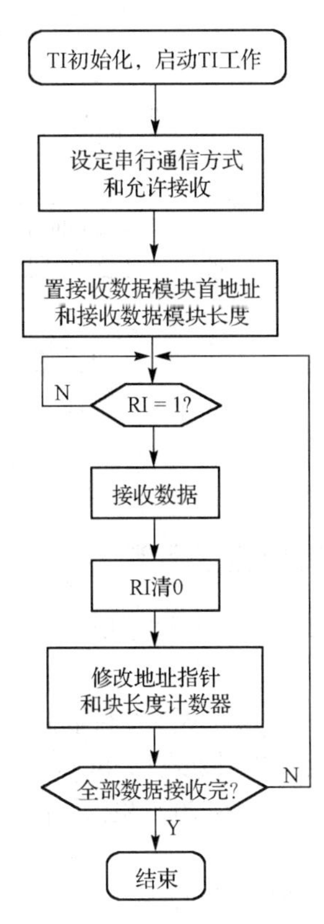

图 7-16　查询接收程序流程图

4．中断方式编程

中断方式对定时器 TI 和寄存器 SCON 的初始化类似于查询方式，不同的是要置位 EA（中断开关）和 ES（允许串行中断），中断方式的发送和接收流程图如图 7-17 和图 7-18 所示。

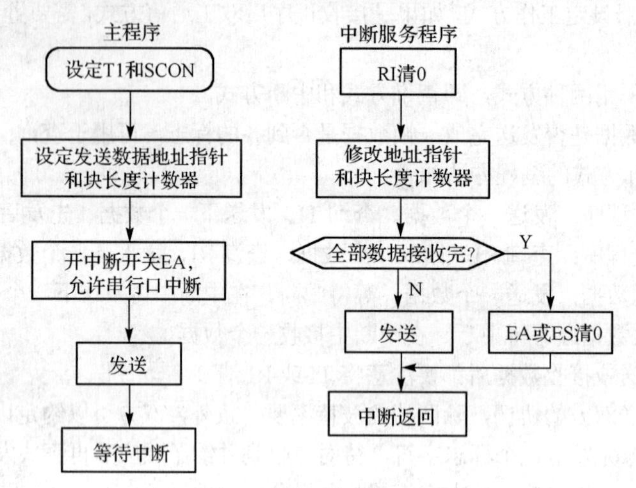

图 7-17　中断发送程序流程图

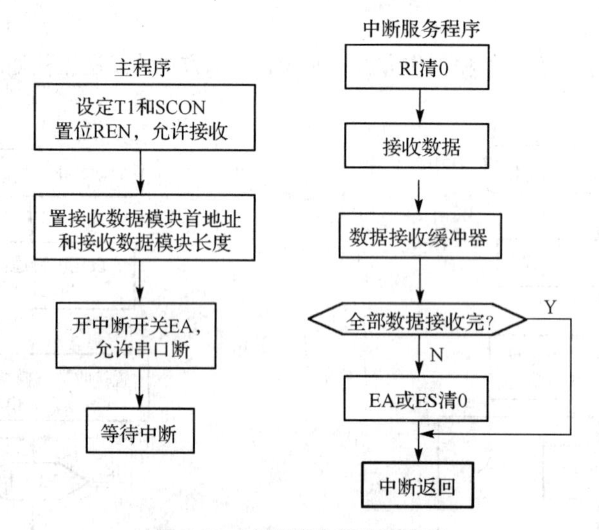

图 7-18　中断接收程序流程图

7.4.2　串行口应用举例

【例 7-6】 电路如图 7-8 所示，试编程完成高 4 位灯和低 4 位灯以 1s 亮 1s 灭的频率进行闪烁。

分析：

（1）4 位亮、4 位灭的交替数据为 11110000B 和 00001111B；

（2）串行口采用方式 0，SCON=00H；

（3）1s 由定时器 T0 产生。硬件定时 50ms，软件计数 20 次；T0 定时器方式、模式 1、初值为：

$$50000 = 65536 - X \qquad X = 15536 = 3CB0H$$

（4）1s 采用中断的方式，20 次中断到，将输出的数据取反操作。

参考程序如下：

```
        ORG     0000H
        LJMP    MAIN
        ORG     0023H
        LJMP    SINT            ; 串行口中断服务程序
        ORG     0030H
MAIN:   MOV     SP,#60H
        MOV     SCON,#0         ; 串行口方式 0
        MOV     TMOD,#01H       ; T0 定时器、模式 1
        MOV     TH0,#3CH        ; 50ms 定时初值
        MOV     TL0,#0B0H
        MOV     R7,#20          ; 软件计数器
        SETB    EA              ; 中断管理
        SETB    ET0
        SETB    TR0             ; 启动 T0
        MOV     A,#0FH
        MOV     SBUF,A          ; 为串口发送初值
        SJMP    $
SINT:   MOV     TH0,#3CH        ; 重新赋初值
        MOV     TL0,#0B0H
        DJNZ    R7,LL           ; 20 次不到，转 LL
        MOV     R7,#20
        CPL     A
        MOV     SBUF,A          ; 送串口数据
LL:     RETI
        END
```

修改：将上例的程序改为流水灯形式。

【例 7-7】 串行口自发自收。

将 51 单片机的 TXD 接 RXD，实现单片机串行口数据自发自收，并将接收的数据通过 P1 口输出到发光二极管显示。系统时钟频率为 11.0592MHz，自发自收的波特率为 2400b/s。编写程序，要求：单片机串行口工作在方式 1，从 TXD 发送数据 0x0F，从 RXD 将该数据读回，送 P1 口通过 8 个发光二极管显示，并将该数据取反，重新发送与接收。电路如图 7-19 所示。

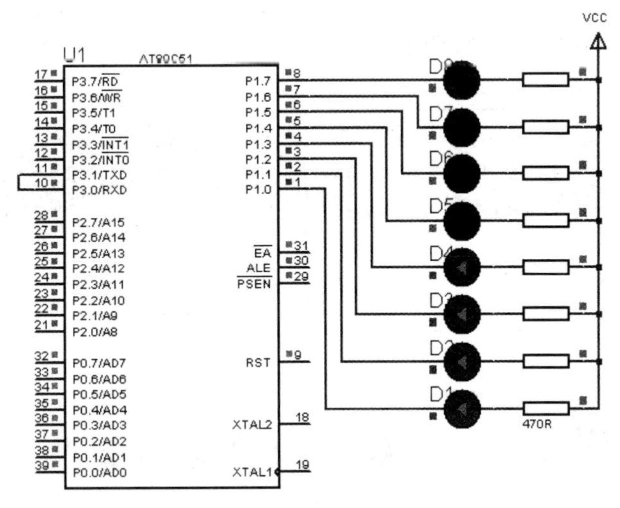

图 7-19　例 7-7 的电路原理图

f_{osc} = 11.0592MHz，波特率为 2400b/s，取 SMOD = 0，依据公式：

$$波特率 = 1/32 \times f_{osc}/(12 \times (256 - X))$$

求得 $X = 0F4H$。

程序如下：

```
        ORG     0000H
        MOV     P1, #0FFH           ; LED 灯灭
        MOV     TMOD, #20H
        MOV     TH1, #0F4H          ; 设定波特率
        MOV     TL1, #0F4H
        SETB    TR1
        MOV     SCON, #50H
        MOV     A, #0FH             ; 发送数据 0FH
ABC:    CLR     TI
        MOV     SBUF, A
L1:     JNB     RI, L1              ; RI 不等于 1 等待
        CLR     RI
L2:     JNB     TI, L2              ; TI 不等于 1 等待
        MOV     A, SBUF             ; 接收数据 A = 0FEH
        CPL     A
        MOV     P1, A               ; 输出
        LCALL   DAY                 ; 延时
        SJMP    ABC
DAY:    MOV     R0, #0
DAL:    MOV     R1, #0
DAL1:   DJNZ    R1, DAL1
        DJNZ    R0, DAL
        RET
        END
```

如果发送接收正确，可观察到发光二极管有规律的亮灭闪烁，如果断开 TXD 和 RXD 的连线，发光二极管将不会闪烁。

【例 7-8】 两个单片机串行通信。

在某控制系统中有甲、乙两个单片机，甲单片机首先将 P1 口拨动开关数据存入 SBUF，然后经由 TXD 将数据发送给乙单片机。乙单片机将接收数据存入 SBUF，再由 SBUF 载入累加器，并输出至 P1，点亮相应端口的 LED。电路如图 7-20 所示。

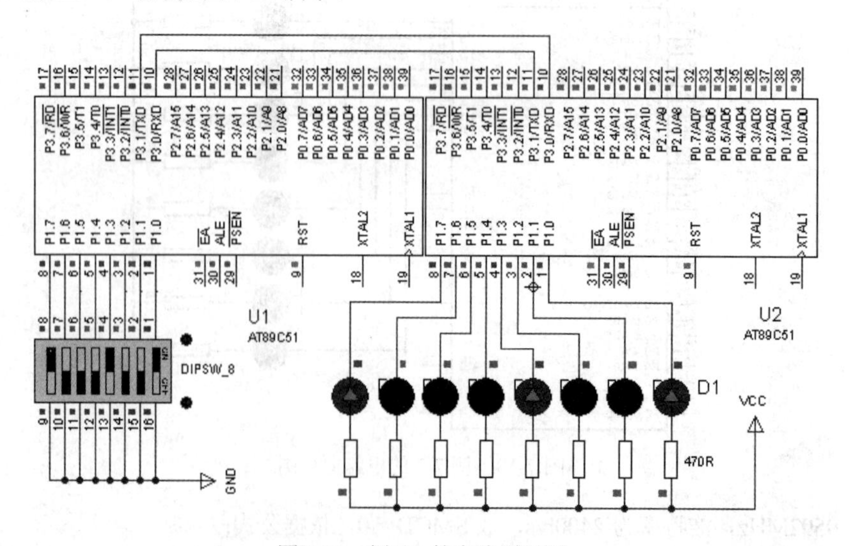

图 7-20　例 7-8 的电路原理图

两个单片机串行通信程序流程图如图 7-21 所示。

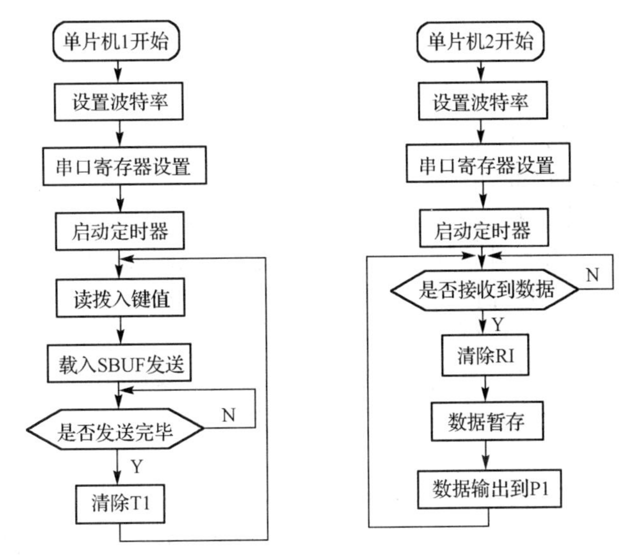

图 7-21　例 6-12 的程序流程图

单片机 1 的源程序代码：

```
        ORG     0000H
        MOV     TMOD,#20H
        MOV     TH1,#0FFH
        MOV     TL1,#0FFH
        MOV     SCON,#50H
        MOV     PCON,#80H
        SETB    TR1
    L:  MOV     P1,#0FFH
        MOV     A,P1
        MOV     SBUF,A
        JNB     TI,$
        CLR     TI
        SJMP    L
        END
```

单片机 2 的源程序：

```
        ORG     0000H
        MOV     TMOD,#20H
        MOV     TH1,#0FFH
        MOV     TL1,#0FFH
        MOV     SCON,#50H
        MOV     PCON,#80H
        SETB    TR1
    L:  JNB     RI,$
        CLR     RI
        MOV     A,SBUF
```

```
        MOV     P1,A
        SJMP    L
        END
```

【例7-9】多机通信。

通过 51 单片机串行口能够实现一台主机与多台从机进行通信，主机和从机之间能够相互发送和接收信息。但从机与从机之间不能相互通信。

51 单片机串行口的方式 2 和方式 3 是 9 位异步通信，发送信息时，发送数据的第 9 位由 TB8 取得，接收信息的第 9 位放于 RB8 中，而接收是否有效要受 SM2 位影响。当 SM2=0 时，无论接收的 RB8 位是 0 还是 1，接收都有效，RI 都置 1；当 SM2=1 时，只有接收的 RB8 位等于 1 时，接收才有效，RI 才置 1。利用这个特性便可以实现多机通信。

多机通信时，主机每一次都向从机传送两个字节信息，先传送从机的地址信息，再传送数据信息，处理时，地址信息的 TB8 位设为 1，数据信息的 TB8 位设为 0。

多机通信过程如下：

① 所有从机的 SM2 位开始都置为 1，都能够接收主机送来的地址；

② 主机发送一帧地址信息，包含 8 位的从机地址，TB8 置 1，表示发送的为地址帧；

③ 由于所有从机的 SM2 位都为 1，从机都能接收主机发送来的地址，从机接收到主机送来的地址后与本机的地址相比较，如果接收的地址与本机的地址相同，则使 SM0 位为 0，准备接收主机送来的数据，如果不同，则不做处理；

④ 主机发送数据，发送数据时 TB8 置为 0，表示为数据帧；

⑤ 对于从机，由于主机发送的第 9 位 TB8 为 0，那么只有 SM2 位为 0 的从机可以接收主机送来的数据。这样就实现了主机从多台从机选择一台从机进行通信。

要求设计一个由一台主机、255 台从机构成的多机通信的系统。其中，主机发送的信息可为各从机接收，而各从机发送的信息只能由主机接收，从机之间不能相互通信。

（1）硬件线路图

硬件线路图如图 7-22 所示。

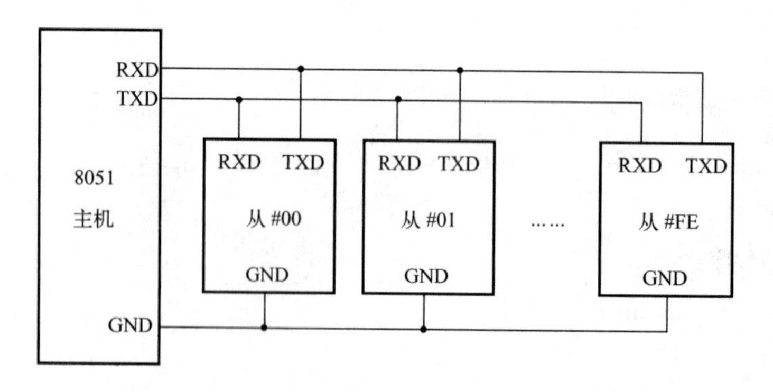

图 7-22 多机通信系统

（2）软件设计

首先定义简单的通信协议。

通信时，为了处理方便，通信双方应制定相应的协议。本例中主、从机晶振频率为 11.0592MHz，波特率为 9600b/s，设置 32 字节的队列缓冲区用于接收发送。主机的 SM2 位设为 0，从机的 SM2 开始设为 1，从机地址从 00H～FEH。

另外，还制定如下简单的协议。主机发送的控制命令如下。

- 00H：要求从机接收数据（TB8=0）。
- 01H：要求从机发送数据（TB8=0）。
- FFH：命令所有从机的 SM2 位置 1，准备接收主机送来的地址（TB8=1）。

从机发给主机状态字格式如图 7-23 所示。

D7	D6	D5	D4	D3	D2	D1	D0
ERR						TRDY	RRDY

图 7-23　从机发给主机状态字格式

其中，ERR=1，表示从机接收到非法命令；TRDY=1，表示从机发送准备就绪；RRDY=1，表示从机接收准备就绪。

主机的通信程序流程图如 7-24 所示。

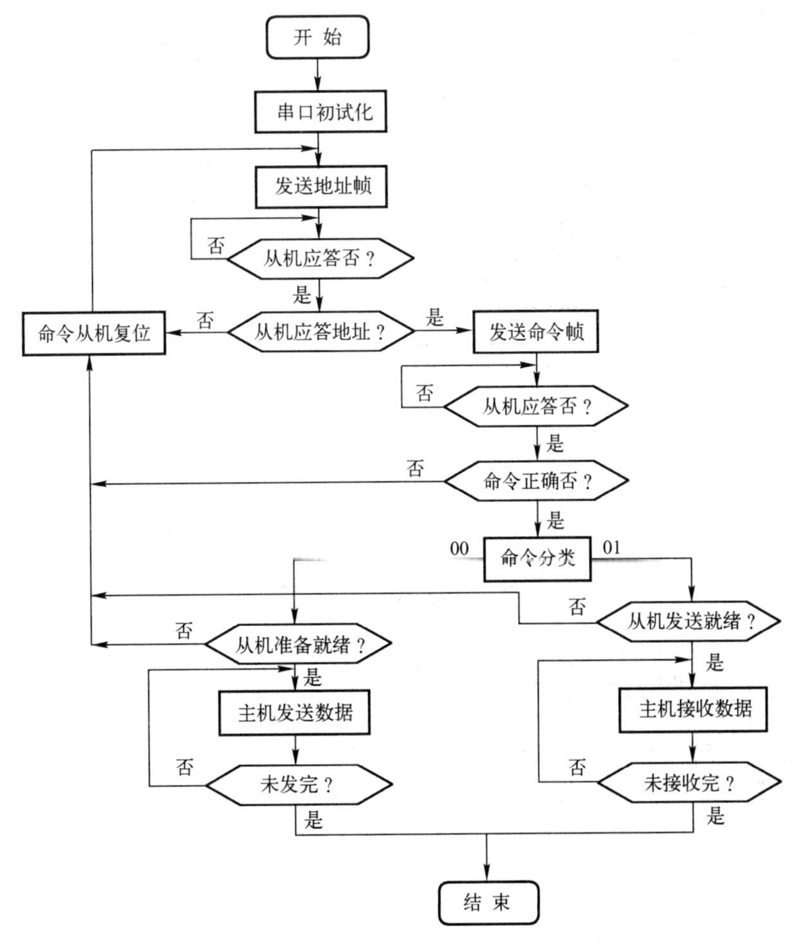

图 7-24　主机的通信程序流程图

从机通信程序流程图如图 7-25 所示。

从机的串行通信程序采用中断控制启动方式，但在串行通信启动后，仍采用查询方式来接收或发送数据。在从机的主程序流程中，应该对定时器 1 和串行口进行初始化设置，使串行口工作方式、波特率等与主机一致，保证二者间的通信正常。

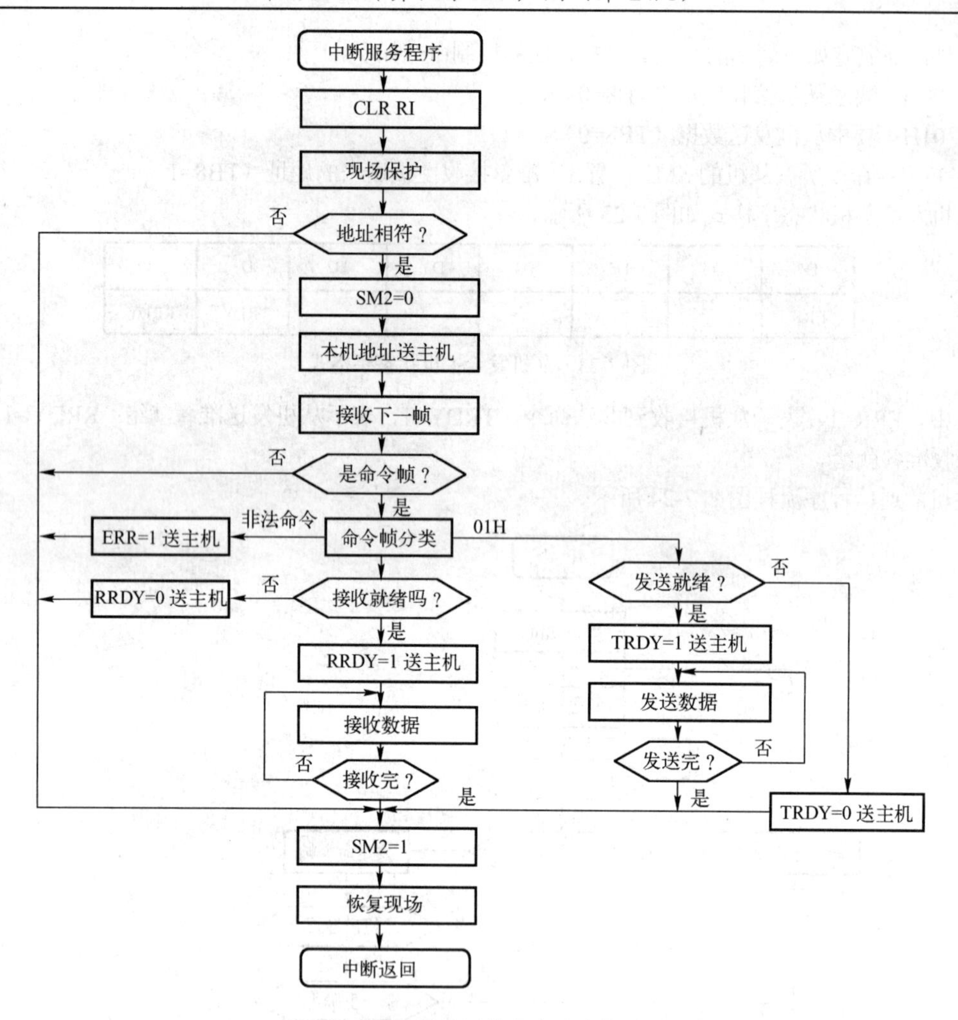

图 7-25　从机通信程序流程图

7.5　实验与设计

实验 1　串行口控制的流水灯实验

【实验目的】掌握 51 单片机串行口的基本应用；掌握 51 单片机串行口扩展为并行口的基本应用。

【电路与内容】电路如图 7-8 所示，通过一片 74LS164 扩展一个 8 位的输出口，输出接 8 个 LED 指示灯，编程实现流水灯的控制。闪烁间隔为 1s，1s 由定时器/计数器产生。

【参考程序】

```
        ORG     0000H
        LJMP    MAIN            ；主程序
        ORG     000BH
        LJMP    T0INT           ；50ms*20 中断服务程序
        ORG     0030H
MAIN:   MOV     SP,#60H
        MOV     SCON,#0         ；串口初始化
```

```
        MOV     TMOD,#01H           ; T0 定时、模式 1
        MOV     TH0,#3CH            ; 初值 50ms
        MOV     TL0,#0B0H
        MOV     R7,#20              ; 软件计数器
        SETB    EA                  ; 中断管理
        SETB    ET0
        SETB    TR0                 ; 启动 T0
        MOV     A,#0FEH
        MOV     SBUF,A
        SJMP    $
T0INT:  MOV     TH0,#3CH            ; 重新赋初值
        MOV     TL0,#0B0H
        DJNZ    R7,T0END
        MOV     R7,#20
        RL      A                   ; 左移一位
        MOV     SBUF,A              ; 串口输出
T0END:  RETI
        END
```

实验 2　串行口控制的 8 段 LED 显示器

【实验目的】掌握 51 单片机串行口扩展并行口的基本应用；掌握 51 单片机串行口管理 8 段 LED 显示器的应用。

【电路与内容】电路如图 7-26 所示，51 单片机外部通过串行口扩展了两片 74LS164，每个 74LS164 连接一个共阳极的 8 段 LED 显示器。编程实现显示 12。

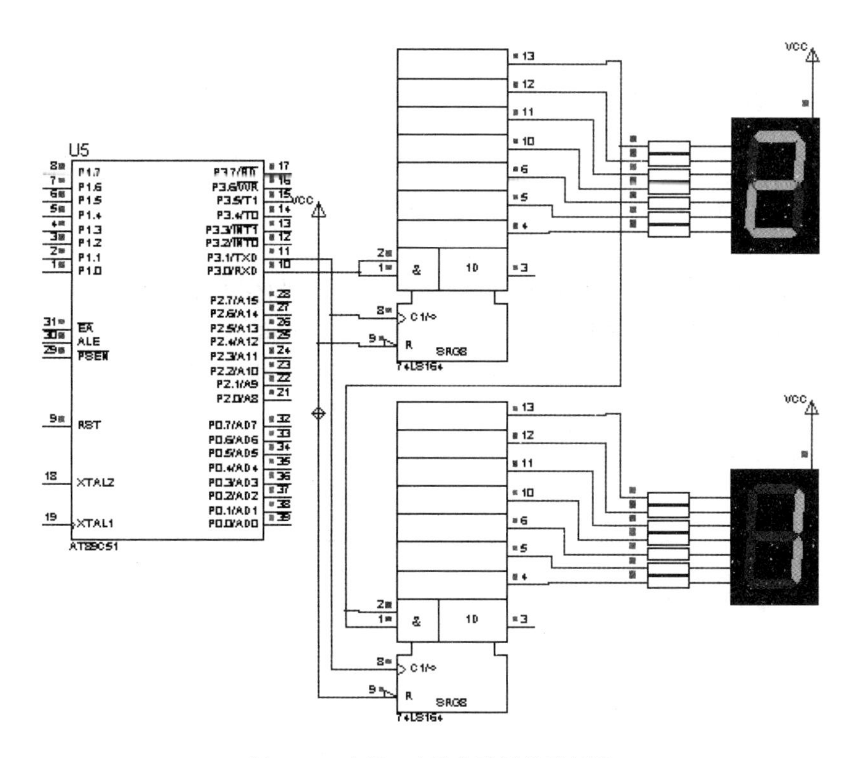

图 7-26　串行口实验电路原理示意图

【参考程序】

```
         DIRBUF0 EQU 30H                    ；定义两个显示缓冲区
         DIRBUF1 EQU 31H
         ORG     0000H
         LJMP    MAIN
         ORG     0030H
MAIN:    MOV     SP,#60H
         MOV     SCON,#0                    ；串行口方式设定
         MOV     DIRBUF0,#1                 ；显示12
         MOV     DIRBUF1,#2
         LCALL   DSP
         SJMP    $
DSP:     CLR     TI
         MOV     A,DIRBUF0
         MOV     DPTR,#DSPTAB
         MOVC    A,@A+DPTR
         MOV     SBUF,A
         JNB     TI,$
         CLR     TI
         MOV     A,DIRBUF1
         MOVC    A,@A+DPTR
         MOV     SBUF,A
         JNB     TI,$
         CLR     TI
         RET
DSPTAB:  DB      0C0H,0F9H,0A4H,0B0H,99H,92H,82H,0F8H,80H,90H
         END
```

本 章 小 结

本章主要介绍51单片机串行口的基本知识与应用，包括4部分基本内容：

（1）串行通信的再认识：异步串行通信与同步串行通信、帧格式、波特率。

（2）认识51单片机的串行口：RXD与TXD、串行口数据缓冲寄存器SBUF；串行口控制寄存器SCON、PCON。

（3）51单片机串行口的工作方式：如表7-3所示。

表7-3 串行通信4种方式

方　式	方式0： 8位移位寄存器输入、输出方式	方式1： 10位异步通信方式 波特率可变	方式2 11位异步通信方式 波特率固定	方式3 11位异步通信方式 波特率可变
一帧数据格式	8位数据	1个起始位“0” 8个数据位 1个停止位“1”	1个起始位“0”，9个数据位，1个停止位“1” 发送的第9位由SCON的TB8位提供 接收的第9位存入SCON的RB8位 第9位可作为校验位，也可作为多机通信的地址/数据特征位	

续表

波 特 率	固定为 $f_{osc}/12$	波特率可变 $=(2^{SMOD}/32)\times$(T1 溢出率) $=[(2^{SMOD}/32)\times(f_{osc}/12(256-X))$	波特率固定 $=(2^{SMOD}/64)f_{osc}$	波特率可变 $=(2^{SMOD}/32)\times$(T1 溢出率) $=(2^{SMOD}/32)\times(f_{osc}/12(256-X))$
引脚功能	TXD 输出 $f_{osc}/12$ 频率的同步脉冲 RXD 作为数据的输入、输出端	TXD 数据输出端 RXD 数据输入端	同方式 1	同方式 1
应　　用	常用于扩展 I/O 接口	两机通信	多用于多机通信	多用于多机通信

（4）51 单片机串行口的应用举例：SCON、波特率、查询方式与中断方式。

习　　题

1．51 单片机串行通信接口控制寄存器有几个？每个寄存器的含义是什么？

2．51 单片机的串行通信方式 1 和方式 3 通信模式下，波特率通过哪个定时器驱动产生？采用何种定时模式？如果要求采用的时钟频率为 11.0592MHz，产生的波特率为 2400b/s，应该怎样对定时器进行初始化操作？

3．若异步通信，每个字符由 11 位组成，串行口每秒传送 250 个字符，问波特率是多少？

4．用 51 单片机的串行口扩展并行 I/O 口，控制 16 个发光二极管依次发光，画出电路图并编程。

5．51 单片机的时钟频率为 11.0592MHz，选用定时器 T1 模式 2 作为波特率发生器，波特率为 2400b/s，求定时器 T1 的初值。

6．编制一个发送程序，将一个数据中的数据串行发送，串行口设定为工作方式 2，TB8 为发送数据的奇偶校验位。

7．编制一个接收程序，将接收的 16 位数据存入片内数据存储器。设时钟频率为 11.0592MHz，串行口设定为工作方式 3，波特率为 2400b/s。

8．设串行异步通信的传送速率为 2400 波特，传送的是带奇偶校验的 ASCII 码字符，每个字符包含 10 位（1 个起始位，7 个数据位，1 个奇偶校验位，1 个停止位），试编程初始化程序。

9．设外部晶振为 6MHz，试编写一段对串行口的初始化程序，使之工作在方式 1，波特率为 1200b/s；并用查询串行口状态的方式，读出接收缓冲器的数据并回送到发送缓冲器。

10．51 单片机的串行口控制寄存器 SCON 的 SM2、TB8、RB8 有何作用？

第 8 章　51 系列单片机并行总线接口扩展技术

在单片机构成的实际测控系统中，仅靠单片机内部资源是不行的，单片机的最小系统也常常不能满足要求。因此，在单片机应用系统设计中，首先要解决系统扩展问题，扩展的基本内容是将要扩展的存储器芯片与 I/O 口芯片连接到 CPU 的总线上。51 系列单片机有很强的外部扩展功能，大部分并行接口芯片、串行接口芯片都可以作为单片机的外围扩充电路芯片。本章主要介绍 51 单片机应用系统的并行扩展技术。

8.1　51 单片机并行 I/O 口扩展基础

系统扩展是指当单片机内部的功能部件不能满足应用系统要求时，在片外连接相应的外围芯片以满足应用系统的要求。

单片机应用系统并行扩展是指利用单片机的三总线（AB、DB、CB）进行的系统扩展，将要扩展的芯片连接到单片机的总线上。

8.1.1　系统扩展总线结构图

在进行系统扩展时，将存储器或 I/O 芯片的有关信号连到 51 单片机的总线上。

通常情况下，微型计算机的 CPU 外部都有单独的地址总线、数据总线和控制总线，而 51 单片机由于受引脚数量的限制，数据总线和地址总线是复用的，而且有的 I/O 接口线具有第二功能。为了使单片机能方便地与各种扩展芯片连接，需要在单片机外部增加地址锁存器，从而构成与一般 CPU 相类似的片外三总线，如图 8-1 所示。

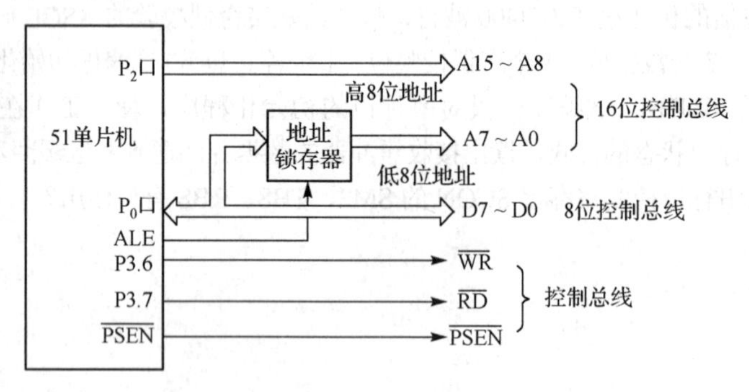

图 8-1　51 单片机的外部总线结构图

由图 8-1 可知， 51 单片机的地址总线宽度为 16 位，数据总线的宽度为 8 位，三总线的组成如下。

地址总线：由 P2 口提供高 8 位地址线，具有地址输出锁存的能力；由 P0 口提供低 8 位地址线，由于 P0 口分时复用为地址/数据总线，所以为保持地址信息，在访问外部存储器期间一直有效，需外加地址锁存器锁存低 8 位地址，用 ALE 正脉冲信号的下降沿进行锁存。

数据总线：由 P0 口提供。

控制总线：$\overline{RD}$、$\overline{WR}$ 用于片外数据存储器及 I/O 口的读、写控制信号。$\overline{PSEN}$ 用于扩展外部程序存储器的读控制信号。因为现在的 51 单片机系统设计中都不需要扩展外部的程序存储器，所以一般不需要使用 $\overline{\text{PSEN}}$ 信号。另外，现代的单片机片内也有足够的数据存储器，所以扩展时主要是 I/O 接口芯片的扩展。

8.1.2　典型的锁存器芯片 74LS273

锁存器具有暂存数据的能力，能在数据传输过程中将数据锁住，然后在此后的任何时刻，在输出控制信号的作用下将数据传送出去。锁存器是一个 8 位的 D 触发器，在有效时钟沿来到的时候将单片机并行口的信息打入锁存器中，而在下一个有效时钟沿来到之前，这个信息保持不变，并不随着并行口上信息的变化而变化。常用的锁存器有 74LS273、74LS373 和 74LS377 等。

74LS273 是一种常用的 8D 锁存器，它可以直接挂到总线上，并具有三态总线驱动能力。在 74LS273 的时钟有效时将单片机 I/O 引脚上的数据写入其中，则无论单片机 I/O 引脚上的数据如何变化，在下一个有效时钟来之前，这个数据会被“锁定”而保持不变。74LS273 引脚如图 8-2 所示。

引脚说明如下。

D0～D7：数据输入引脚。

Q0～Q7：输出引脚。

CLK：时钟引脚，在时钟的上升沿将输入引脚的数据送到输出端口。

MR：清除引脚，低电平有效。

74LS273 的真值表如表 8-1 所示。

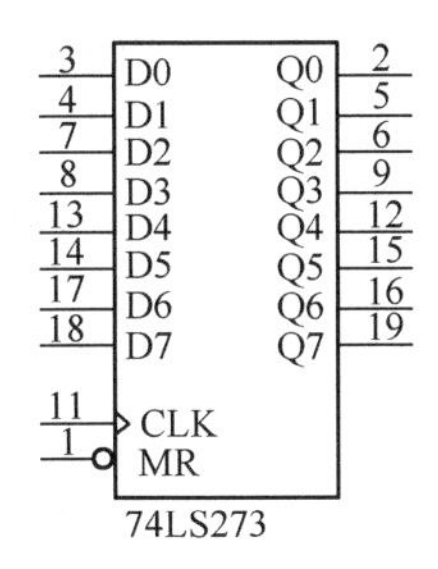

图 8-2　74LS273 引脚示意图

表 8-1　74LS273 的真值表

MR	CLK	D	Q
0	×	×	0
1	上升沿	1	1
1	上升沿	0	0
1	0	×	Q

在 51 单片机应用系统中，通常把 74LS273 的 D0～D7 引脚连接到单片机的 P0 端口上作为数据输入，使用 51 单片机的地址总线端口 P2 的某一位（线译码）和写信号引脚 $\overline{\text{WR}}$ 进行或非操作之后连接到 74LS273 的 CLK 引脚上。当 51 单片机向该地址写数据时，数据会通过 P0 端口送到 74LS273 的输入端口，并且地址总线端口 P2 和写信号引脚 $\overline{\text{WR}}$ 会同时产生一个低电平，通过或非门后或在 74LS273 的 CLK 引脚上产生一个上升沿，此时 74LS273 的输出端口和输入端口上的数据相同。当 51 单片机写操作完成后，CLK 引脚电平被拉低，数据被锁存到 74LS273 的输出端口。

8.1.3　典型的三态缓冲器 74LS244

三态缓冲器门的典型特点就是当该器件处于“高阻态”时可以看作从总线上断开。与锁存器正好相反，三态门一般用于并行口的输入扩展，能够把多个输入信息连接到一个并行口上，根据系统的需求决定读入哪一组信息。常用的三态门有 74LS244、74LS245 等。

74LS244 是一个 8 位的三态门，当控制信号有效时，其输入和输出连接在一起，否则它可以看作输出 74LS244 引脚从连接到一起的其他电路上断开。74LS244 的逻辑功能和引脚如图 8-3 所示。

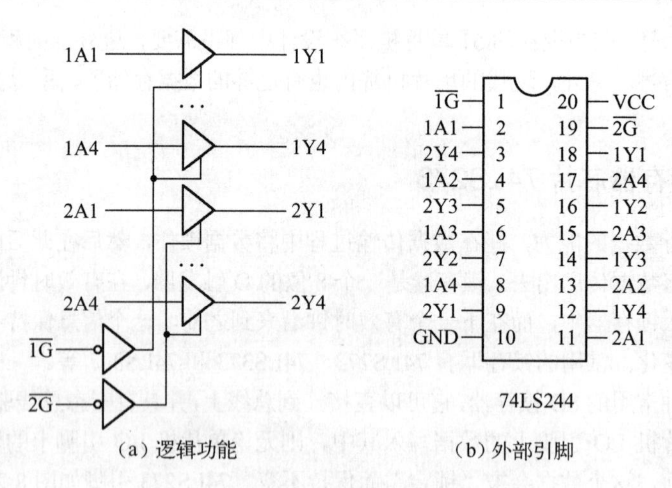

图 8-3　74LS244 的逻辑功能和外部引脚

由图 7-3 可以看出，该缓冲器内部包含 8 个三态缓冲单元，它们被分为两组，每组 4 个单元，分别由门控信号 $\overline{1G}$ 和 $\overline{2G}$ 控制。当 $\overline{1G}$ 为低电平时，A 输入端 1A1～1A4 的高电平（或低电平）将被传送到 Y 输出端 1Y1～1Y4；当 $\overline{2G}$ 为低电平时，A 输入端 2A1～2A4 的高电平（或低电平）将被传送到 Y 输出端 2Y1～2Y4；当 $\overline{1G}$ 和 $\overline{2G}$ 为高电平时，输出呈高阻态。把它用于 8 位数据总线时，可将 $\overline{1G}$ 和 $\overline{2G}$ 端连在一起，由一个信号控制。74LS244 是一种单向数据缓冲器，数据只能从 A 端传送到 Y 端，若要实现双向数据传送，可选用双向数据总线缓冲器 74LS245。

在使用 74LS244 扩展输入 I/O 端口时，将 51 单片机的数据端口 P0 和 74LS244 的输出 Y 相连，而 P2 中的某一位（线译码）和读信号 $\overline{RD}$ 进行或非操作之后连接 74LS244 的门控位上。当 51 单片机对 74LS244 对应的外围地址进行读操作时，两个门控位均为低电平，74LS244 的输出 Y 和输入 A 相通，对应数据被送到单片机的 P0 口上。在其他时候，74LS244 可以看成从 P0 口上“断开”。

8.1.4　可编程的 I/O 接口芯片 8255A

8255A 是一种通用的可编程并行 I/O 接口芯片（PPI，Programmable Peripherial Interface），它是为 Intel 系列微处理器设计的配套电路，也可用于其他微处理器系统中。通过对它进行编程，芯片可以工作于不同的工作方式。在微型计算机系统中，用 8255A 做接口时，通常不需要附加外部逻辑电路就可以直接为 CPU 与外设提供数据通道，因此它得到了极为广泛的应用。

1. 8255A 的内部结构

8255A 的内部结构如图 8-4 所示。

它由以下几部分组成。

① 数据端口 A、B、C。它有 3 个输入/输出端口：端口 A、端口 B 和端口 C。每个端口都是 8 位的，都可以选择作为输入或输出，但功能有不同的特点。

- 端口 A：一个 8 位数据输出锁存和缓冲器，一个 8 位数据输入锁存器。
- 端口 B：一个 8 位数据输入/输出锁存/缓冲器，一个 8 位数据输入缓冲器。
- 端口 C：一个 8 位数据输出锁存/缓冲器，一个 8 位数据输入缓冲器。

通常，端口 A 或端口 B 作为输入/输出的数据端口，而端口 C 作为控制或状态信息的端口，它在“方式”字的控制下，可以分成两个 4 位的端口，每个端口包含一个 4 位锁存器，它们分别与端口 A 和 B 配合使用，可作为控制信号或状态信号输入。

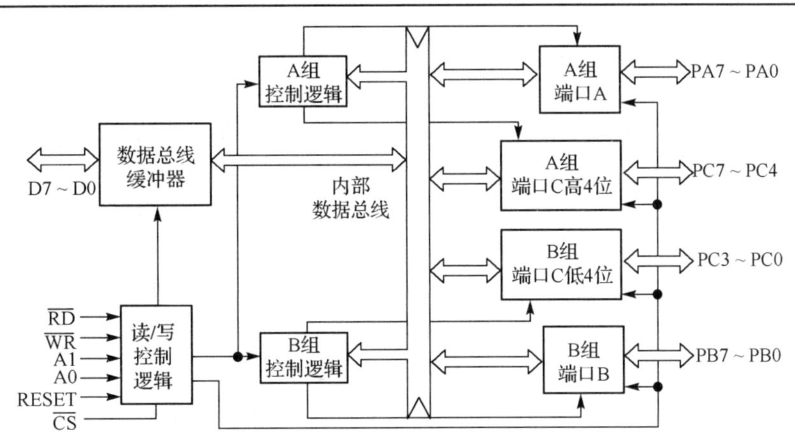

图 8-4　8255A 的内部结构

② A 组和 B 组控制逻辑电路。这是两组根据 CPU 的命令字控制 8255A 工作方式的电路。它们有控制寄存器，接收 CPU 输出的命令字，然后分别决定两组的工作方式，也可以根据 CPU 的命令字对端口 C 的每一位实现按位“复位”或“置位”。

A 组控制逻辑电路控制端口 A 和端口 C 的高 4 位，B 组控制逻辑电路控制端口 B 和端口 C 的低 4 位。

③ 数据总线缓冲器。这是一个三态双向 8 位缓冲器，它是 8255A 与系统数据总线的接口。输入/输出数据、输出指令及 CPU 发出的控制字和外设的状态信息，也都是通过这个缓冲器传送的，通常与 CPU 的双向数据总线相接。

④ 读/写控制逻辑电路。它与 CPU 地址总线中的 A0、A1 以及有关的控制信号（$\overline{RD}$、$\overline{WR}$、RESET 和 $\overline{CS}$）相连，由它控制把 CPU 的控制命令或输出数据送至相应的端口，也由它控制把外设的状态信息或输入数据通过相应的端口送至 CPU。

⑤ 端口地址。8255A 有 3 个输入/输出端口，内部有一个控制寄存器，共 4 个端口，由 A1 和 A0 来加以选择。A1、A0、$\overline{RD}$、$\overline{WR}$ 和 $\overline{CS}$ 组合所实现的各种功能如表 8-2 所示。

表 8-2　8255A 端口选择及功能表

$\overline{CS}$	A1	A0	$\overline{RD}$	$\overline{WR}$	D7～D0 数据传送方向
0	0	0	0	1	端口 A→数据总线
0	0	0	1	0	端口 A←数据总线
0	0	1	0	1	端口 B→数据总线
0	0	1	1	0	端口 B←数据总线
0	1	0	0	1	端口 C→数据总线
0	1	0	1	0	端口 C←数据总线
0	1	1	1	0	数据总线→8255A 控制寄存器
0	×	×	1	1	数据总线为三态
1	×	×	×	×	数据总线为三态
0	1	1	0	1	无效

从表 8-2 可以看出，8255A 有 4 个地址，A 口、B 口、C 口和控制寄存器各占一个地址，由 A1A0 来寻址，A1A0 为 00、01、10 和 11 时分别对应 A 口、B 口、C 口和控制寄存器。

2. 8255A 的外部引脚

8255A 采用 40 脚双列直插式封装，外部引脚如图 8-5 所示。

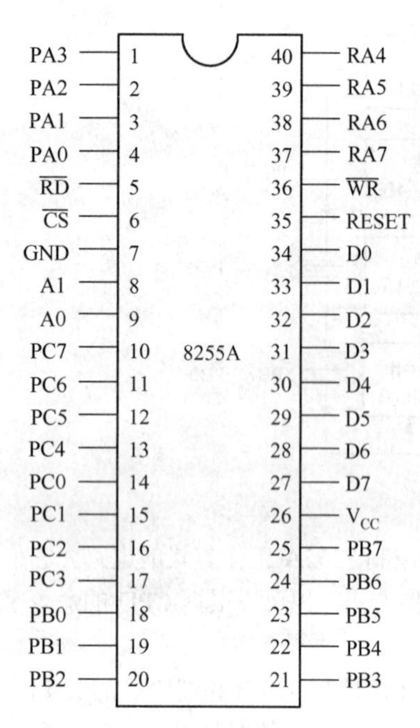

图 8-5　8255A 的外部引脚

外部引脚说明如下。

① RESET：复位输入信号，当 CPU 向 8255A 的 RESET 端发一高电平后，8255A 将复位到初始状态。

② D7～D0：数据总线，双向、三态，是 8255A 与 CPU 之间交换数据、控制字/状态字的总线，通常与系统的数据总线相连。

③ $\overline{CS}$：片选信号，当 $\overline{CS}$ 为低电平时，该 8255A 被选中。

④ $\overline{RD}$：读允许。

⑤ $\overline{WR}$：写允许。

⑥ A1、A0：端口选择信号。

⑦ PA7～PA0：A 端口的并行 I/O 数据线。

⑧ PB7～PB0：B 端口的并行 I/O 数据线。

⑨ PC7～PC0：C 端口的并行 I/O 数据线。当 8255A 工作于方式 0 时，PC7～PC0 为两组并行数据线；当 8255A 工作于方式 1 或 2 时，PC7～PC0 将分别供给 A、B 两组转接口的联络控制线，此时每根线将被赋予新的含义。

3．8255A 的控制字

8255A 有两类控制字。一类控制字用于定义各端口的工作方式，称为方式选择控制字；另一类控制字用于对 C 端口的任一位进行置位或复位操作，称为置位/复位控制字。对 8255A 进行编程时，这两种控制字都被写入控制字寄存器中，但方式选择控制字的 D7 位总为 1，而置位/复位控制字的 D7 位总是 0，8255A 正是利用这一位来区分这两个写入同一端口的不同控制字的，D7 位也称为这两个控制字的标志位。下面介绍这两个控制字的具体格式。

（1）方式选择控制字

8255A 具有 3 种基本的工作方式，分别为方式 0、方式 1 和方式 2。在对 8255A 进行初始化编程时，应向控制字寄存器中写入方式选择控制字，用来规定 8255A 各端口的工作方式。其中，端口 A 可工作于 3 种方式中的任一种；端口 B 只能工作于方式 0 和方式 1，而不能工作于方式 2；端口 C 常被分成两个 4 位的端口，除了用作输入/输出端口外，还能用来配合 A 口和 B 口的工作，为这两个端口的输入/输出操作提供联络信号。当系统复位时，8255A 的 RESET 输入端为高电平，使 8255A 复位，所有的数据端口都被置成输入方式；当复位信号撤除后，8255A 继续保持复位时预置的输入方式。如果希望它以这种方式工作，就不用另外再进行初始化了。方式选择控制字的格式如图 8-6 所示。

图中，D7 位为标志位，它必须等于 1，用来与端口 C 置位/复位控制字进行区分；D6、D5 位用于选择 A 组（包括 A 口和 C 口的高 4 位）的工作方式；D2 位用于选择 B 组（包括 B 口和 C 口的低 4 位）的工作方式；其余 4 位分别用于选择 A 口、B 口、C 口高 4 位和低 4 位的输入/输出功能，置 1 时表示输入，置 0 时表示输出。

（2）端口 C 置位/复位控制字

端口 C 的各位常用作控制或应答信号，通过对 8255A 的控制口写入置位/复位控制字，可使端口 C 任意一个引脚的输出单独置 1 或清 0，或者为应答式数据传送发出中断请求信号。在基于控制的应用中，经常希望在某一位上产生一个 TTL 电平的控制信号，利用端口 C 的这个特点，只需要用简单的程序就能形成这样的信号，从而简化了程序。

置位/复位控制字的格式如图 8-7 所示。

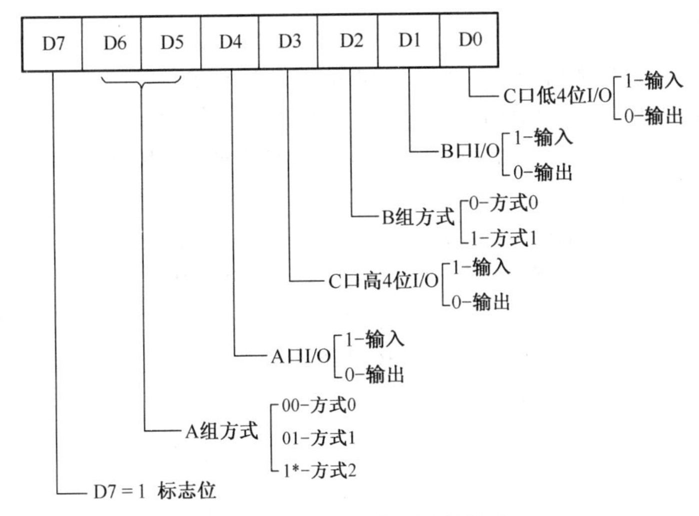

图 8-6　方式选择控制字的格式

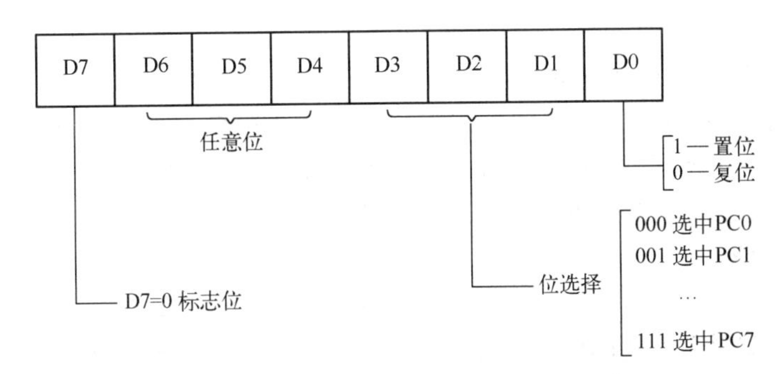

图 8-7　置位/复位控制字的格式

D7 位为置位/复位控制字标志位，它必须等于 0，用来与方式选择控制字进行区分；D3～D1 位用于选择对端口 C 中某一位进行操作；D0 位指出对选中位置 1 还是清 0。D0＝1 时，使选中位置 1；D0＝0 时，使选中位清 0。

4．8255A 的工作方式

8255A 具有 3 种工作方式，通过向 8255A 的控制字寄存器写入方式选择字，就可以规定各端口的工作方式。当 8255A 工作于方式 1 和方式 2 时，C 口可用作 A 口或 B 口的联络信号，用输入指令可以读出 C 口的状态。下面具体介绍这 3 种不同的工作方式。

（1）方式 0

方式 0 称为基本输入/输出（Basic Input/Output）方式，它适用于不需要应答信号的简单输入/输出场合。在这种方式下，A 口和 B 口可作为 8 位的端口，C 口的高 4 位和低 4 位可作为两个 4 位的端口。这 4 个端口中的任何一个既可作为输入也可作为输出，从而构成 16 种不同的输入/输出组态。在实际应用中，C 口的两半部分也可以合在一起，构成一个 8 位的端口。这样 8255A 可构成 3 个 8 位的 I/O 端口，或 2 个 8 位、2 个 4 位的 I/O 端口，以适应各种不同的应用场合。

CPU 与这些端口交换数据时，可以直接用输入指令从指定端口读出数据，或用输出指令将数据写入指定的端口，不需要任何其他应答的联络信号。对于方式 0，还规定输出信号可以被锁存，输入不锁存，使用时要加以注意。

（2）方式1

方式1也称为选通输入/输出（Strobe Input/Output）方式。在这种方式下，A口和B口作为数据口，均可工作于输入或输出方式，而且这两个8位数据口的输入、输出数据都能锁存，但它们必须在联络（handshaking）信号控制下才能完成I/O操作。对于端口C来说，如果A和B口都为方式1，则要用6根线来产生或接受这些联络信号；如果只有一个口为方式1，则要用3根线来产生或接收这些联络信号。这些信号和端口之间有着固定的关系，这种关系不是程序可以改变的，除非改变工作方式。

在这种方式下，A口和B口都作为输出口，端口C的PC3、PC6和PC7作为A口的联络控制信号，PC0、PC1和PC2作为B口的联络控制信号，端口C余下的两位PC4和PC5可作为输入或输出。

8255A工作于方式1时，还允许对A口和B口分别进行定义，一个端口作为输入，另一个端口作为输出。

在选通输入/输出方式下，端口C的低4位总是作为控制使用，而高4位总有两位仍用于输入或输出。

对于选通方式1，还允许将A口或B口中的一个端口定义为方式0，另一个端口定义为方式1，这种组态所需控制信号较少，情况也比较简单，可自行分析。

（3）方式2

方式2称为双向总线方式（Bidirectional Bus）。只有端口A可以工作在这种方式。在这种方式下，CPU与外设交换数据时，可在单一的8位数据线PA7～PA0上进行，既可以通过A口把数据传送到外设，又可以从A口接收从外设送过来的数据，而且输入和输出数据均能锁存，但输入和输出过程不能同时进行。在主机和软盘驱动器交换数据时就采用这种方式。

（4）方式2和其他方式的组合

当8255A的端口A工作于方式2时，端口B可以工作于方式1，也可以工作于方式0，而且端口B可以作为输入口，也可以作为输出口。如果B口工作于方式0，不需要联络信号，C口余下的3位PC2～PC0仍可作为输入或输出用；如果B口工作于方式1，PC2～PC0作为B口的联络信号，这时C口的8位数据都配合A口或B口工作。

8.2 并行总线的连接

在进行扩展部分设计时，就是将扩展的I/O接口芯片连接到CPU的总线上，即连接到CPU的地址总线、数据总线、控制总线上。

8.2.1 数据线、控制线的连接

1. 数据线的连接

51单片机提供了8条数据线，一般I/O接口芯片的数据线的宽度为8位或多于8位（多于8位的I/O接口芯片一般为D/A或A/D芯片）。

8位数据线的I/O接口芯片，只要将其数据线和51单片机的数据总线一一对应的连接起来就可以了（连接的芯片数量比较多时要考虑驱动问题）。对扩展的I/O接口芯片的“读”或“写”操作，操作一次就可以。

多于8位数据线的I/O接口芯片（如12位），与51单片机的数据线相连时，一般将I/O口的数据线分成两部分，低8位和高4位（或者高8位和低4位），这样的I/O接口芯片的高4位要和低8位中的4位重复连接。对扩展的I/O接口芯片的“读”或“写”操作时，要进行两次操作。

2. 控制线的连接

扩展的 I/O 接口芯片从控制线的角度讲，一般有两种情况：可编程芯片和不可编程芯片。

对于可编程芯片，一般提供专门的 $\overline{RD}$ 、 $\overline{WR}$ 控制信号，只要将芯片的 $\overline{RD}$ 、 $\overline{WR}$ 和 51 单片机的 $\overline{RD}$ 、 $\overline{WR}$ 对应连接起来就可以了。

对于不可编程的 I/O 接口芯片，一般不提供专门的 $\overline{RD}$ 、 $\overline{WR}$ 信号，它们提供的一般是控制芯片的“使能读”或“使能写”信号。对于输出芯片，需要 CPU 的“译码”信号和 $\overline{WR}$ 通过一定的组合电路和芯片的“使能写”信号连接，使 CPU 的“译码”信号和 $\overline{WR}$ 同时有效时，形成 I/O 接口芯片的“使能写”信号；对于输入芯片，需要 CPU 的“译码”信号和 $\overline{RD}$ 通过一定的组合电路和芯片的“使能读”信号连接，使 CPU 的“译码”信号和 $\overline{RD}$ 同时有效时，形成 I/O 接口芯片的“使能读”信号。

8.2.2 译码信号的形成——系统扩展的寻址

系统扩展的寻址是指当单片机扩展了存储器、I/O 接口等外围接口芯片之后，如何确定存储器的地址空间范围和 I/O 接口的端口地址。

存储器或 I/O 地址的确定是通过 CPU 的地址线来完成的。要扩展的芯片的地址线数目总是少于单片机地址总线的数目，这样就将 51 单片机的地址总线分为两部分：用到的地址线和没有用到的地址线。随着芯片容量的不同，两者的数目是发生变化的，但两者的总和是 16 条。即 CPU 有 16 条地址总线，在和扩展的芯片进行连接时，有的地址线用到了，有的地址线没有用到。

根据芯片“用到的 CPU 的地址线”的连接，就可以确定芯片的地址。将“用到的 CPU 的地址线”分为两类：高位地址线、低位地址线。低位地址线决定了芯片内部的地址，再加上高位地址线的连接就决定芯片的地址范围。

高位地址线的连接有两种，即两种译码方式：线译码和译码器译码。

1. 线译码

所谓线译码，是指 CPU 的低位地址线用作扩展芯片的片内译码，高位地址线直接作为扩展芯片的片选，即一根线选中。如图 8-8 为 3 片 I/O 接口芯片的线译码电路。

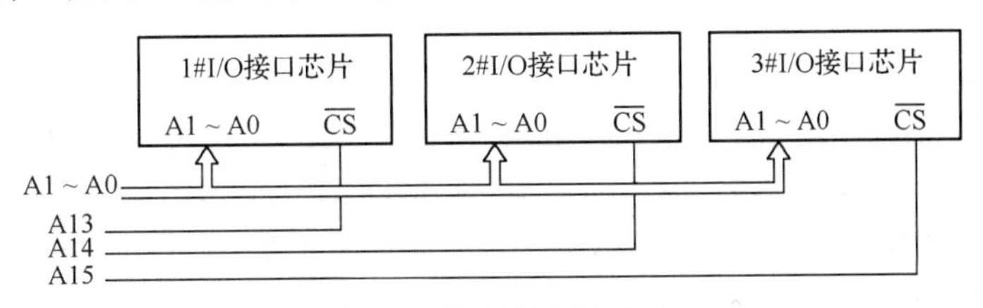

图 8-8　线译码电路示例

根据硬件电路的连接来确定 I/O 芯片的地址范围，其地址范围关系图如图 8-9 所示。在图 8-8 中，用到的地址线有 A15、A14、A13、A1、A0，其中 A15、A14、A13 是片选信号，A1、A0 是确定片内地址的地址线；其余的是没用到的地址线，没用到的地址线一般都置为 1。

这样就可以写出各 I/O 接口芯片的空间范围如下。

1#I/O 接口芯片：0DFFCH～0DFFFH。

2#I/O 接口芯片：0BFFCH～0BFFFH。

3#I/O 接口芯片：7FFCH～7FFFH。

A15	A14	A13	A12	A11	A10	A9	A8	A7	A6	A5	A4	A3	A2	A1	A0	
1	1	0	1	1	1	1	1	1	1	1	1	1	1	0	0	
					…		…	…								0DFFCH～0DFFFH
1	1	0	1	1	1	1	1	1	1	1	1	1	1	1	1	
1	0	1	1	1	1	1	1	1	1	1	1	1	1	0	0	
					…		…	…								0BFFCH～0BFFFH
1	0	1	1	1	1	1	1	1	1	1	1	1	1	1	1	
0	1	1	1	1	1	1	1	1	1	1	1	1	1	0	0	
					…		…	…								7FFCH～7FFFH
0	1	1	1	1	1	1	1	1	1	1	1	1	1	1	1	

图 8-9　地址关系图

2. 译码器译码

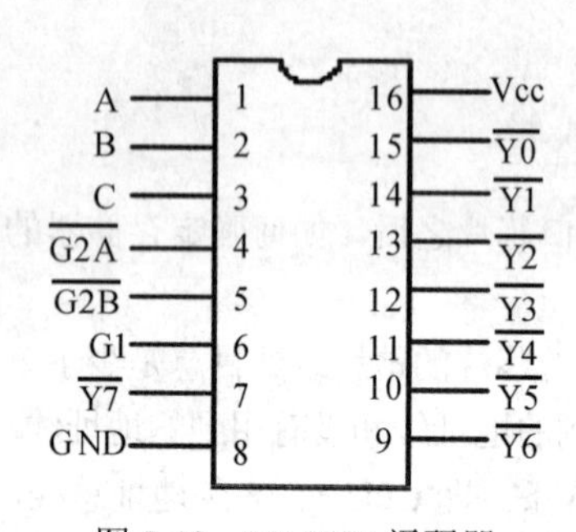

图 8-10　74LS138 译码器

所谓译码器译码，是指 CPU 的低位地址线用作 I/O 接口芯片的片内译码，高位地址线通过译码器芯片进行译码形成 I/O 接口芯片的片选。常用的译码器芯片有 74LS139、74LS138、74LS154 等。

74LS138 为一种常用的 3-8 地址译码器芯片，其引脚如图 8-10 所示。其中，G1、$\overline{G2A}$、$\overline{G2B}$ 为三个控制端，只有当 G1 为 1 且 $\overline{G2A}$、$\overline{G2B}$ 均为 0 时，译码器才能进行译码输出，否则译码器的 8 个输出端全为高阻状态。译码输入端的译码逻辑关系如表 8-3 所示。

具体使用时，G_1、$\overline{G2A}$、$\overline{G2B}$ 既可接+5V 电源或接地，也可接系统剩余的高位地址线。

表 8-3　74LS138 的译码逻辑

$\overline{G2A}$　$\overline{G2B}$　G1	C　B　A	$\overline{Y7}$　$\overline{Y6}$　$\overline{Y5}$　$\overline{Y4}$　$\overline{Y3}$　$\overline{Y2}$　$\overline{Y1}$　$\overline{Y0}$
0　0　1	0　0　0	1　1　1　1　1　1　1　0
0　0　1	0　0　1	1　1　1　1　1　1　0　1
0　0　1	0　1　0	1　1　1　1　1　0　1　1
0　0　1	0　1　1	1　1　1　1　0　1　1　1
0　0　1	1　0　0	1　1　1　0　1　1　1　1
0　0　1	1　0　1	1　1　0　1　1　1　1　1
0　0　1	1　1　0	1　0　1　1　1　1　1　1
0　0　1	1　1　1	0　1　1　1　1　1　1　1
有一个无效	*　*　*	1　1　1　1　1　1　1　1

假定某一单片机系统采用 3 片容量为 8KB 的存储器芯片扩展 24KB 的存储器系统，8KB 存储器芯片要用 13 条地址线 A12～A0 来进行片内译码，高位地址线 A15、A14、A13 作为译码器的输入，译码器的输出接各存储器芯片的片选，地址线的连接如图 8-11 所示。

根据硬件电路的连接来确定存储器芯片的地址范围，其地址范围关系图如图 8-12 所示。

这样就可以写出各存储器芯片的存储空间范围：

1#存储器芯片：0000H～1FFFH。

2#存储器芯片：2000H～3FFFH。

3#存储器芯片：4000H～5FFFH。

通过上面的分析可以看出，该系统扩展片 3 片 8KB 的存储器芯片，用到 74LS138 的三个译码输出，还剩余 5 个译码输出没有使用，如果都用到，可以扩展 8 片，因此最大可扩展的容量为 64KB 空间，并且扩展的芯片间的地址空间是连续的。但采用译码器译码方式时，增加了一个译码器，硬件连接复杂了。

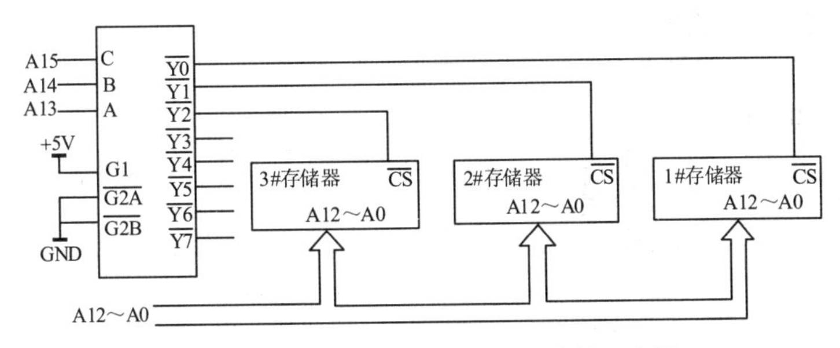

图 8-11　24KB 存储器扩展地址线连接示意图

剩余的高位地址线			低位地址线													
A15	A14	A13	A12	A11	A10	A9	A8	A7	A6	A5	A4	A3	A2	A1	A0	
0	0	0	0	0	0	0	0	0	0	0	0	0	0	0	0	
									……							1#
0	0	0	1	1	1	1	1	1	1	1	1	1	1	1	1	
0	0	1	0	0	0	0	0	0	0	0	0	0	0	0	0	
									……							2#
0	0	1	1	1	1	1	1	1	1	1	1	1	1	1	1	
0	1	0	0	0	0	0	0	0	0	0	0	0	0	0	0	
									……							3#
0	1	0	1	1	1	1	1	1	1	1	1	1	1	1	1	

图 8-12　地址译码关系图

现在一般的单片机应用系统扩展中不需要扩展存储器，大部分的扩展都是 I/O 口扩展，所以系统大部分是采用线译码就可以了。

8.3　并行 I/O 接口芯片扩展示例

8.3.1　利用锁存器与缓冲器扩展并行的输入/输出口示例

【例 8-1】 利用锁存器扩展并行输出口。

如图 8-13 所示，利用 74LS273 扩展两个并行输出口，对两个输出口进行编程输出。

说明：图中 U3 和 U4 的口地址分别为 0BFFFH 和 7FFFH。下面给出将片内 RAM 30H 和 31H 的内容通过两个输出口输出的程序。

```
ORG     0000H
MOV     A,30H                  ；传送 30H 中的数据到 U3
MOV     DPTR,#0BFFFH
MOVX    @DPTR,A
MOV     A,31H                  ；传送 31H 中的数据到 U4
MOV     DPTR,#7FFFH
MOVX    @DPTR,A
```

```
    SJMP    $
    END
```

74LS273 的输出可以接输出设备。

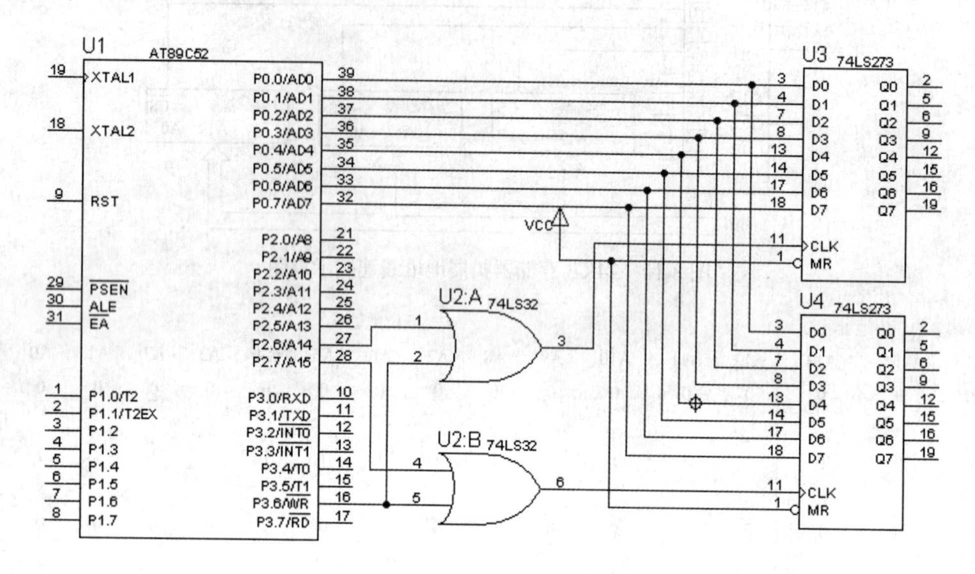

图 8-13 用 74LS273 扩展并行输出口

【例 8-2】 利用三态门扩展并行输入口。

如图 8-14 所示，利用 74LS244 扩展两个并行输入口，编程将输入口的数据分别读入片内 RAM30H、31H。

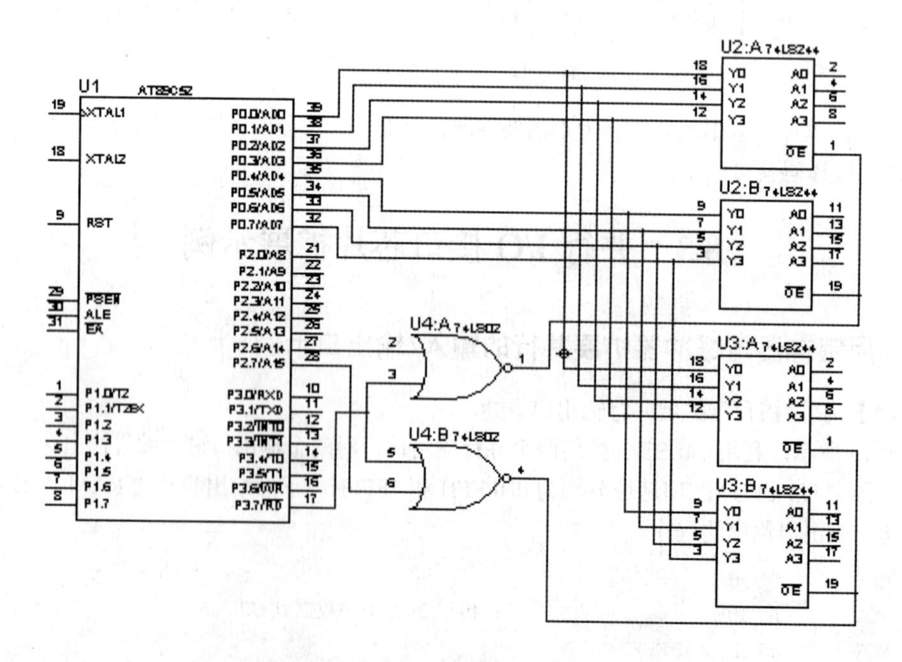

图 8-14 用 74LS244 扩展并行输入口

说明：图中 U2 和 U3 的口地址分别 0BFFFH、7FFFH，下面给出将两个输入口的数据分别读入片内 RAM 30H 和 31H 的程序。

```
        ORG     0000H
        MOV     DPTR,#0BFFFH        ; 读 U2 的数据到片内 RAM30H
        MOVX    A,@DPTR
        MOV     30H,A
        MOV     DPTR,#7FFFH         ; 读 U3 的数据到片内 RAM31H
        MOVX    A,@DPTR
        MOV     31H,A
        SJMP    $
        END
```

【例 8-3】 电路如图 8-15 所示，用 74LS273 扩展一个输出口，分别接 8 个 LED 显示器 D0～D7，用 74LS244 扩展一个输入口，分别接 8 个开关 S0～S7，编程实现将开关 S0～S7 的状态通过 LED 显示出来。

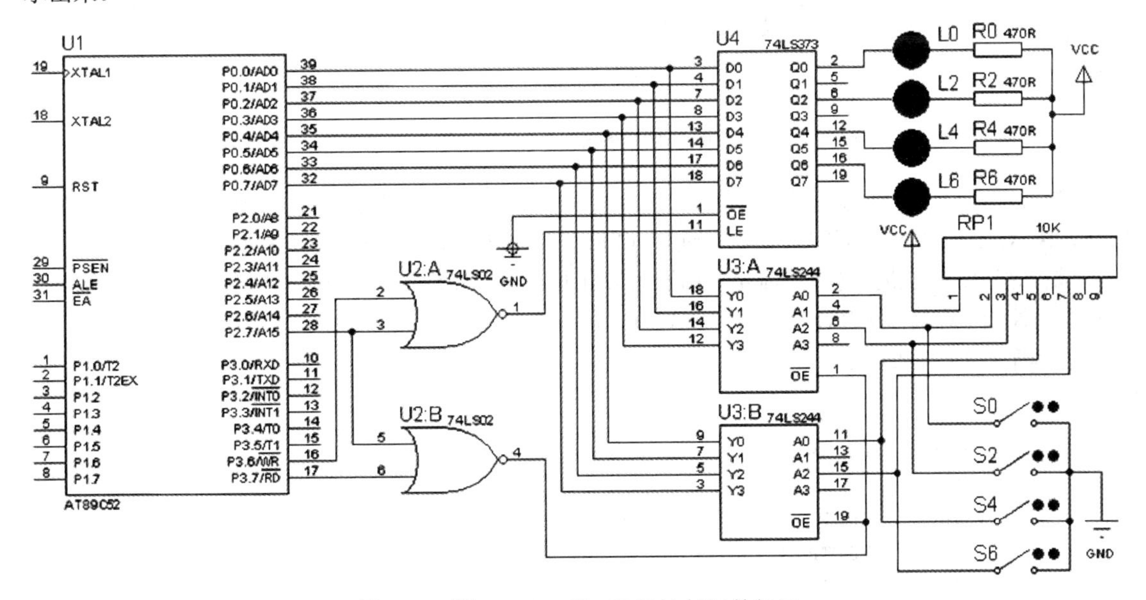

图 8-15　用 74LS273 和 74LS244 扩展并行口

说明：图中输入口和输出口的口地址都是 7FFFH。参考程序如下：

```
        ORG     0000H
L:      MOV     DPTR,#7FFFH
        MOVX    A,@DPTR             ; 读 U3 数据到 A
        MOVX    @DPTR,A             ; 输出数据到 U4
        SJMP    L
        END
```

思考：为什么 74LS244 和 74LS273 可以用同一个端口地址？

8.3.2　利用 8255A 扩展并行的输入/输出口示例

【例 8-4】 在某一单片机应用系统，通过 8255A 扩展了 3 个并行的 I/O 口，电路原理示意图如图 8-16 所示。试编程将 PA 口输入的数据通过 PB、PC 输出。

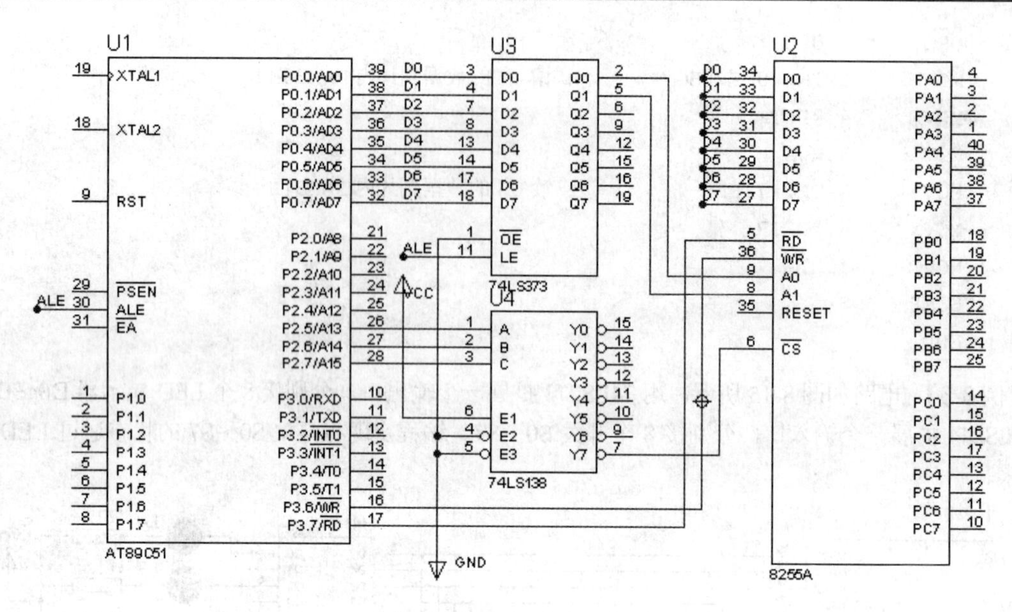

图 8-16 例 8-4 电路示意图

说明：通过分析可以确定 8255A 的 PA 口为输入口，PB 和 PC 口为输出口。从图中可以看出，8255A 的 A、B、C 及控制寄存器的端口地址分别为 0FFFCH、0FFFDH、0FFFEH、0FFFFH。

编程时先要确定方式选择控制字。由于 A 口工作于方式 0 输入，B 口和 C 口工作于方式 0 输出，这样写入控制寄存器 0FFFFH 的控制字就为 10010000B。

源程序参考程序如下：

```
        ORG     0000H
        MOV     A,#90H              ; 8255A 的初始化
        MOV     DPTR,#0FFFFH
        MOVX    @DPTR,A
    L:  MOV     DPTR,#0FFFCH        ; 读 PA 口的内容
        MOVX    A,@DPTR
        MOV     DPTR,#0FFFDH        ; 输出到 PB 口
        MOVX    @DPTR,A
        INC     DPTR                ; 输出到 PC 口
        MOVX    @DPTR,A
        SJMP     L
        END
```

8.3.3 利用 8255A 作为 8 段 LED 静态显示输出口的示例

【例 8-5】 电路如图 8-17 所示，通过 Intel8255A 的 PA、PB、PC 口作为 3 位共阴极数码管静态显示的输出口。

说明：

（1）8255 的 PA 口、PB 口、PC 口及控制口的口地址分别为：0BCFFH、0BDFFH、0BEFFH、0BFFFH。

（2）设置显示缓冲区为 2AH、2BH、2CH 分别对应着 8255A 的端口 PA、端口 PB、端口 PC 的显示器。

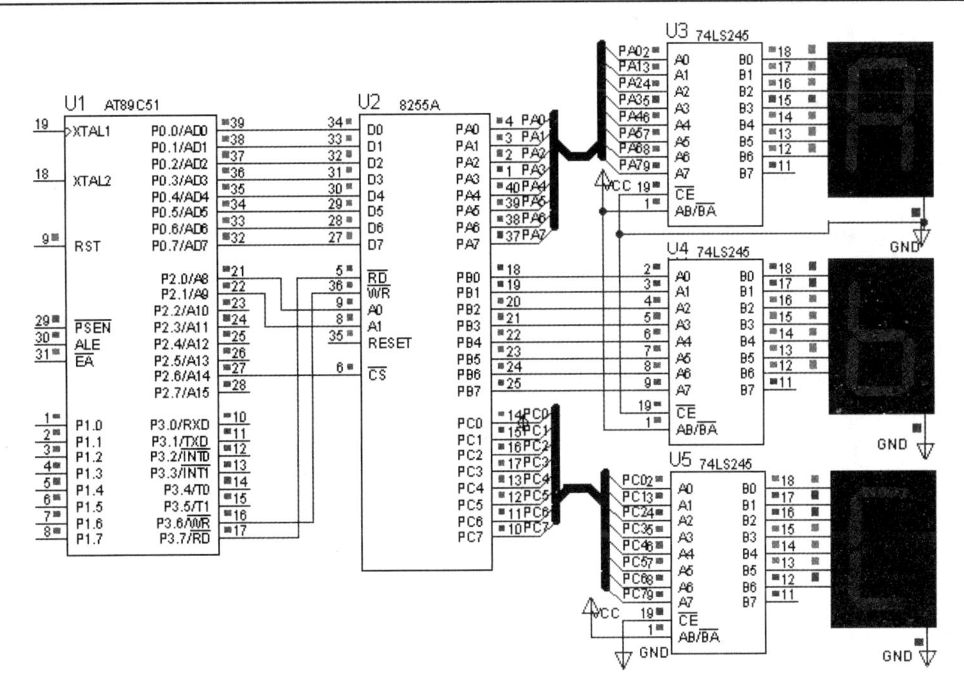

图 8-17　例 8-5 的电路原理图

源程序如下：

```
        ORG     0000H
        LJMP    MAIN
        ORG     0030H
MAIN:   MOV     SP,#60H
        MOV     A,#80H              ; 8255A 的初始化
        MOV     DPTR,#0BFFFH
        MOVX    @DPTR,A
LOOP:   MOV     2AH,#0              ; 显示 123
        MOV     2BH,#1
        MOV     2CH,#2
        LCALL   DSP
        MOV     R5,#10              ; 延时一段时间，约 1.3s
L1:     LCALL   DL
        DJNZ    R5,L1
        MOV     2AH,#3              ; 显示 ABC
        MOV     2BH,#4
        MOV     2CH,#5
        LCALL   DSP
        MOV     R5,#10
L2:     LCALL   DL
        DJNZ    R5,L2
        SJMP    LOOP                ; 循环
DSP:    MOV     A,2AH               ; 显示子程序  PA 口
        MOV     DPTR,#TAB
        MOVC    A,@A+DPTR
```

```
        MOV     DPTR,#0BCFFH
        MOVX    @DPTR,A
        MOV     A,2BH                    ; PB 口
        MOV     DPTR,#TAB
        MOVC    A,@A+DPTR
        MOV     DPTR,#0BDFFH
        MOVX    @DPTR,A
        MOV     A,2CH                    ; PC 口
        MOV     DPTR,#TAB
        MOVC    A,@A+DPTR
        MOV     DPTR,#0BEFFH
        MOVX    @DPTR,A
        RET
TAB:    DB  06H,5BH,4FH,77H,7CH,39H
DL:     MOV     R7,#0                    ; 延时子程序 256×256×2μs
DL1:    MOV     R6,#0
        DJNZ    R6,$
        DJNZ    R7,DL1
        RET
        END
```

上面的主程序是完成在 3 个显示器上显示 123 和 ABC 的工作，要改变显示内容就改变显示缓冲区的内容，然后调用显示子程序 DSP 就可以了。

8.3.4 利用 8255A 作为 8 段 LED 动态显示输出口的示例

【例 8-6】 电路如图 8-18 所示，通过 Intel8255A 的 PA 口、PB 口作为 6 位共阴极数码管动态显示的输出口。从图中可看出 8255A 的 PA、PB、PC 及控制口的地址分别为：0BCFFH、0BDFFH、0BEFFH、0BFFFH。8255A 的 PB 口位显示器的段口，PA 口为显示器的位口。

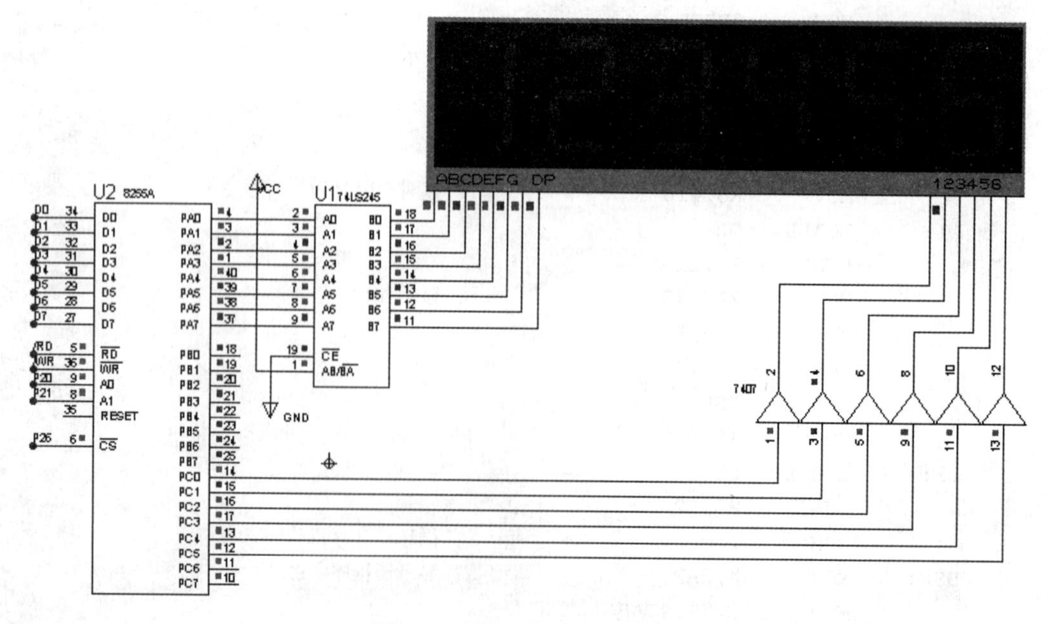

图 8-18　例 8-6 的电路原理图

说明：显示缓冲区设定为 30H～35H。6 位数码管动态轮流显示 123456、ABCDEF 的源程序如下。

（1）随机调用

```
        ORG     0000H
        LJMP    MAIN
        ORG     0030H
MAIN:   MOV     SP,#60H
        MOV     A,#80H              ; 8255A 初始化
        MOV     DPTR,#0BFFFH
        MOVX    @DPTR,A
LOOP:   MOV     30H,#1              ; 显示 123456
        MOV     31H,#2
        MOV     32H,#3
        MOV     33H,#4
        MOV     34H,#5
        MOV     35H,#6
        MOV     R2,#100
LL1:    LCALL   DSP
        DJNZ    R2,LL1
        MOV     30H,#10             ; 显示 ABCDEF
        MOV     31H,#11
        MOV     32H,#12
        MOV     33H,#13
        MOV     34H,#14
        MOV     35H,#15
        MOV     R2,#100
LL2:    LCALL   DSP
        DJNZ    R2,LL2
        SJMP    LOOP
DSP:    MOV     R0,#30H
        MOV     36H,#11111110B
DSP1:   MOV     A,@R0
        MOV     DPTR,#TAB
        MOVC    A,@A+DPTR
        MOV     DPTR,#0BCFFH
        MOVX    @DPTR,A
        MOV     A,36H
        MOV     DPTR,#0BEFFH
        MOVX    @DPTR,A
        MOV     36H,A
        LCALL   DL1MS
        MOV     A,#0FFH
        MOVX    @DPTR,A
        MOV     A,36H
        JNB     ACC.5,DSP2
        RL      A
```

```
        MOV     36H,A
        INC     R0
        SJMP    DSP1
DSP2:   RET
TAB:    DB      3FH,06H,5BH,4FH,66H,6DH,7DH,07H,7FH,6FH
        DB      77H,7CH,39H,5EH,79H,71H
DL1MS:  MOV     38H,#250
DL1:    MOV     37H,#2
        DJNZ    37H,$
        DJNZ    38H,DL1
        RET
        END
```

（2）定时调用

设51单片机的外部晶振位12MHz。采用定时器/计数器T0，定时器方式、模式1、定时30ms；30ms定时时间到，调用显示子程序。TMOD=01H，TH0TL0=63C0H。

```
        ORG     0000H
        LJMP    MAIN                ；主程序
        ORG     000BH
        LJMP    T030MS              ；T0中断
        ORG     0030H
MAIN:   MOV     SP,#60H
        MOV     A,#80H              ；8255A初始化
        MOV     DPTR,#0BFFFH
        MOVX    @DPTR,A
        MOV     TMOD,#01H           ；T0方式、模式设定
        MOV     TH0，#63H           ；计数器初值
        MOV     TL0，#0C0H
        SETB    EA                  ；中断管理
        SETB    ET0
        SETB    TR0                 ；启动T0
LOOP:   MOV     30H,#1              ；显示123456
        MOV     31H,#2
        MOV     32H,#3
        MOV     33H,#4
        MOV     34H,#5
        MOV     35H,#6
        MOV     R2,#250             ；延时500ms
LL1:    LCALL   DL1MS
        LCALL   DL1MS
        DJNZ    R2,LL1
        MOV     30H,#10             ；显示ABCDEF
        MOV     31H,#11
        MOV     32H,#12
        MOV     33H,#13
        MOV     34H,#14
```

```
        MOV     35H,#15
        MOV     R2,#250              ; 延时 500ms
LL2:    LCALL   DL1MS
        LCALL   DL1MS
        DJNZ    R2,LL2
        SJMP    LOOP
DSP:    MOV     R0,#30H              ; 显示子程序
        MOV     36H,#11111110B
DSP1:   MOV     A,@R0
        MOV     DPTR,#TAB
        MOVC    A,@A+DPTR
        MOV     DPTR,#0BCFFH
        MOVX    @DPTR,A
        MOV     A,36H
        MOV     DPTR,#0BEFFH
        MOVX    @DPTR,A
        MOV     36H,A
        LCALL   DL1MS
        MOV     A,#0FFH
        MOVX    @DPTR,A
        MOV     A,36H
        JNB     ACC.5,DSP2
        RL      A
        MOV     36H,A
        INC     R0
        SJMP    DSP1
DSP2:   RET
TAB:    DB   3FH,06H,5BH,4FH,66H,6DH,7DH,07H,7FH,6FH
        DB   77H,7CH,39H,5EH,79H,71H
DL1MS:  MOV     38H,#250             ; 延时 1ms
DL1:    MOV     37H,#2
        DJNZ    37H,$
        DJNZ    38H,DL1
        RET
T030MS: MOV     TH0，#63H            ; T0 中断服务程序
        MOV     TL0，#0C0H
        LCALL   DSP
        RETI
        END
```

修改：设计一时钟程序：时、分、秒。

8.4　模拟量接口技术

目前，计算机已广泛应用于生产过程的数据采集、实时控制、智能数字测量仪表及智能电器（家电）等自动化领域。在自然界（生产过程）中，许多变化的信息，如温度、压力、流量、液位、产品的成分

含量、电压及电流等，都是连续变化的物理量。所谓连续，一方面是指这些量是随时间连续变化的，另一方面是指其数值也是连续变化的。这种连续变化的物理量通常称为模拟量。而计算机接收、处理和输出的只能是离散的、二进制表示的数字量。为此，在计算机控制和检测系统中，输入的自然界的模拟量必须首先转换为数字量（称为模数转换或 A/D 转换），然后输入计算机；而计算机输出的数字量（控制信号）需要转换为模拟量（称为数模转换或 D/A 转换），以实现对外部执行部件的模拟量控制。

8.4.1　A/D 与 D/A 转换器概述

A/D 和 D/A 转换器是自动化系统和数字测量技术中的重要部件，各半导体厂家也推出了各种型号的 A/D、D/A 转换芯片。对于应用系统的设计者，只需按照设计要求合理地选用商品化的 A/D、D/A 转换器，了解它们的功能和接口方法并正确地使用即可。本章从应用角度，介绍典型的 D/A、A/D 转换器及其与微型计算机的接口应用技术。

1．典型微机闭环控制应用系统的结构图

图 8-19 所示为典型微机闭环控制应用系统的结构图，其工作过程简述如下。

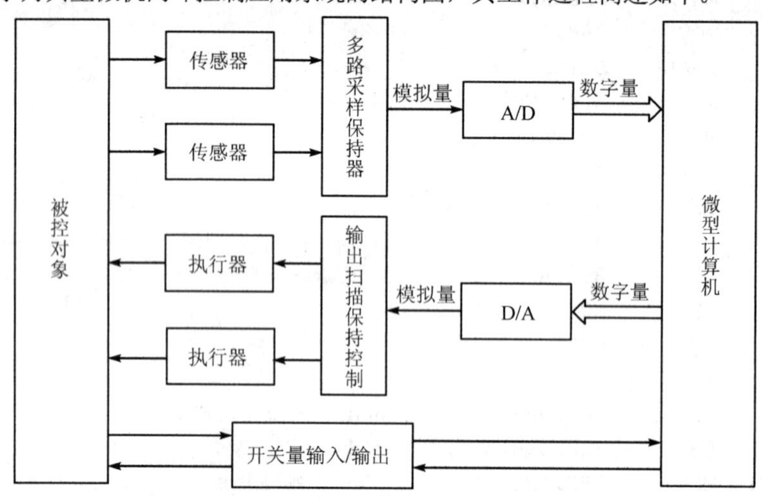

图 8-19　典型微机闭环控制应用系统

在测控系统中，被控对象中的各种非电量的模拟量（如温度、压力、流量等），必须经传感器转换成规定的电压或电流信号，如把 0～500℃温度转换成 4～20mA 标准电流输出等。在应用程序的控制下，多路采样开关分时地对多个模拟量进行采样、保持，并送入 A/D 转换器进行模数转换。A/D 转换器将某时刻的模拟量转换成相应的数字量，然后该数字量输入计算机。计算机根据程序所实现的功能要求，对输入的数据进行运算处理后，由输出通道的 D/A 转换器将计算机输出的数字信号形式的控制信息转换成相应的模拟量，该模拟量经保持器控制相应的执行机构，对被控对象的相关参数进行调节，这样周而复始，从而控制被调参数按照程序给定的规律变化。

在计算机控制与检测系统中，将能够完成模拟信号转换成数字信号的过程称为 A/D 转换。完成模拟量到数字量转换的器件称为 A/D 转换器（简称 ADC）；同理，将能够完成数字信号转换成模拟信号的过程称为 D/A 转换。完成数字量到模拟量转换的器件称为 D/A 转换器（简称 DAC）。

2．认识 D/A 转换器

在计算机测控系统中，D/A 转换器是计算机与测控对象之间传输信息时必不可少的桥梁，担负着把数字量转换成模拟量的任务。

（1）D/A 转换器工作原理

D/A 转换是一种将数字信号转换成连续模拟信号的操作，它为单片机系统的数字信号和模拟环境之间提供了一种接口。D/A 转换器的工作原理如图 8-20 所示。由图可以看出，D/A 转换器的输入有两种：数字输入信号（二进制或 BCD 码）和基准电压 V_{ref}。D/A 转换器的输出是模拟信号，可以是电流，也可以是电压。

D/A 转换的基本原理是利用电阻网络，将 N 位二进制数逐位转换成模拟量并求和，从而实现将数字量转化为模拟量的过程，即转换时先将数字量各位数码按其权的大小转换为相应的模拟分量，然后再以叠加的方式把各模拟分量相加，其和就是 D/A 转换的结果。电阻网络主要有两种，即加权电阻网络和 T 形电阻网络。

① 加权电阻网络 D/A 转换器的工作原理

加权电阻网络 D/A 转换器的工作原理如图 8-21 所示，对于理想的运算放大器而言，其中任意一个开关控制电路在输出端对应的电压为 $V_O = V_{ref} \times R_f \times D_i/R_i$。式中，$D_i$ 是数字量对应的控制位，当 $D_i = 0$ 时，S_i 打开；当 $D_i = 1$ 时，S_i 闭合。若输入端有 N 个支路，根据叠加原理，输出电压应是各分支之和。

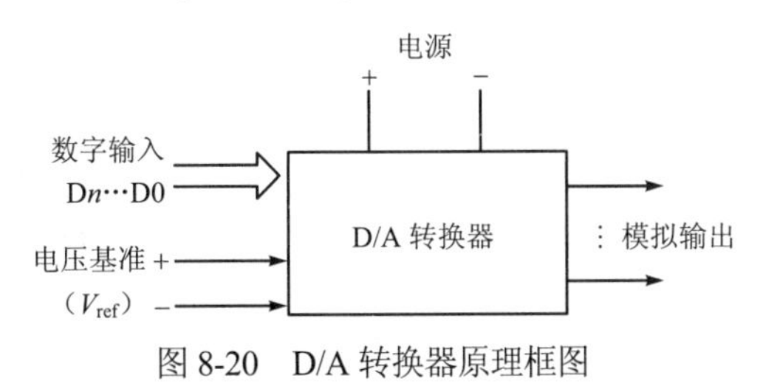

图 8-20　D/A 转换器原理框图

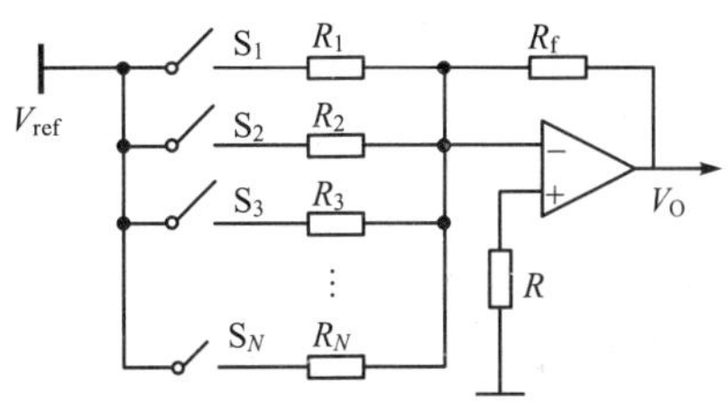

图 8-21　加权电阻网络 D/A 转换原理图

假定在制造 D/A 转换器时，使 $R_f = R$，$R_1 = 2R$，$R_2 = 4R$，$R_3 = 8R$，…，$R_N = 2^N R$，即每一电阻的加权为 2^i，$V_O = V_{ref} \times (2^{-1}D_1 + 2^{-2}D_2 + 2^{-3}D_3 + \cdots + 2^{-N}D_N)$。以 8 位转换器为例，当 $D = 0$ 时，开关都断开，$V_O = 0$；当 $D = 11111111B$ 时，开关都闭合，$V_O = (255/256) \times V_{ref}$。

从上面的分析可知，D/A 转换器的转换精度与基准电压 V_{ref} 和加权电阻的精度以及数字量的位数 N 有关。显然，位数越多，加权电阻的精度越高，转换精度就越高，但同时所需要的加权电阻种类就越多，由于在集成电路中制造大量的高精度、高阻值的电阻比较困难，因此通常使用 T 形电阻网络来代替加权电阻网络。

② T 形电阻网络 D/A 转换器工作原理

T 形电阻网络 D/A 转换器工作原理如图 8-22 所示，它只有两种电阻 R 和 $2R$，用集成工艺生产较容易，精度也容易保证，因此应用较广泛。图中的 S_i 同样由输入的数字量对应的控制位 D_i 控制，但是 $D_i = 0$ 时，S_i 接地；只有 $D_i = 1$ 时，S_i 接通运放输入端。其工作原理与加权电阻网络一样，当 $R_f = R$ 时，输出电压为 $V_O = -V_{ref} \times B/2^n$。式中，$B$ 表示待转换的十进制数字量。

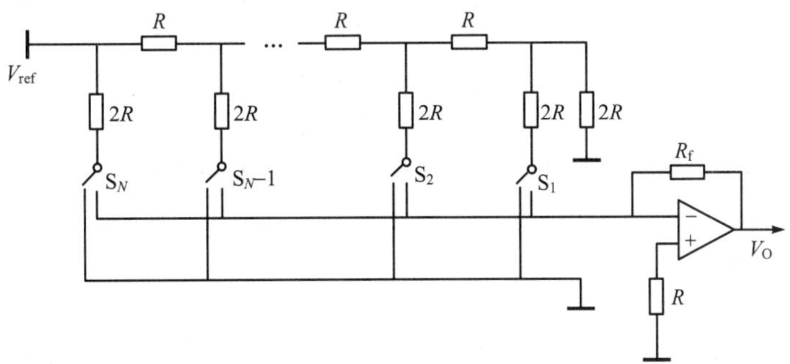

图 8-22　T 形电阻网络 D/A 转换器工作原理图

D/A 转换器的输出形式有电压和电流两大类。电压输出型 D/A 转换器的输出电压满量程接近于 V_{ref}，它相当于一个电压源，内阻较小，可带动较大的负载；而电流输出型 D/A 转换器相当于一个电流源，内阻较大，与之匹配连接的负载不能太大。

D/A 转换器的数字输入是由数据线引入的，而数据线上的数据是变动的，为了保持 D/A 转换器输出的稳定，就必须在微处理器与 D/A 转换器输入口之间增加锁存数据的功能。一些新型的 D/A 转换器内部常带有数据锁存器和地址译码电路，有些还包含双重甚至多重的数据缓冲结构。这种类型的 D/A 转换器以高于 8 位（如 12 位）的居多，它们与 51 单片机的 P0 端口相连接较为合适，一般这时需要占用多根口线。

（2）D/A 转换器的主要指标

D/A 转换器的指标很多，但在应用过程中最关心是分辨率、建立时间和转换精度。

① 分辨率

分辨率是 D/A 转换器对输入量变化敏感程度的描述，D/A 转换器的分辨率为：当输入数字量发生单位码变化时，即产生 1LSB 位变化时所对应输出模拟量的变化量，也就是对模拟输出的最小分辨能力。对于线性 D/A 转换器，分辨率 $\varDelta$ 与 D/A 转换器的位数 n 的关系如下：

$$\varDelta = \frac{\text{模拟量输出的满量程值}}{2^n}$$

通常，分辨率用输入数字量的位数来表示。如 8 位 D/A 转换器，其分辨率为 8 位，12 位 D/A 转换器，其分辨率为 12 位。

若满量程为 10V，根据分辨率的定义，如果是 8 位 D/A 转换，则分辨率为 $10V/2^8 = 39.1mV$，即二进制数最低位的变化可引起输出的模拟电压变化为 39.1mV，该值占满量程的 0.391%，常用符号 1LSB 表示。

同理，我们有：

10 位 D/A 转换器　1LSB = 9.77mV = 0.1%满量程

12 位 D/A 转换器　1LSB = 2.44mV = 0.024%满量程

14 位 D/A 转换器　1LSB = 0.61mV = 0.006%满量程

16 位 D/A 转换器　1LSB = 0.076mV = 0.00076%满量程

使用时应根据系统对 D/A 转换器分辨率的需要来选定 D/A 转换器的位数。

② 建立时间

建立时间是描述 D/A 转换速率快慢的一个重要参数。一般所指的建立时间是输入数字量变化后，模拟输出量达到终值误差 $\pm\frac{1}{2}$LSB 时所需的时间。根据建立时间的长短，可将 D/A 转换器分成以下几挡：超高速：< 100ns；较高速：100ns～1μs；高速：1～10μs；中速：10～100μs；低速 >100μs。

③ 转换精度

理想情况下，精度和分辨率基本一致，位数越多精度越高。但电源电压、参考电压、电阻等各种因素存在着误差，因此严格来讲精度与分辨率并不完全一致。如果位数相同，分辨率则相同，但相同位数的不同转换器精度会有所不同。例如，某种型号的 8 位 D/A 转换器精度为±0.19%，而另一种型号为 8 位的 D/A 转换器精度可以为±0.05%。

（3）D/A 转换器件的分类

D/A 转换器一般可分类如下：

① 根据输出是电流还是电压，可以分为电压输出型 D/A 转换器和电流输出型 D/A 转换器。

② 根据输入端口是串口还是并口，可以分为串行输入 D/A 转换器和并行输入 D/A 转换器。

③ 根据能否进行乘法运算，可以分为乘算型 D/A 转换器和非乘算型 D/A 转换器。D/A 转换器中有使用恒定基准电压的，也有在基准电压上加交流信号的，后者由于可以得到数字输入和基准电压输入相乘的结果，所以称为乘算型 D/A 转换器。乘算型 D/A 转换器不仅可以进行乘法运算，还可以作为使输入信号数字化衰减的衰减器以及对输入信号进行调制的调制器使用。

④ 根据内部是否有锁存器，可以分为无锁存器型 D/A 转换器和带锁存器型 D/A 转换器。

（4）D/A 转换器对电源电路的要求

单片机的 D/A 转换器对于电源的要求远高于其他数字电路对电源的要求。这是因为在 D/A 转换电路中，电源除了需要提供单片机的供电电压外，还需要完成对 D/A 转换器芯片的供电及提供 A/D 转换器的电压基准。所以对于 D/A 转换电路而言，需要着重进行有关的电源设计。

电压基准源的选择需要考虑多方面的问题并进行折中，这些问题包括精确度、受温度的影响程度、电流驱动能力、功率消耗、稳定性、噪声和成本等。理想的电压基准源应该具有完美的初始精度，并且在负载电流、温度和时间变化时电压保持稳定不变。实际应用中，设计人员必须在初始电压精度、电压温漂、迟滞以及供出/吸入电流的能力、静态电流（即功率消耗）、长期稳定性、噪声和成本等指标中进行权衡与折中。

几乎在所有先进的电子产品中都可以找到电压基准源，它们可以是独立的，也可以集成在更多功能的器件中。在 D/A 转换器中，基准源提供了一个绝对电压，与输入电压进行比较以确定适当的数字输出；在电压调节器中，基准源提供了一个已知的电压值，用它与输出做比较，得到一个用于调节输出电压的反馈；在电压检测器中，基准源被当作一个设置触发点的门限。

（5）使用 D/A 转换器时应注意的问题

使用 D/A 转换器时应注意以下几个方面的问题。

① 输出形式

D/A 转换器有两种输出形式，一种是电压输出形式，即输入的是数字量，输出为电压；另一种是电流输出形式，即输出为电流。在实际应用中，如果需要电压模拟量，对于电流输出的 D/A 转换器，可在其输出端增加运算放大器完成电流-电压的转换，将转换器的电流输出转变为电压输出。

② D/A 转换器内部是否带有锁存器

模拟量转换需要一定的时间，在这段时间内 D/A 转换器输入端的数字量应保持稳定，为此应当在 D/A 转换器的数字输入端的前面设置锁存器，以实现数据锁存功能。根据转换器芯片是否带有锁存器，可以把 D/A 转换器分为两类。

内部无锁存器的 D/A 转换器，内部结构简单，不能直接和 MCS-51 单片机的数据总线相连，在和 MCS-51 单片机连接时需要增加锁存器。

内部带有锁存器的 D/A 转换器其内部不但有锁存器，而且还有地址译码电路，有的还具有双重或多重的数据缓冲器，可与 51 的数据总线直接相连。

③ 输入格式

D/A 转换根据输入数据的格式一般分为并行和串行两种。并行芯片进行 D/A 转换时，输出建立时间短，通常不超过 10μs，但它们的引脚比较多，芯片体积大，与 CPU 连接时电路较复杂。因此，在有些不太计较 D/A 转换输出建立时间的应用中，可以选用串行 D/A 转换方式，虽然输出建立时间比并行 D/A 的稍长，但是串行 D/A 芯片与 CPU 连接时所用引线少、电路简单，而且芯片体积小、价格低。

3. 认识 A/D 转换器

（1）A/D 转换原理

A/D 转换是一种用来将连续的模拟信号转换成适合于数字处理的二进制数的操作，A/D 转换器的工作原理如图 8-23 所示。

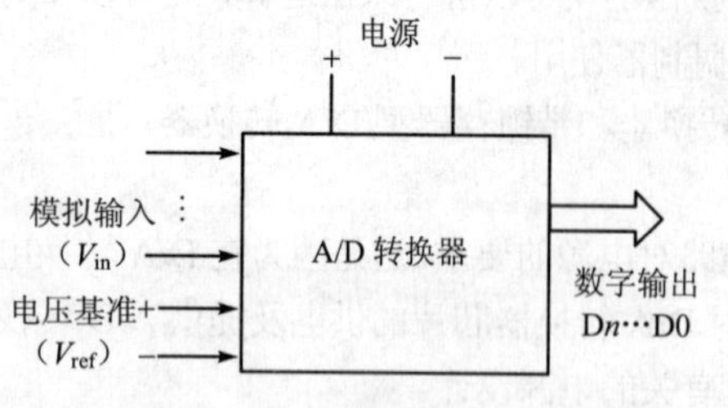

图 8-23 A/D 转换器原理框图

由图中可以看出，A/D 转换器的输入有两种：模拟输入信号 V_{in} 和基准电压 V_{ref}；其输出是一组二进制数。可以认为，A/D 转换器是一个将模拟信号值编制成对应的二进制码的编码器。

（2）A/D 器件的主要性能指标

① 分辨率

分辨率是指器件的最小量化单位，是对模拟输入的最小分辨能力，通常用数字量的位数来表示，如 8 位、10 位、12 位、16 位分辨率等。若分辨率为 12 位，表示它可以对满量程的 $1/2^{12} = 1/4096$ 的增量作出反应。分辨率越高，转换期间对输入量微小变化的反应越灵敏。

A/D 转换器位数的确定，应该从数据采集系统的静态精度和动态平滑性这两方面进行考虑。从静态精度方面来说，要考虑输入信号的原始误差传递到输出所产生的误差，它是模拟信号数字化时产生误差的主要部分。量化误差与 A/D 转换器位数有关，一般把 8 位以下的 A/D 转换器称为低分辨率 A/D 转换器，把 9～12 位的称为中分辨率 A/D 转换器，把 13 位以上的称为高分辨率 A/D 转换器。10 位以下的 A/D 转换器误差较大，11 位以上的 A/D 转换器并不能对减小误差有太大贡献，但对器件本身的要求却过高。因此取 10 位或 11 位是合适的，加上符号位就是 11 位或 12 位。

对于测量或测控系统，模拟信号都是先经过测量装置，再经过 A/D 转换器转换后才进行处理的，也就是说，总的误差是由测量误差和量化误差共同构成的，因此 A/D 转换器的精度应当与测量装置的精度相匹配。一方面，要求量化误差在总误差中所占的比重要小，另一方面，必须根据目前测量装置的精度水平，选择合适的 A/D 转换器的位数。

② 转换时间

A/D 器件完成一次 A/D 转换所需的时间即为转换时间，它反映了器件转换速度的快慢。一般情况下，逐次逼近式 A/D 器件的转换时间是微秒级的，而双斜率积分式 A/D 的转换时间是百毫秒级的，V/F 转换时间是根据精度要求来确定达到哪一级。转换时间的倒数就是转换速率，它是每秒完成的转换次数。

确定 A/D 转换器的转换速率时，应该考虑系统的采样速率。例如，对于一个转换时间为 100μs 的 A/D 转换器，它的转换速率为 10kHz。模拟信号一个周期的波形若需 10 个采样点，那么根据采样定理，这样的 A/D 转换器最高也只能处理频率为 1kHz 的模拟信号，因此，通过减小转换时间可提高处理信号的频率，但是，对于一般的 MCS-51 单片机而言，很难做到减小转换时间，因为要在采样时间内完成 A/D 转换以外的工作（如读数据、存储数据）相对比较困难。

③ 采样/保持器

一般来说，对于频率较高的模拟信号，都要加采样/保持器；如果信号频率不高，A/D 转换的时间短，即采用高速 A/D 器件时，可不使用采样/保持器；采集直流或者变化非常缓慢的信号时，也可不使用采样/保持器。

④ A/D 转换器量程

有些 A/D 器件提供了不同量程的引脚，只有正确使用，才能保证转换精度。比如 AD574A，它提供了两个模拟输入引脚，分别为 10V 和 20V，不同量程的输入电压可从不同引脚输入。

⑤ 偏置极性

有些 A/D 器件提供了双极性偏置控制，当此引脚接地时，信号为单极性输入方式；当此引脚接基准电压时，信号为双极性输入方式。

⑥ 满刻度误差

满刻度误差是指满刻度输出时对应的输入信号与理想输入信号值之差。

⑦ 线性度

线性度指的是实际 A/D 器件的转移函数与理想直线的最大偏移。

选择 A/D 芯片时，除了要参考上面这些指标外，还需要综合考虑整个系统的其他因素，比如系统的技术指标、成本、功耗等。

（3）A/D 转换器分类

A/D 转换器的类型很多，目前应用广泛的有三种类型：逐次逼近式 A/D 转换器、双斜率积分式 A/D 转换器和 V/F 变换式 A/D 转换器。A/D 转换器与单片机的接口方式有串行接口和并行接口两种。

① 逐次逼近式 A/D 转换器

图 8-24 为逐次逼近式 A/D 转换器的原理图。

逐次逼近式 A/D 转换器由 D/A 转换器、比较器、输出锁存器、移位寄存器和逻辑控制器等部件组成。其转换原理是：首先将输出锁存器的最高位置 1，然后将 D/A 转换器输出的电压信号 V_{out} 和输入信号 V_{in} 进行比较。若 V_{out} 小于 V_{in}，则输出锁存器的最高位保持为 1；反之，将锁存器的最高位设置为 0，并保持最高位状态。其次将次高位置 1，依上面的方法确定其状态。从最高位到低位逐次 N 位比较（N 为 A/D 位数），使 V_{out} 逼近输入信号 V_{in}，直到输出锁存器的最后一位。这时 D/A 转换器的输入数据即为其模数转换后的数据，控制器控制输出寄存器将此数字量输出就完成了 A/D 转换过程。

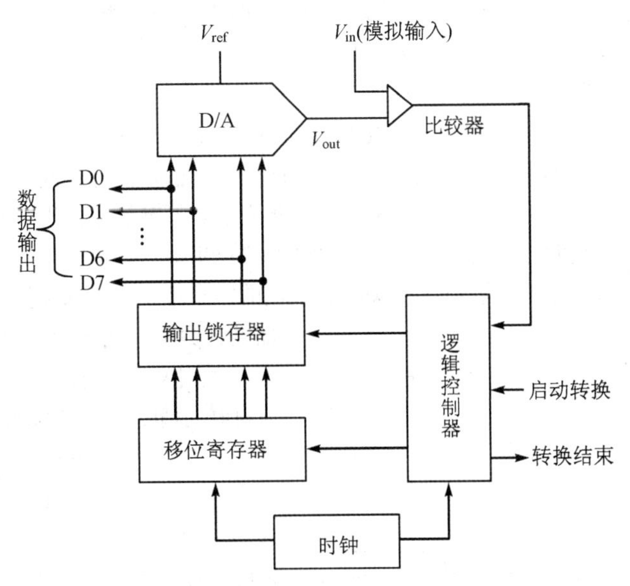

图 8-24　逐次逼近式 A/D 转换器原理

逐次逼近式 A/D 转换器的特点是：转换速度比较快，价格适中，精度较高，因此在单片机系统中被广泛应用。

目前，典型的逐次逼近式 A/D 转换器有 8 位 A/D 转换器 ADC0808/ ADC0809，12 位 A/D 转换器 ADC1210、AD574 等。

② 双斜率积分式 A/D 转换器

双斜率积分式 A/D 转换器的原理图如图 8-25 所示，它由电子开关、积分器、比较器、逻辑控制器和计数器等部件构成。

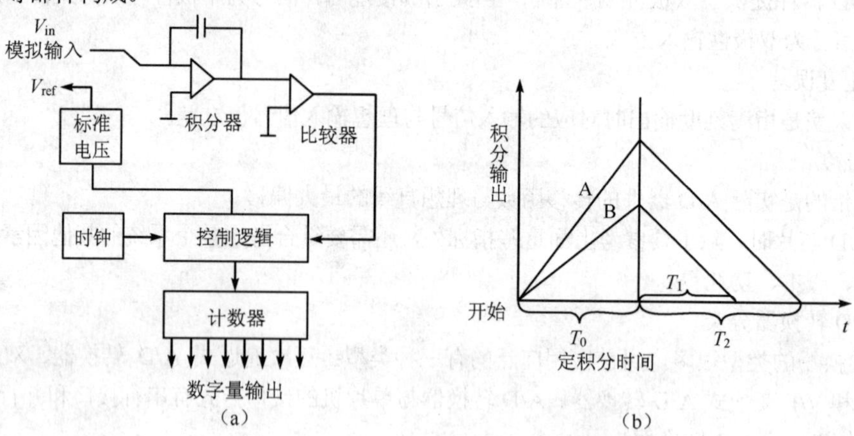

图 8-25　双斜率积分式 A/D 转换器原理图

双斜率积分式 A/D 转换器的工作原理是：模拟电压信号 V_{in} 加到积分器上进行固定时间（T_0）的积分，接着切换电子开关，将与 V_{in} 极性相反的标准电压信号 V_{ref} 加到积分器上进行反向积分，由于 V_{ref} 恒定，所以积分输出将以恒定的斜率下降，直到积分器输出返回起始值。标准电压的积分时间 T_1 正比于模拟输入电压 V_{in}，输入电压大，则反向积分时间长。

用高频率标准时钟脉冲来测量时间 T_1，即可以得到相应模拟电压的数字量。双斜率积分式 A/D 转换过程通过对输入信号不断地积分，能对噪声或输入信号进行平滑，因此双斜率积分式 A/D 转换器具有精度高、抗干扰性强、价格便宜等特点。其转换速度一般为每秒 10 次左右，是一种中速的 A/D 转换器。典型的器件如 MC14433（3 位半）、ICL7135（4 位半）等。

③ V/F 变换式 A/D 转换器

V/F 变换式 A/D 转换器的原理图如图 8-26 所示。V/F 变换式 A/D 转换器将输入模拟电压转换为频率信号送入单片机。其原理如下：采用 V/F 转换器将模拟电压输入信号转换成对应的频率信号，同时启动频率计数器和定时器，频率计数器采用 V/F 转换器输出的频率信号作为计数脉冲，定时器采用基准频率作为定时脉冲，当定时结束时，定时器产生输出信号使频率计数器停止计数，则计数器的计数值与输入频率成正比关系，由于通常采用的 V/F 转换器的输出频率与输入模拟电压成正比，所以计数器的计数值正比于输入模拟电压。

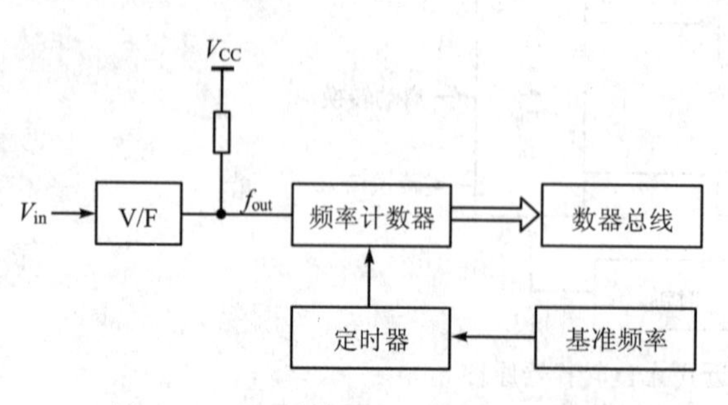

图 8-26　V/F 转换式 A/D 转换器原理图

使用 V/F 变换式 A/D 转换器进行模/数转换具有良好的精度、线性度和积分输入特性，且接口简单，只占用一条单片机的 I/O 接口线，很容易采用光电隔离，便于远距离传输。由此可见，V/F 变换式 A/D 转换器能提供其他类型转换器无法达到的性能。在一些非快速过程的前向通道中，可使用 V/F 转换来代替通常的 A/D 转换。常用的 V/F 转换器件如 LM331、AD650 等。

8.4.2　8 位并行 D/A 转换器 DAC0832 接口示例

DAC0832 是目前国内用的比较普遍的 A/D 转换器。

1. DAC0832 主要特性

DAC0832 是采用 CMOS 工艺制成的双列直插式单片 8 位 D/A 转换器。它可直接与多种 CPU 连接，以电流形式输出，当转换为电压输出时，可外接运算放大器。其主要特性有：

- 输出电流线性度可在满量程下调节；
- 转换时间为 1μs；
- 数据输入可采用双缓冲、单缓冲或直通形式；
- 增益温度补偿为 0.02%FS/℃；
- 每次输入数字量为 8 位二进制数；
- 功耗为 20mW；
- 逻辑电平输入与 TTL 兼容；
- 供电电源为单一电源，可在 5V～15V 内。

2. DAC0832 的结构

DAC0832D/A 转换器，其内部结构如图 8-27 所示。由一个数据寄存器、DAC 寄存器和 D/A 转换器三大部分组成。图 8-28 为 DAC0832 的外部引脚。

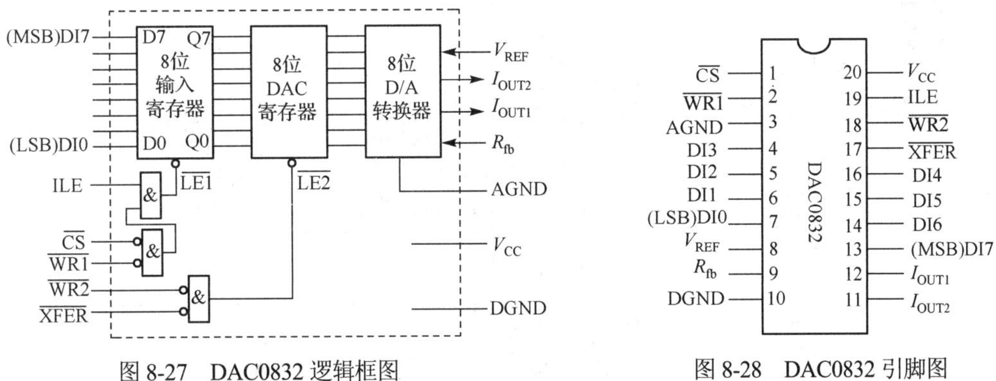

图 8-27　DAC0832 逻辑框图　　图 8-28　DAC0832 引脚图

在 DAC0832 内部有一个 8 位输入寄存器和一个 8 位 DAC 寄存器，它们可以分别选通。这样，就可以把从 CPU 送来的数据先打入输入寄存器，在需要进行 D/A 转换时，再选通 DAC 寄存器，实现 D/A 转换，这种工作方式称为双缓冲工作方式。

各引脚的功能如下：

- VREF　参考电压输入端，根据需要接一定大小的电压，由于它是转换的基准，要求数值准确，稳定性好，常用稳压电路产生，或用专门的参考电压源提供。
- VCC　工作电压输入端。
- AGND　为模拟地，DGND 为数字地。在模拟电路中，所有的模拟地要连在一起，数字地也连在一起，然后将模拟地和数字地连到一个公共接点，以提高系统的抗干扰能力。
- DI7～DI0　数据输入。可直接连到数据总线，也可以经 8255A 等进行 I/O 接口与数据总线相连。
- IOUT1 和 IOUT2　互补的电流输出端。为了输出模拟电压，输出端需加 I/V 转换电路。
- Rfb　片内反馈电阻引脚。与运放配合构成 I/V 转换器。
- ILE　输入锁存使能信号输入端，高电平有效。
- $\overline{\text{CS}}$　片选信号端。
- $\overline{\text{WR1}}$、$\overline{\text{WR2}}$　两个写信号端，均为低电平有效。

- $\overline{\text{XFER}}$　传输控制信号输入端，低电平有效。

当 ILE 为高电平，$\overline{\text{CS}}$ 和 $\overline{\text{WR1}}$ 同时为低电平时，片内输入寄存器的锁存使能端 $\overline{\text{LE}}$ 为 1，这时 8 位数字量可以通过 DI 引脚输入寄存器；当 $\overline{\text{CS}}$ 或 $\overline{\text{WR1}}$ 由低变高时，$\overline{\text{LE}}$ 变为低电平，数据被锁存在输入寄存器的输出端。

对于 DAC 寄存器来说，当 $\overline{\text{XFER}}$ 和 $\overline{\text{WR2}}$ 同时为低电平时，DAC 寄存器的锁存使能端 $\overline{\text{LE}}$ 为高电平，DAC 寄存器中的内容与输入寄存器的输出数据一致；当 $\overline{\text{WR2}}$ 或 $\overline{\text{XFER}}$ 由低变高时，$\overline{\text{LE}}$ 变成低电平，输入寄存器送来的数据被锁存在 DAC 寄存器的输出端，即可加到 D/A 转换器去进行转换。

3. DAC0832 单缓冲和双缓冲输出

由于 DAC0832 内部有输入寄存器和 DAC 寄存器，所以不需要外加其他电路便可以与单片机的数据线直接相连。根据 DAC0832 的 5 个控制信号的不同连接方式，可以有两种典型电路——单缓冲工作电路和双缓冲工作电路。

【例 8-7】 通过电压表测量 DAC0832 输出的电压值。电路如图 8-29 所示，P1 口接拨动开关作为输入值，将该值通过 DAC0832 转换输出。

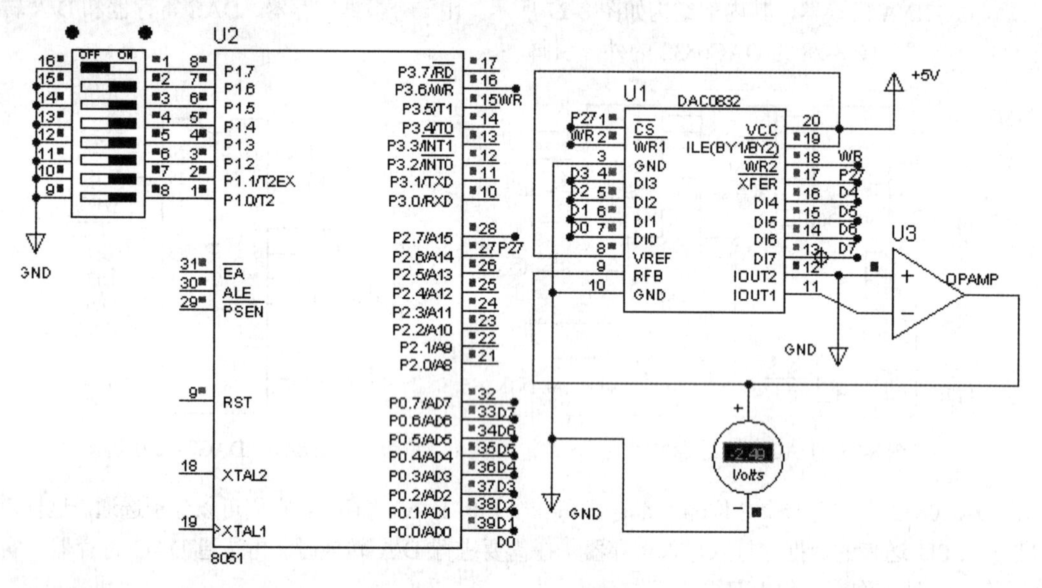

图 8-29　例 8-7 的电路原路图

说明：P1 口为输入口，其输入值作为 DAC0932 要转换的数字量。

参考程序：

```
        ORG     0000H
LOOP:   MOV     P1,#0FFH        ; 输入口先置 1
        MOV     A,P1
        MOV     DPTR,#7FFFH     ; DAC0832 的口地址
        MOVX    @DPTR,A         ; 输出
        SJMP    LOOP
        END
```

【例 8-8】 DAC0832 双缓冲器工作方式示例。

DAC0832 可工作于双缓冲器方式，输入寄存器的锁存信号和 DAC 寄存器的锁存信号分开控制，

这种方式适用于几个模拟量需同时输出的系统，每一模拟量输出需一个 DAC0832，构成多个 DAC0832 同时输出的系统。图 8-30 为两路模拟量同步输出的 DAC0832 系统的电路原理图。

说明：在图 8-30 中，1#DAC0832 输入寄存器地址为 0DFFFH，2#DAC0832 输入寄存器地址为 0BFFFH，1#和 2#DAC0832DAC 寄存器地址为 7FFFH。如果后面接示波器，51 单片机执行下面程序，从示波器器上可以观察到两个周期完全相同的波形。

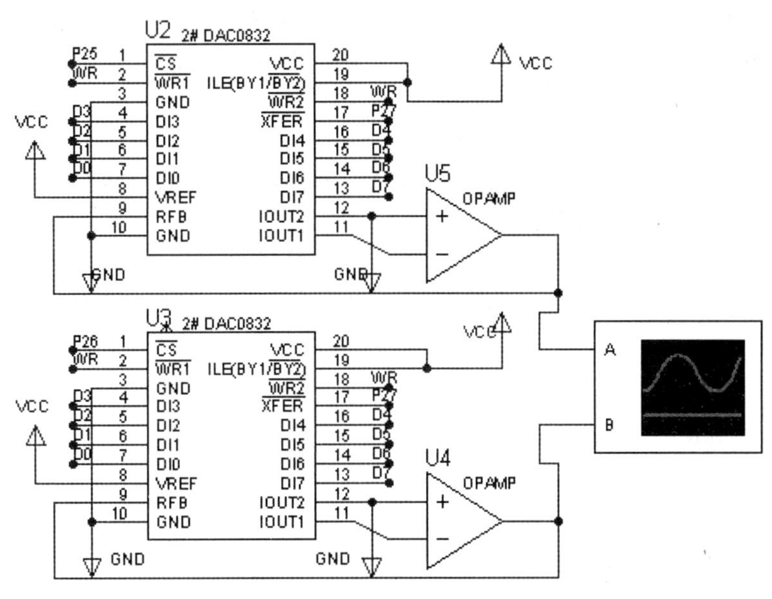

图 8-30 例 8-8 的电路原理图

源程序如下：

```
        ORG     0000H
LOOP:   MOV     A,#80H              ；第 1 个值送 1#DAC0832
        MOV     DPTR,#0DFFFH
        MOVX    @DPTR,A
        MOV     A,#0FFH             ；第 2 个值送 2#DAC0832
        MOV     DPTR,#0BFFFH
        MOVX    @DPTR,A
        MOV     DPTR,#7FFFH         ；两个值同时输出
        MOVX    @DPTR,A
        LCALL   DL1                 ；延时
        MOV     A,#0                ；输出低电平
        MOV     DPTR,#0DFFFH
        MOVX    @DPTR,A
        MOV     DPTR,#0BFFFH
        MOVX    @DPTR,A
        MOV     DPTR,#7FFFH
        MOVX    @DPTR,A
        LCALL   DL1                 ；延时
        SJMP    LOOP
DL1:    MOV     R7,#50              ；延时子程序
DL11:   MOV     R6,#20
```

```
        DJNZ    R6,$
        DJNZ    R7,DL11
        RET
        END
```

4. DAC0832输出各种波形的编程

利用DAC接口输出地模拟量（电压或电流）可以在许多场合得到应用。在51单片机的控制下，产生三角波、锯齿波、矩形波以及正弦波，各种波形所采用的硬件电路时一样的，由于控制程序不同而产生不同的波形。

【例8-9】 阶梯波。

设定一个8位的变量，该变量从0开始循环增量，每增量一次向DAC0832写入一个数据，得到一个输出电压，这样可以得到一个阶梯波。

DAC0832的分辨率是8位，如其满刻度是5V，则一个阶梯波的幅度为：

$$\Delta V = 5V/256 = 19.5mV$$

源程序如下：

```
        ORG     0000H
        MOV     A,#0
L1:     MOV     DPTR,#7FFFH
        MOVX    @DPTR,A
        INC     A
        SJMP    L1
```

如果要获得任意起始电压和终止电压的波形，则需要先确定起始电压和终止电压对应的数字量。程序从首先从起始电压对应的数字量开始输出，当达到终止电压对应的数字量时返回，如此反复。

【例8-10】 三角波。

将正向阶梯波和反向阶梯波组合起来就可以获得三角波。

源程序如下：

```
        ORG     0000H
LOOP:   MOV     A,#0                ；从0开始上升
L1:     MOV     DPTR,#7FFFH
        MOVX    @DPTR,A
        INC     A
        CJNE    A,#0,L1             ；加到最大
        MOV     A,#0FFH             ；从0FFH开始下降
L2:     MOVX    @DPTR,A
        DEC     A
        CJNE    A,#0FFH,L2
        SJMP    LOOP
```

【例8-11】 矩形波。

方波信号也是波形发生器中常用的一种信号，下面的程序可以从DAC0832的输出得到矩形波，当延时函数delay1( )和delay2( )的延时时间相同时即为方波，改变延时时间可得到不同占空比的矩形波。上限电压和下限电压对应的数字量可以通过计算得到。

方波信号也是波形发生器中常用的一种信号，下面的程序可以从DAC0832的输出得到矩形波，

当延时子程序 DL1 和 DL2 的延时时间相同时即为方波，改变延时时间可得到不同占空比的矩形波。上限电压和下限电压对应的数字量可以通过计算得到。源程序如下：

```
        ORG     0000H
LOOP:   MOV     A,#0                ；输出低电平
        MOV     DPTR,#7FFFH
        MOVX    @DPTR,A
        LCALL   DL1                 ；低电平延时
        MOV     A,#0FFH             ；输出高电平
        MOVX    @DPTR,A
        LCALL   DL2                 ；高电平延时
        SJMP    LOOP
DL1:    MOV     R7，#50             ；低电平延时子程序
DL11:   MOV     R6,#20
        DJNZ    R6,$
        DJNZ    R7,DL11
        RET
DL2:    MOV     R7,#50              ；高电平延时子程序
DL21:   MOV     R6,#20
        DJNZ    R6,$
        DJNZ    R7,DL21
        RET
```

【例 8-12】 正弦波。

利用 DAC0832 接口实现正弦波输出时，先要对正弦波形模拟电压矩形离散化。对于一个正弦波形取 N 个等分离散点，按定义计算出对应 1，2，3，…，N 各离散点的数据值 D1，D2，D3，…，DN 制成一个正弦波表。

因为正弦波在半周期内是以极值点位中心对称，而且正弦波形为互补关系，故在制正弦表时只需要 1/4 周期，即取 $0\sim\pi/2$ 之间的数值，步骤如下：

（1）计算 $0\sim\pi/2$ 区间 $N/4$ 个离散的正弦值；

（2）根据对称关系复制 $\pi/2\sim\pi$ 区间的值；

（3）将 $0\sim\pi$ 区间的各点根据求补即可得到 $\pi\sim2\pi$ 区间各值。

将得到的这些数据根据所用的 DAC0832 的位数进行量化，得到相应的数字量，依次存入 RAM 或固化于 EPROM 中，从而得到一个全周期的正弦编码表。

程序如下：

```
        ORG     0000H
LOOP:   MOV     R3,#0               ；第 1 个 1/4 周期
L1:     MOV     A,R3
        MOV     DPTR,#SINT
        MOVC    A,@A+DPTR
        MOV     DPTR,#7FFFH
        MOVX    @DPTR,A
        INC     R3
        CJNE    R3,#19,L1
        MOV     R3,#18              ；第 2 个 1/4 周期
L2:     MOV     A,R3
```

```
        MOV     DPTR,#SINT
        MOVC    A,@A+DPTR
        MOV     DPTR,#7FFFH
        MOVX    @DPTR,A
        DEC     R3
        CJNE    R3,#0FFH,L2
        MOV     R3,#0                   ；第 3 个 1/4 周期
L3      :MOV    A,R3
        MOV     DPTR,#SINT
        MOVC    A,@A+DPTR
        CPL     A
        MOV     DPTR,#7FFFH
        MOVX    @DPTR,A
        INC     R3
        CJNE    R3,#19,L3
        MOV     R3,#18                  ；第 4 个 1/4 周期
L4:     MOV     A,R3
        MOV     DPTR,#SINT
        MOVC    A,@A+DPTR
        CPL     A
        MOV     DPTR,#7FFFH
        MOVX    @DPTR,A
        DEC     R3
        CJNE    R3,#0FFH,L4
        SJMP    LOOP
SINT:   DB  7FH,89H,94H,9FH,0AAH,0B4H
        DB  0BEH,0C8H,0D1H,0D9H,0E0H,0E7H
        DB  0EDH,0F2H,0F7H,0FAH,0FCH,0FEH,0FFH
        END
```

采用程序用软件控制 DAC 可以做成任意波形发生器。离散时取的采样点越多，数值量化的位数越多，则用 DAC 实现的波形精度越高。当然此时会在实现速度和内存方面付出代价。在程序控制下的波形发生器可以对波形的赋值标度和时间轴标度进行扩展或压缩，因而应用十分方便。

8.4.3　12 位并行 D/A 转换器 DAC1208 接口示例

DAC0832 是 8 位的并行 D/A 转换芯片，它与 51 单片机的接口十分方便，有时会显得分辨率不够或接线太复杂，这时可以选择 12 位的 DAC 芯片或串行的 DAC 芯片。本节主要讨论 12 位并行 DAC1208 的编程问题。

1. 12 位并行 DAC1208 简介

DAC1208 是一种带内部锁存器的 12 位分辨率的 DAC 芯片。图 8-31 所示为 DAC1208 的逻辑结构框图。

DAC1208 与 DAC0832 相似，也是双缓冲结构，输入控制线与 DAC0832 也很相似，只是增加了一条控制线 BYTE1/BYTE2，用来区分输入时 8 位寄存器还试 4 位寄存器。当 BYTE1/BYTE2=1 时，两个寄存器都选中，当 BYTE1/BYTE2=0 时，只选中 4 位寄存器。

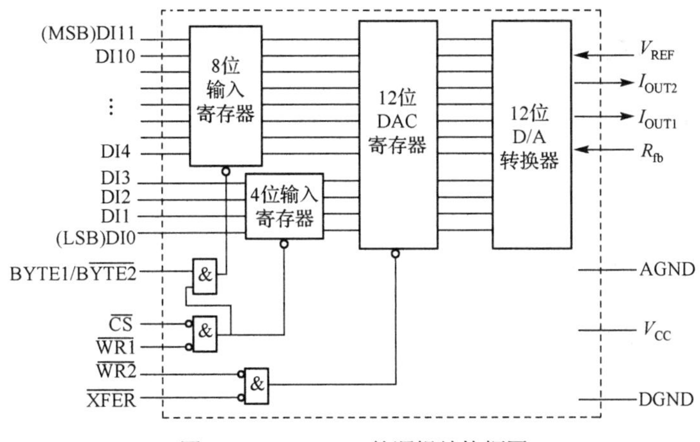

图 8-31　DAC1208 的逻辑结构框图

2. DAC1208 的编程

【例 8-13】 利用 DAC1208 驱动直流电机。

DAC1208 与 51 单片机连接电路原理如图 8-32 所示。由图可看出，DAC1208 的 8 位输入寄存器地址为 7FFFH，4 位输入寄存器地址为 7EFFH，12 位 DAC 寄存器地址为 FFFFH。DAC1208 采用双缓冲工作方式，送数时先送稿 8 位数据，再送低 4 位数据，送完 12 位数据后再打开 DAC 寄存器。

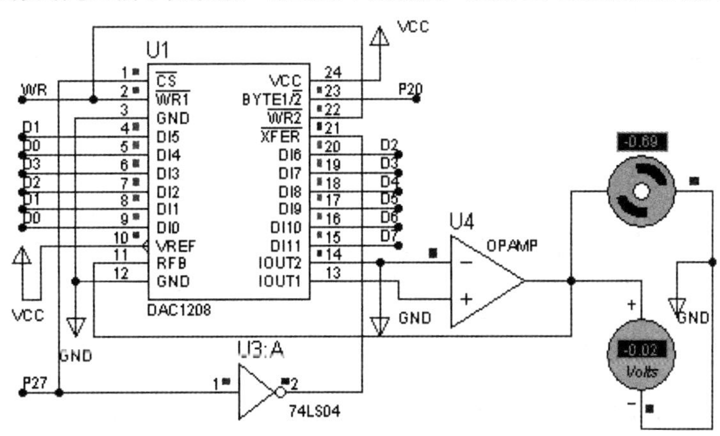

图 8-32　例 8-13 的电路原理图

设 12 位数据存放在片内 RAM 区的 40H 和 41H 单元中，高 8 位存于 40H，低 4 位存入 41H，程序可以完成 12 位数据的 D/A 转换，并利用 DAC1208 输出驱动直流电机。

```
ORG     0000H
MOV     A,40H               ；高 8 位
MOV     DPTR,#7FFFH
MOVX    @DPTR,A
MOV     A,41H               ；低 4 位
MOV     DPTR,#7EFFH
MOVX    @DPTR,A
MOV     DPTR,#0FFFFH        ；12 位数据输出
MOVX    @DPTR,A
SJMP    $
END
```

8.4.4 8位并行A/D转换器ADC0809接口示例

1．主要功能特点

- 分辨率为8位；
- 总的不可调误差在±（1/2）LSB和±1LSB之间；
- 典型转换时间为100μs；
- 具有锁存控制的8路多路开关；
- 具有三态缓冲输出控制；
- 单一+5V供电，此时输入范围为0～5V；
- 输出与TTL兼容；
- 工作温度范围-40℃～+85℃。

2．结构与外部引脚

如图8-33所示，ADC0809的结构包括两部分。

第一部分为8通道多路模拟选择开关以及相应的通道地址锁存与译码电路，可以实现8路模拟信号的分时采集，3个地址信号A、B和C决定哪一路模拟信号被选中并送到内部A/D转换器中进行转换。C、B和A为000～111分别选择IN0～IN7。

第二部分为一逐次逼近式D/A转换器，它由比较器、定时与控制、三态输出锁存器、逐次逼近式寄存器和D/A转换器组成。

ADC0809的外部引脚如图8-34所示。

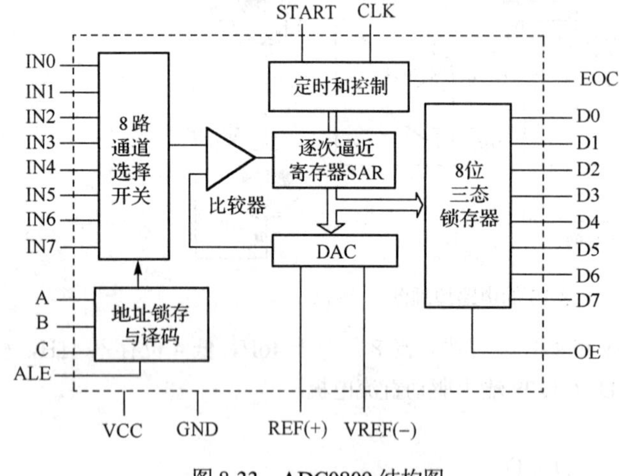

图8-33 ADC0809结构图

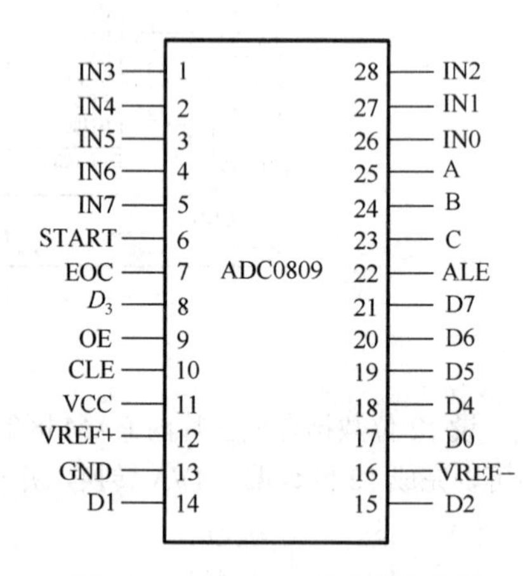

图8-34 ADC0809的外部引脚图

- IN0～IN7：8个模拟量输入端。
- START：启动A/D转换。当START为高电平时，A/D开始转换。
- EOC：转换结束信号。当A/D转换结束时，由低电平转为高电平。
- OE：输出允许信号。
- CLK：工作时钟，最高允许值为1.2MHz。当CLK为640KHz时，转换时间为100μs。
- ALE：通道地址锁存允许。

- A、B、C：通道地址输入。
- D0～D7：数字量输出。
- VREF（+）、VREF（–）：参考电压，用来提供 D/A 转换器的基准参考电压。一般 VREF（+）接+5V 高精度参考电源，VREF（–）接模拟地。
- VCC、GND：电源电压（+5V）。

3．ADC0809 的操作时序

ADC0809 的操作时序如图 8-35 所示。

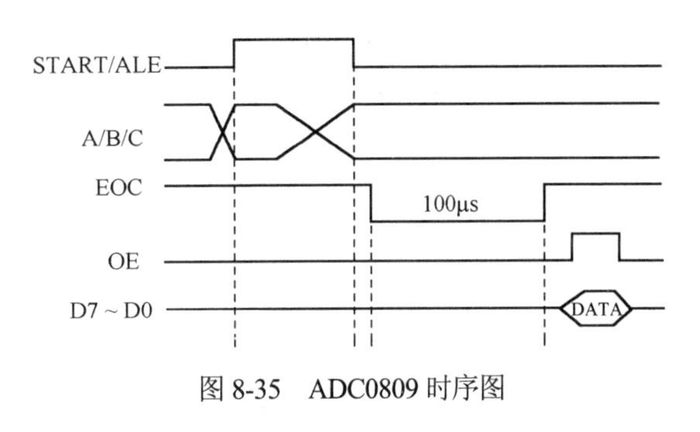

图 8-35　ADC0809 时序图

从时序图中可以看出，地址锁存信号 ALE 在上升沿将 3 位通道地址锁存，相应通道的模拟量经多路模拟开关送到 A/D 转换器。启动信号 START 上升沿复位内部电路，START 信号的下降沿启动 A/D 转换。此时转换结束信号 EOC 呈低电平状态，由于逐次逼近需要一定过程，所以在此期间模拟信号应维持不变，比较器一次次进行比较，直到转换结束。此时转换结束信号 EOC 变为高电平，若 CPU 发出输出允许信号 OE，则可读出数据。一次 A/D 转换的过程就结束了。ADC0809 具有较高的转换速度和精度，受温度影响小，且带有 8 路模拟开关，因此用在测控系统中是比较理想的器件。

4．ADC0809 的编程

【例 8-14】 1 路模拟输入 A/D 转换示例。

电路如图 8-36 所示。外部输入 IN0 接一模拟电压，口地址为 78FFH。51 单片机在读取 ADC0809 的转换数据时可以采用无条件方式、查询方式、中断方式。采样的数据定性地通过发光二极管指示出来。当采用无条件方式时，硬件电路可以将 EOC 到 P33 的信号去掉。

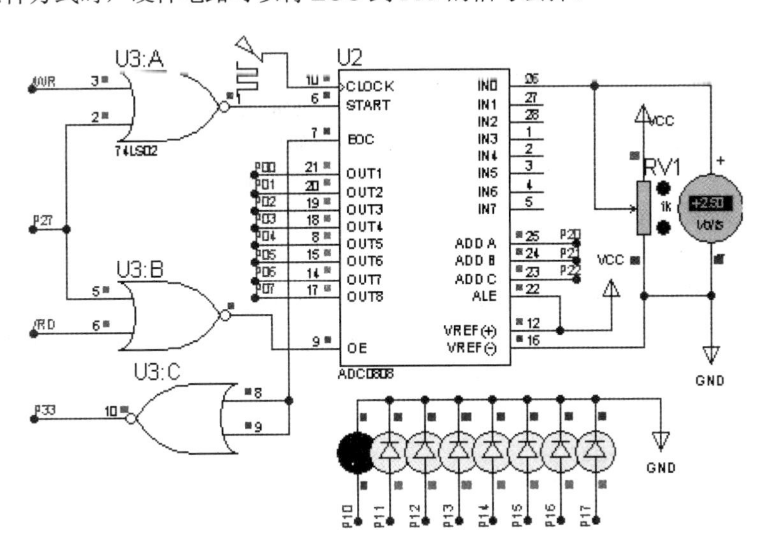

图 8-36　例 8-14 的电路原理图

下面对模拟量从通道 0 输入，转换成的数字量存入片内 RAM 30H 中的程序如下。

（1）查询方式

```
        MOV     R0, #30H
        MOV     DPTR, #78FFH
        MOVX    @DPTR, A                ; 启动A/D
WAIT:   JB      P3.3, WAIT
        MOVX    A, @DPTR                ; 读结果
        MOV     @R0, A
        RET
```

（2）中断方式

ADC0809中断方式的接口电路和查询方式一样，只是通过中断服务程序来读取结果，节约了CPU的资源。具体程序如下：

```
        ORG     0000H
        LJMP    MAIN
        ORG     0013H
        LJMP    INT1
        ORG     0030H
MAIN:   MOV     SP, #60H
        SETB    EA
        SETB    EX1
        MOV     DPTR, #78FFH
        MOVX    @DPTR, A                ; 启动A/D
        SJMP    $
INT1:   MOVX    A, @DPTR                ; 读结果
        MOV     30H, A
        RETI
```

（3）延时等待方式

ADC0809的延时等待方式和查询方式的接口电路差不多，只是把EOC和P3.3之间的连接去掉，程序如下：

```
        MOV     R3, #40H
        MOV     DPTR, #78FFH
        MOVX    @DPTR, A                ; 启动A/D
WAIT:   DJNZ    R3, WAIT                ; 延时128μs
        MOVX    A, @DPTR                ; 读结果
        MOV     30H, A
        RET
```

【例8-15】 8路模拟输入A/D转换示例。

硬件电路参看图8-36所示。外部8路模拟输入分别接IN0～IN7，口地址为78FFH～7FFFH。51单片机在读取ADC0809的转换数据时可以采用中断方式。样的数据存放在片内RAM30H开始的8个连续字节单元中。程序如下：

```
        ORG     0000H
        LJMP    MAIN            ; 主程序
        ORG     0013H
        LJMP    WINT1           ; 外部中断1
        ORG     0030H
MAIN:   MOV     SP,#60H
        SETB    IT1             ; 外部中断源1
```

```
        SETB    EA              ；中断管理
        SETB    EX1
        MOV     R0，#30H        ；采样数组首地址
        MOV     R7，#8          ；8路信号
        MOV     DPTR,#78FFH     ；启动第0路
        MOVX    @DPTR,A
        SJMP    $               ；等待中断
WINT1:  MOVX    A,@DPTR         ；读A/D转换结果
        MOV     @R0，A          ；存结果
        INC     DPH             ；调整下一路
        INC     R0
        DJNZ    R7，L1          ；8路结束了吗?
        MOV     R7，#8
        MOV     R0，#30H
        MOV     DPTR,#78FFH
        MOVX    @DPTR,A
L1:     RETI
```

8.5　实验与设计

实验1　DAC0832单缓冲实验

【实验目的】掌握D/A转换器的基本应用；掌握DAC0832的单缓冲基本应用。

【电路与内容】电路如图8-37所示。通过电压表测量DAC0832输出的电压，通过“高”和“低”按键改变DAC0832输出不同电压。

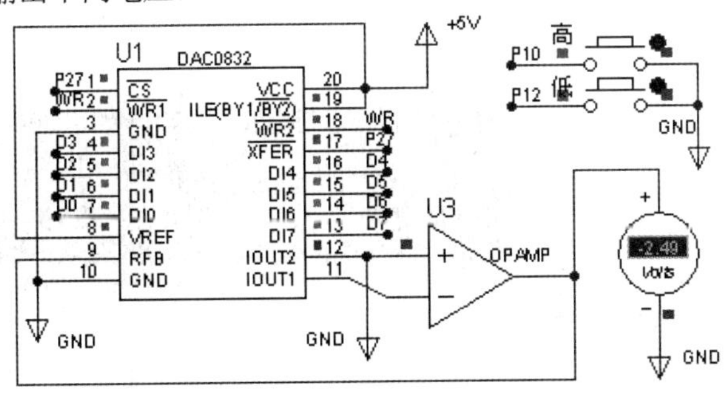

图8-37　实验1电路原理示意图

说明：图中输入寄存器和DAC寄存器地址都可选为7FFFH，CPU对DAC0832执行一次操作，则把一个数据直接写入DAC寄存器，DAC0832的模拟量随之变化。

【参考程序】

```
        ORG     0000H
        MOV     A,#80H          ；输出初值
        MOV     DPTR,#7FFFH
        MOVX    @DPTR,A
LOOP:   MOV     P1,#0FFH        ；读按键
        MOV     A,P1
        ANL     A,#05H
        CJNE    A,#05H,L1
```

```
        SJMP    LEND
L1:     LCALL   DL10            ; 消抖动
        MOV     A,P1
        ANL     A,#05H
        CJNE    A,#05H,L2
        SJMP    LEND
L2:     JNB     P1.0,GAO        ; GAO为输出0FFH
        MOV     A,#0            ; 低为输出0
        SJMP    L3
GAO:    MOV     A,#0FFH
L3:     MOV     DPTR,#7FFFH
        MOVX    @DPTR,A
L4:     MOV     P1,#0FFH        ; 判断按键抬起
        MOV     A,P1
        ANL     A,#05H
        CJNE    A,#05H,L4
LEND:   SJMP    LOOP
DL10:   MOV     R7,#250         ; 延时10ms
DL101:  MOV     R6,#20
        DJNZ    R6,$
        DJNZ    R7,DL101
        RET
        END
```

实验2　ADC0809实验

【实验目的】 掌握A/D转换器的基本应用；掌握ADC0809的基本应用。

【电路与内容】 电路如图8-38所示，ADC0809转换的电压信号在由8255A管理的LED显示器上显示出来。

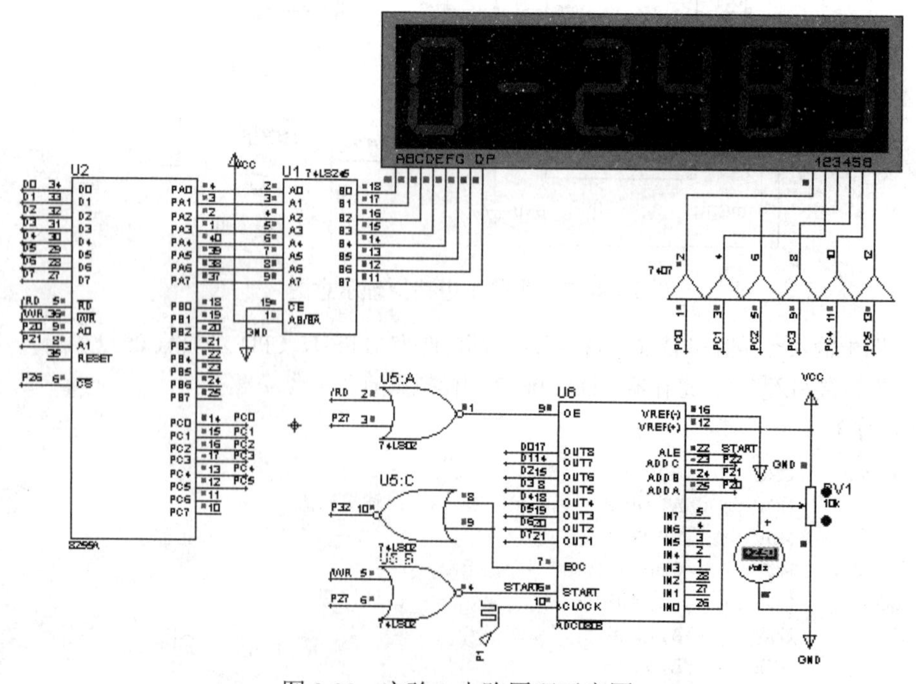

图8-38　实验2电路原理示意图

【参考程序】

```
#include<absacc.h>
#include<reg51.h>
#define  uchar  unsigned  char
#define  uint  unsigned
#define  COM8255  XBYTE[0xbfff]                               //8255A的口地址
#define  PA8255  XBYTE[0xbcff]
#define  PB8255  XBYTE[0xbdff]
#define  PC8255  XBYTE[0xbeff]
#define  ADC08090  XBYTE[0x78ff]                              //ADC0809通道0的地址
uchar  data  dis_buf[6];                                      //显示缓冲区
uchar  code  table[18]={0x3f,0x06,0x5b,0x4f,0x66,0x6d,0x7d,0x07,
      0x7f,0x6f,0x77,0x7c,0x39,0x5e,0x79,0x71,0x40,0x00};     //显示代码表
void  dlxms(unt  xms)                                         //延时xms函数
{   data  uint  t1,t2;
    for(t1=xms;t1>0;t1--)
    for(t2=110;t2>0;t2--);
}
void  display( )                                              //显示函数
{   data  uchar  segcode, bitcode, i;
    bitcode=0xfe;
    for(i=0;i<6;i++)
    {     segcode=dis_buf[i];
         segcode=table[segcode];
          if(i==2)                                            //小数点位置判断
         {    segcode=segcode|0x80;
}
         PA8255=segcode;  PC8255=bitcode;
         dlxms(1);
         PC8255=0xff;
         bitcode=bitcode<<1;
         bitcode=bitcode|0x01;
     }
}
void  main(void)                                              //主函数
{   unsigned  int  k;
    COM8255=0x80;                                             //8255初始化
    dis_buf[0]=16;                                            //显示开机提示符
    dis_buf[1]=9;    dis_buf[2]=0;     dis_buf[3]=0;
    dis_buf[4]=13;  dis_buf[5]=16;

    for(k=0;k<50;k++)
    {  display( );
       dlxms(10);
    }
   TMOD=0x01; TH0=-20000/256;  TL0=-20000%256;
    EA=1;  IT0=1;EX0=1;
```

```
    ADC08090=0x00;
    dis_buf[0]=0;    dis_buf[1]=16;
    while(1) ;
}
void  time0_int( )  interrupt  1
{  TH0=-20000/256;  TL0=-20000%256;
   display( ) ;
}
void  wint0()  interrupt  0
{  uchar  reseut ;
   uint  reseut1;
   reseut=ADC08090;
   reseut1=reseut*196;
   dis_buf[2]=reseut1/10000;
   dis_buf[3]=(reseut1/1000)%10;
   dis_buf[4]=(reseut1/100)%10;
   dis_buf[5]=(reseut1/10)%10;
   display( );
   ADC08090=0x00;
}
```

设计 1　电子密码锁的设计

按键：0～9、确认、取消，用于输入密码号；6 位 8 段数码显示，用于显示密码；红、绿发光二极管，用于代表输入的密码是否正确。

（1）加电后，显示“888888”。

（2）输入密码时，只显示“F”，以防止泄露密码。

（3）输入密码过程中，如果不小心出现错误，可按“取消”键清除屏幕，取消此次输入，此时显示“888888”。再次输入需重新输入所有 6 位密码。

（4）当密码输入完毕按下“确认”键时，单片机将输入的密码与设置的密码比较，若密码正确，则“绿色”发光二极管亮 1s（此表示密码锁打开）；若密码不正确，则“红色”发光二极管亮 1s。

设计 2　波形发生器的设计

利用 DAC0832 产生阶梯波、三角波、矩形波、正弦波。波形的生产通过按键选择。试设计出硬件电路，并编写程序。

本 章 小 结

在单片机应用系统设计中，往往需要对单片机的资源进行外部扩展，扩展的主要内容是通过并行方式或串行方式扩展外部的存储器或 I/O 接口芯片。本章主要介绍外部资源的并行扩展方法，包括以下几部分内容。

（1）51 单片机并行口扩展基础：51 单片机的地址线、数据总线、控制总线；芯片的数据线和 51 单片机数据线一一对应的连接，控制总线对应的连接；对于地址线要区分译码信号和片内地址线。

（2）典型的并行 I/O 口芯片介绍：74LS244、74LS273、8255A。

（3）并行接口芯片应用举例：三总线的连接、口地址的形成；锁存器的扩展、缓冲器的扩展、8 段 LED 显示器的静态与动态管理。

（4）模拟量接口技术

对于 A/D 和 D/A 厂商以芯片的形式提供给使用者、A/D 要设计成单片机的输入口、D/A 要设计成单片机的输出口、A/D 与 D/A 的分辨率；DAC0832：5 个控制信号、电流输出；各种波形输出；ADC0809：片选信号的形成。转换器的种类较多，主要掌握 A/D、D/A 转换器的基本原理、主要参数、结构与引脚。

习　　题

1．51 单片机外部扩展 I/O 接口芯片时，数据线、地址线、控制线如何连接？

2．线译码和译码器译码有什么区别？

3．试设计用两片 74LS273 和两片 74LS244 扩展两个并行输出口和两个并行输入口的扩展连接电路图。

4．8255A 有哪几种工作方式？怎样进行选择？简述 8255A 的控制字。

5．在一个 51 单片机应用系统中扩展一片 74LS273、一片 8255A 和一片 74LS244。试画出系统框图，并指出所扩展的各个芯片的地址范围。

6．使用 DAC0832 与 51 单片机连接时有哪些控制信号？双缓冲方式如何工作？在何种情况下要使用双缓冲工作方式？

7．试设计一个 12 位 A/D 转换器与 51 单片机的接口电路，编写连续转换 10 次并将转换结果存入片内 50H 开始的单元中的程序。

8．试设计一个 12 位 D/A 转换器与 51 单片机的接口电路，编写将存放在片内 RAM 的 50H、51H 单元的 12 位数（低 8 位在 50H 单元中，高 4 位在 51H 的低半字节中）进行转换输出的程序。

9．要求某电子秤的称重范围为 0～500g，测量误差小于 0.05g。至少应该选择分辨率为多少位的 A/D 转换器？

10．在 51 单片机系统中，外部扩展一片 DAC0832，利用 DAC0832 的输出产生阶梯波，要求阶梯波的台阶电压为 39mV，波形的起始电压为 2V，终止电压为 5V，画出硬件原理图，编写程序。

11．在一个由 51 单片机与一片 ADC0809 组成的数据采集系统中，ADC0809 的地址为 7FF8H～7FFFH。试画出有关的逻辑框图，并编写出每隔一分钟轮流采集一次 8 个通道数据的程序。共采样 100 次，其采样值存入片外 RAM3000H 开始的存储单元中。

12．如果一个 8 位 D/A 转换器的满量程（对应于数字量 255）为 10V，分别确定模拟量为 2.0V 和 8.0V 所对应的数字量是多少？

13．某 12 为 D/A 转换器，输出电压为 0～2.5V，当输入的数字量为 400H 是，对应的输出电压是多少？

第9章 51系列单片机串行总线接口扩展技术

新一代单片机技术的显著特点之一是串行扩展总线的推出。串行扩展连接线灵活，占用单片机资源少，系统结构简化，极易形成用户的模块化结构。串行扩展方式还具有工作电压宽、抗干扰能力强、功耗低、数据不易丢失等特点。因此，串行扩展技术在IC卡、智能化仪器仪表及分布式控制系统等领域获得了广泛应用。单片机应用系统中使用串行扩展方式的主要有Philips公司的I^2C总线（Inter Integrated Circuit BUS）、Dallas公司的单总线（1-wire）、Motorola公司的SPI串行外设接口。

本章主要介绍串行总线的扩展技术及典型串行接口芯片的应用示例。

9.1 I^2C总线接口技术

I^2C总线是Philips公司推出的芯片间的串行传输总线，它采用同步方式接收或发送信息。I^2C总线以两根连接线实现全双工同步数据传送，可以极方便地构成外围器件扩展系统。

I^2C总线的两根线分别为：

① 串行数据SDA（Serial Data）

② 串行时钟SCL（Serial Clock）

由于I^2C总线只有一根数据线，因此其发送信息和接收信息不能同时进行。信息的发送和接收只能分时进行。I^2C总线可以直接连接具有I^2C总线接口的单片机，如8XC552和8XC652等；也可以挂接各种类型的外围器件，如存储器、日历/时间、A/D、D/A、I/O接口、键盘、显示器等，是很有发展前途的芯片间串行扩展总线。I^2C串行总线工作时数据传输速率最高可达400 kb/s。

9.1.1 认识I^2C总线接口

1．工作原理

I^2C总线采用两线制，由数据线SDA和时钟线SCL构成。I^2C总线为同步传输总线，数据线上的信号完全与时钟同步。数据传送采用主从方式，即主器件（主控器）寻址从器件（被控器），启动总线产生时钟，传送数据及结束数据的传送。SDA/SCL总线上挂接的单片机（主器件）或外围器件（从器件），其接口电路都应具有I^2C总线接口，所有器件都通过总线寻址，而且所有SDA/SCL的同名端相连，如图9-1所示。

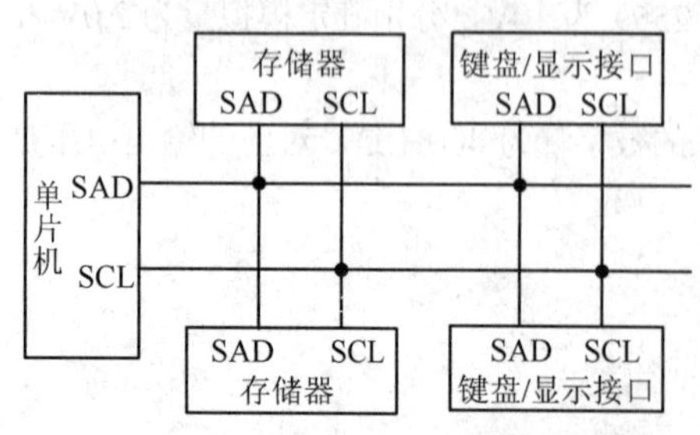

图9-1 I^2C总线应用系统的组成

按照I^2C总线规范，总线传输中将所有状态都生成相应的状态码，主器件能够依照这些状态码自动地进行总线管理。

Philips公司、Motorola公司和Maxim公司推出了很多具有I^2C总线接口的单片机及外围器件，如24C系列E^2PROM、D/A转换器MAX521和MAX5154等。用户根据数据操作要求，通过标准程序处理模块，完成I^2C总线的初始化和启动，就能完成规定的数据传送。

作为主控器的单片机，可以具有I^2C总线接口，也可以不带I^2C总线接口，但被控器必须带有I^2C总线接口。

2．寻址方式

在一般的并行接口扩展系统中，器件地址都是由地址线的连接形式决定的，而在 I^2C 总线系统中，地址是由器件类型及其地址引脚电平决定的，对器件的寻址采用软件的方法。

I^2C 总线上的所有外围器件都有规范的器件地址。器件地址由 7 位组成，它与一个方向位共同构成 I^2C 总线器件的寻址字节。寻址字节的格式见表 9-1。

表 9-1　寻址字节格式

位　序	D7	D6	D5	D4	D3	D2	D1	D0
寻址字节	器件地址				引脚地址			方向位
	DA3	DA2	DA1	DA0	A2	A1	A0	$R/\overline{W}$

器件地址（DA3、DA2、DA1、DA0）是 I^2C 总线外围器件固有的地址编码，器件出厂时就已经给定。例如，I^2C 总线 E^2PROM AT24C02 的器件地址为 1010，4 位 LED 驱动器 SAA1064 的器件地址为 0111。

引脚地址（A2、A1、A0）是由 I^2C 总线外围器件引脚所指定的地址端口，A2、A1、A0 在电路中，根据接电源、接地或悬空的不同，形成了地址代码。

数据方向位（$R/\overline{W}$）规定了总线上的单片机（主控件）与外围器件（从器件）的数据传送方向。$R/\overline{W}=1$，表示接收（读）；$R/\overline{W}=0$，表示发送（写）。

3．数据传送时序

I^2C 总线上的数据传送时序如图 9-2 所示。总线上传送的每一帧数据均为 1 字节，但启动 I^2C 总线后，传送的字节数没有限制，只要求每传送 1 字节后对方回应一个应答位。在发送时，首先发送的是数据的最高位，每次传送开始必须先发送起始信号，结束时要发送停止信号。

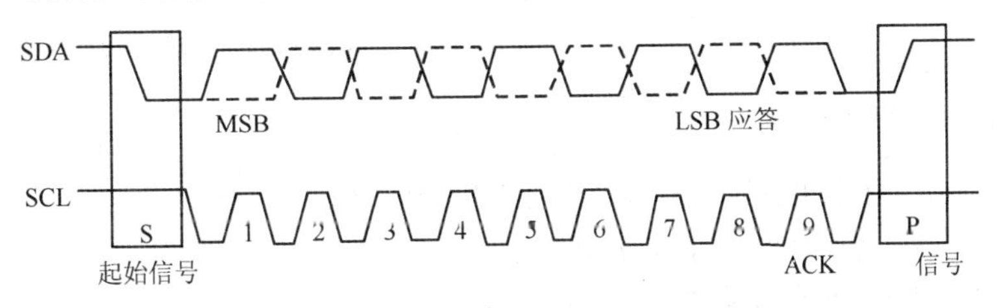

图 9-2　I^2C 总线时序

I^2C 总线为同步传输总线总线，信号完全与时钟同步。

起始信号：时钟 SCL 线为高电平时，数据线 SDA 出现由高电平向低电平变化的情形时，启动 I^2C 总线。

停止信号：时钟 SCL 线为高电平时，数据线 SDA 出现由低到高的电平变化的情形时，将停止 I^2C 总线数据传送。

应答信号 ACK：I^2C 总线上第 9 个时钟脉冲对应于应答位。相应数据线上出现低电平时为应答信号，高电平时为非应答信号。

数据传送位：在 I^2C 总线启动后或应答信号后的第 1～8 个时钟脉冲对应于 1 字节的 8 位数据传送。脉冲高电平期间，数据串行传送，低电平期间为数据准备，允许总线上的数据电平变换。

4．常用的 I^2C 总线器件

常用的 I^2C 总线器件见表 9-2。

表9-2 常用的I^2C总线器件

类 型	型 号
存储器	Atmel公司的AT24CXX系列E^2PROM
8位并行I/O扩展	PCF8574、JLC1562
实时时钟	DS1307、PCF8563、SD2000D、M41T80、ME901、ISL1208
数据采集ADC芯片	MCP3221、ADS1100、ADS1112、MAX1238、MAX1239
数据转换DAC芯片	DAC5574、DAC6573、DAC8571
LED显示器件	ZLG7290、SAA1064、CH452、MAX6963、MAX6964
温度传感器	TMP101、TMP275、DS1621、MAX6625

9.1.2 I^2C总线典型器件AT24C02应用举例

Atmel公司生产的AT24CXX系列串行E^2PROM是具有I^2C总线接口功能的电可擦除串行E^2PROM器件，其可编程自定时写周期（包括自动擦除时间）不超过10 ms。串行E^2PROM 一般具有两种写入方式，一种是字节写入方式，另一种是页写入方式，允许在一个写周期内对1字节到1页的若干字节的编程写入。1页的大小取决于芯片内页寄存器的大小，其中，AT24C01 具有 8 字节数据的页面写能力，AT24C02/04/08/16 具有16 字节数据的页面写能力。该系列器件常用的有AT24C01（128字节）、AT24C02（256字节）、AT24C04（512字节）、AT24C08（1024字节）、AT24C16（2048字节）等。

串行E^2PROM器件采用先进的CMOS技术制造，在电源电压降到1.8 V时也能工作。擦写周期可达100万次，数据保存时间可达100年。

图9-3 AT24C系列的引脚排列

1. AT24C系列的引脚

AT24C系列的引脚排列如图9-3所示。

① SCL：串行时钟输入线。数据发送或接收的时钟从该引脚输入。

② SDA：串行数据/地址线。用于传送地址和发送与接收数据，双向传输。SDA为漏极开路，要求接一个上拉电阻到VCC端，典型值为10 kΩ。对于一般的数据传输，仅在SCL为低电平期间，SDA才允许变化；在SCL为高电平期间，SDA的变化为串行I^2C总线的START开始或STOP停止条件。

③ A0、A1、A2：器件地址输入端。

④ WP：写保护端。WP = 1时为写保护，只能读出，不能写入；WP = 0时，器件允许进行正常的读/写操作。

2. AT24C系列串行E^2PROM的寻址

（1）寻址方式字节

AT24C系列串行E^2PROM寻址方式字节中的最高4位（D7～D4）为器件地址，对AT24C系列固定为1010，寻址方式字节中的D3、D2、D1位为器件地址A2、A1、A0，对于串行E^2PROM的片内存储容量小于256字节的芯片（AT24C01/02），8位片内寻址（A7～A0）即可满足要求；然而对于容量大于256字节的芯片，则8位片内寻址范围不够。例如，AT24C16（2 KB），相应的寻址位数应为11位（$2^{11} = 2048$）。若以256字节为1页，则多于8位的寻址视为页面寻址。在AT24C系列中，对页面寻址位采取占用器件引脚地址（A2A1A0）的办法，如AT24C16将A2、A1、A0作为页地址。凡是在系统中引脚地址作为页面地址后，该引脚在电路中不得使用，必须做悬空处理。

（2）应答信号

I^2C 总线数据传送时，每成功传送 1 字节数据后，接收器件都必须产生一个应答信号，接收器件在第 9 个时钟周期时将 SDA 线拉低，表示其已收到一个 8 位数据。

当 AT24CXX 工作于读出模式时，在发送一个 8 位数据后释放 SDA 线，并监视应答信号，一旦接收到应答信号，AT24CXX 将继续发送数据。如果主机没有发送应答信号，则 AT24CXX 停止传送数据并等待停止信号。在数据传送完毕后，主机必须发送一个停止信号给 AT24CXX，以使其进入备用电源模式，并使器件处于接收数据的状态。

3. 写操作方式

串行 E^2PROMQ 器件 AT24CXX 的写操作包括两种形式：字节写和页写。

（1）字节写

图 9-4 和图 9-5 所示为 AT24CXX 字节写时序图。在字节写模式下，主机发送起始命令和器件地址信息（$R/\overline{W}$ 位置 0），主机在收到 AT24CXX 产生的应答信号后，发送 1～8 位字节地址，写入 AT24CXX 的地址指针。对于高于 8 位的地址，所不同的是，主机连续发送两个 8 位字节地址写入 AT24CXX 的地址指针。主机在收到 AT24CXX 的另一个应答信号后，再发送数据到被寻址的存储单元，AT24CXX 再次应答，并在主机发出停止信号后开始内部数据的擦写。在内部擦写过程中，AT24CXX 不再应答主机的任何请求。

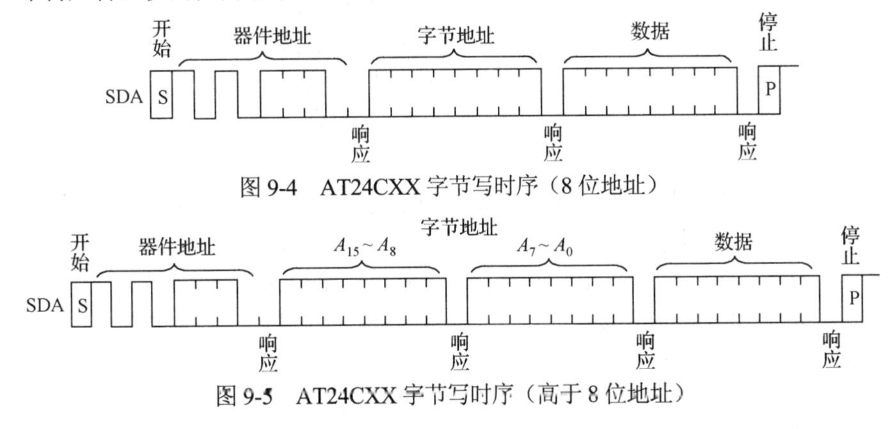

图 9-4　AT24CXX 字节写时序（8 位地址）

图 9-5　AT24CXX 字节写时序（高于 8 位地址）

（2）页写

图 9-6 所示为 AT24CXX 页写时序图。在页写模式下，AT24CXX 可一次写入 8 字节或 16 字节数据，页写操作的启动和字节写一样，不同的是，传送了 1 字节数据后并不发出停止信号，主机连续发送所写入的字节，每发送 1 字节数据，AT24CXX 都产生一个应答位，且其内部地址计数器自动加 1。如果在发送停止信号之前主机发送的数据超过 8 字节或 16 字节，AT24CXX 片内地址计数器将自动翻转，先前写入的数据被覆盖。AT24CXX 接收到主机发送的停止信号后，自动启动内部写周期将数据写到数据区，所有接收的数据在一个写周期内写入 AT24CXX。

页写时应该注意器件的页翻转现象。AT24C01 的页写字节数为 8，从 0 页首址 00H 处开始写入数据，当页写入数据超过 8 个时会页翻转。若从 03H 处开始写入数据，则当页写入数据超过 5 个时会页翻转，其他情况以此类推。

4. 读操作方式

对 AT24CXX 读操作的初始化方式和写操作时一样，仅把 $R/\overline{W}$ 位置为 1。AT24CXX 有 3 种不同的读操作方式：读当前地址内容、读随机地址内容及读顺序地址内容。

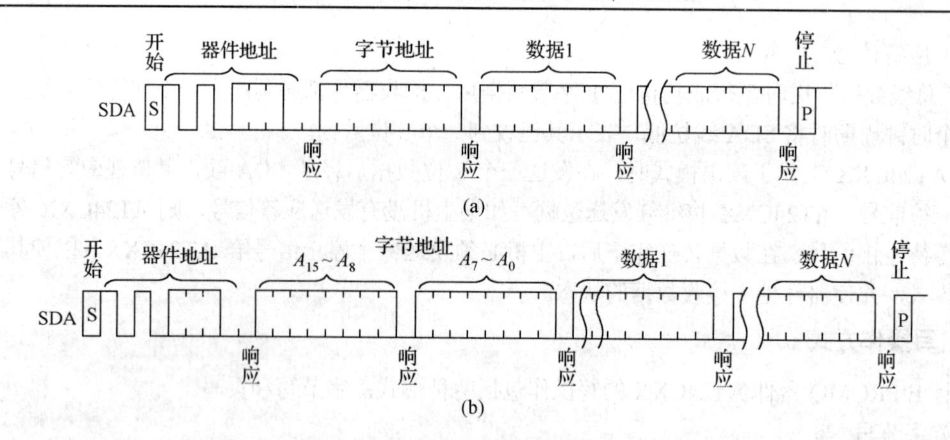

图 9-6 AT24CXX 页写时序图

（1）立即地址的读取

图 9-7 所示为 AT24CXX 立即地址读时序图。AT24CXX 的地址计数器内容为最后操作字节的地址加 1，也就是说，如果上次读/写的操作地址为 N，则立即读的地址从地址 N+1 开始读出。AT24CXX 接收到器件地址信号，且 $R/\overline{W}=1$ 时，首先发送一个应答信号，然后输出一个 8 位字节数据。在读出方式中，主机不需发送应答信号，但必须发出一个停止信号。

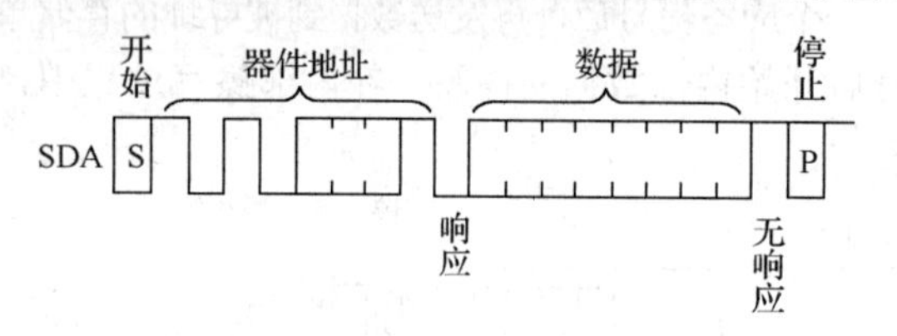

图 9-7 AT24CXX 立即地址读时序图

（2）随机地址读取

图 9-8 所示为 AT24CXX 随机地址读时序图，随机读操作允许主机对 AT24CXX 的任意字节进行读出操作。主机首先通过发送起始信号、AT24CXX 地址和要读取的字节数据的地址，执行一个伪写操作（$R/\overline{W}$ 位置 0），在 AT24CXX 应答之后，主机重新发送起始信号和 AT24CXX 的地址，此时 $R/\overline{W}$ 位置 1，AT24CXX 响应并发送应答信号，然后输出所要求的一个 8 位字节数据，主机不发送应答信号，但同样必须产生一个停止信号。

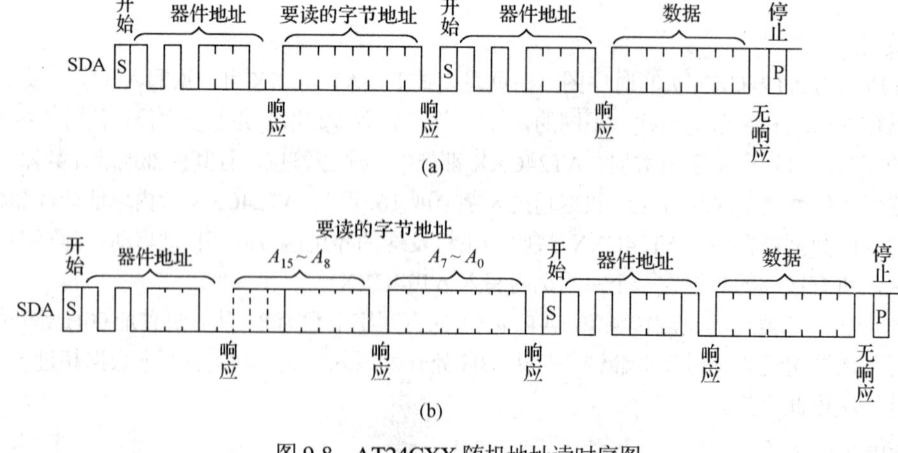

图 9-8 AT24CXX 随机地址读时序图

（3）顺序地址读取

图 9-9 所示为 AT24CXX 顺序地址读时序图。顺序读操作可通过立即读或随机地址读操作来启

动。在 AT24CXX 发送完一个 8 位字节数据后，主机产生一个应答信号来响应，告知 AT24CXX 主机要求更多的数据，对应每个主机产生的应答信号，AT24CXX 将发送一个 8 位字节数据。当主机不再发送应答信号而发送停止位时结束此操作。从 AT24CXX 输出的数据按顺序由 N 到 N+1 输出，读操作时地址计数器在 AT24CXX 的整个地址内增加，这样整个寄存器区域可在一个读操作内全部读出。

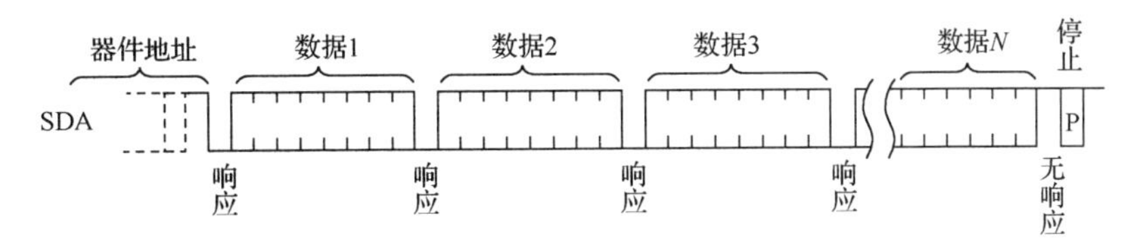

图 9-9　AT24CXX 顺序地址读时序图

4. AT24C02 与单片机的接口实例

【例 9-1】 利用单片机将数据“0x55”写入 AT24C02，然后将其读出并发出送到 P1 口显示。硬件电路如图 9-10 所示。

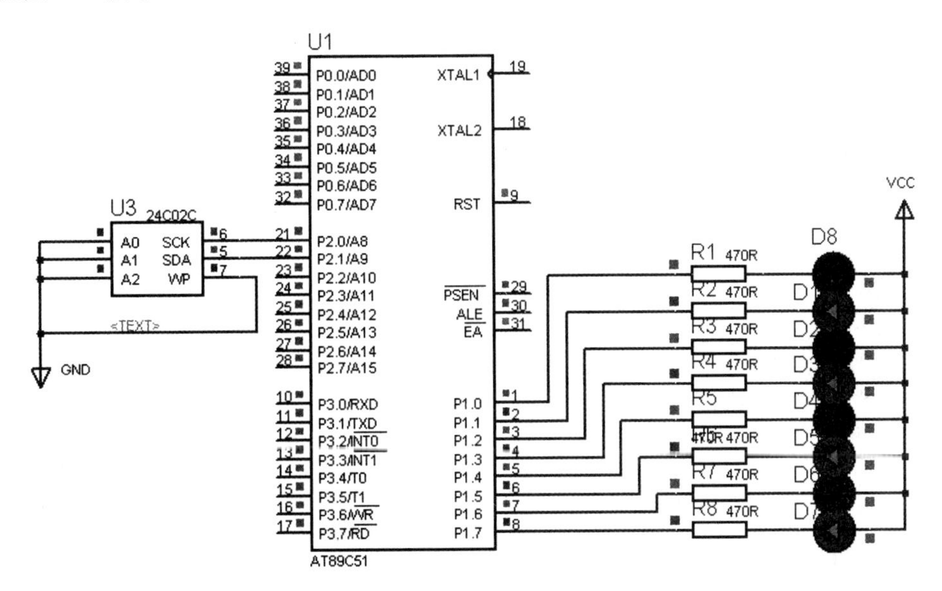

图 9-10　例 9-1 的电路原理图

程序如下：

```
//将数据 0x55 写入 24C02 的 0 单元再读出送至 P1 口显示
#include<reg51.h>
#define uchar unsigned char
sbit sda=P2^1;
sbit scl=P2^0;
void delay()                          //延时应大于 4.7us
{ ;;;}
void start()                          //开始发送数据
{ sda=1;
  delay();                            //scl 在高电平期间，sda 由高到低
```

```
    scl=1;   delay();
    sda=0;  delay();
}
void  stop()                            //停止发送数据
{  sda=0;                               //scl 在高电平期间，sda 由高到低
    delay();
    scl=1;   delay();
    sda=1;  delay();
}
void  response()
{  uchar i;
    scl=1;   delay();
    if((sda==1)&&i<250) i++;            //应答 sda 为 0，非应答为 1
    scl=0;                              //释放总线
    delay();
}
void  noack()
{  scl=1;
    delay();
    scl=1;   delay();
    scl=0;   delay();
    sda=0;   delay();
}
void  init()                            //初始化
{  sda=1;   delay();
    scl=1;   delay();
}
void  write_byte(uchar  date)           //写 1 字节
{  uchar  i, temp;
    temp=date;
    for(i=0;i<8;i++)
    {  temp=temp<<1;
        scl=0;                          //scl 上跳沿写入
        delay();
        sda=CY;                         //溢出位
        delay();
        scl=1;      delay();
        scl=0;      delay();
    }
      scl=0;   delay();
      sda=1;   delay();
}
uchar  read_byte()
{  uchar i,k;
    scl=0;   delay();
    sda=1;   delay();
    for(i=0;i<8;i++)
```

```
    {  scl=1;      delay();
       k=(k<<1)|sda;
       scl=0;      delay();
    }
    return k;
}
void  delay1(uchar  x)
{  uchar  a, b;
   for(a=x;a>0;a--)
   for(b=200;b>0;b--);
}
void  write_add(uchar  address, uchar  date)
{  start();
   write_byte(0xa0);                    //设备地址
   response();   write_byte(address);
   response();   write_byte(date);
   response();
   stop();
}
uchar  read_add(uchar  address)
{  uchar  date;
   start();
   write_byte(0xa0);
   response();
   write_byte(address);
   response();
   start();
   write_byte(0xa1);                    //1 表示接收地址
   response();
   date=read_byte();
   noack();
   stop();
   return  date;
}
void  main()
{  init();
   write_add(0,0x0f);                   //向 0 单元写入数据 0fH,
   delay1(100);
   P1=read_add(0);                      //低电平灯亮
   while(1);
}
```

9.2　SPI 总线接口技术

SPI（Serial Perpheral Interface）是 Motorola 公司推出的一种同步串行外设接口，允许 MCU 与各厂家生产的标准外围设备直接接口，以串行方式交换数据。SPI 用以下 3 个引脚完成通信。

① 串行数据输出 SDO（Serial Data Out），简称 SO。

② 串行数据输入 SDI（Serial Data In），简称 SI。

③ 串行数据时钟 SCK（Serial Clock）。

另外，挂接在 SPI 总线上的每个从机还需要一根片选线 $\overline{CS}$。

9.2.1 认识 SPI 总线

1. 结构与工作原理

SPI 总线有主机、从机的概念。图 9-11 所示为 SPI 外围扩展结构图。该系统有一台主机，从机通常是外围接口器件，如 E^2PROM、A/D、日历时钟及显示驱动等。

单片机与外围器件在 SCK、SO 和 SI 上都是同名端相连的。外围扩展多个器件时，SPI 无法通过数据线译码选择，故 SPI 的外围器件都有片选端口。在扩展单个 SPI 器件时，外设的 $\overline{CS}$ 端可以接地，或通过 I/O 接口控制；在扩展多个 SPI 外围器件时，单片机应分别通过 I/O 接口来分时选通外围器件。

SPI 串行扩展系统中，如果某一从器件只作为输入（如键盘）或只作为输出（如显示器）时，可省去一根数据输出（SO）或一根数据输入（SI），从而构成双线系统（$\overline{CS}$ 接地）。

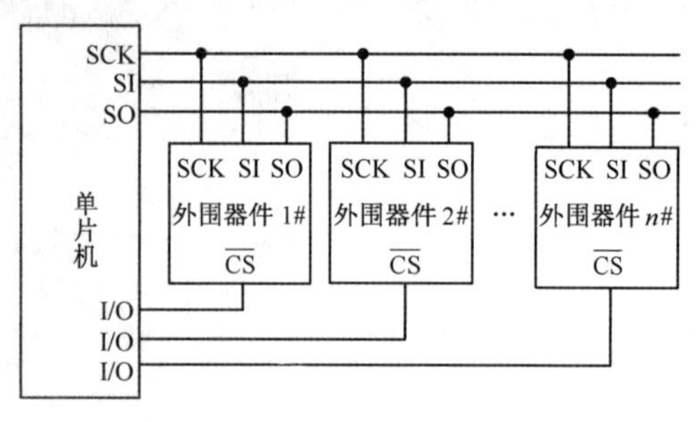

图 9-11 SPI 外围串行扩展结构图

SPI 系统中从器件的选通靠的是 $\overline{CS}$ 引脚，数据的传送软件十分简单，省去了传输时的地址选通字节，但在扩展器件较多时，连线较多。

SPI 串行扩展系统中作为主器件的单片机在启动一次传送时，便产生 8 个时钟传送给接口芯片，作为同步时钟，控制数据的输入与输出。数据的传送格式是高位（MSB）在前，低位（LSB）在后。数据线上输出数据的变化以及输入数据时的采样，都取决于 SCK。但对于不同的外围芯片，有的可能是 SCK 的上升沿起作用，有的可能是 SCK 的下降沿起作用。

SPI 有较高的数据传送速率，最高可达 1.05 Mb/s。

Motorola 公司为广大用户提供了一系列具有 SPI 接口的单片机和外围接口芯片，如存储器 MC2814、显示驱动器 MC14499 和 MC14489 等。SPI 串行扩展系统的主器件单片机，可以带 SPI 接口，也可以不带 SPI 接口，但从器件要具有 SPI 接口。

2. 常用的 SPI 总线器件

常用的 SPI 总线器件见表 9-3。

表 9-3 常用的 SPI 总线器件

类　型	型　号
存储器	Microchip 公司的 93LCXX 系列 E^2PROM Atmel 公司的 AT25XXX 系列 E^2PROM Xicro 公司的 X5323、25 等
SPI 扩展并行 I/O 口	PCA9502、MAX7317、MAX7301
实时时钟	PCA2125、DS1390、DS1391、DS1305
数据采集 ADC 芯片	ADS8517、TLC4541、MAX1200、MAX1225、AD7789
数据转换 DAC 芯片	DAC7611、DAC8881、DAC7631、AD421
键盘、显示芯片	MAX6954、MAX6966、MAX7219、ZLG7289、CH451
温度传感器	MAX6662、MAX31722、DS1722

9.2.2　SPI 总线典型器件 X25045 应用举例

X25045 是一种集看门狗、电压监控和串行 E^2PROM 3 种功能于一身的可编程控制芯片。这种组合设计减小了电路对电路板空间的需求。

X25045 中的看门狗对系统提供了保护功能。当系统发生故障而超出设置时间时，电路中的看门狗将通过 RESET 信号向 CPU 作出反应。它提供了 3 个时间值供用户选择使用。X25045 所具有的电压监控功能还可以保护系统免受低电压的影响，当电源电压降到允许范围以下时，系统将复位，直到电源电压返回到稳定值。X25045 的储存器与 CPU 可通过串行通信方式接口，共 4096 位，可以按 512×8 个字节放置数据。

1．引脚介绍

X25045 的引脚如图 9-12 所示。

引脚功能如表 9-4 所示。

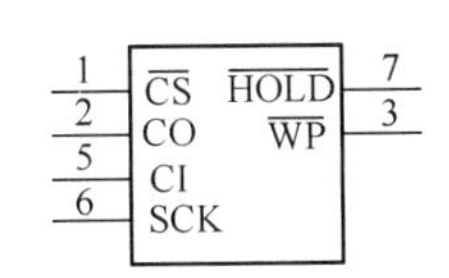

图 9-12　X25045 引脚图

表 9-4　X25045 引脚功能

引脚	定义	符号
1	电路选择端，低电平有效	/CS
2	串行数据输出	SO
3	写保护端，低电平有效	/WP
5	串行数据输入	SI
6	串行时钟输入	SCK
7	复位输出	RESET
4、8	电源、地	VCC、VSS

2．工作原理

（1）上电复位

向 X25045 加电时会激活其内部的上电复位电路，从而使 RESET 引脚有效。该信号可避免系统微处理器电压不足或振荡器未稳定的情况下工作。当 VCC 成果器件的门限值时，电路将在 200ms（典型）延时后释放 RESET，以允许系统开始工作。

（2）低电压监视

工作时，X25045 对 VCC 电压进行监测，若电源电压跌落至预置的最小门限值以下时，系统即确认 RESET，从而避免 CPU 在电源失效或断开的情况下工作。当 RESET 被确认后，该 RESET 信号将一直保持有效，闸刀电压跌落低于 1V，而当 VCC 返回并超过门限值达 200ms 时，系统重新开始工作。

（3）看门狗定时器

它的作用是通过监视看门狗触发器输入 WDI 来监视 CPU 是否激活。由于 CPU 必须周期性地触发 CS/WDI 引脚以避免 RESET 信号激活而使电路复位，所以 CS/WDI 引脚必须在看门狗超时时间终止之前受到高至低的信号触发。

（4）重新设置 VCC 门限

X25045 出厂时设置的标准 VCC 门限电压为 Vtrip，但在应用时，如果标准值不恰当，用户可以重新调整。

（5）SPI 串行存储器

器件存储器部分是带块所保护的 CMOS 串行 E^2PROM 阵列。X25045 可提供最少 100 万次擦写和 100 年的数据保存期。并具有串行外围接口（SPI）和软件协议的特点，允许工作在简单的四总线上。

X25045 主要是通过一个 8 位的指令寄存器来控制器件的工作，其指令代码通过 SI 输入端（最高位在前）写入寄存器。表 9-5 所示为 X25045 的指令格式及其操作。

表 9-5　X25045 的指令格式及其操作

指令名称	指令格式	操　作
WREN	00000110	设置写使能锁存器（使能写操作）
WRDI	00000100	复位写使能锁存器（禁止写操作）
RSDR	00000101	读状态寄存器
WRSR	00000001	写状态寄存器（看门狗和块锁）
READ	0000A800	从选定的地址开始读存储器阵列的数据
WRETE	000A8010	从选定的地址开始写入数据至存储器阵列（1～16 字节）

（6）时钟和数据写序

当 CS 变低以后，SI 线上的输入数据在 SCK 的第一个上升沿时被锁存。而 SO 线上的数据则由 SCK 的下降沿输出。用户可以停止时钟，然后再启动它，以便在它停止的地方恢复操作。在整个工作期间，CS 必须为低。

（7）状态寄存器

状态寄存器包含 4 个非易失性状态位和两个易失性状态位。控制位用于设置看门狗定时器的操作和存储器的块锁保护。状态寄存器的格式如表 9-6 所示（默认值为 00H）。

表 9-6　状态寄存器格式

7	6	5	4	3	2	1	0
0	0	WD1	WD0	BL1	BL0	WEL	WIP

其中，WIP（Write In Progress）位是易失性只读位，用于指明器件是否忙于内部非易失性写操作。WIP 位可用 RDSR 指令读出。当该位为 1 时，表示非易失性写操作正在进行；为 0 时表示没有写操作。

WEL（Write Enable Latch）位用于指出“写使能”锁存的状态。WEL=1 时，表示锁存被设置；WEL=0 时，表示锁存已复位。WEL 位是易失性只读位。可以用 WREN 指令设置 WEL 位；用 WRDI 指令复位 WEL 位。

用 BL0、BL1（Block Lock）位可设置块锁存保护的范围。任何被块锁存保护的存储器都只能读出不能写入。这两个非易失性位可用 WRSR 指令来编程，并允许用户保护 E^2PROM 阵列的 1/4、1/2、全部或 0，如表 9-7 所示。

WD0、WD1（Watchdog　Timer）位用于选择看门狗的超时周期，如表 9-8 所示。

表 9-7　受保护的 E^2PROM 阵列地址

状态寄存器位		受保护的阵列地址
BL1	BL0	X25045
0	0	无
0	1	180～1FF
1	0	100～1FF
1	1	000～1FF

表 9-8　看门狗的超时周期选择

状态存储器		看门狗超时周期
WD1	WD0	
0	0	1.4s
0	1	600ms
1	0	200ms
1	1	禁止

当选用 CS 选中器件后，发送 8 位 RDSR 指令，并由 CLK 信号触发即可将状态寄存器的内容从 SO 线上读出。而在写状态寄存器时，应先将 CS 拉低，然后发送 WREN 指令，再拉高 CS，接着再拉低 CS，最后送入 WREN 指令及对应于状态寄存器内容的 8 位数据即可。该操作由 CS 变高结束。

WEL 位及 WP 引脚的状态对器件内的存储器及状态寄存器各部分保护的影响如表 9-9 所示。

3．应用举例

【例 9-2】 利用单片机将“0x55”写入 X25045，然后将其读出送到 P1 口进行显示。电路如图 9-13 所示。

表9-9　WERN命令和/WP引脚状态对状态寄存器的影响

WREN命令（WEL）	器件引脚（/WP）	存储器块		状态寄存器（BL0BL1WD0WD1）
		保护区	不保护区	
0	X	保护	保护	保护
X	0	保护	保护	保护
1	1	保护	可写入	可写入

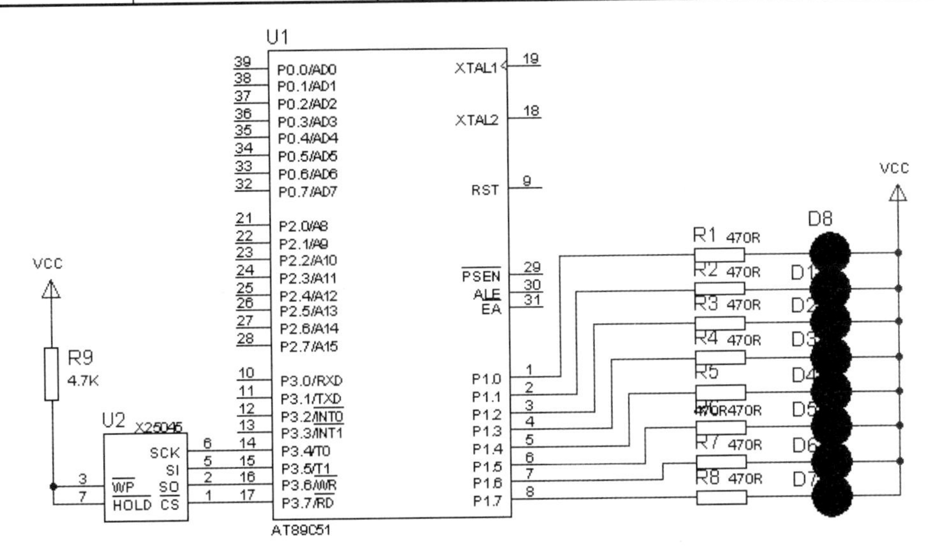

图9-13　X25045读写电路图

程序如下：

```
//将数据0x55写入X5045再读出并送至P1口显示
#include<reg51.h>
#include<intrins.h>
#define  uchar  unsigned  char
#define  uint  unsigned  int
sbit  SCK=P3^4;
sbit  SI=P3^5;
sbit  SO=P3^6;
sbit  CS=P3^7;
#define  WREN  0x06                  //写使能锁存器允许
#define  WRDI  0x04                  //写使能锁存器禁止
#define  WRSR  0x01                  //写状态寄存器
#define  READ  0x03                  //读出
#define  WRITE  0x02                 //写入
void  delayxms(uint  xms)            //延时xms毫秒
{  uint  t1, t2;
   for(t1=xms; t1>0; t1--)
   for(t2=110; t2>0; t2--);
}
uchar  ReadCurrent(void)             //从X5045的当前地址读出数据，出口参数x
{  uchar  i;
   uchar  x=0x00;                    //储存从X5045中读出的数据
   SCK=1;
```

```
    for(i=0;i<8;i++)
    {  SCK=1;
       SCK=0;                             //在 SCK 的下降沿读出数据
       x<<=1;                             //左移，因为先读出的是最高的数据位
       x|=(uchar)SO;
    }
    return(x);
}

void  WriteCurrent(uchar  dat)       //写数据到 X5045，入口参数 dat
{  uchar i;
   SCK=0;
   for(i=0;i<8;i++)
   {  SI=(bit)(dat&0x80);
      SCK=0;
      SCK=1;
      dat<<=1;                            //左移，因为首先写入的是字节的最高位
   }
}
/*****************************************
状态寄存器,可以设置看门狗的溢出时间及数据保护
入口参数：rs 存储寄存器状态值
*****************************************/
void  WriteSR(uchar  rs)             //
{  CS=0;
   WriteCurrent(WREN);
   CS=1;
   CS=0;                                 //重新拉低 CS，否则下面的写寄存器状态指令将被丢弃
   WriteCurrent(WRSR);
   WriteCurrent(rs);
   CS=1;
}
void  WriteSet(uchar  dat,uchar  addr)  //写数据到 X5045 的指定地址，入口参数：addr
{  SCK=0;
   CS=0;
   WriteCurrent(WREN);
   CS=1;
   CS=0;                                 //重新拉低 CS，否则下面的写寄存器状态指令将被丢弃
   WriteCurrent(WRITE);
   WriteCurrent(addr);
   WriteCurrent(dat);
   CS=1;
   SCK=0;
}
uchar  ReadSet(uchar  addr)          //从 X5045 的指定地址读出数据，入口参数：addr;
                                       出口参数：dat
{  uchar dat;
   SCK=0;
   CS=0;
   WriteCurrent(READ);
   WriteCurrent(addr);
```

```
        dat=ReadCurrent();
        CS=1;
        SCK=0;
        return dat;
    }
    void  WatchDog(void)                   //看门狗复位功能
    {  CS=1;
        CS=0;                              //CS 引脚的一个下降沿复位看门狗定时器
        CS=1;
    }
    void  main()                           //主程序
    {  WriteSR(0x12);                      //写状态寄存器（设定看门狗溢出时间 600ms，写不保护）
        delayxms(10);
         {  WriteSet(0X0f,0x10);           //将手机 0x55 写入指定地址 0x10
            delayxms(10);
            P1=ReadSet(0x10);              //将数据读出送 P1 口，低电平灯亮
            WatchDog();
            while(1);
        }                                  //复位看门狗
    }
```

9.3　单总线（1-wire）接口技术

单总线（1-wire）是 Dallas 公司推出的外围串行扩展总线。单总线只有一根数据输入/输出线 DQ，总线上所有器件都挂在 DQ 上，电源也经过这根信号线供给。这种使用一根信号线的串行扩展技术，称为单总线技术。

9.3.1　认识单总线（1-wire）

1．单总线原理

单总线系统中配置的各种测控器件，是由 Dallas 公司提供的专用芯片实现的。每个芯片均有 64 位 ROM，厂家对每一个芯片用激光烧写编码，其中存有 16 位十进制编码序列号，是器件的地址编号，确保挂在总线上后，可以唯一地确定。除了器件地址编码外，芯片内还含有收发控制和电源存储电路。这些芯片的耗电量都很小，从总线上馈送电量（空闲时为几微瓦，工作时为几毫瓦）到大电容中，就可以正常工作，故一般不另附加电源。

图 9-14 所示为一个由单总线构成的分布式测温系统。许多带有单总线接口的实际温度计集成电路 DS18B20 都挂在 DQ 总线上。单片机对每个 DS18B20 通过总线 DQ 寻址。DQ 为漏极开路，须加上拉电阻 RP。

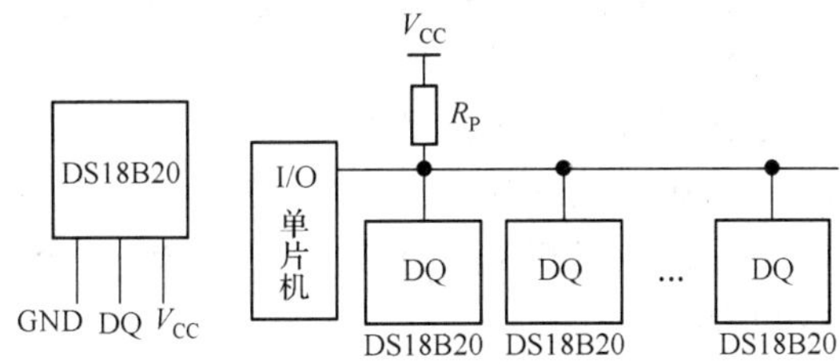

图 9-14　单总线构成的分布式温度检测系统

Dallas 公司为单总线的寻址及数据的传送提供了严格的时序规范。

2．常用的单总线器件

单总线器件主要提供存储器、混合信号电路、识别、安全认证等功能。常用的单总线器件见表 9-10。

表 9-10　常用的单总线器件

类　型	型　　号
存储器	DS2431、DS28EC20、DS2502、DS1993
温度传感元件和开关	DS28EA00、DS1825、DS1822、DS18B20、DS18S20、DS1922、DS1923
A/D 转换器	DS2450
实时时钟	DS2417、DS2422、DS1904
电池监护	DS2871、DS2762、DS2438、DS2775
身份识别和安全易用	DS1990A、DS1961S
单总线控制和驱动器	DS1WN、DS2482、DS2480B

9.3.2　单总线典型器件 DS18B20 应用举例

1. DS18B20 基础

DS18B20 是达拉斯（Dallas）公司出品的数字式温度传感器芯片，它使用一总线接口，其主要技术特点如下。

（1）工作电压范围广

工作电压范围为 3～5.5V，并且可以使用寄生电容供电的方式。

（2）集成度高

所有的应用模块都集中在一个与普通三极管大小相同的芯片内，不需要任何外围器件；它使用一个总线和 51 单片机进行数据通信。

（3）温度测量范围大

可测量温度区间位−55～+125℃，其中在−10～+85℃，测量精度为 0.5℃。

（4）测量分辨率可变

测量分辨率可以设置为 9 位～12 位，对应的最小温度刻度为 0.5℃、0.25℃、0.125℃和 0.0625℃。

（5）转换速度快

在 9 位精度时，速度最快，耗时 93.75ms；在 12 位精度时，则需要 750ms。

（6）支持多个设备

支持在同一条一总线上挂接多个 DS18B20 器件形成多点测量，在数据传输过程中可以跟随 CRC 校验。

外部引脚如图 9-14 所示。

VCC：电源输入引脚，如果使用寄生供电方式，则该引脚直接连接到 GND 上。

GND：电源地引脚。

DQ：数据输出/输入引脚。

DS18B20 内部有一个 64 位的 ROM 空间，用于存放序列号。高序列号由 8 位产品种类编号（0x28），48 位产品序列号和 8 位 CRC 校验位组成。每个 DS18B20 都有一个唯一的序列号，可以用于区别其他 DS18B20。

DS18B20 可以将温度转换成两个字节的数据，该数据可以设定为 9 位～12 位精度。如表 9-11 所示是 12 位精度的温度数据存储结构，其中 S 位符号位。当温度高于 0℃时，S 位 0，此时后 11 位数据直接乘以温度分辨率 0.0625℃，该乘积即为实际温度值；当温度低于 0℃时，S 为 1，此时 11 数据位温度数据的补码，需要取反加 1 后再乘以温度分辨率才能得到实际的温度值。

DS18B20 的温度分辨率只和选择的采样精度位数有关系，9 位采样精度对应的分辨率为 0.5℃，10

位采样精度时对应的分辨率为 0.25℃，11 位采样精度时对应的分辨率为 0.125℃，12 位采样精度时对应的分辨率为 0.0625℃。用两个字节的转化结果乘以对应的分辨率就可以得到温度值（注意符号位），但是要注意的是采样精度位数越高，需要的采样时间越长。

表 9-11　DS18B20 的温度数据存储结构

	BIT7	BIT6	BIT5	BIT4	BIT3	BIT2	BIT1	BIT0
低位	23	22	21	20	2-1	2-2	2-3	2-4
高位	S	S	S	S	S	26	25	24

DS18B20 内部集成了一个由 9 字节的高速缓存。其内部结构如表 9-12 所示。

表 9-12　DS18B20 的高速缓存的内部结构

0	1	2	3	4	5	6	7	8
温度测量结果低位	温度测量结果高位	高温触发器 TH	低温触发器 TL	配置寄存器	保留	保留	保留	CRC 校验

DS18B20 高速缓存中的配置寄存器设置 DS18B20 的工作模式及采样精度，其内部结构如表 9-13 所示，其中 TM 位用于切换 DS18B20 的测试模式和日常工作模式。在芯片出厂时该位被设置为 0，即设置了正常的工作模式，一次用户一般不需要对该位进行操作。

表 9-13　DS18B20 高速缓存中的配置寄存器的内部结构

BIT7	BIT6	BIT5	BIT4	BIT3	BIT2	BIT1	BIT0
TM	R1	R0	1	1	1	1	1

配置寄存器中的 R1 和 R0 位用于设置 DS18B20 的采样精度，如表 9-14 所示。

表 9-14　DS18B20 的采样精度设置

R1	R0	分辨率	采样时间	温度分辨率
0	0	9 位	93.75ms	0.5℃
0	1	10 位	187.5ms	0.25℃
1	0	11 位	375ms	0.125℃
1	1	12 位	750ms	0.0625℃

一总线的工作流程包括总线初始化、发送 ROM 命令+数据，以及发送功能命令+数据这 3 个步骤，其中功能命令由具体的器件决定，用于对器件内部进行相应的功能的操作。DS18B20 的功能命令如表 9-15 所示。

表 9-15　DS18B20 的功能命令列表

功能命令的对应代码	功能命令的名称	功能
0x4e	写高速缓存	向内部高速缓存写入 TH 和 TL 数据，设置温度的上限和下限，该功能命令后跟随 2 字节的 TH 和 TL 数据
0xbe	读高速缓存	将 9 字节的内部高速缓存中的数据按照从低到高的顺序读出
0x48	复制高速缓存到 E^2PROM	将内部高速缓存中的 TH、TL 及控制寄存器的数据写入 E^2PROM
0xb8	恢复 E^2PROM 到高速缓存	和 0X48 相反，将数据从 E^2PROM 中复制到高速缓存中
0xb4	读取供电方式	当 DS18B20 使用外部电源供电时，读取数据为“1”，否则为“0”，此时使用寄生供电
0x44	启动温度采集	启动 DS18B20 进行温度采集

2．应用实例

DS18B20 的操作步骤：

（1）复位一总线。

（2）当同一条总线上存在多个 DS18B20 时匹配 ROM，否则跳出。

（3）设置 DS18B20 的报警温度上、下限。

（4）启动采集且等待采集结果。

（5）先读取温度数据低位，后读取轻度数据高位。

【例 9-3】 利用 DS18B20 测量温度，并通过 LED 显示出来。电路如图 9-15 所示。DS18B20 接在 P1.7 上，共阴极显示器的段在 P0 口上，位控制在 P3 口上。

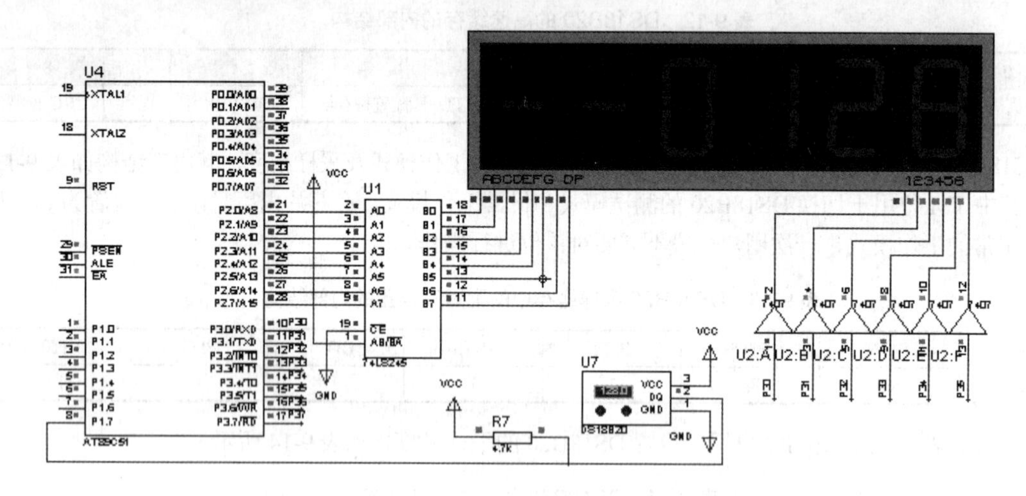

图 9-15　DS18B20 测量温度的示例图

```
#include<reg51.h>
#include<intrins.h>
#define uchar unsigned char
#define uint unsigned int
sbit DIO=P1^7;
uchar data dis_buf[6];                    //显示缓冲区
uchar code table[18]={0x3f,0x06,0x5b,0x4f,0x66,0x6d,0x7d,0x07,
                                          //显示的代码表
        0x7f,0x6f,0x77,0x7c,0x39,0x5e,0x79,0x71,0x40,0x00};
void dl_1ms( )                            //延时 1ms
{ data uint d;
  for(d=0;d<120;d++);
}
void display( )                           //显示函数
{ data uchar bitcode, i;
  bitcode=0xfe;
  for(i=0;i<6;i++)
  { P0=table[dis_buf[i]];
    P3=bitcode;
    dl_1ms( );
```

```
        P3=0xff;
        bitcode=bitcode<<1;
        bitcode=bitcode|0x01;
    }
}
void  delay_5us(uchar  y)           // (2.17×y+5)微秒延时
{  while(--y);
}
void  delay()                       //延时 1000ms
{  uchar  i;
   for(i=0;i<140;i++)
   {  display();
   }
}
void  OneWireWByte(uchar  x)        //向总线写一个字节 x
{  uchar  i;
   for(i=0;i<8;i++)
   {  DIO=0;                        //拉低总线
      _nop_();                      //要求大于 1 微秒，但不超过 15 微秒
      _nop_();
     if(0x01&x)
     {  DIO=1;                      //如果最低位为 1，则将总线拉高
     }
     delay_5us(30);                 //延时 60-120 微秒
     DIO=1;                         //释放总线
     _nop_();                       //要求大于 1 微秒
     x=x>>1;                        //移位，准备发送下一位
  }
}
uchar  OneWireRByte(void)           //从一总线上读 1 字节，返回读到的内容
{  uchar  i, j;
   j=0;
   for(i=0;i<8;i++)
   {  j=j>>1;
      DIO=0;                        //拉低总线
      _nop_();                      //要求大于 1 微秒，但不超过 15 微秒
      _nop_();
      DIO=1;                        //释放总线
      _nop_();
      _nop_();
     if(DIO==1)                     //如果高电平
     {  j=j|0X80;
     }
     delay_5us(30);                 //延时 60-120 微秒
     DIO=1;                         //释放总线
     _nop_();                       //要求大于 1 微秒
   }
```

```
    return  j;
  }
  void  DS18B20_int(void)            //初始化DS18B20
  {  DIO=0;
    delay_5us(255);                 //延时480-960微秒
    DIO=1;                          //释放总线
    delay_5us(30);                  //延时60-120微秒
    if(DIO==0)
    {  delay_5us(200);              //要求释放总线后480微秒内结束复位
      DIO=1;                        //释放总线
      OneWireWByte(0xcc);           //发送Skip ROM命令
      OneWireWByte(0x4e);           //发送写暂存RAM命令
      OneWireWByte(0x00);           //温度报警上限设为0
      OneWireWByte(0x00);           //温度报警下限设为0
      OneWireWByte(0x7f);           //将DS18B20设为12位，精度为0.25
      DIO=0;
      delay_5us(255);               // 延时480-960微秒
      DIO=1;                        //释放总线
      delay_5us(240);               //要求释放总线后480微秒内结束复位
      DIO=1;                        //释放总线
    }
  }
  uint  DS18B20_readtemp()          //读DS18B20的温度值
  {  uint  temp;
    uchar  DS18B20_temp[2];         //温度数据
    DIO=0;
    delay_5us(255);                 //延时480-960微秒
    DIO=1;                          //释放总线
    delay_5us(30);                  //延时60-120微秒
    if(DIO==0)
    {  delay_5us(200);              //要求释放总线后480微秒内结束复位
      DIO=1;
      OneWireWByte(0xcc);           //发送Skip ROM命令
      OneWireWByte(0x44);           //发送温度转换命令
      DIO=1;
      delay( );                     //延时1000ms
      DIO=0;
      delay_5us(255);               //延时480-960微秒
      DIO=1;
      delay_5us(30);                //延时60-120微秒
      if(DIO==0)
      {  delay_5us(200);            //要求释放总线后480微秒内结束复位
        DIO=1;
        OneWireWByte(0xcc);         //发送Skip ROM命令
        OneWireWByte(0xbe);         //发送读暂存RAM命令
        DS18B20_temp[0]=OneWireRByte();          //读温度的低字节
        DS18B20_temp[1]=OneWireRByte();          //读温度的高字节
        temp=256*DS18B20_temp[1]+DS18B20_temp[0];
```

```
            temp=temp/16;
            DIO=0;
            delay_5us(255);            //延时 480-960 微秒
            DIO=1;
            delay_5us(240);            //要求释放总线后 480 微秒内结束复位
            DIO=1;
          }
          return  temp;
        }
    }
    void  main( )                      //主函数
    {  uint  temp;
       DS18B20_int();
       dis_buf[0]=16;  dis_buf[1]=16;
       dis_buf[2]=0;   dis_buf[3]=0;
       dis_buf[4]=0;   dis_buf[5]=0;
       display( );
       while(1)
       {  temp=DS18B20_readtemp();
          dis_buf[2]=temp/1000;
          dis_buf[3]=(temp%1000)/100;
          dis_buf[4]=(temp%100)/10;
          dis_buf[5]=temp%10;
          display( );
       }
    }
```

9.4　典型串行 A/D 接口芯片 TLC2543 的编程示例

串行 A/D 转换器由于采用串行方式与 CPU 连接，具有硬件简单、体积小、占用 I/O 口线少的优点，在单片机应用系统中具有很大的优势。现在串行 A/D 品种越来越多，随着价格的降低，有取代并行 A/D 的趋势。TLC2543 是比较典型的串行 A/D 转换器。

1. TLC2543 的特性及引脚

TLC2543 是 TI 公司生产的 12 位串行 A/D 转换器，使用开关电容逐次逼近技术完成 A/D 转换过程。由于是串行输入结构，能够节省 8051 系列单片机的 I/O 资源，而且价格适中。其主要特点如下：

- 12 位分辨率 A/D 转换器。
- 在工作温度范围内 10μs 转换时间。
- 11 个模拟输入通道。
- 3 路内置自测试方式。
- 采样率为 66kb/s。
- 线性误差为+1LSB（max）。
- 有转换结束（EOC）输出。
- 具有单、双极性输出。
- 可编程的 MSB 或 LSB 前导。

● 可编程的输出数据长度。

TLC2543 的引脚排列如图 9-16 所示。

引脚	名称	引脚	名称
1	AIN0	20	V_{CC}
2	AIN1	19	EOC
3	AIN2	18	I/OCLOCK
4	AIN3	17	DATAINPUT
5	AIN4	16	DATAOUT
6	AIN5	15	CS
7	AIN6	14	REF+
8	AIN7	13	REF−
9	AIN8	12	AIN10
10	GND	11	AIN9

图 9-16　TLC2543 的引脚图

图中，AIN0～AIN10 为模拟输入端，$\overline{CS}$ 为片选端，DATAINPUT 为串行数据输入端，DATAOUT 为 A/D 转换结果的三态输出端，EOC 为转换结束端，I/OCLOCK 为 I/O 时钟，REF+为正基准电压端，REF-为负基准电压端，VCC 为电源，GND 为地。

2. TLC2543 的工作过程

TLC2543 的工作过程分两个周期：I/O 周期和实际转换周期。

（1）I/O 周期

I/O 周期由外部提供的 I/OCLOCK 定义，延续 8、12 或 16 个时钟周期，决定于选定的输出数据长度。器件进入 I/O 周期后同时进行两种操作。

①在 I/OCLOCK 的前 8 个脉冲的上升沿，以 MSB 前导方式从 DATAINPUT 端输入 8 位数据到输入寄存器。其中前 4 位为模拟通道地址，控制 14 通道模拟多路器从 11 个模拟输入和 3 个内部自测电压中，选通一路到采样保持器，该电路从第 4 个 I/OCLOCK 脉冲的下降沿开始，对所选信号进行采样，直到最后一个 I/OCLOCK 脉冲的下降沿。I/O 周期的时钟脉冲个数与输出数据长度（位数）有关，输出数据长度由输入数据的 D3、D2 选择为 8、12 或 16 位。当工作于 12 或 16 位时，在前 8 个时钟脉冲之后，DATAINPUT 无效。

②在 DATAOUT 端串行输出 8、12 或 16 位数据。当 $\overline{CS}$ 保持为低时，第一个数据出现在 EOC 的上升沿；若转换由 $\overline{CS}$ 控制，则第一个输出数据发生在 $\overline{CS}$ 的下降沿。这个数据串是前一次转换的结果，在第一个输出数据位之后的每个后续位均由后续的 I/OCLOCK 脉冲下降沿输出。

（2）转换周期

在 I/O 周期的最后一个 I/OCLOCK 脉冲下降沿之后，EOC 变低，采样值保持不变，转换周期开始，片内转换器对采样值进行逐次逼近式 A/D 转换，其工作由与 I/OCLOCK 同步的内部时钟控制。转换结束后 EOC 变高，转换结果锁存在输出数据寄存器中，待下一个 I/O 周期输出。I/O 周期和转换周期交替进行，从而可以减小外部的数字噪声对转换精度的影响。

TLC2543 的工作时序如图 9-17 所示。

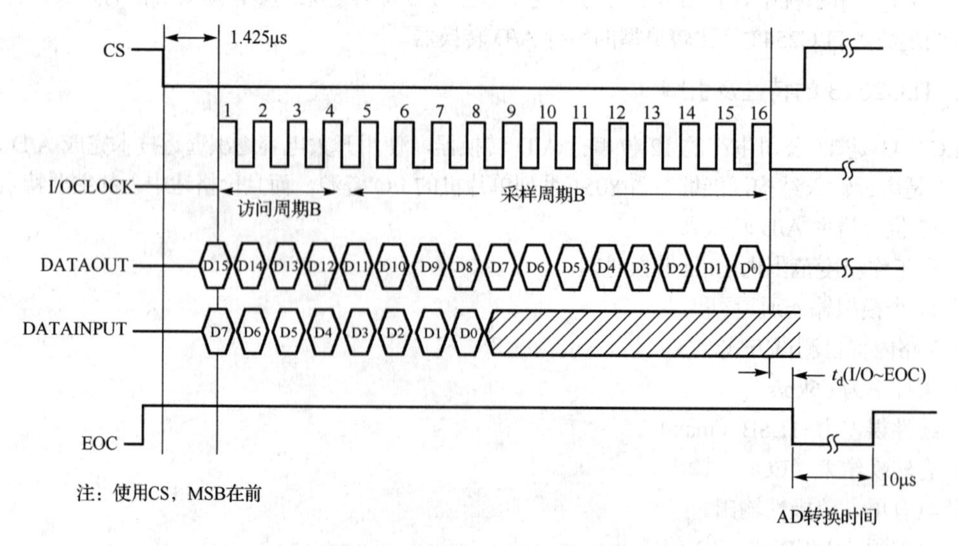

图 9-17　TLC2543 的工作时序

3．TLC2543 的命令字

每次转换都必须给 TLC2543 写入命令字，以便确定转换的信号来自哪个通道，转换的结果用多少位输出，输出的顺序是高位在前还是低位在前，输出的结果是有符号数还是无符号数。命令字的写入顺序是高位在前，命令字的格式如下：

通道地址选择（D7～D4）	数据的长度（D3～D2）	数据的顺序（D1）	数据的极性（D0）

通道选择地址位用来选择输入通道。二进制数 0000～1010 是 11 个模拟量 AIN0～AIN10 的地址，1011～1101 和 1110 分别是自测试电压和掉电的地址。地址 1011、1100 和 1101 所选择的自测试电压分别是（VREF（VREF+）–（VREF–））/2，VREF–，VREF+。选择掉电后 TLC2543 处于休眠状态，此时电流小于 20μA。

数据的长度（D3～D2）位用来选择转换的结果用多少位输出。D3D2 为×0，12 位输出；D3D2 为 01，8 位输出；D3D2 为 11，16 位输出。

数据的顺序位 D1 用来选择数据输出的顺序。D1 为 0，高位在前；D1 为 1，低位在前。

数据的极性位 D0 用来选择数据的极性。D0 为 0，数据是无符号数；D0 为 1，数据是有符号数。

4．TLC2543 的 C51 编程

【例 9-4】 电路如图 9-18 所示。模拟输入信号从通道 0 输入，将输入的模拟量转换成二进制数在显示器上显示出来。

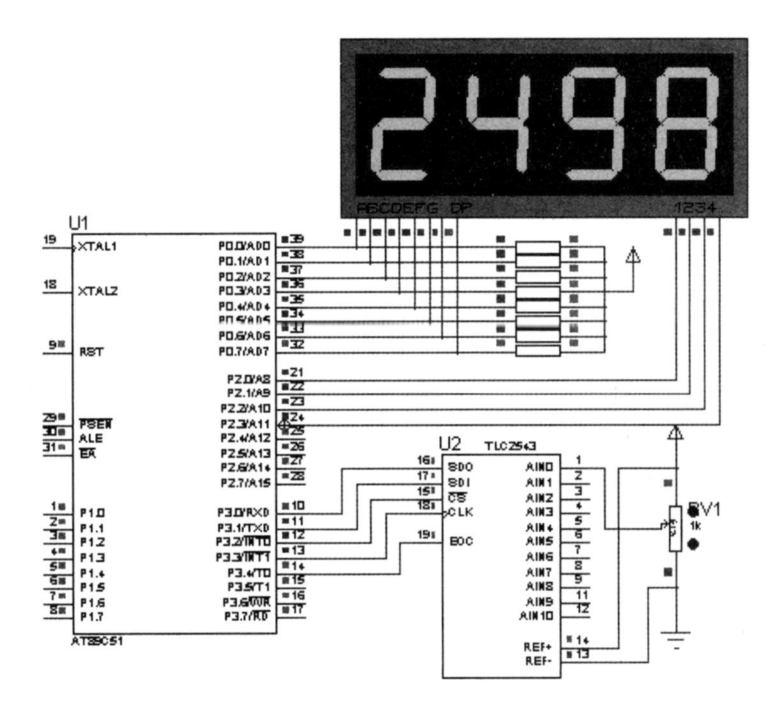

图 9-18　例 8-4 的电路原理图

C51 程序如下：

```
#include<reg51.h>
sbit  SDO=P3^0 ;                              //定义端口
sbit  SDI=P3^1 ;
```

```
sbit  CS=P3^2 ;
sbit  CLK=P3^3 ;
sbit  EOC=P3^4 ;
sbit  P2_0=P2^0 ;
sbit  P2_1=P2^1 ;
sbit  P2_2=P2^2 ;
sbit  P2_3=P2^3 ;
unsigned  char  code  xiao[]=
{0xC0, 0xF9, 0xA4, 0xB0, 0x99, 0x92, 0x82, 0xF8, 0x80, 0x90} ;
                                                    //共阳极数码管0-9的段码
//**********************************
//延时程序
//**********************************
void  delay(unsigned  char  n)
{   unsigned  char  i, j;
    for( i=0; i<n; i++)
    for( j=0; j<125; j++);
}
//**********************************
//向TLC2543写命令及读转换后的数据
//**********************************
unsigned  int  read2543(unsigned  char  con_word)
{   unsigned  int  ad=0,i;
    CLK=0 ;                                 //时钟首先置低
    CS=0 ;                                  //片选为0，芯片工作
    for( i=0; i<12; i++)
    {   if(SDO)                             //首先读TLC2543的1位数据
        ad=ad|0x01;
        SDI=(bit)(con_word&0x80);           //向TLC2543写1位数据
        CLK=1;                              //时钟上升沿，TLC2543输出使能
        delay(3);
        CLK=0;                              //时钟下降沿，TLC2543输入使能
        delay(3);
        con_word<<=1;
        ad<<=1;
    }
    CS=1;
    ad>>=1;
    return(ad);
}
void  main()
{   unsigned  int  ad;
    while(1)
    {   ad=read2543(0x00) ;
        P0=xiao[ad/1000] ;                  //千位数字的段码
        P2_0=1 ;                            //显示千位
        delay(3) ;
```

```
        P2_0=0 ;
        P0=xiao[(ad%1000)/100];              //百位数字的段码
        P2_1=1;                              //显示百位
        delay(3);
        P2_1=0;
        P0=xiao[(ad%100)/10];                //十位数字的段码
        P2_2=1;                              //显示十位
        delay(3);
        P2_2=0;
        P0=xiao[ad%10];                      //个位数字的段码
        P2_3=1;                              //显示个位
        delay(3);
        P2_3=0;
    }
}
```

本章小结

本章主要通过例子介绍了串行口扩展的基本方法，包括两大部分内容。

（1）51 单片机串行扩展技术：I²C 总线与 AT24C02、SPI 总线与 X25045、一总线与 DS18B20。

（2）典型的串行接口 A/D 芯片 TLC2543 的应用举例。

习　　题

1. SPI 总线一般使用几条线？分别是什么？
2. I²C 总线一般使用几条线？分别是什么？
3. 说明 I²C 总线主机、从机数据传输过程。
4. SPI 总线与 I²C 总线在扩展多个外部器件时有什么不同？
5. SPI 总线上挂有多个 SPI 器件，如何选中某一个 SPI 从器件？
6. I²C 总线上挂有多个 I²C 器件，如何选中某一个 I²C 器件？

第10章　51系列单片机液晶与点阵显示器应用示例

在单片机应用系统中，常用的显示设备有单个发光二极管、八段LED显示器、液晶显示器（LCD）、屏幕显示器（CRT）等。本章讨论液晶与点阵显示器与单片机的接口问题。

10.1　51单片机液晶显示器接口技术

液晶显示器（LCD）具有功耗低、体积小、质量轻、超薄和可编程驱动等其他显示方式无法比拟的优点，不仅可以显示数字、字符，还可以显示各种图形、曲线及汉字，并且可实现屏幕上下滚动、动画、闪烁、文本特征显示等功能；人机界面更加友好，操作也更加灵活方便，使其成为智能仪器仪表和测试设备的首选显示器件。本节将对单片机的LCD显示接口工作原理进行详细的介绍。

10.1.1　认识LCD显示器

液晶显示是通过液晶显示模块实现的。液晶显示模块（LCM，LCD Module）是一种将液晶显示器件、连接件、集成电路、PCB线路板、背光源、结构件装配在一起的组件。LCM是一种很省电的显示器件，常被应用在数字或微型计算机控制的系统，作为简易的人机接口。

1. LCD显示工作原理

LCD本身不发光，是通过借助外界光线照射液晶材料而实现显示的被动显示器件。

在结构上，向列型导电玻璃材料被封装在上（正）、下（背）两片导电玻璃电极之间。液晶分子平行排列，上、下扭曲90°。外部入射光线通过上偏振片后形成偏振光。高偏振光通过平行排列的液晶材料后被旋转90°；再通过与上偏振片垂直的下偏振片，被反射板反射过来，呈透明状态。若在其上、下电极上加一定的电压，在电场的作用下迫使加在电极部分的液晶分子转成垂直排列，其旋光作用也随之消失，致使从上偏振入射的偏振光不旋转，光无法通过下偏振片返回，呈黑色。去掉电压后，液晶分子又恢复其扭转结构。因此，可以根据需要将电极做成各种形状，用以显示各种文字、数字、图形。

2. LCD分类

LCD分类的方法很多。

（1）按电光效应分类

电光效应是指在电的作用下，液晶分子的初始排列改变为其他的排列形式，使液晶盒的光学性质发生变化，即以通过液晶分子对光进行了调制。

按电光效应的不同，LCD可分为电场效应类、电流效应类、电热效应类三类。电场效应类又可分为扭曲向列效应TN（Twisted Nematic）型、宾主效应GH型和超前扭曲效应STN（Super Twisted）型等。

目前，在单片机应用系统中广泛应用TN和STN型LCD。

（2）按显示内容分

按显示内容不同，LCD可分为字段式（又称笔画式）、点阵字符式和点阵图形式三种。

字段式LCD是以长条笔画状显示像素组成的液晶显示器。

点阵字符式有 192 种内置字符，包括数字、字母、常用标点符号等。另外，用户可以自定义 5×7 点阵字符或其他点阵字符等。根据 LCD 型号的不同，每屏显示的行数有 1 行、2 行、4 行三种，每行可以显示 8 个、16 个、20 个、24 个、32 个和 40 个字符等。

点阵图形式的 LCD 除可以显示字符外，还可以显示各种图形信息、汉字等。

（3）按采光方式分

按采光方式的不同，LCD 可分为带背光源和不带背光源两类。

不带背光源 LCD 是靠显示器背面的反射膜将射入的自然光从下面反射出来完成的。大部分设备的 LCD 是用自然光的光源，可选用不带背光的 LCD。

若产品工作在弱光或黑暗条件下，则选择带背光的 LCD。

3. LCD 的驱动方式

LCD 的两极之间不允许施加恒定直流电压，驱动电压直流成分越小越好，最好不超过 50mV。为了得到 LCD 亮、灭所需要的 2 倍幅值及零电压，常给 LCD 的背极加以固定的交变电压，通过控制前极电压值的改变实现对 LCD 的显示控制。

LCD 的驱动方式由电极引线的选择有关，其驱动方式有静态驱动（直接驱动）和时分割驱动（也称为多极驱动或动态驱动）方式两种。

（1）静态驱动方式

静态驱动是逐个驱动所有段电极，所有字段电极和公用电极之间仅在显示时才施加电压。静态驱动是液晶显示器最基本的驱动方式。当显示字段较少时，一般采用静态驱动方式。当显示字段较多时，一般采用时分割驱动方式。

（2）时分割驱动方式

时分割驱动方式是把全部电极集分为数组，将它们分时驱动，即采用逐行扫描的方法显示所需要的内容。当显示像素众多时，如点阵型 LCD，为节省驱动电路，多采用时分割驱动方式。

10.1.2　字符型 LCD1602 液晶显示模块接口技术

1602 液晶是一种很常用的小型液晶显示模块，在单片机系统、嵌入式系统等的人机界面中得到了广泛的应用。其基本特性表现为：2 行×16 个字符；5×7 阵字符；反射型带 EL 或者 LED 背光，其中 EL 为 100VAC400Hz，LED 为 4.2VDC。

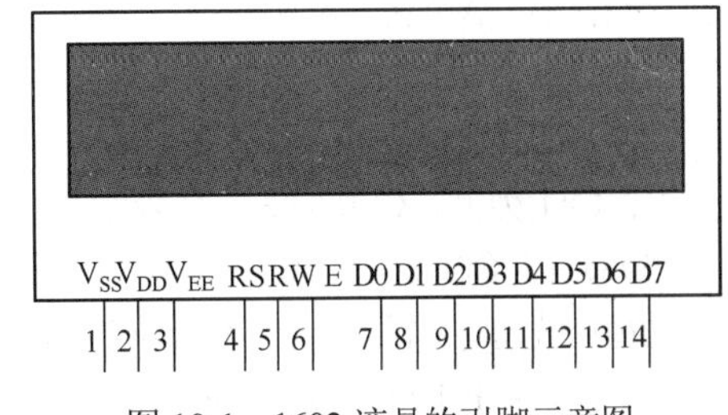

图 10-1　1602 液晶的引脚示意图

1. 接口说明

如图 10-1 是 1602 液晶的引脚示意图，表 10-1 是其引脚说明。

2. 指令说明

1602 液晶支持一系列指令，包括清屏、归位、输入方式设置、显示开关控制、光标（画面）位移、功能设置、CGRAM 地址设置、DDRAM 地址设置、读 BF 以及 AC 值、写数据（到 RAM）、读数据（从 RM），指令说明见表 10-2 所示。

（1）清屏

功能：清除屏幕，置 AC 与 DDRM 的值为 0。

表 10-1　1602 的引脚说明

引脚编号	引脚名称	状态	功能
1	VSS		电源地
2	VCC		+5V 逻辑电源
3	VEE		液晶驱动电源
4	RS	输入	寄存器选择：1 为数据，0 为指令
5	RW	输入	读/写操作选择：1 为读，0 为写
6	E	输入	使能信号
7～14	DB0～DB7	三态	数据总线

表 10-2　1602 的指令说明

名称	RS	RW	D7	D6	D5	D4	D3	D2	D1	D0
清屏	0	0	0	0	0	0	0	0	0	1
归位	0	0	0	0	0	0	0	0	1	X
输入方式设置	0	0	0	0	0	0	0	1	I/D	S
显示开关控制	0	0	0	0	0	0	1	D	C	B
光标（画面）位移	0	0	0	0	0	1	S/C	R/L	X	X
功能设置	0	0	0	0	1	DL	N	F	X	X
CGRAM 地址设置	0	0	0	1	A5	A4	A3	A2	A1	A0
DDRAM 地址设置	0	0	1	A6	A5	A4	A3	A2	A1	A0
读 BF 以及 AC 值	0	1	BF	AC						
写数据（到 RAM）	1	0	数据							
读数据（从 RM）	1	1	数据							

（2）归位

功能：置 AC 为 0，光标、画面回 HOME 位。

（3）输入方式设置

功能：设置光标、画面移动方式。其中，I/D=1：数据读、写操作后，AC 自动增 1；I/D=0：数据读、写操作后，AC 自动减 1；S=1：数据读、写操作，画面平移；S=0：数据读、写操作，画面不动。

（4）显示开关控制

功能：设置显示、光标及闪烁开、关。其中，D 表示显示开关：D=1 为开，D=0 为关；C 表示光标开关：C=1 为开，C=0 为关；B 表示闪烁开关：B=1 为开，B=0 为关。

（5）光标（画面）位移

功能：光标、画面移动，不影响 DDRAM。其中，S/C=1：画面平移一个字符位；S/C=0：光标平移一个字符位；R/L=1：右移；R/L=0：左移。

（6）功能设置

指令周期：fosc=250kHz 时，40μs。

功能：工作方式设置(初始化指令)。其中，DL=1：8 位数据接口；DL=0：4 位数据接口；N=1：两行显示；N=0：一行显示；F=1：5×10 点阵字符；F=0：5×7 点阵字符。

（7）CGRAM 地址设置

功能：设置 CGRAM 地址。其中 A5～A0=0x00～0x3F。

（8）DDRAM 地址设置

功能：设置 DDRAM 地址。其中，D7=0，表示一行显示，A6～A0=0～4FH；D7=1 表示两行显示，首行显示 A6～A0=00～2FH，次行显示 A6～A0=40～6FH。

（9）读 BF 以及 AC 值

功能：读忙 BF 值和地址计数器 AC 值。其中，BF=1：忙；BF=0：准备好。此时，AC 值为最近一次地址设置(CGRAM 或 DDRAM)定义。

（10）写数据（到 RAM）

功能：根据最近设置的地址性质，数据写入 DDRAM 或 CGRAM。

（11）读数据（从 RM）

功能：根据最近设置的地址性质，从 DDRRAM 或 CGRAM 读出数据。

3. 51 单片机与 1602 液晶接口电路示例

【例 10-1】 电路如图 10-2 所示，利用 1602 设计了一个时钟。

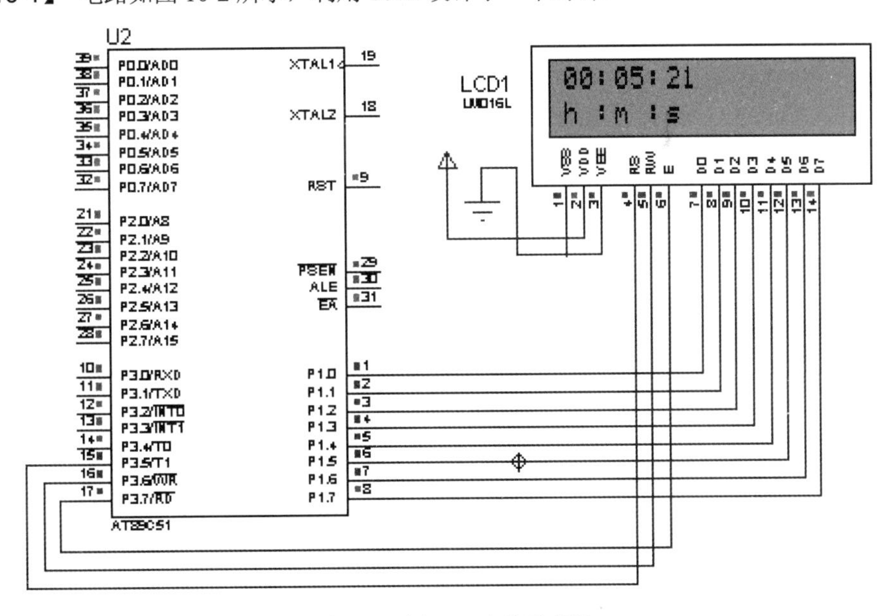

图 10-2　例 10-1 电路示意图

程序如下：

```
//S51+1602,晶振为 12M
#include"reg51.h"
#include"intrins.h"
#include"absacc.h"
sbit  RS=P3^5;
sbit  RW=P3^6;
sbit  E=P3^7;
#define  busy  0x80
#define  uchar  unsigned  char
#define  uint   unsigned  int
uchar  code  table[]="h :m :s";
uchar  code  table1[]=":./-";
uchar  code  table2[]="0123456789ABCDEF";
uchar  num, miao, fen, shi;
void  delay_LCM(uchar  k)                //延时函数
{  uint  i, j;
   for(i=0;i<k;i++)
```

```
    {  for(j=0;j<60;j++);
    }
 }
 void  test_1602busy()                      //测忙函数
 {  uchar  P1DATA;
    RW=1;                                   //读
    RS=0;                                   //命令
    loop:  P1=0xff;
    E=1;
    P1DATA=P1;
    E=0;
    if(P1DATA&busy)                         //检测 LCD  DB7 是否为 1
    {  goto loop;
    }
 }
 void  writecom(uchar  co)                  //写命令函数
 {  test_1602busy();                        //检测 LCD 是否忙
    RS=0;
    RW=0;
    E=0;
    P1=co;
    E=1;                                    //LCD 的使能端 高电平有效
    E=0;
 }
 void  writedata(uchar  Data)               //写数据函数
 {  test_1602busy();
    RS=1;
    RW=0;
    E=0;
    P1=Data;
    E=1;
    E=0;
 }
 void  init()
 {  writecom(0x38);                         //设置 16X2 显示,5X7 点阵,8 位数据接口
    writecom(0x0c);                         //设置开显示，不显示光标
    writecom(0x06);                         //写 1 个字符后地址指针加 1
    writecom(0x01);                         //显示清 0，数据指针清 0
 }
 /*
 void init(void)                            //初始化函数
 {  writecom(0x38);                         //LCD 功能设定,DL=1(8 位),N=1(2 行显示)
    delay_LCM(5);
   writecom(0x01);                          //清除 LCD 的屏幕
    delay_LCM(5);
    writecom(0x06);                         //LCD 模式设定,I/D=1(计数地址加 1)
    delay_LCM(5);
    writecom(0x0F);                         //显示屏幕
    delay_LCM(5);
 }
 */
```

```
void  dsp(uchar  X, uchar  Y )
{  writecom(X);
   writedata(Y);
}
void  t050ms(void)  interrupt  1
{  TH0=-50000/256;
   TL0=-50000%256;
   num=num+1;
   while(num==16)
   {  num=0;
      miao=miao+1;
   }
 }
void  delay(uint  i)                       //延时程序
{  uint  j;
   for (j=0;j<i; j++);
}
void  main()                               //主函数
{  miao=0;
   fen=0;
   shi=0;
   init();
   TMOD=0x01;
   TH0=-50000/256;
   TL0=-50000%256;
   EA=1;ET0=1;
   TR0=1;
   writecom(0x80+0x40)                     //第 1 行
   for(num=0;num<8;num++)
   {   writedata(table[num]);
   }
   num=0;
   dsp(0x80+0x02,table1[0]);
   dsp(0x80+0x05,table1[0]);
   while(1)
   {  dsp(0x80+0x06,table2[miao/10]);
      dsp(0x80+0x07,table2[miao%10]);
      dsp(0x80+0x03,table2[fen/10]);
      dsp(0x80+0x04,table2[fen%10]);
      dsp(0x80+0x00,table2[shi/10]);
      dsp(0x80+0x01,table2[shi%10]);
      while(miao==60)
      {  miao=0;
         fen=fen+1;
         while(fen==60)
         {  fen=0;shi=shi+1;
            while(shi==24)
            {shi=0;
            }
```

```
            }
        }
    }
}
```

10.1.3 点阵式带汉字库 12864 液晶显示模块接口技术

1. 概述

点阵式液晶显示模块（LCD）可显示汉字、曲线、图片。点阵液晶显示模块集成度很高，一般都内置控制芯片、行驱动芯片和列驱动芯片，点阵数量较大的 LCD 还配置 RAM 芯片，带汉字库的 LCD 还内嵌汉字库芯片，有负压输出的 LCD 还设有负压驱动电路等。单片机读写 LCD 实际上就是对 LCD 的控制芯片进行读写命令和数据。

12864LCD 属于点阵图形液晶显示模块，不但能显示字符，还能显示汉字和图形，分带汉字库和不带汉字库两种。带汉字库的 12864LCD 使用起来非常方便，不需要编写复杂的汉字显示程序，只要按时序写入两个字节的汉字机内码，汉字就能显示出来了。

常见的 12864LCD 使用的控制芯片是 ST7920。ST7920 一般和 ST7921（列驱动芯片）配合使用，做成 4 行每行 8 个汉字的显示屏 12864LCD。12864LCD 的读写时序和 1602LCD 是相同的，完全可以照搬 1602LCD 驱动程序的读写函数。需要注意的是，12864LCD 分成上半屏和下半屏，而且两半屏之间的点阵内存映射地址不连续，给驱动程序的图片显示函数的编写增加了难度。

2. 12864LCD 原理简图

（1）12864LCD 原理框图如图 10-3 所示。

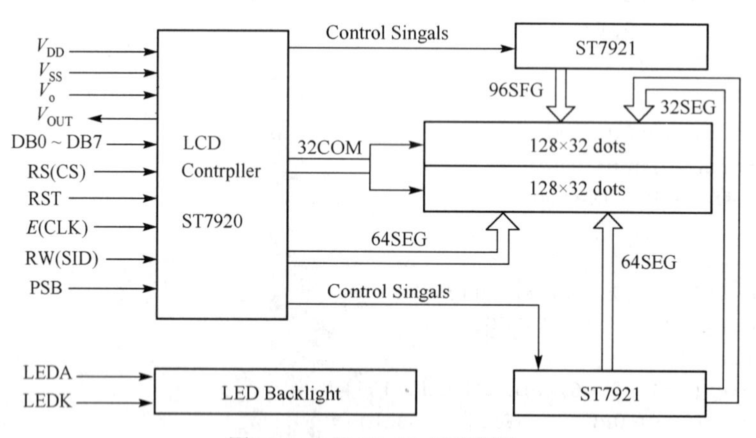

图 10-3 12864LCD 原理框图

（2）12864LCD 引脚定义

12864LCD 引脚定义如表 10-3 所示。

（3）ST7920 内置硬件说明

带汉字字库的 12864LCD 每屏可显示 4 行 8 列共 32 个 16×16 点阵的汉字，每个显示 RAM 可显示 1 个中文字符或 2 个 16×8 点阵全高 ASCII 码字符，即每屏最多可实现 32 个中文字符或 64 个 ASCII 码字符的显示。带中文字库的 12864LCD 内部提供 128×2 字节的字符显示 RAM 缓冲区（DDRAM）。字符显示是通过将字符显示编码写入该字符显示 RAM 实现的。根据写入内容的不同，可分别在液晶屏上显示 CGROM（中文字库）、HCGROM（ASCII 码字库）及 CGRAM（自定义字形）的内容。三种不同字符/字形的选择编码范围为：0000～0006H（其代码分别是 0000、0002、0004、0006 共 4 个）显示自定义字形，02H～7FH 显示半宽 ASCII 码字符，A1A0H～F7FFH 显示 8192 种 GB2312 中文字库字形。字符显示 RAM 在液晶模块中的地址 80H～9FH。字符显示的 RAM 的地址与 32 个字符显示区域有着一一对应的关系，其对应关系如表 10-4 所示。

表 10-3　12864LCD 引脚定义

引脚	名称	功能描述
1	GND	电源地
2	VCC	模块电源输入（5V）
3	Vo	对比度调节端
4	RS	寄存器选择端：H 数据；L 指令
5	R/W	读/写选择端：H 读；L 写
6	E	使能信号
7-14	DB0-DB7	数据总线
15	PSB	并口/串口选择：H 并口；L 串口
16	NC	空
17	RST	复位信号。低有效
18	VOUT	液晶启动电压输出端
19	LEDK	背光负
20	LEDA	背光正

表 10-4　字符显示的 RAM 与 32 个字符显示区域的对应关系

	X 坐标							
Line1	80H	81H	82H	83H	84H	85H	86H	87H
Line2	90H	91H	92H	93H	94H	95H	96H	97H
Line3	88H	89H	8AH	8BH	8CH	8DH	8EH	8FH
Line4	98H	99H	9AH	9BH	9CH	9DH	9EH	9FH

12864LCD 提供 64×32 个字节的空间（由扩充指令设定绘图 RAM 地址），最多可以控制 256×64 点阵的二维绘图缓冲空间，在更改绘图 RAM 时，由扩充指令设置 GDRAM 地址，先垂直地址后水平地址（连续 2 个字节的数据来定义垂直和水平地址），再 2 个字节的数据给绘图 RAM（先高 8 位后低 8 位）。

3．8 位并口操作时序

8 位并口操作时序包括希望操作时序和读操作时序，分别如图 10-4 和图 10-5 所示。

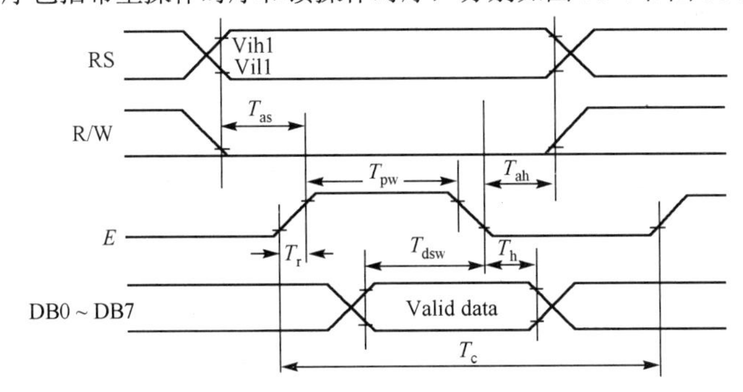

图 10-4　8 位并口写操作时序

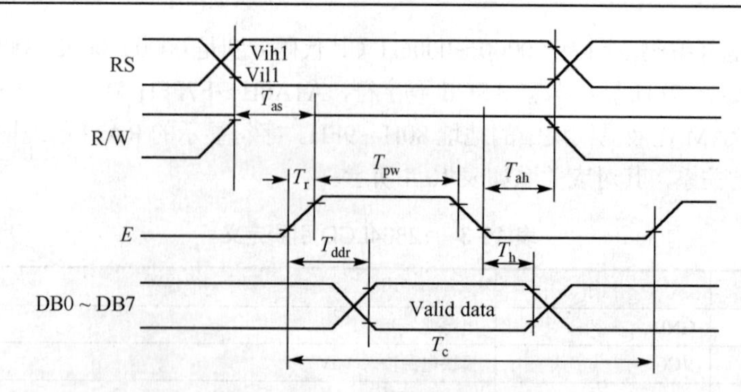

图 10-5　8 位并口读操作时序

时序参数表如表 10-5 所示。

表 10-5　时序参数表

名称	符号	最小值	最大值	单位
E 周期时间	Tc	1200		ns
E 高电平宽度	Tpw	140		ns
E 上升时间	Tr		25	ns
地址建立时间	Tas	10		ns
地址保持时间	taw	20		ns
数据建立时间	Tdsw	40		ns
数据延迟时间	Tddr		100	ns
写数据保持时间	Th	20		ns
读数据保持时间	Tdsq	40		ns

4. 指令描述

（1）基本指令集

① 清除显示

格式：

0	0	0	0	0	0	0	1

将 DDRAM 填满“20H”（空格）代码，并设定 DDRAM 的地址计数器 AC=00H；更新设置进入设定点 I/D 设为 1，游标右移 AC 加 1。

注：本指令执行时间 1.6ms，以下其余指令执行时间为 72μs。

② 地址归 0

格式：

0	0	0	0	0	0	1	X

设定 DDRAM 的地址检查前为 00H，并将游标移到开头原点位置。

③ 进入设定点

格式：

0	0	0	0	0	0	I/D	S

指定在显示数据的读取与写入时，设定游标的移动方向及指定显示的移位：

- I/D=1，游标右移，DDRAM 地址计数器 AC 加 1。
- I/D=0，游标左移，DDRAM 地址计数器 AC 减 1。
- S：显示画面整体位移。S=1，I/D=1：画面整体左移；S=1，I/D=0：画面整体右移。

④ 显示开关设置

格式：

0	0	0	0	1	D	C	B

控制整体显示开关，游标开关，游标位置显示反白开关：

- D=1，整体显示开关开；D=0，整体显示关，但不改变 DDRAM 内容。
- C=1，游标显示开；C=0，游标显示关。
- B=1，游标位置显示反白开，将游标所在地址的内容反白显示；B=0，正常显示。

⑤ 游标或显示移位控制

格式：

0	0	0	1	S/C	R/;	X	Y

这条指令不改变 DDRAM 的内容。S/C、R/L 的组合说明如表 10-6 所示。

表 10-6　游标、显示方向选择

S/C	R/L	方向	AC 的值
0	0	游标向左移动	AC=AC-1
0	1	游标向右移动	AC=AC+1
1	0	显示向左移动，游标跟着移动	AC=AC
1	1	显示向右移动，游标跟着移动	AC=AC

⑥ 功能设定

格式：

0	0	1	DL	X	0/RE	X	X

- DL：8/4 位接口控制位。DL=1，8 位 MCU 接口；DL=0，4 位 MCU 接口。
- RE：指令集选择控制位。RE=1，扩充指令集；RE=0，基本指令集。

同意指令的动作不能同时改变 DL 和 RE，需先改变 DL 再改变 RE 才能确保设置正确。

⑦ 设定 CGRAM 地址

格式：

0	1	A5	A4	A3	A2	A1	A0

设定 CGRAM 地址到地址计数器（AC），AC 范围为 00H～3FH 需确认扩充指令中的 SR=0（卷动位置或 RAM 地址选择）。

⑧ 设定 DDRAM 地址

格式：

1	0	A5	A4	A3	A2	A1	A0

设定 DDRAM 地址到地址计数器（AC）：

- 第一行 AC 范围：80H～8FH；
- 第二行 AC 范围：90H～9FH。

⑨ 读取忙标志和地址（RS=0，R/W=1）

格式：

BF	A6	A5	A4	A3	A2	A1	A0

读取忙标志可以确定内部动作是否完成，同时可以读出地址计数器（AC）的值。

⑩ 写显示数据到 RAM（RS=1，R/W=0）

格式：

D7	D6	D5	D4	D3	D2	D1	D0

当显示数据写入后会使 AC 改变，每个 RAM（CGRAM，DDRAM）地址都可以连续写入 2 个字节的显示数据，当写入第 2 个字节时，地址计数器（AC）的值自动加 1。

⑪ 读取显示 RAM 数据（RS=1，R/W=1）

格式：

D7	D6	D5	D4	D3	D2	D1	D0

读取后会使 AC 改变。

设定 RAM（CGRAM，DDRAM）地址后，先 DUMMY READ 一次后才能读取到正确的显示数据，第二次读取不需要 DUMMY READ，除非重新设置了 RAM 地址。

（2）扩充指令集

① 待命模式

格式：

0	0	0	0	0	0	0	1

进入待命模式，执行任何其他指令都可以结束待命模式，该指令不改变 RAM 的内容。

② 卷动位置或 RAM 地址选择

格式：

0	0	0	0	0	0	1	SR

- 当 SR=1 时，允许输入垂直卷动地址。
- 当 SR=0，允许设定 CGRAM 地址（基本指令）。

③ 反白显示

格式：

0	0	0	0	0	1	0	R0

选择 2 行中任意一行作反白显示，并可决定反白与否，R0 初始值为 0，第一次执行时为反白显示，再次执行时为正常显示。

通过 R0 选择要作反白处理的行：R0=0，第一行；R0=1，第二行。

注：ST7920 控制器的 128×64 点阵液晶其实原理上等同于 256×32 点阵，第三行对应的 DDRAM 地址紧接第一行；第四行对应的 DDRAM 地址紧接第二行。

在使用行反白功能时，如果第一行反白，第三行必然反白；第二行反白，第四行必然反白。

④ 睡眠模式

格式：

0	0	0	0	1	SL	0	0

SL=1，脱离睡眠模式；SL=0，进入睡眠模式。

⑤ 扩充功能设定

格式：

0	0	1	DL	X	RE	G	X

- DL：8/4 位接口控制位。DL=1，8 位 MCU 接口；DL=0，4 位 MCU 接口。
- RE：指令集选择控制位。RE=1，扩充指令集，RE=0，基本指令集。
- G：绘图显示控制位。G=1，绘图显示开；G=0，绘图显示关。

同一指令的动作不能同时改变 RE 及 DL、G，需要先改变 DL 或 RE 才能确保设置正确。

⑥ 设定绘图 RAM 地址

格式：

<table>
<tr><td rowspan="2">1</td><td>0</td><td>0</td><td>0</td><td>A3</td><td>A2</td><td>A1</td><td>A0</td></tr>
<tr><td>A6</td><td>A5</td><td>A4</td><td>A3</td><td>A2</td><td>A1</td><td>A0</td></tr>
</table>

设定 GDRAM 地址到地址计数器（AC），先设置垂直位置再设置水平位置（连续写入 2 个字节数据来完成垂直与水平坐标的位置）。

垂直地址范围：AC6～AC0；水平地址范围：AC3～AC0。

（3）12864LCD 应用说明

用带汉字字库的 12864LCD 显示模块时应注意以下几点：

① 要在某一个位置显示中文字符时，应先设定显示字符位置，即先设定显示地址，再写入中文字符编码。

② 显示 ASCII 字符过程与显示中文字符过程相同。不过在显示连续字符时，只需设定一次显示地址，由模块自动对地址加 1 指向下一个字符位置，否则，显示的字符中将会有一个空 ASCII 字符位置。

③ 当字符编码为 2 字节时，应先写入高位字节，再写入低位字节。

④ 模块在接收指令前，向处理器必须先确认模块内部处于非忙状态，即读取 BF 标志时 BF 需为 0，方可接收新的指令。如果在送出一个指令前不检查 BF 标志，则在前一个指令和这个指令中间必须延迟一段较长的时间，即等待前一个指令确定执行完成。指令执行的时间请参考指令表中的指令执行时间说明。

⑤ RE 为基本指令集与扩充指令集的选择控制位。当变更 RE 后，以后的指令集将维持在最后的状态，除非再次变更 RE 位，否则使用相同指令集时，无需每次均重设 RE 位。

5. 51 单片机与 12864LCD 接口示例

【例 10-2】 电路如图 10-6 所示， 51 单片机采用 8 位并口接口方式与 12864LCD 连接。为能够对液晶模块的 DDRAM 的读写操作，采用线译码方式，使用 P2.6 及单片机的 RD、WR 信号形成片选，控制 12864 液晶模块的使能端。P2.0 接 RS 端，P2.1 接 R/W 端。编程显示：液晶显示器 ABCD1234。

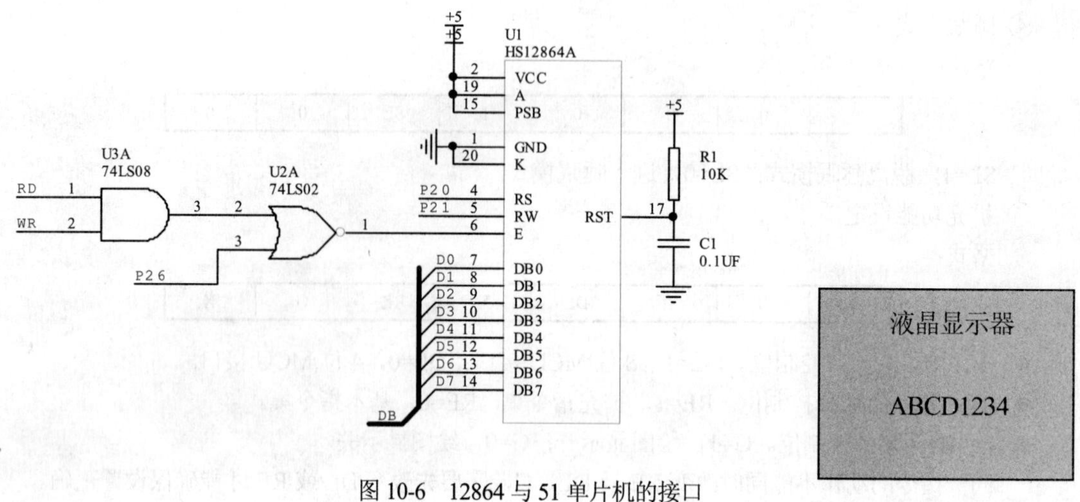

图 10-6　12864 与 51 单片机的接口

为了能够在带汉字库的液晶模块上显示汉字，需要在程序中定义一个字符串，如 unsigned char str[]={"液晶显示器"}，C51 编译器在编译时自动将字符串中的每个汉字编译成 2 个汉字机内码（机内码范围：A1A0H～F7FFH，共 8192 种 GB2312 中文字库字形），显示时只需将此机内码当成 ASCII 码送液晶 DDRAM，先送高 8 位，后送低 8 位，即可显示汉字。

显示数字、字母或符号时，需向液晶 DDRAM 送入其对应的 ASCII 码。

```
#include <REG52.h>
void delay(unsigned int i);
void charlcdfill();
void lcdreset(void);
void GB(unsigned char x, unsigned char y);
void lcdwd(unsigned char d);
unsigned char lcdrd(void);
void lcdwc(unsigned char c);
void lcdwaitidle(void);
unsigned char xdata LCDWCREG _at_ 0xbcff;        //写指令端口地址
unsigned char xdata LCDWDREG _at_ 0xbdff;        //写数据端口地址
unsigned char xdata LCDRDREG _at_ 0xbfff;        //读数据端口地址
unsigned char xdata LCDCEREG _at_ 0xbeff;        //检测忙端口地址

unsigned char str[]={"液晶显示器"};
unsigned char buf[]={"ABCD1234"};
main()                                  //主程序
{   unsigned char *pt;
    lcdreset();                         //液晶初始化
    charlcdfill();                      //清除显示 RAM
    GB(2,0);                            //光标移到(2,0)--第 0 行, 第 2 列
    pt=&str;                            //取字符串首地址
    for (;;)
    {   if(*pt==0) break;               //显示完毕退出
        lcdwd(*pt);                     //写 ascii 数据到显示 RAM
        pt++;                           //指针+1
```

```
    }
    GB(4,2);                            //光标移到(4,2)--第2行，第4列
    pt=&buf;                            //取字符串首地址
    for (;;)
    {    if(*pt==0) break;
         lcdwd(*pt);                    //写ascii数据
         pt++;
    }
    while (1) ;
}
void  GB(unsigned char x,unsigned char y)    //定位光标(x列,y行)
{    unsigned char ddaddr;
     ddaddr=(x&0x0f)/2;
     if(y==0)                                //(第0行)X: 第0-15个字符
     {    lcdwc(ddaddr|0x80);  }             //     DDRAM: 80-87H
     else  if(y==1)                          //(第1行)X: 第0-15个字符
          {    lcdwc(ddaddr|0x90);  }        //     DDRAM: 90-07H
     else  if(y==2)                          //(第2行)X: 第0-15个字符
          {    lcdwc(ddaddr|0x88);  }        //     DDRAM: 88-8FH
     else                                    //(第3行)X: 第0-15个字符
          {    lcdwc(ddaddr|0x98);  }        //     DDRAM: 98-9FH
}
void  charlcdfill()                          //清除显示
{    unsigned char i;
     GB(0,0);                                //定位光标位置
     for (i==0;i<64;i++)
     {    lcdwd(' ');                        //送DDRAM空格(20H)
     }
}
void  lcdreset(void)                         //液晶显示控制器初始化
{    lcdwc(0x33);                            //接口模式设置
     delay(1000);                            //延时3ms
     lcdwc(0x30);                            //基本指令集
     delay(1000);                            //延时3ms
     lcdwc(0x30);                            //重复送基本指令集
     delay(1000);                            //延时3ms
     lcdwc(0x01);                            //清屏控制字
     delay(1000);                            //延时3ms
     lcdwc(0x30);                            //基本指令集
delay(100);                                  //延时300μs
     lcdwc(0x0c);                            //开启显示
     delay(1000);
}
void  lcdwd(unsigned  char d)                //向液晶显示控制器写数据
{    lcdwaitidle();                          //ST7920液晶显示控制器忙检测
     LCDWDREG=d;
}
```

```
unsigned  char  lcdrd(void)                        //从液晶显示控制器读数据
{    unsigned char d;
   lcdwaitidle();                                  //ST7920 液晶显示控制器忙检测
   d=LCDRDREG;                                     //DUMMY  READ
   d=LCDRDREG;
   return d;
}
void  lcdwc(unsigned  char c)                      //向液晶显示控制器送指令
{    lcdwaitidle();
   LCDWCREG=c;
}
void  lcdwaitidle(void)                            //忙检测
{    unsigned char i;
   for(i=0;i<20;i++)
       if( (LCDCEREG&0x80) != 0x80 ) break;
}
void  delay(unsigned int i)                        //延时程序，延时时间>=3×i μs
{    unsigned int k;
   for(k=0;k<i;k++);
}
```

10.2　51 单片机点阵 LED 显示器接口技术

点阵 LED 显示器由一串发光或不发光的点状（或条状）LED 显示器按矩阵的方式排列组成的，其发光体是 LED 发光二极管。目前，点阵 LED 显示器的应用十分广泛，如广告活动字幕机、股票显示屏、活动布告栏等。

10.2.1　认识点阵 LED 显示器

点阵 LED 显示器的分类有多种方法。按阵列点数可分为 5×7、5×8、6×8、8×8 等形式；按发光颜色可分为单色、双色、三色等；按极性排列方式可分为共阴极与共阳极。图 10-7 是 5×7 点阵 LED 显示器的有关结构。

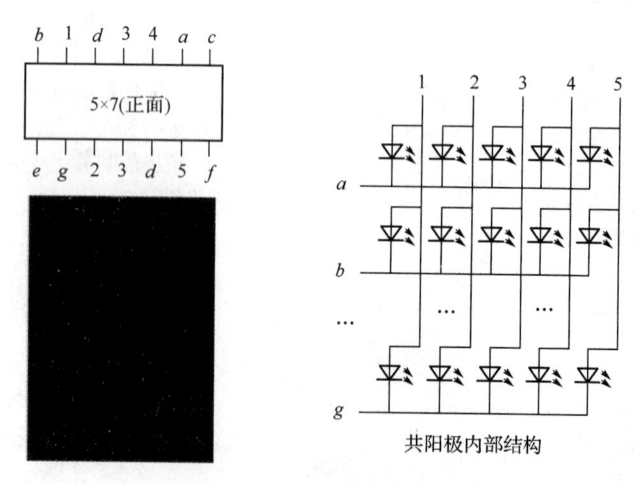

图 10-7　共阳极阵列结构

从图 9-16 可以看出，只要让某些 LED 点亮，就可以组成数字、字母、图形、汉字等。显示单个字母、数字时，只需一个 5×7 的 LED 点阵显示器即可，如图 10-8 所示。显示汉字需要多个 LED 点阵显示器组合，常见的组合方式有 15×14、16×15、16×16 等。

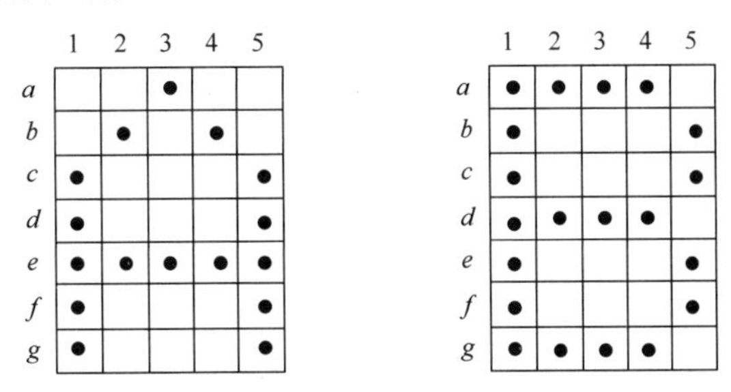

图 10-8　LED 点阵显示字母 A 和 B

10.2.2　一个 5×7 点阵一个字符显示

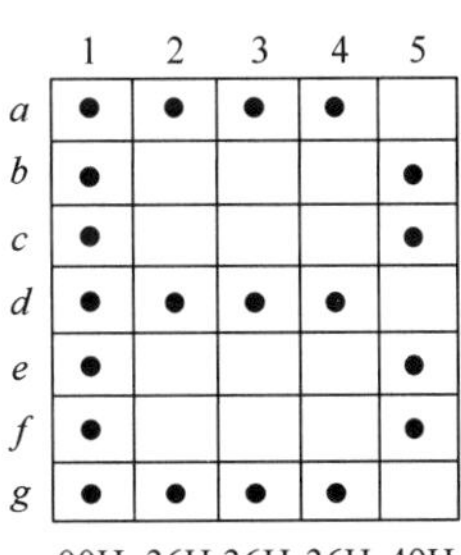

图 10-9　显示字符 B 的代码值

【例 10-3】 使用一个 5×7 共阳极 LED 点阵显示字符 B 显示

5×7 共阳极 LED 点阵的段码 a～g 是低电平有效，位选高电平有效，因此显示字符 B 的段码如如图 10-9 所示。

电路原路图如图 10-10 所示。

程序设计：5×7 共阳极 LED 点阵显示字符 B，可以通过建立一个数据表格的形式进行。首先，位选 1 有效，将段码值 00H 送给 P0 以驱动相应段点亮；然后位选 2 有效，将段码值 36H 送给 P0 以驱动相应段点亮……，如此进行，直到送完最后一列段码，又从头开始。C51 源程序如下：

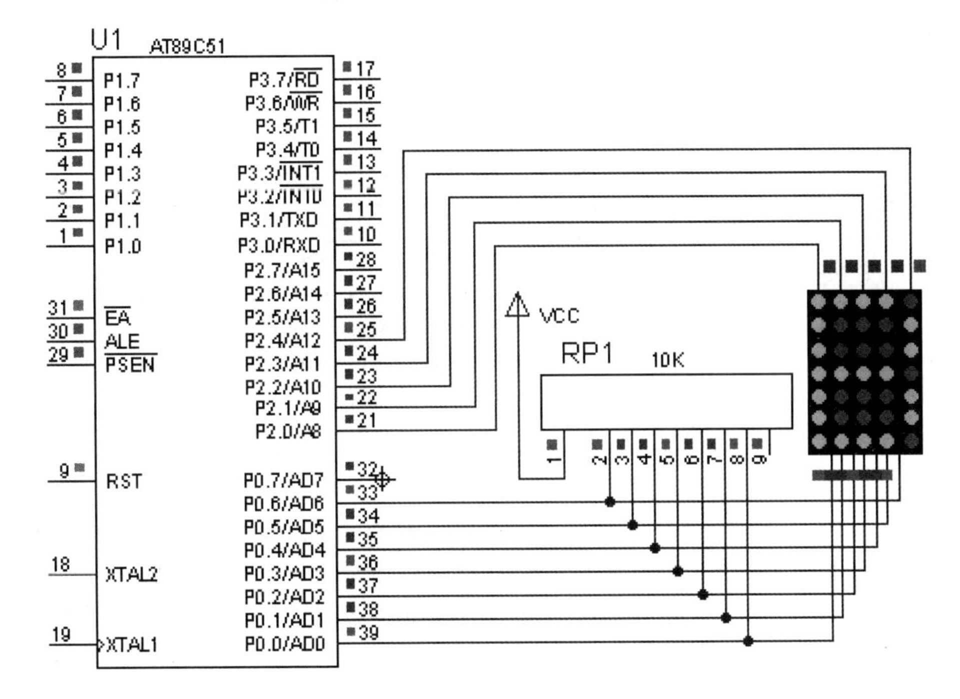

图 10-10　例 10-3 的电路原理图

```
#include<reg51.h>
#define uint unsigned int
#define uchar unsigned char
code uchar tab1[]={0x49,0x36,0x36,0x36,0x00};    //B字库
code uchar tab2[]={0x01,0x02,0x04,0x08,0x10};    //扫描代码
void delay(uint n)
{   data uint i;
    for(i=0;i<n;i++);
}
void dsp( )
{   uchar j;
    for(j=0;j<5;j++)
    {   P0=tab1[j];
        P2=tab2[j];
        delay(120);
        P2=0x00;
    }
}
void main( )
{   while(1)
    {   dsp( ); }
}
```

10.2.3 两个8×8点阵字符串显示

【例10-4】 使用两个8×8共阴极LED点阵显示字符串“AT89C51”。

两个8×8LED点阵可构成一个8×16的LED点阵，每个字符由上半部分和下半部分构成，即一个段选位对应两个代码值。在某一时刻只能显示一个字符。要想显示字符串，必须在显示完一个字符后接着显示下一个字符，因此需要建立一个字符库。字符库的字模段码值如表10-7所示。

表10-7 显示“AT89C51”的字模段码值

A	0x00,0x04,0x00,0x3c,0x03,0xc4,0x1c,0x40,0x07,0x40,0x00,0xe4,0x00,0x1c,0x00,0x04
T	0x18,0x00,0x10,0x00,0x10,0x04,0x1f,0xfc,0x10,0x04,0x10,0x00,0x18,0x00,0x00,0x00,
8	0x00,0x00,0x0e,0x38,0x11,0x44,0x10,0x84,0x10,0x84,0x11,0x44,0x0e,0x38,0x00,0x00,
9	0x00,0x00,0x07,0x00,0x08,0x8c,0x10,0x44,0x10,0x44,0x08,0x88,0x07,0xf0,0x00,0x00,
C	0x03,0xE0,0x0C,0x18,0x10,0x04,0x10,0x04,0x10,0x04,0x10,0x08,0x1C,0x10,0x00,0x00,
5	0x00,0x00,0x1F,0x98,0x10,0x84,0x11,0x04,0x11,0x04,0x10,0x88,0x10,0x70,0x00,0x00,
1	0x00,0x00,0x08,0x04,0x08,0x04,0x1F,0xFC,0x00,0x04,0x00,0x04,0x00,0x00,0x00,0x00,

硬件电路：电路原理如图10-11所示。

程序设计：两个8×8LED点阵可构成一个8×16的LED点阵，每个字符由上半部分和下半部分构成，即一个段选位对应两个段码值。8×16共阴极LED点阵显示字符串“AT89C51”，可以通过建立一个数据表格的形式进行。首先，位选1有效，将段码值00H送给P3、段码值04H送给P2以驱动相应段点亮；然后位选2有效，将段码值00H送给P3、段码值3CH送给P2以驱动相应的段点亮……，如此进行，直到送完16个段码，就可以显示A再进行字符T的显示……每个字符的显示过程与上述相同，只是段码值不同而已。

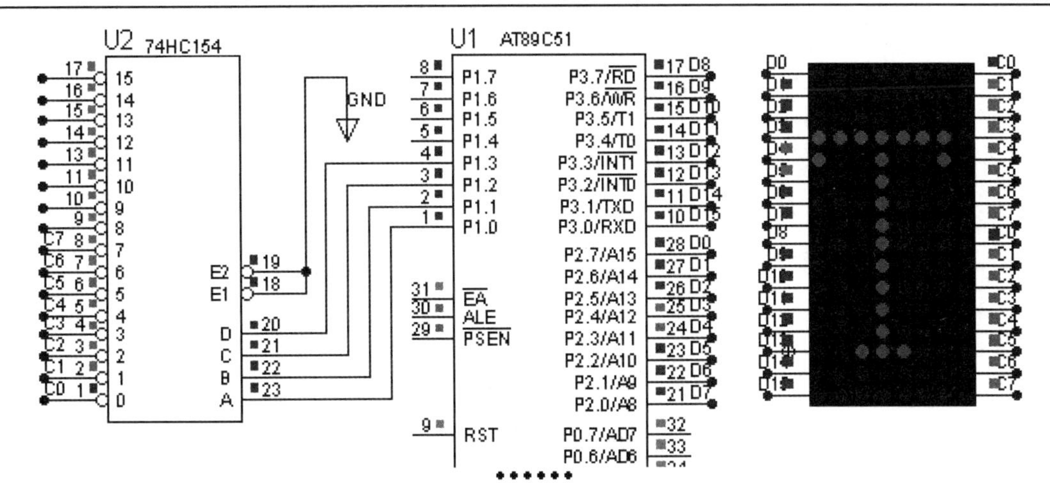

图 10-11　例 10-4 的电路原理图

源程序如下：

```
#include<reg51.h>
#define  uint  unsigned  int
#define  uchar  unsigned  char
code  uchar  tab1[]={0x00,0x04,0x00,0x3c,0x03,0xc4,0x1c,0x40,  //A
                 0x07,0x40,0x00,0xe4,0x00,0x1c,0x00,0x04,
                 0x18,0x00,0x10,0x00,0x10,0x04,0x1f,0xfc,  //T
                 0x10,0x04,0x10,0x00,0x18,0x00,0x00,0x00,
                 0x00,0x00,0x0e,0x38,0x11,0x44,0x10,0x84,  //8
                 0x10,0x84,0x11,0x44,0x0e,0x38,0x00,0x00,
                 0x00,0x00,0x07,0x00,0x08,0x8c,0x10,0x44,  //9
                 0x10,0x44,0x08,0x88,0x07,0xf0,0x00,0x00,
                 0x03,0xE0,0x0C,0x18,0x10,0x04,0x10,0x04,  //C
                 0x10,0x04,0x10,0x08,0x1C,0x10,0x00,0x00,
                 0x00,0x00,0x1F,0x98,0x10,0x84,0x11,0x04,  //5
                 0x11,0x04,0x10,0x88,0x10,0x70,0x00,0x00,
                 0x00,0x00,0x08,0x04,0x08,0x04,0x1F,0xFC,  //1
                 0x00,0x04,0x00,0x04,0x00,0x00,0x00,0x00,};
code  uchar  tab2[]={0x00,0x01,0x02,0x03,0x04,0x05,0x06,0x07};
void  delay(uint  n)
{   data  uint  i;
    for(i=0;i<n;i++);
}
void  main(void)
{   char  j,r,q=0,t=0;
    while(1)
    {   for(r=0;r<15;r++)
        for(j=q;j<16+q;j=j+2)
        {   P1=tab2[t];
            P2=tab1[j];
            P3=tab1[j+1];
```

```
            t++;
            delay(500);
            if(t==8)
            t=0;
        }
        q=q+16;
        if(q==112)
        q=0;
    }
}
```

本章小结

在单片机应用系统设计时，点阵与液晶显示应用的越来越多，包括两部分内容。

（1）点阵显示：多个 LED 显示器的组合。

（2）液晶显示器接口方式：LCD1602、LCD12864。

习　题

1．试设计一个字符型 LCD 模块与 51 单片机的接口电路，要求显示 2 行，第一行显示英文字符串“Hello Word”，第二行显示中文字符“123456”， 画出原理电路图，编写 C51 管理程序。

第 11 章 51 系列单片机应用系统的设计

前面几章介绍了 51 单片机的基本组成、功能扩展和基本外围设备的接口技术。从单片机应用系统设计的角度看，这些内容仅使我们掌握了 51 单片机的软、硬件资源及扩展技术。掌握这些内容的目的是设计一个专用的微型计算机系统，即 51 单片机应用系统。单片机应用系统设计将涉及许多复杂的内容和问题，本章主要对单片机应用系统的设计进行基本的阐述，从一般应用的角度，介绍 51 单片机应用系统的结构、设计的内容与一般方法，对 51 单片机应用系统的工程设计与开发有十分重要的指导意义。

11.1 单片机应用系统结构以及设计内容

从系统的角度来看，单片机应用系统是由硬件系统和软件系统两部分组成的。硬件系统是指单片机扩展的存储器、外围设备及其接口电路等，软件系统包括监控程序和各种应用程序。

11.1.1 单片机应用系统的一般硬件组成

由于单片机主要用于工业测控，其典型应用系统应包括单片机系统、用于监控的前向传感器输入通道、后向伺服控制输出通道以及基本的人-机对话通道。大型复杂的测控系统是一个多机系统，还包括单片机与单片机之间进行通信的相互通道。

图 11-1 所示为一个典型单片机应用系统的结构框图。

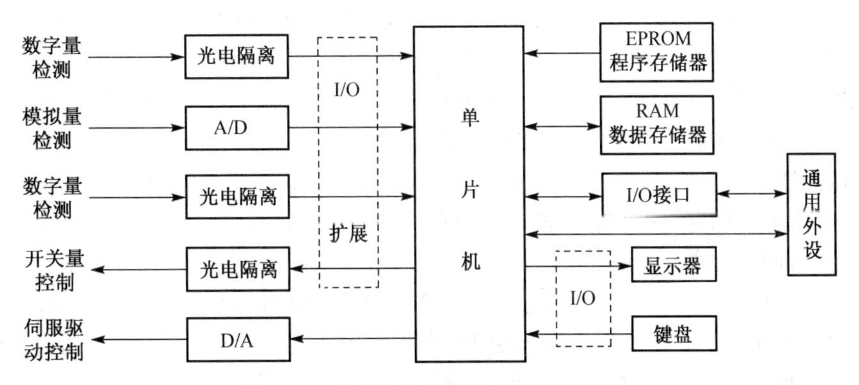

图 11-1 典型单片机应用系统结构框图

1. 前向通道的组成及其特点

前向通道是单片机与测控对象相连的部分，是应用系统的数据采集输入通道。

来自被控对象的现场信息多种多样，按物理量的特征可分为数字量、开关量和模拟量三种。

对于数字量（频率、周期、相位、计数）的采集，输入比较简单。它们可直接作为计数输入、测试输入、I/O 口输入或中断源输入，进行事件计数、定时计数，实现脉冲的频率、周期相位及计数测量。对于开关量的采集，一般通过 I/O 口线或扩展 I/O 口线直接输入。通常被控对象都是交流电流、交流电压、大电流系统，而单片机属于数字弱电系统，因此在数字量和开关量采集通道中，要用隔离器件进行隔离（如光电耦合器）。

模拟量输入通道结构比较复杂，一般包括变送器、隔离放大器、滤波、采样保持器、多路转换开关、A/D转换器及其接口电路，如图11-2所示。

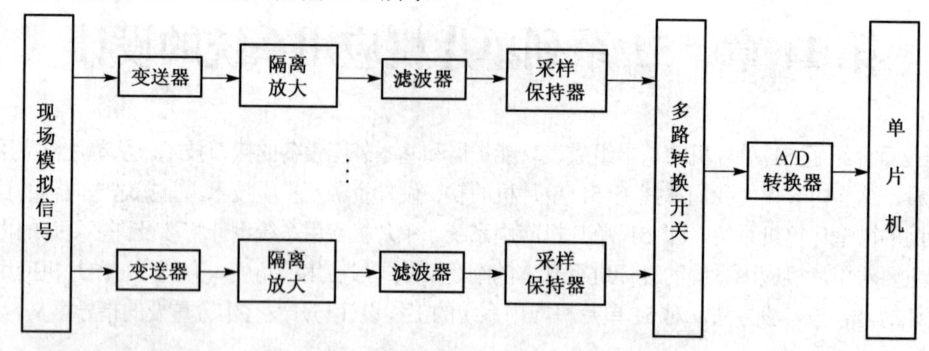

图11-2 模拟信号的采集通道结构

① 变送器。变送器是各种传感器的总称，它采集现场的各种信号，并转换成电信号（电压信号或电流信号），以满足单片机的输入要求。现场信号各种各样，有电信号，如电压、电流、电磁量等；也有非电量信号，如温度、湿度、压力、流量、位移量等，对于不同物理量应选择相应的传感器。

② 隔离放大与滤波。传感器的输出信号一般是比较微弱的，不能满足单片机系统的输入要求，要经过放大处理后才能作为单片机系统的采集输入信号。另外，现场信息来自各种工业现场，夹带大量的噪声干扰信号。为提高单片机应用系统的可靠性，必须隔离或削减干扰信号，这是整个系统抗干扰设计的重点部位。

③ 采样保持器。前向通道中的采样保持器有两个作用，一是实现多路模拟信号的同时采集；二是消除A/D转换器的“孔径误差”。

一般的单片机应用系统都是用一个A/D转换器分时对多路模拟信号进行转换并输入给单片机的，而控制系统又要求单片机对同一时刻的现场采样值进行处理，否则将产生很大误差。用一个A/D转换器同时对多路模拟信号进行采样是由采样保持器来实现的。采样保持器在单片机的控制下，在某一个时刻可同时采样它所连接的一路模拟信号的值，并能保持该瞬时值，直到下一次重新采样。

A/D转换器把一个模拟量转换成数字量总要经历一个时间过程。A/D转换器从接通模拟信号开始转换，到转换结束输出稳定的数字量，这一段时间称为孔径时间。对于一个动态模拟信号，在A/D转换器接通的孔径时间里，输入模拟信号值是不确定的，从而会引起输出的不确定性误差。在A/D转换器前加设采样保持器，在孔径时间里，使模拟信号保持某一个瞬时值不变，从而可消除孔径误差。

④ 多路转换开关。用多路转换开关可实现一个A/D转换器分时对多路模拟信号进行转换。多路转换开关是受单片机控制的多路模拟电子开关，某一时刻需要对某路模拟信号进行转换，由单片机向多路转换开关发出地址信息，使多路转换开关把该路模拟信号与A/D转换器接通，其他路模拟信号与A/D转换器不接通，有选择地对多路模拟信号进行转换。

⑤ A/D转换器。完成模拟量到数字量的转换。A/D转换器是前向通道中模拟系统与数字系统连接的核心部件。

综上所述，前向通道具有以下特点：

① 与现场采集对象相连，是现场干扰进入的主要通道，是整个系统抗干扰设计的重点部位。

② 由于所采集的对象不同，有开关量、模拟量、数字量，而这些都是由安放在测量现场的传感器、变换装置产生的，许多测量信号不能满足单片机输入的要求，故有大量的、形式多样的信号变换调节电路，如测量放大器、I/F变换、A/D转换、放大、整型电路等。

③ 前向通道是一个模拟、数字混合电路系统，其电路功耗小，一般没有功率驱动要求。

2. 后向通道的组成特点

后向通道是应用系统的伺服驱动通道。

作用于控制对象的控制信号通常有两种：一种是开关量控制信号，另一种是模拟量控制信号。开关量控制信号的后向通道比较简单，只需采用隔离器件进行隔离及电平转换即可。模拟量控制信号的后向通道，需要进行 D/A 转换、隔离放大、功率驱动等。

后向通道具有以下特点：

① 后向通道是应用系统的输出通道，大多数需要功率驱动。

② 靠近伺服驱动现场，伺服控制系统的大功率负荷产生的干扰信号易从后向通道进入单片机系统，故后向通道的隔离对系统的可靠性影响很大。

③ 根据输出控制的不同要求，后向通道电路多种多样，如模拟电路、数字电路、开关量电路等，输出信号的形式有电流输出、电压输出、开关量输出及数字量输出等。

3. 人机通道的结构及其特点

单片机应用系统中的人机通道是用户为了对应用系统进行干预（如启动、参数设置等），以及了解应用系统运行状态，所设置的对话通道。主要有键盘、显示器、打印机等通道接口。

人机通道有以下特点：

① 由于通常的单片机应用系统大多是小规模系统，因此应用系统中的人机对话通道以及人机对话设备的配置都是小规模的，如微型打印机、功能键、LED/LCD 显示器等。若需要高水平的人机对话配置，如通用打印机、CRT、硬盘、标准键盘等，则往往将单片机应用系统通过外总线与通用计算机相连，享用通用计算机的外围人机对话设备。

② 在单片机应用系统中，人机对话通道及接口大多采用内总线形式，与计算机系统扩展密切相关。

③ 人机通道接口一般都是数字电路，电路结构简单，可靠性好。

4. 相互通道及其特点

单片机应用系统中的相互通道是解决计算机系统的相互通信的接口。在较大规模的多机测控系统中，需要设计相互通道接口。相互通道设计中必须考虑的问题如下：

① 中、高档单片机大多设有串行口，为构成应用系统的相互通道提供了方便条件。

② 单片机本身的串行口只为相互通道提供了硬件结构及基本的通信方式，并没有提供标准的通信规程。故利用单片机串行口构成相互通道时，要配置比较复杂的通信软件。

③ 在很多情况下，采用扩展标准通信芯片来组成相互通道。例如，用扩展 8250、8251、8273、MC6850 等通用通信控制芯片来构成相互通信接口。

④ 相互通信接口都是数字电路，抗干扰能力强，但多数需要远距离传输，所以须解决长线传输的驱动、匹配、隔离等问题。

11.1.2 单片机应用系统的设计内容

单片机应用系统的设计包含硬件设计与软件设计两部分，具体涉及的内容主要有单片机系统设计、通道与接口设计、系统抗干扰设计、应用软件设计等。

1. 单片机系统设计

单片机是应用系统的核心部分，其本身具备比较强大的功能，但往往不能满足一个实际应用系统的功能要求，有些单片机本身就缺少一些功能部分，如MCS-51系列中的8031、8032片内无程序存储器。所以要通过系统扩展，构成一个完善的计算机系统。系统的扩展方法、内容、规模与所用的单片机系列及供应状态有关。单片机具有较强的外部扩展、通信能力，能方便地扩展至应用系统所要求的规模。

2. 通道与接口设计

由于通道多数是通过I/O口进行配置的，与单片机本身的联系不甚密切，故大多数接口电路能方便地移植到其他类型的单片机应用系统中去。

3. 系统抗干扰设计

抗干扰设计要贯穿到应用系统设计的全过程。从具体方案、器件选择到电路设计，从硬件系统设计到软件系统设计，都要把抗干扰设计列为一项重要工作。

4. 应用软件设计

应用软件设计是根据系统功能要求，采用汇编语言或高级语言进行设计。

11.2 单片机应用系统的一般设计方法

11.2.1 确定系统的功能与性能

设计单片机应用系统时，要根据具体的要求进行现场调查及分析，确定出单片机应用系统的设计目标，这一目标包括系统功能和性能。

系统功能主要有数据采集、数据处理、输出控制等。每一个功能又可细分为若干个子功能。比如，数据采集可分为模拟信号采样和数字信号采样，模拟信号采样与数字信号采样在硬件支持与软件控制上是有明显差异的。数据处理可分为预处理、功能性处理、抗干扰处理等子功能，而功能性处理还可以继续划分为各种信号处理等。输出控制按控制对象不同可分为各种控制功能，如机电控制、D/A转换控制、数码管显示控制等。

在确定了系统的全部功能之后，就应确定每种功能的实现途径，即哪些功能由硬件完成，哪些功能由软件完成，这就是系统软、硬件功能的划分。

系统功能主要由控制精度、速度、功耗、体积、重量、价格、可靠性的技术指标来衡量。在系统研制前，要根据需求调查结果给出上述指标的定额。一旦这些指标被确定下来，整个系统将在这些指标限定下进行设计。系统的速度、功耗、体积、重量、价格、可靠性等指标会左右系统软、硬件的功能划分。系统功能尽可能用硬件完成，这样可提高系统的工作速度，但系统的体积、重量、功耗、硬件成本都相应地增大，而且还增加了硬件所带来的不可靠因素。用软件功能尽可能地代替硬件功能，可使系统体积、重量、功耗、硬件成本降低，并可提高硬件系统的可靠性，但是可能会降低系统的工作速度。因此，在进行系统功能的软、硬件划分时，一定要依据系统性能指标综合考虑。

11.2.2 确定系统基本结构

单片机应用系统结构一般以单片机为核心，在单片机外部总线上扩展相应功能的芯片，配置相应外部设备和通道接口。因此系统中单片机的选型、存储器分配、通道划分、输入/输出方式及系统中硬件、软件功能划分等，都对单片机应用系统结构有直接影响。

1．单片机选型

不同系列、不同型号的单片机内部结构、外部总线特征均不同，从而应用系统中的单片机系列或型号直接决定其总体结构。因此，在确定系统结构时，首先要选择单片机的系列或型号。

选择单片机应考虑以下几个主要因素：

① 单片机性能价格比。应根据应用系统的要求和各种单片机的性能，选择最容易实现产品技术指标的机型，而且能达到较高的性能价格比。

② 开发周期。选择单片机时，要考虑具有新技术的新机型；更重要的是，应考虑选用技术成熟、有较多软件支持、可得到相应单片机的开发工具、比较熟悉的机型。这样可借鉴许多现成的技术，移植一些现成软件，以节省人力、物力，缩短开发周期，降低开发成本，使所开发的系统具有竞争力。

总之，对单片机芯片的选择决不是传统意义上的器件选择，它关系到单片机应用系统的整体方案、技术指标、功耗、可靠性、外设接口、通信方式、产品价格等。所以设计人员必须反复推敲，慎重选择。

2．存储空间分配

存储空间分配既影响系统硬件结构，也影响软件的设计及调试。

不同的单片机具有不同的存储器空间分布，因此在系统设计时就要合理地为系统中的各种部件分配有效的地址空间，以便简化译码电路，并使 CPU 能准确地访问到指定部件。

3．I/O 通道划分

单片机应用系统中输入/输出通道的数目及类型直接决定系统结构。设计中应根据被控对象所要求的输入/输出信号的数目及类型，确定整个应用系统的通道数目及类型。

4．I/O 方式的确定

采用不同的输入/输出方式，对单片机应用系统的硬件、软件要求是不同的。在单片机应用系统中，常用的 I/O 数据传送方式主要有无条件传送方式、查询方式和中断方式。这 3 种方式对硬件要求和软件要求结构各不相同，而且存在着明显的优缺点差异。在一个应用系统中，选用哪一种 I/O 方式，要根据具体的外设工作情况和应用系统的性能技术指标综合考虑。一般来说，无条件传送方式只适于数据变化非常缓慢的外设，这种外设的数据可视为常态数据；中断方式处理器效率较高，但硬件结构稍复杂一些；而查询方式硬件价格较低，但处理器效率比较低，速度比较慢。在一般小型的应用系统中，由于速度要求不高，控制的对象也较少，此时多数可以采用查询方式。

5．软、硬件功能划分

与一般的计算机系统一样，单片机应用系统的软件和硬件在逻辑上是等效的。具有相同功能的单片机应用系统，其软、硬件功能可以在很宽的范围内变化。一些硬件电路的功能可以由软件来实现，反之亦然。因此在总体设计时，必须权衡利弊，仔细划分应用系统中的硬件和软件的功能。

11.2.3　单片机应用系统硬件与软件设计

1．硬件系统设计原则

一个单片机应用系统的硬件电路设计包括两部分内容：

① 单片机系统的扩展，即单片机内部的功能单元（如程序存储器、数据存储器、I/O、定时器/计数器、中断系统等）的容量不能满足应用系统的要求时，必须在片外进行扩展，选择适当的芯片，设计相应的扩展电路。

② 系统配置，即按照系统功能要求配置外围设备，如键盘、显示器、打印机、A/D 转换器、D/A 转换器等，要设计合适的接口电路。

系统扩展的配置设计应遵循下列原则：

① 尽可能选择典型通用的电路，并符合单片机的常规用法。为硬件系统的标准化、模块化奠定良好的基础。

② 系统的扩展与外围设备配置的水平应充分满足应用系统当前的功能要求，并留有适当余地，便于以后进行功能的扩充。

③ 硬件结构应结合应用软件方案一并考虑，硬件结构与软件方案会产生相互影响。

④ 整个系统中相关的器件要尽可能做到性能匹配，例如，选用晶体振荡频率较高时，存储器的存取时间就较短，应选择允许存取速度较快的芯片；选择 COMS 芯片单片机构成低功耗系统时，系统中的所有芯片都应选择低功耗产品。如果系统中相关的器件性能差异很大，系统综合性能就降低，甚至不能正常工作。

⑤ 可靠性及抗干扰设计是硬件设计中不可忽略的一部分，它包括芯片、器件选择、去耦合滤波、印制电路板布线、通道隔离等。如果设计中只注重功能实现，而忽略可靠性及抗干扰设计，到头来只能是事倍功半，甚至会造成系统崩溃，前功尽弃。

⑥ 单片机外接电路较多时，必须考虑其总线驱动能力。驱动能力不足时，系统工作不可靠。解决的办法是增加驱动能力，增加总线驱动器或者减少芯片功耗，降低总线负载。

2. 应用软件设计的特点

应用系统中的应用软件是根据系统功能设计的，应可靠地实现系统的各种功能。应用系统种类繁多，应用软件各不相同，但是一个优秀的应用软件应具有以下特点：

① 软件结构清晰、简捷，流程合理。

② 各功能程序事先模块化、系统化。这样既便于调试、连接，又便于移植、修改和维护。

③ 程序存储区、数据存储区规划合理，既能节约存储容量，又能给程序设计与操作带来方便。

④ 运行状态实现标志化管理。各个功能程序运行状态、运行结果以及运行需求都设置状态标志以便查询，程序的转移、运行、控制都可通过状态标志来控制。

⑤ 经过调试修改后的程序应进行规范化，除去修改“痕迹”。规范化的程序便于交流、借鉴，也为今后的软件模块化、标准化打下基础。

⑥ 实现全面软件抗干扰设计。软件抗干扰是计算机应用系统提高可靠性的有力措施。

⑦ 为提高运行的可靠性，在应用软件中设置自诊断程序，在系统运行前先运行自诊断程序，以检查系统各特征参数是否正常。

3. 硬件设计

单片机应用系统的硬件设计是围绕单片机功能扩展和外围设备配置及其接口而开展的。主要包括以下几部分设计。

（1）存储器

存储器分为两部分，分别为程序存储器和数据存储器。

存储器的设计原则是：在存储容量满足要求的前提下，尽可能减少存储芯片的数量。建议使用大容量的存储芯片以减少存储器芯片数目，但应避免盲目地扩大存储器容量。

（2）I/O 接口

外设多种多样，使得单片机与外设之间的接口电路也各不相同。因此，I/O 接口常常是单片机应用系统设计中最复杂也最困难的部分之一。

I/O 接口大致可归类为并行接口、串行接口、模拟采集通道（接口）、模拟输出通道（接口）等。目前有些单片机已将上述各接口集成在单片机内部，使 I/O 接口的设计大大简化了。在系统设计时，可以选择含有所需接口的单片机。

（3）译码电路

当需要外部扩展电路时，就需要设计译码电路。译码电路要尽可能简单，这就要求存储空间分配合理，译码方式选择得当。

考虑到修改方便与保密性强，译码电路除了可以使用常规的门电路、译码器实现外，还可以利用只读存储器与可编程门阵列来实现。

（4）总线驱动器

如果单片机外部扩展的器件较多，负载过重，就要考虑设计总线驱动器。常用的有双向数据总线驱动器（如 74LS245）和单向总线驱动器（如 74LS244）。

（5）抗干扰电路

针对可能出现的各种干扰，应设计抗干扰电路。在单片机应用系统中，一个不可缺少的抗干扰电路就是抗电源干扰电路。最简单的实现方法是在系统弱电部分（以单片机为核心）的电源入口对地跨接 1 个大电容（100μF 左右）与一个小电容（0.01μF 左右），在系统内部芯片的电源端对地跨接 1 个小电容（0.01～0.1μF 左右）。另外可以采用隔离放大器、光电隔离器件抗共地干扰，采用差分放大器抗共模干扰，采用平滑滤波器抗白噪声干扰，采用屏蔽手段抗辐射干扰等。

要注意的是，在进行硬件设计时，要尽可能地充分利用单片机的片内资源，使设计的电路向标准化、模块化方向靠拢。

硬件设计后，应编写出硬件电路原理图及硬件设计说明书。

4．软件设计

整个单片机应用系统是一个整体。在进行应用系统总体设计时，软件设计和硬件设计应统一考虑，结合进行。当系统的硬件电路设计定型后，软件的任务也就明确了。

一个应用系统中的软件一般是由系统的监控程序和应用程序两部分构成的。其中，应用程序是用来完成诸如测量、计算、显示、打印、输出控制等各种实质性功能的软件；系统监控程序是控制单片机系统按预定操作方式运行的程序，它负责组织调度各应用程序模块，完成系统自检、初始化、处理键盘命令、处理接口命令、处理条件触发和显示等功能。此外，监控程序还监视系统的正常运行与否。单片机应用系统中的软件一般是用汇编语言编写的，编写程序时常与输入、输出接口设计和存储器扩展交织在一起。因此，软件设计是系统开发过程中最重要也最困难的任务，它直接关系到实现系统的功能和性能。

在系统软件设计时，应根据系统软件功能要求，将系统软件分成若干个相对独立的部分，并根据它们之间的联系和时间上的关系，设计出合理的软件总体结构。通常在编制程序前，先根据系统输入和输出变量建立起正确的数学模型，然后画出程序流程框图。要求流程框图结构清晰、简捷、合理。画流程框图时还要对系统资源做具体的分配和说明。编制程序时一般采用自顶向下的程序设计技术，先设计监控程序，再设计各应用程序模块。各功能程序应模块化、子程序化，这样不仅便于调试、连接，还便于修改和移植。

11.2.4　资源分配

合理的资源分配涉及能否充分发挥单片机的性能，有效、正确地编制程序等重要工作内容。

一个单片机应用系统所拥有的硬件资源分片内和片外两部分。片内资源是指单片机本身包括的中央处理器、程序存储器、数据存储器、定时器/计数器、中断、I/O 接口以及串行通信接口等。这部分硬件资源的种类和数量，不同公司、不同类型的单片机之间差别很大，当设计人员选定某种单片机进行系统设计时，应充分利用片内的各种硬件资源。但是在应用中，片内的这些硬件资源不够用，就需要在片外加以扩展。通过系统扩展，单片机应用系统具有了更多的硬件资源，因而有了更强的功能。

由于定时器/计数器、中断等资源的分配比较容易，因此下面介绍 ROM/EPROM 资源和 RAM 资源的分配。

1. ROM/EPROM 资源的分配

ROM/EPROM 用于存放程序和数据表格。按照 MCS-51 单片机的复位及中断入口的规定，002FH 以前的地址单元作为中断、复位入口地址区。在这些单元中一般都设置了转移指令，用于转移到相应的中断服务程序或复位启动程序。当程序存储器中存放功能程序及子程序数量较多时，应尽可能为它们设置入口地址表。一般的常数、表集中设置在表区，二次开发扩展区尽可能放在高位地址区。

2. RAM 资源分配

RAM 分为片内 RAM 和片外 RAM。片外 RAM 的容量比较大，通常用来存放批量大的数据，如采样数据；片内 RAM 容量较少，应尽量重叠使用，比如数据暂存区与显示、打印缓冲区重叠。

对于 MCS-51 单片机来说，片内 RAM 是指 00H～7FH（对 89C52 系列为 00H～0FFH）单元，这 128 个单元的功能并不完全相同，分配时应注意发挥各自的特点，做到物尽其用。

00H～1FH 这 32 字节可以作为工作寄存器组，在工作寄存器的 8 个单元中，R0 和 R1 具有指针功能，是编程的重要角色，应充分发挥其作用。系统上电复位时，置 PSW = 00H，当前工作寄存器为 0 组，而工作寄存器 1 组为堆栈，并向工作寄存器 2、3 延伸。若在中断服务程序中，也要使用寄存器 R2 且不将原来的数据冲掉，则可在主程序中先将堆栈空间设置在其他位置，然后在进入中断服务程序后选择工作寄存器 1、2 或 3，这时若再执行诸如 MOV R2，#00H 指令时，就不会冲掉 R2（02H）单元原来的内容，因为这时 R2 的地址已变为 0AH、12H、1AH。在中断程序结束时，可重新选择工作寄存器组 0。因此，通常可在应用程序中，安排主程序及调用的子程序使用工作寄存器组 0，而安排定时器溢出中断、外部中断、串行口中断使用工作寄存器组 1、2 或 3。

11.3 单片机应用系统的调试

单片机应用系统的调试是系统开发的重要环节。当完成了单片机应用系统的硬件、软件设计和硬件组装后，便可进入应用系统调试阶段。系统调试的目的是查出用户系统中硬件设计与软件设计中存在的错误及可能出现的不协调问题，以便修改设计，最终使用户系统能正确地工作。

最好能在方案设计阶段考虑系统调试问题，如采取什么调试方法、使用何种调试仪器等，以便在系统方案设计时将必要的调试方法综合进软、硬件设计中，或提早做好调试准备工作。

系统调试包括软件调试、硬件调试及软硬件联调。根据调试环境不同，系统调试又分为模拟调试与现场调试。各种调试所起的作用是不同的，它们所处的时间阶段也不一样，但它们的目标是一致的，都是为了查出用户系统中潜在的错误。

11.3.1 单片机应用系统调试工具

在单片机应用系统调试中，最常用的调试工具有以下几种。

1．单片机开发系统

单片机开发系统（又称仿真器）的主要作用是：

① 系统硬件电路的诊断与检查。

② 程序的输入与修改。

③ 硬件电路、程序的运行与调试。

④ 程序 EPROM 中的固化。

由于单片机本身不具有调试及输入程序的能力，因此单片机开发系统成为开发单片机应用系统不可缺少的工具。

开发系统可独立工作，也可与通用计算机联机使用。它提供必要的开发软件及丰富的子程序库，它的监控程序支持程序输入、修改、测试、状态查询、磁盘专储、EPROM 固化等功能。它占用单片机硬件资源最少并具有资源出借功能。它还具有一次性开发的能力，使应用系统的开发效率得以提高。

将单片机开发系统的仿真插头插入用户系统的单片机插座，通过操作开发系统实现对用户系统各部件的读或写操作，最终达到调试、运行用户系统的目的。

2．逻辑笔

逻辑笔可以测试数字电路中测试点的电平状态（高或低）及脉冲信号的有无。假如要检测单片机扩展总线上连接的某译码器是否有译码信号输出，可编写一循环程序，使译码器对一特定的状态不断进行译码。运行该程序后，用逻辑笔测试译码器输出端，若逻辑笔上红、绿发光二极管交替闪亮，则说明译码器有信号输出；若只有红色发光二极管（高电平输出）或绿色发光二极管（低电平输出），则说明译码器无译码信号输出。这样就可以初步确定扩展总线到译码器之间是否存在故障。

3．逻辑脉冲发生器与模拟信号发生器

逻辑脉冲发生器能够产生不同宽度、幅度及频率的脉冲信号，它可以作为数字电路的输入源。模拟信号发生器可产生具有不同频率的方波、正弦波、三角波、锯齿波等模拟信号，它可作为模拟电路的输入源。这些信号源在调试中是非常有用的。

4．示波器

示波器可以测量电平、模拟信号波形及频率，还可以同时观察两个或 3 个以上的信号波形及它们之间的相位差（双踪或多踪示波器）。它既可以对静态信号进行测试，也可以对动态信号进行测试，而且测试准确性好。它是电子系统调试维修的一种必备工具。

5．逻辑分析仪

逻辑分析仪能够以单通道或多通道实时获取触发事件的逻辑信号，可保存显示触发事件前后所获取的信号，供操作者随时观察，并作为软、硬件分析的依据，以便快速有效地查出软、硬件中的错误。逻辑分析仪主要用于动态调试中信号的捕获。

11.3.2　单片机应用系统的一般调试方法

1．硬件调试

硬件调试是利用开发系统、基本测试仪器，通过执行开发系统有关命令或运行适当的测试程序（也可以是与硬件有关的部分用户程序段），检查用户系统硬件中存在的故障。

硬件调试可分静态调试与动态调试两步进行。

（1）静态调试

静态调试是在用户系统未工作时的一种硬件检查。

静态调试的第1步为目测。单片机应用系统中大部分电路安装在印刷电路板上，因此对每一块已做好的印刷电路板要仔细检查。检查它的印制线是否有断线、是否有毛刺、是否与其他线或焊盘粘连、焊盘是否有脱落、过孔是否有金属化现象等。如印制板无质量问题，则将集成芯片的插座焊接在印制板上，并检查其焊点是否有毛刺，是否与其他印制线或焊盘连接、焊点量是否饱满无虚焊。对单片机应用系统中所用的器件与设备，要仔细核对型号，检查它们的对外连线（包括集成芯片引脚）是否完整无缺。通过目测查出一些明显的器件、设备故障并及时排除。

第2步是万用表测试，目测检查后，可进行万用表测试。先用万用表复核目测中认为可以的连接或接点，检查它们的通断状态是否与设计规定相符。再检查各种电源线与地线之间是否有短路现象，如有再仔细检查并排除。短路现象一定要在器件安装及加电前查出。如果电源与地之间短路，则系统中所有器件或设备都可能被损坏，后果十分严重。所以对电源与地的处理，在整个系统调试及今后的运行中都要相当小心。

如有现成的集成芯片性能测试仪器，此时应尽可能地将要使用的芯片进行测试筛选，其他的器件、设备在购买或使用前也应当尽可能做必要的测试，以便将性能可靠的器件、设备用于安装系统。

第3步加电检查。当给印制板加电时，首先检查所有插座或器件的电源端是否符合要求的电压值（注意，单片机插座上的电压不应大于5V，否则联机时将损坏仿真器），接地端电压值是否接近于零，接固定电平的引脚端电平是否正确。然后在断电状态下将芯片逐个插入印制板上的相应插座中。每插入一块做一遍上述检查，特别要检查电源到地是否短路，这样就可以确定电源错误或与地短路发生在哪块芯片上。在对各芯片、器件加电过程中，还要注意观察芯片或器件是否出现打火、过热、变色、冒烟、异味的现象，如出现这些现象，应立即断电，仔细检查电源加载等情况，找出产生异味的原因并加以解决。

此外，也可以在加电期间，通过逻辑功能简单的芯片加载固定输入电平，用万用表测其输出电平的方法来判定该芯片的好坏。如反相器的输入端接地，则其输出端应为高电平，否则该反相器有问题。

第4步是联机检查。因为只有单片机开发系统才能完成对用户系统的调试，而动态测试也需要在联机仿真的情况下进行。因此在静态检查印制板、连接、器件等部分无原理性故障后，即可将用户系统与单片机开发系统用仿真器电缆连接起来。联机检查上述连接是否正确，是否畅通、可靠。

（2）动态调试

动态调试是在用户系统工作的情况下发现和排除用户系统硬件中存在的器件内部故障、器件间连接逻辑错误等的一种硬件检查。由于单片机应用系统的硬件动态调试是在开发系统的支持下完成的，故又称为联机仿真或联机调试。

动态调试的一般方法是由分到合、由近及远进行分步、分层调试。

由分到合指的是，首先按逻辑功能将用户系统硬件电路分为若干块，如程序存储器电路、A/D转换器电路、输出控制电路，再分块调试。当调试某电路时，与该电路无关的器件全部从用户系统中去掉，这样可将故障范围限定在某个局部的电路上。当分块电路调试无故障后，将各电路逐块加入系统中，再对各块电路及电路间可能存在的相互联系进行试验。此时若出现故障，则最大的可能是电路协调关系上出了问题，如相互信息联络是否正确，时序是否达到要求等。直到所有电路加入系统后各部分电路仍能正确工作为止，由分到合的调试即告完成。在经历了这样一个调试过程后，大部分硬件故障基本上可以排除。

在有些情况下，功能要求较高或设备较复杂，使某些逻辑功能块电路较为复杂、庞大，为故障的确定带来一定的难度。这时对每块电路可以以处理信号的流向为线索，将信号流经的各器件按照距离单片机的逻辑距离进行由远及近的分层，然后分层调试。调试时仍采用去掉无关器件的方法，逐层依次调试下去，就可能将故障定位在具体器件上。例如，调试外部数据存储器时，可按层先调试总线电路（如数据收发器），然后调试译码电路，最后加上存储芯片，利用开发系统对其进行读/写操作，就能有效地调试数据存储器。显然，每部分出现的问题只局限在一个小范围内，因此有利于故障的发现和排除。

动态调试借用开发系统资源（单片机、存储器等）来调试用户系统中单片机的外围电路。利用开发系统友好的人机界面，可以有效地对用户系统的各部分电路进行访问、控制，使系统在运行中暴露问题，从而发现故障。典型有效的访问、控制各部分电路的方法是对电路进行循环读或写（时钟等特殊电路除外，这些电路通常在系统加电后会自动运行），使得电路中主要测试点的状态能够用常规测试仪器（示波器、万用表等）测试，依次检查被调试电路是否按预期的工作状态进行。

2．软件调试

软件调试是通过对用户程序的汇编、连接、执行来发现程序中存在的语法错误与逻辑错误并加以排除纠正的过程。

软件调试的一般方法是先独立后联机，先分块后组合，先单步后连续。

（1）先独立后联机

从宏观上来说，单片机应用系统中的软件与硬件是密切相关、相辅相成的。软件是硬件的灵魂，没有软件，系统将无法工作；同时大多数软件的运行又依赖于硬件，没有相应的硬件支持，软件的功能便荡然无存，因此将两者完全独立开来是不可能的。然而并不是用户程序的全部都依赖于硬件，当软件对测试参数进行加工处理或做某项事务处理时，往往是与硬件无关的，这样就可以通过对用户程序的仔细分析，把与硬件无关的、功能相对独立的程序段抽取出来，形成与硬件无关和依赖硬件的两大类用户程序块。这一划分工作在软件设计时就应充分考虑。

在具有交叉汇编软件的主机或与主机联机的仿真机上，此时与硬件无关的程序块调试就可以与硬件同步地进行，以提高软件调试的速度。

当与硬件无关的程序块全部调试完成且用户系统的调试也已完成后，可将仿真机与主机、用户系统连接起来，进行系统联调，先对依赖于硬件的程序块进行调试，调试成功后，再进行两大程序块的有机结合及总调试。

（2）先分块后组合

如果用户系统规模较大，任务较多，那么即使先行将用户程序分为与硬件无关和依赖于硬件两部分，这两部分程序仍较为庞大的话，采用笼统的方法从头至尾调试，既浪费时间又不容易进行错误定位，所以常规的调试方法是分别对两类程序块进一步采用分模块调试，以提高软件调试的有效性。

在调试时所划分的程序模块应基本保持与软件设计时的功能模块或任务一致，只有在某些程序功能模块或任务较大时才将其再细分为若干子模块。但要注意的是，子模块的划分与一般模块的划分应一致。

每个程序模块调试完毕后，将相互关联的程序模块逐块组合起来加以调试，以解决在程序模块连接中可能出现的逻辑错误。对所有程序模块的整体组合是在系统联调中进行的。由于各个程序模块通过调试已排除了内部错误，所以软件总体调试的错误就大大减少了，而调试成功的可能性也就大大提高了。

（3）先单步后连续

调试好程序模块的关键是实现对错误的正确定位。准确发现程序（或硬件电路）中错误的最有效方法是采用单步加断点运行的方法调试程序。单步运行可以了解被调试程序中每条指令的执行情况，分析指令的运行结果可以知道该指令的正确性，并进一步确定是硬件电路错误、数据错误还是程序设计错误等引起该指令的执行错误，从而发现、排除错误。

但是，所有程序模块都以单步方式查找错误，实在是一件既费时又费力的工作，而且对于一个好的软件设计人员来说，设计错误率是较低的，所以为了提高调试效率，一般采用先使用断点运行方式来精确定位错误所在，这样就可以做到调试的快捷和准确。

有些实时性操作（如中断）利用单步运行方式无法调试，必须采用连续运行方法进行调试。为了准确地对错误定位，可使用连续加断点运行方式调试这类程序，即利用断点定位的改变，一步步缩小故障范围，直至最终确定出错误位置并加以排除。

3．系统联调

系统联调是指让用户系统的软件在其硬件上运行，进行软、硬件联合调试，从中发现硬件故障错误或软、硬件设计错误。这是对用户系统检验的重要一关。

系统联调主要解决以下问题：

① 系统的软、硬件能否按预定的要求配合工作；

② 系统运行中是否有潜在的设计时难以预料的错误；

③ 系统的动态性能指标（包括精度、响应速度等）是否满足设计要求。

系统联调时，首先采用单步、断点、连续运行方式调试与硬件相关的各程序段，既可检验这些程序段的正确性，又可在各功能独立的情况下，检验软、硬件的配合情况。然后将软、硬件按系统工作要求进行综合运行，以实现在系统总体运行情况下软、硬件的协调，提高系统动态性能。在具体操作中，用户系统在开发系统环境下，先借用仿真器的单片机、存储器等资源进行工作。若发现问题，则按上述软、硬件调试方法准确定位错误，分析错误原因，找出解决办法。用户系统调试完后，将用户程序固化到用户系统的程序存储器中，再借用仿真器单片机，使用户系统运行。若无问题，则用户系统插上单片机即可正确工作。

4．现场调试

在一般情况下，通过系统联调后，用户系统就可以按照设计目标正常工作了。但在某些情况下，由于用户系统运行的环境较为复杂（如环境干扰较为严重、工作现场有腐蚀性气体等），在实际现场工作之前，环境对系统的影响无法预料，只能通过现场运行调试来发现问题，找出相应的解决方法；或者虽然已经在系统设计时考虑到抗干扰的对策，但是否行之有效，还必须通过用户系统在实际现场的运行来加以验证。另外，有些用户系统的调试是在模拟设备代替实际监测、控制对象的情况下进行的，这就更有必要进行现场调试，以检验用户系统在实际工作环境中工作的正确性。

总之，现场调试对用户系统的调试来说是最后必须的一个过程，只有经过现场调试的用户系统才能保证可靠地工作。现场调试仍需利用开发系统来完成，其调试方法与前述类似。

11.4 单片机应用系统的设计实例——集中供暖小型换热站控制系统的设计

对于单片机的实时控制和智能仪表等应用系统，被测对象的有关参数往往是一些连续变化的模拟量，如温度、压力、流量、速度等。这些模拟量必须转换成数字量后，才能输入到单片机中进行处理。有时还要求将处理的结果转换成模拟量，驱动相应的执行机构，以实现对被控对象的控制，并要求通过键盘置数、显示、打印等。下面以一个单片机实时测控系统为例，介绍单片机应用系统的设计方法。

11.4.1　系统描述

换热站供暖系统一般都包括一次供暖回路和二次供暖回路，二者之间是通过换热器来实现热交换的。供暖热源是热力主管网循环里面的的一次高温热水，经过换热器实现热能交换对二次回路冷水加热，再经过取暖装置循环后变成二次回水。在一次高温热水从主网分支进入换热器前，通常加装电动调节阀调节管网中的热水压力和流量来控制二次回路的供暖温度；同时为了给二次回路增压，在二次循环管网中换热器之前加有循环泵及补水泵，以稳定二次供暖回路的管网中循环水的压力。

为了更好的控制和管理，换热站供暖系统要求对集中供暖换热站的一次高温热水温度、压力进行监测、记录和调节，同时对输送到二次供水回路的温度和压力等信号进行监测，并将检测的数据传输到热电厂监控室。

1．系统组成结构

系统示意图如图 11-3 所示。

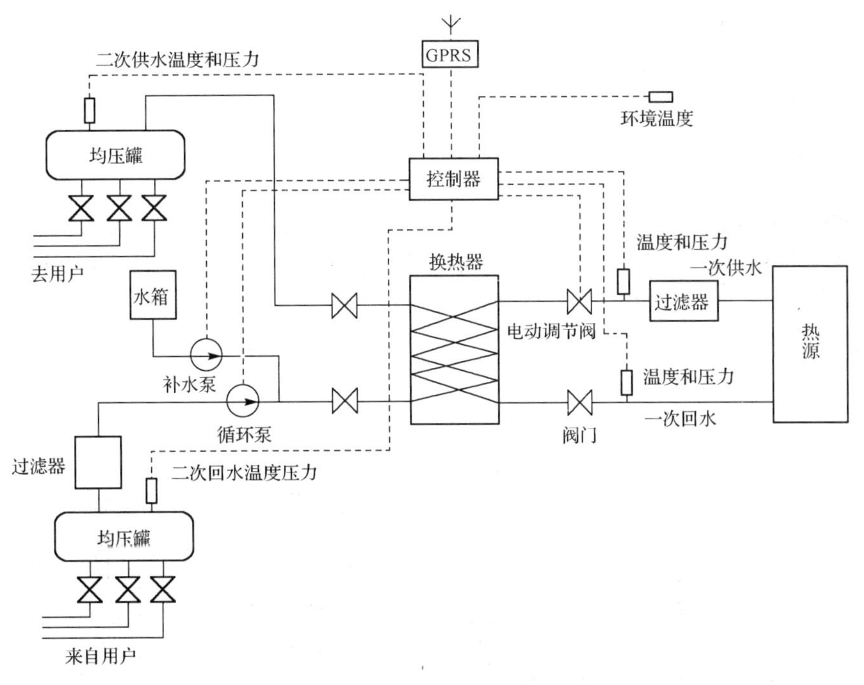

图 11-3　系统结构示意图

2．系统控制要求

要求采集室外环境温度、一次、二次供水温度和压力、一次、二次回水温度和压力等信号的采集、监测，实现对调节阀开度的 PID 调节保证供暖并实现节能控制，完成对循环水泵、补水泵的控制，同时将实时监测的温度、压力等参数通过 GPRS 无线传输模块上传至热电厂监控室。

11.4.2　设计方案

根据系统的设计要求，采用 STC12C5A32 单片机作主控芯片，选择工业用温度、压力变送器完成对各温度、压力信号的采集，由于工业用温度、压力变送器输出信号为 4～20mA 电流信号，所以采用 I/V 转换电路将 4～20mA 的电流转换成电压信号送 A/D 转换器进行转换，转换结果送单片机。电动调节阀输出控制采用 D/A 转换器经 V/I 隔离变换后输出 4～20mA 电流信号控制。现场采集的温度、压力等实时参数经单片机串行口进行串行传输，为与 GPRS 模块接口，系统采用 RS-485 接口模式。为实时显示现场采集的温度、压力等信号，采用液晶显示器进行显示，同时通过键盘输入变送器量程、供暖温度设定值等参数，存储到单片机的 E^2PROM 中。如图 11-4 所示。

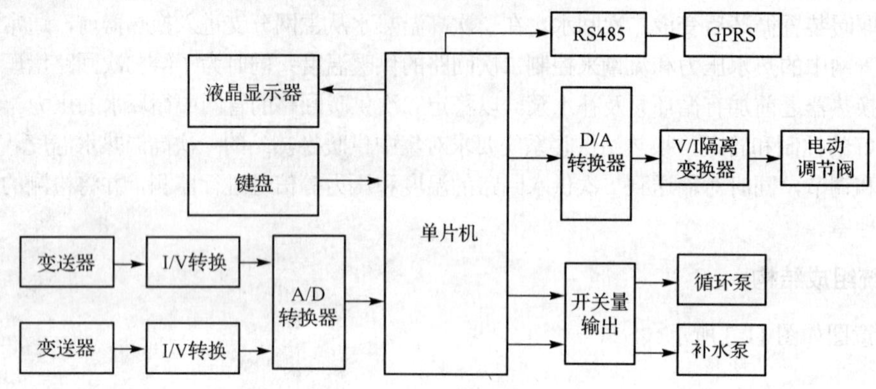

图 11-4　控制系统方框图

11.4.3　硬件电路设计

1. 模拟量输入通道

由于系统需要采集室外环境温度、一次、二次供水温度和压力、一次、二次回水温度和压力等共 9 路模拟量信号，考虑到系统的控制精度，选择 12 位串行 AD 转换器 TLC2543；为将变送器输出的 4～20mA 电流信号转换成 1～5V 的电压信号，采用 250Ω 的精密电阻进行 I/V 变换，同时经电压跟随器隔离后送 AD 转换器 TLC2543，TLC2543 的参考电压采用精密电压源 AD584 提供。如图 11-5 所示。

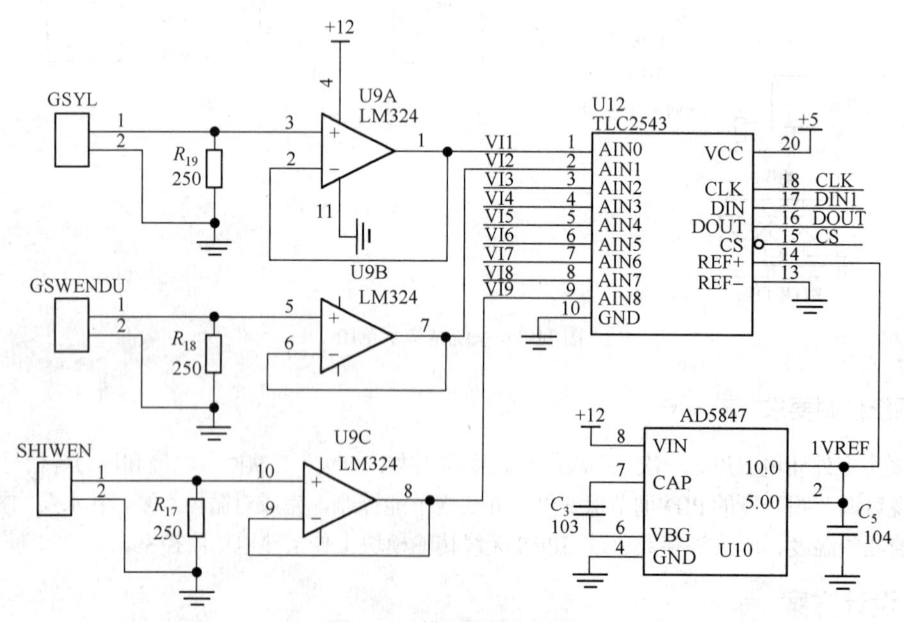

图 11-5　模拟量输入通道

2. 模拟量输出通道

为调节一次管网的热水压力、流量，需根据供暖系统的设定值及检测到的管网温度、压力来调节电动调节阀的开度。电动调节阀的输入信号为 4～20mA 的电流，对应 0～100%的阀门开度。本供暖系统采用 12 位串行 D/A 转换器 DAC7512 进行 D/A 转换，D/A 输出的 0～5V 电压信号经 V/I 隔离变换器 T6130D 转换成 4～20mA 的电流输出控制电动调节阀。如图 11-6 所示。

3. 水泵控制驱动电路

单片机 P3.3、P3.4 输出控制信号经光电耦合器隔离后驱动继电器 J1、J2，由继电器的常开触点控制循环泵和补水泵的控制回路，实现对水泵的控制。如图 11-7 所示。

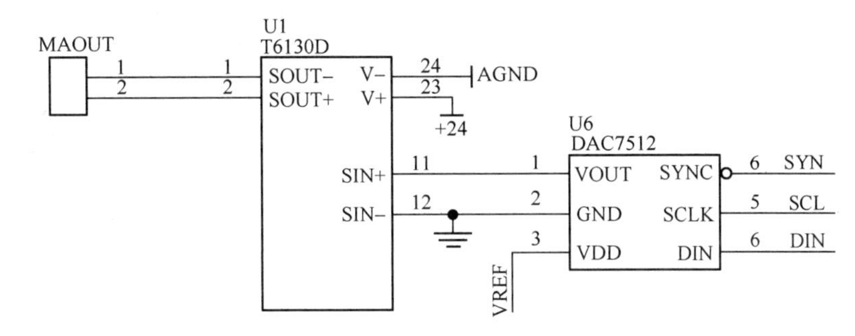

图 11-6　模拟量输出通道

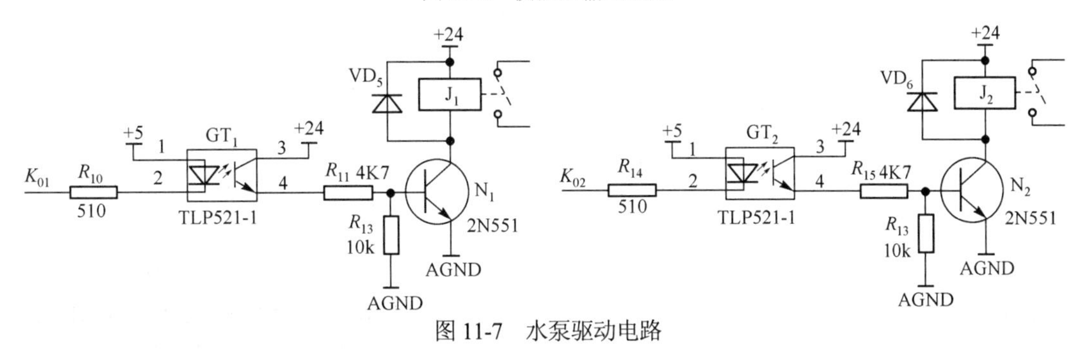

图 11-7　水泵驱动电路

4. 键盘接口电路

系统设置了 8 个按键，采用独立式键盘结构，扩展 74LS245 作为键盘接口电路，单片机 P2.6 与 RD 信号相或后控制 74LS245 的控制端 E，如图 11-8 电路所示，键盘端口地址为：0BFFFH。

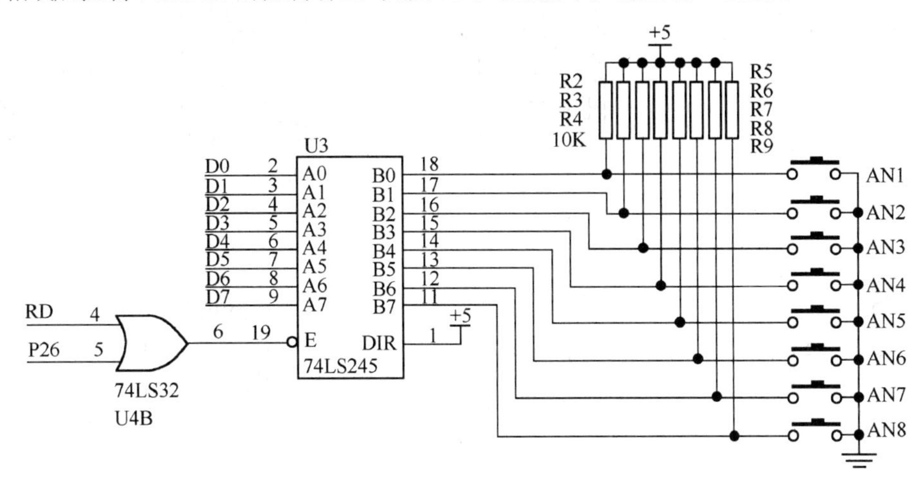

图 11-8　键盘接口电路

5. 液晶显示器接口电路

由于需要显示的参数较多，所以选用带汉字库 15×20 的液晶显示模块 CMJ320240。

液晶显示器接口电路如图 11-9 所示，单片机的 P2.7 与 WR 信号相或后控制锁存器 74LS374，锁存器输出作为液晶显示器的数据端口，其端口地址为：7FFFH。单片机的 P1.4 接 OCMJ 显示器的 BUSY，P3.5 控制 REQ。

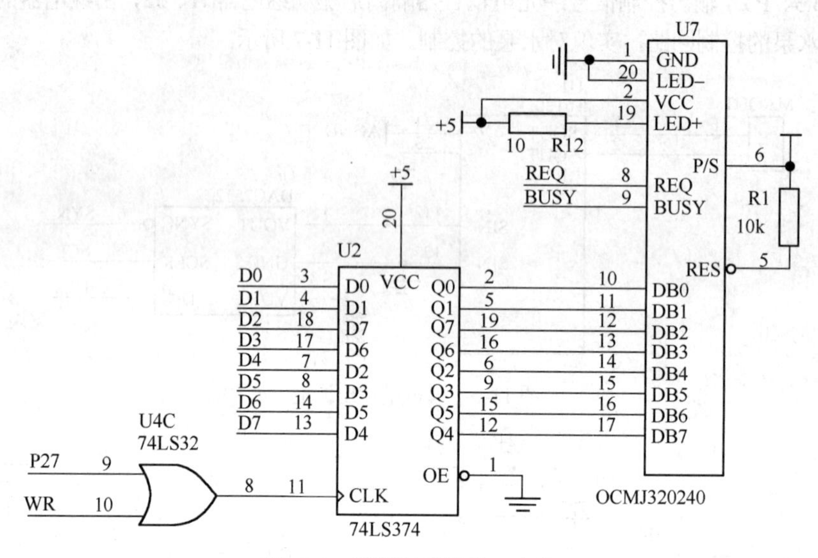

图 11-9 液晶显示器接口电路

6. 单片机主机电路

如图 11-10 所示，采用 STC12C5A32 单片机，其为 1T 高速单片机。单片机的 P1.0～P1.3 接串行 A/D 转换器 TLC2543，P1.5～P1.7 接串行 D/A 转换器 DAC7512。单片机的串行口接 RS485 芯片 65BC184，P3.2 接 RS485 控制端，经 RS485 接口通过 GPRS 模块完成将采集的参数无线传送至热电厂监控室。

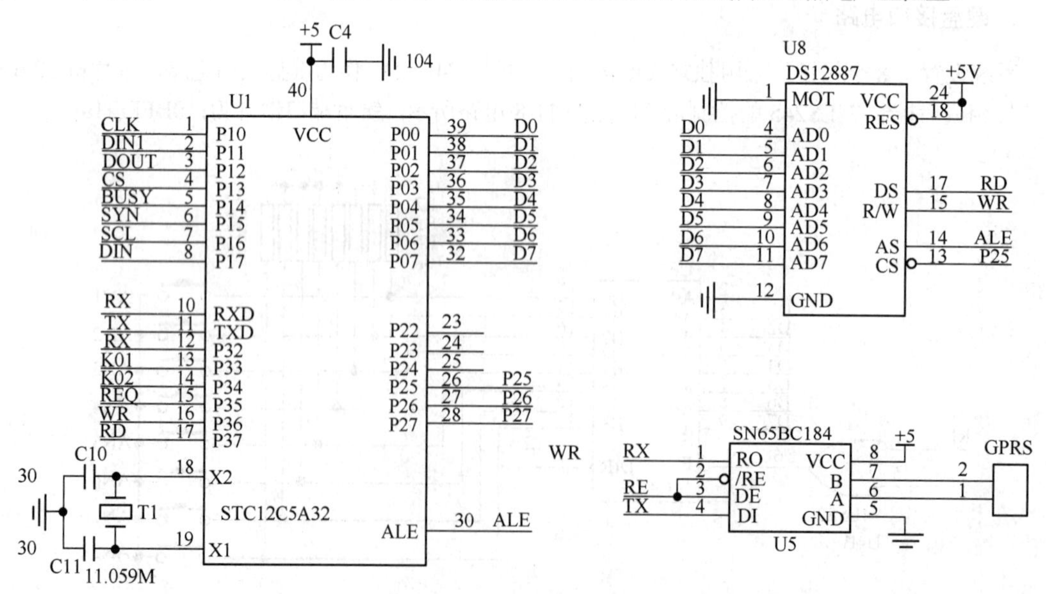

图 11-10 单片机主机电路

考虑到对公用事业单位办公场合进行集中供暖时，为进行节能控制，在节假日、公休日等时间段，可关闭或减少供暖以利于节能，系统扩展 1 片时钟日历芯片 DS12B887，单片机读取日历时间，以判断是否启用节能供暖方式。

单片机的 P2.5 接日历芯片的片选端 CS，日历芯片的端口地址为：0DFFFH。

7. 整机电路图

整机电路如图 11-11 所示。

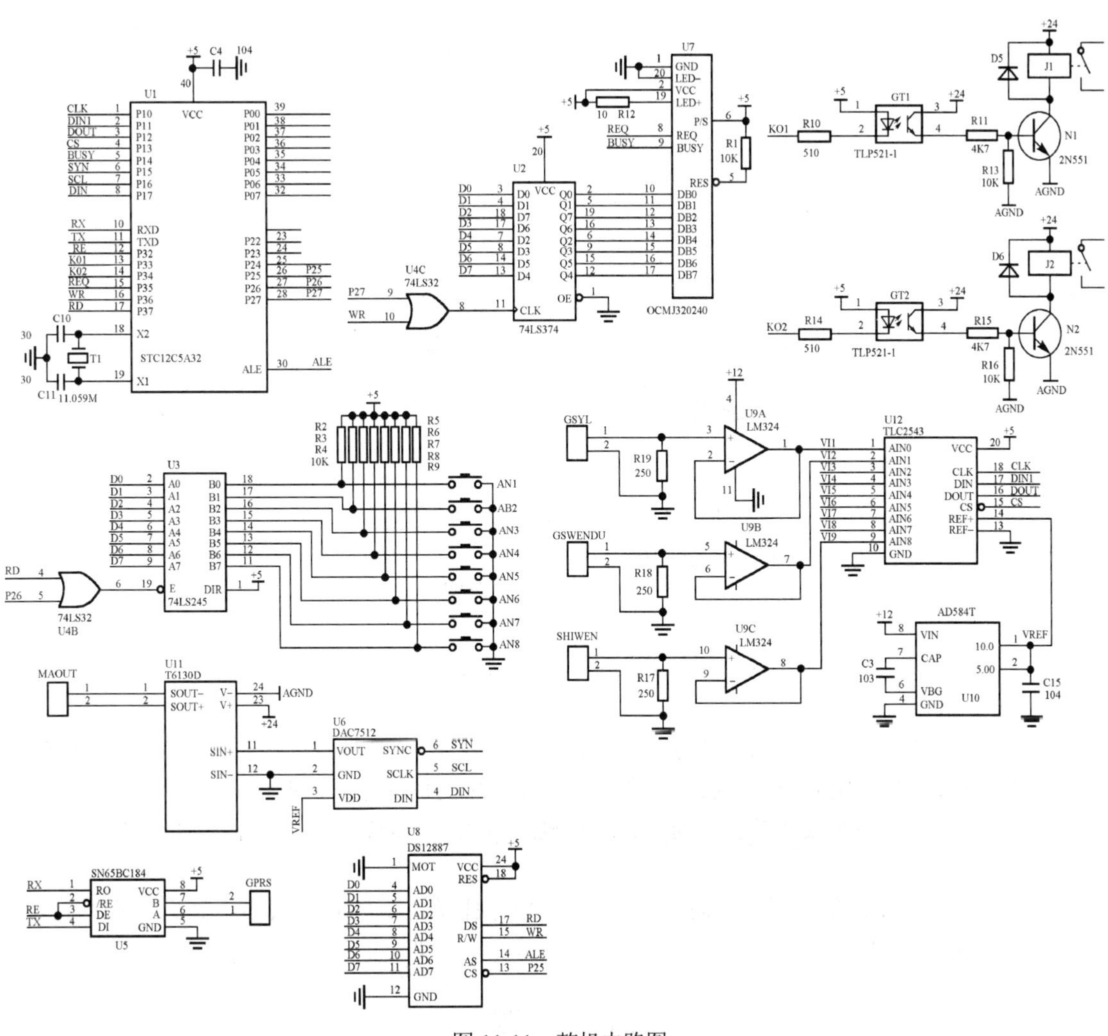

图 11-11　整机电路图

11.4.4　软件设计

系统软件设计主要包括系统初始化、温度、压力等参数的采集、电动调节阀的 PID 调节、键盘扫描程序、液晶显示器驱动程序、串行通讯程序等。

图 11-12 为主程序流程图。

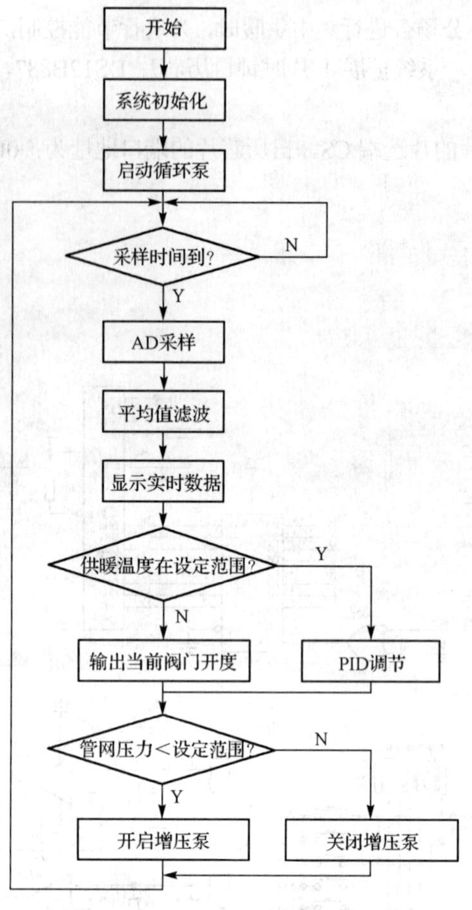

图 11-12　主程序流程图

本 章 小 结

本章介绍单片机应用系统的设计方法和设计过程中应注意的问题，通过具体的例子说明单片机的应用系统设计与开发的一般方法，为更好地开发单片机系统打下坚实的基础。本章包括 3 部分内容：单片机应用系统设计的基本问题、单片机应用系统的调试问题、举例说明单片机应用系统的设计。

对于单片机应用系统设计的基本问题，首先介绍单片机应用系统的基本组成，然后介绍设计的一般方法；在系统的调试过程中，重点介绍了常用的调试工具及调试方法。

习　题

1．单片机应用系统一般由哪几部分组成？
2．单片机应用系统设计主要有哪些内容？
3．单片机应用系统的一般设计方法是什么？
4．在单片机应用系统设计中，软、硬件分工的原则是什么？对系统结构有何影响？
5．什么是联调？主要解决哪些问题？
6．为什么要进行现场调试？

附录A　ASCII码字符表

高　位 低　位		0H	1H	2H	3H	4H	5H	6H	7H
		000	001	010	011	100	101	110	111
0H	0000	NUL	DLE	SP	0	@	P	`	p
1H	0001	SOH	DC1	!	1	A	Q	a	q
2H	0010	STX	DC2	“	2	B	R	b	r
3H	0011	EXT	DC3	#	3	C	S	c	s
4H	0100	EOT	DC4	$	4	D	T	d	t
5H	0101	ENQ	NAK	%	5	E	U	e	u
6H	0110	ACK	SYN	&	6	F	V	f	v
7H	0111	BEL	ETB	‘	7	G	W	g	w
8H	1000	BS	CAN	(	8	H	X	h	x
9H	1001	HT	EM	)	9	I	Y	i	y
AH	1010	LF	SUB	*	:	J	Z	j	z
BH	1011	VT	ESC	+	;	K	[	k	{
CH	1100	FF	FS	,	<	L	\	l	|
DH	1101	CR	GS	-	=	M	]	m	}
EH	1110	SO	RS	.	>	N	^	n	~
FH	1111	SI	US	/	?	O	_	o	DEL

附录B　单片机应用资料的网上查询方法

名　称	网　址
51单片机世界	http://www.mcu51.com
周立功单片机世界	http://www.zlgmcu.com
中国单片机公共实验室	http://www.Bol-system.com
中国单片机综合服务网	http://www.emcic.com
中国电子网	http://www.21ic.com
单片机联盟	http://zxgmcu.myrice.com
单片机技术开发网	http://www.Mcu-tech.com
平凡的单片机	http://www.21icsearch.com
单片机之家	http://homemcu.51.net
单片机技术网	http://mcutime.51.net
我爱单片机	http://will009.myrice.com
广州单片机网	http://gzmcu.myrice.com
世界单片机论坛大全	http://www.Etown168.com
单片机爱好者	http://www.mcufan.com
我爱51单片机	http://mcu51.hothome.net
单片机产品开发中心	http://www.syhbgs.com
电子工程师	http://www.eebyte.com
老古开发网	http://www.laogu.com
世界电子元器件	http://www.gecmag.com
宏晶科技有限公司的STC系列	http://www.stcmcu.com
ATMEL公司的AT89系列	http://www.atmel.com
NXP半导体公司（原Philips半导体公司）	http://www.nxp.com
ST公司的增强型8051单片机	http://www.st.com
Microchip公司的PIC系列	http://www.microchip.com
TI公司的MSP430系列16位单片机	http://www.ti.com

附录 C　Proteus 常用分离器件名称

类型	符号	说明	符号	说明
电阻类	MINRES	固定电阻	RESPACK-X	电阻排
	POT-LIN	可调电阻	RESPACK-7	排电阻（7）
	RESISTOR BRIDGE	桥式电阻	RESPACK-8	排电阻（8）
电容 电感类	CAP	电容	ELECTRO	电解电容
	CAPACITOR	电容	INDUCTOR	电感
	CAPACITOR POL	有极性电容	INDUCTOR IRON	带铁芯电感
	GENELECT10U50V	电解电容	INDUCTOR3	可调电感
	CAPVAR	可调电容		
显示器类	LED-	各种单个发光二极管	DPY_3-SEG	3 段 LED
	7SEG-COM-CATHODE	1 个共阴极 7 段数码显示器（红色）	DPY_7-SEG	7 段 LED
	7SEG-COM-AN-GRN	1 个共阳极 7 段数码显示器（绿色）	DPY_7-SEG_DP	7 段 LED（带小数点）
	7SEG-COM-CAT-GRN	1 个共阴极 7 段数码显示器（绿色）	MATRIX-5×7-GREEN	5×7 点阵块（绿色）
	7SEG-MPX4-CA-GRN	4 个七段共阴绿色数码管	MATRIX-8×8-GREEN	8×8 点阵块（绿色）
	7SEG-MPX6-CC	6 个共阴极 7 段数码显示器（红色）	LM016L	液晶显示器
按钮开关	SW-SPST	单刀单掷开关	SW-SPDT	单刀双掷开关
	DIPSWC_X	X 位拨动开关	BUTTON	按钮开关
	SW-DPDY	双刀双掷开关	SW-PB	按钮
二极管/ 三极管类	BRIDEG 1	整流桥（二极管）	NPN	三极管
	BRIDEG 2	整流桥（集成块）	NPN DAR NPN	三极管
	CIRCUIT BREAKER	熔断丝	NPN-PHOTO	感光三极管
	DIODE	二极管	PHOTO	感光二极管
	DIODE SCHOTTKY	稳压二极管	PNP	三极管
	DIODE VARACTOR	变容二极管	SCR	晶闸管
	JFET N N	沟道场效应管	TRIAC ?	三端双向可控硅
	JFET P P	沟道场效应管	MOSFET	MOS 管
其他类	SPEAKER	蜂鸣器	FUSE	熔断器
	BUZZER	蜂鸣器	LAMP	灯泡
	MOTOR-DC	直流电机	LAMP NEDN	起辉器
	OPAMP	运算放大器	METER	仪表
	AlterNATOR	交流发电机	MICROPHONE	麦克风
	MOTOR AC	交流电机	CRYSTAL	晶体整荡器
	MOTOR SERVO	伺服电机	PELAY-DPDT	双刀双掷继电器
	ANTENNA	天线	THERMISTOR	电热调节器
	BATTERY	直流电源	TRANS1	变压器
	BELL	铃，钟	TRANS2	可调变压器

参考文献

[1] 范立南等．微型计算机原理及应用．北京：清华大学出版社，2012.
[2] 孙育才等．MCS-51系列单片机及其应用．第5版．南京：东南大学出版社，2012.
[3] 谢宜仁．单片机接口技术实用宝典．北京：机械工业出版社，2010.
[4] 王雷等．单片机系统设计基础．北京：北京航空航天大学出版社，2012.
[5] 范立南．单片机原理及应用教程．第2版．北京：北京大学出版社，2013.
[6] 蔡振江等．单片机原理及应用．第2版．北京：电子工业出版社，2012.
[7] 张旭涛等．单片机原理与应用．第3版．北京：北京理工大学出版社 2013.
[8] 边莉等．51单片机基础与实践进阶．北京：清华大学出版社，2012.
[9] 宋戈等．51单片机应用开发大全．第2版．北京：人民邮电出版社，2012.
[10] 祁红岩等．MCS51单片机实践与应用（基于C语言）．北京：机械工业出版社，2012.
[11] 程国钢．案例解说单片机C语言开发——基于8051+Proteus仿真．北京：电子工业出版社，2012.
[12] 张自红等．C51单片机基础及编程应用．北京：中国电力出版社，2012.
[13] 张欣等．单片机原理与C51程序设计基础教程．北京：清华大学出版社，2010.
[14] 张义和等．例说51单片机（C语言版）．第3版．北京：人民邮电出版社，2010.
[15] 姜志海等．单片机的C语言程序设计与应用——基于Proteus仿真．第2版．北京：电子工业出版社，2011.
[16] 姜志海等．单片机原理及应用．第3版．北京：电子工业出版社，2013.